中国大陆大地震
中-长期危险性研究

Study on the Mid- to Long-term Potential of Large Earthquakes on the Chinese Continent

M7 专项工作组
Working Group of M7

U0223789

地震出版社

Seismological Press

图书在版编目（CIP）数据

中国大陆大地震中-长期危险性研究/M7专项工作组著．—北京：地震出版社，2012.6
ISBN 978-7-5028-4100-3
Ⅰ．①中…　Ⅱ．①M…　Ⅲ．①在地震－地震预测－研究中国　Ⅳ．①P315.7
中国版本图书馆CIP数据核字（2012）第127486号

地震版　XM2316

中国大陆大地震中-长期危险性研究
M7专项工作组
责任编辑：王　伟
责任校对：庞亚萍

出版发行：地震出版社

北京民族学院南路9号　　　　　邮编：100081
发行部：68423031　68467993　　传真：88421706
门市部：68467991　　　　　　　传真：68467991
总编室：68462709　68423029　　传真：68455221
专业图书事业部：68721991　68467982
http://www.dzpress.com.cn
E-mail：68721991@sina.com

经销：全国各地新华书店
印刷：北京天成印务有限责任公司

版（印）次：2012年6月第一版　　2012年6月第一次印刷
开本：787×1092　1/16
字数：550千字
印张：21.5
印数：0001～2000
书号：ISBN 978-7-5028-4100-3/P（4778）
定价：120.00元

目　　录

绪　　言

1. 地震预报的艰辛探索与中–长期预测

地震对人类社会的危害是由于其突发性和巨大的破坏力。突发性表现在强震孕育的时间长达上百至数千年，而发生过程只有几十至数百秒；前者属于应力应变积累的逐渐量变过程，而后者则是应力应变瞬间释放的突变表现。要对地震这一长期孕育与潜伏、瞬间发生的事件做出预测，途径之一是捕捉能够指示地震发生的前兆异常，另外就是能够获得决定地震孕育、发生过程影响因素的科学认识，使得能够判定地震临近发生的危险程度。

1966 年 3 月河北邢台发生强烈地震，造成重大人员伤亡。当时有大批科技人员赴邢台地震灾区。在那里，从地震现场判定后续震情的工作开始，启动了我国地震预报科学探索的艰难历程。在那个特殊的时代背景下，我国的地震预报探索从短临前兆观测和预报试验开始发展；来自各方的科技人员将自己所掌握的观测仪器和技术在震区开展观测，试图捕捉临近地震发生的可能前兆现象，包括宏观前兆。此后的 10 年中，中国大陆连续发生多次造成惨重破坏与伤亡的大地震。与此同时，在邢台地震现场工作思路与经验的指导下，在华北、南北地震带和新疆等地区，在引进、吸收、改进其他相关领域观测技术的基础上，逐步形成了以前兆及短临预测为主要目标的观测台网。1966 ～ 1976 年期间积累的震例观测资料、预报经验和分析思路、模式等，成为此后几十年中国地震预报继续发展的主要基础之一，也使得地震短临前兆的监视和分析预报始终是我国地震预报最主要的工作内容和目标。2008 年 5 月 12 日，在有一定前兆测点布设的龙门山断裂带发生了造成惨重灾害的汶川 8.0 级地震。震后的总结表明汶川地震之前能够识别的前兆观测异常变化远不足以在震前做出预测，表明我们对于地震孕育过程在临近终点时是否存在观测异常变化的认识能力仍然十分有限，仍处于初步探索阶段。这些反映出以前兆观测为基础的经验性地震短临预报探索的艰辛与面临的困境。

地震发生时释放能量的大小、断层错动的方式和位移量等，都是特定地质构造下长期积累的结果。获得地震能量积累方式和孕育程度的认识，有利于对地震强度、发震模式及发震紧迫性的预测。20 世纪 80 年代，在对我国 1966 ～ 1976 年期间的震例进行科学总结的同时，开展了对中国大陆 7 级以上地震活动特征的研究，并获得重要的认识，包括认识到强震时间分布上表现的期幕特征，以及空间分布上存在主体活动区（带）及其随时间可发生迁移与交替的特征，等等，并在此基础上开始开展中–长期地震预测研究，主要目标是判定未来十年左右的最高地震活动水平以及强震可能集中发生的区域。1990 年代，为将中–长期地震预测成果服务于政府决策及社会，在十年尺度地震危险区预测的基础上，进一步预测当地震发生时可能造成的危害性（地震灾害损失与影响范围），确定了 1996 ～ 2005 年全国地震重点监视防御区，作为政府防震减灾工作部署的参考依据。在 2006 ～ 2020 年全国地震重点监视防御区的预测研究中，应用了川滇等地区的中–长期地震危险性预测研究最新成果，这些研

---

* 执笔人：刘桂萍、闻学泽。

究的主要特色是紧密结合地震地质、活动构造与地震活动性分析方法对未来十年及稍长时间可能发生 6 级（东部）和 7 级（西部）以上地震的危险地段进行综合预测。2008 年的四川汶川 8.0 级地震以及 2010 年的青海玉树 7.1 级地震即发生在该项中-长期预测工作判定的 7 级以上地震危险区中。虽然该项预测成果未能为减轻汶川、玉树地震的灾害发挥作用，但表明该项研究的技术思路与方法具有一定的科学基础，值得开展进一步探索与应用研究。

提高对不同地震构造条件下的强震孕育过程和危险程度的认识、开展地震中-长期预测研究，是提高地震预报科学水平、增强地震短临预测基础的可能途径之一。我们认为今后我国的地震预测预报探索，似应从加强地震短临前兆异常观测与分析以及提高对地震孕育过程科学认识两个方面的深入研究予以推进。

2. 中-长期预测是地震预报的主要任务之一

2008 年的汶川大地震发生后，经过科学反思与总结，我国地震系统确定了通过开展长中短临多路探索、推进我国地震预测预报工作的发展思路。这对于我国地震预报的发展具有重要意义，不仅继续保持我国地震预报注重实践的特色，同时，进一步重视相关基础科学的探索与知识积累。

从实践的角度，地震预报的最终目的是减轻地震灾害，减少人员伤亡、财产损失和对社会经济生活的冲击。虽然准确的短临预报和恰当的应急工作是实现这一目标的最直接有效途径，但社会综合防御能力的提高也是有效减轻地震灾害的重要措施。经过几十年的艰苦探索，发现地震预报，特别是短临预报的进展比当初设想的要缓慢得多；一方面表现在对于短临预报的把握性始终处于低水平，另一方面表现在已取得的进展具有很大的局限性，失败总是多于成功。与此同时，我国社会经济已发展到一新的高水平，完全有可能通过提高综合防御能力的方式来减轻地震灾害。在这种情况下，针对强震危险程度的、较长时间尺度的预测研究及其相应成果，更有利于社会综合防御能力的建设与提高。

随着社会经济继续发展，我国社会的综合减灾能力将不断提高。到 2020 年，我国大、中型城市将基本具备抗御 6 级地震的能力，地震灾害将主要由 6 级以上、特别是 7 级以上地震造成。需求就是动力，地震预测科学探索也将更加集中于强震。而地震震级越高，孕育时间越长，孕育机制和发生机理就越复杂，单纯靠经验性的认识，难以做出较高信度和准确的短临预报，就越需要开展中-长期预测的基础研究，以提高对强震孕育过程的认识。

地震中-长期预测包括对强震活动群体和单个强震两方面的研究内容。前者是对未来强震形势的预测，包括未来一段时间强震活动可能达到的最高水平和相对集中活动的区域（块体或地震带）；后者是对某一可能发生强震的危险断裂段以及危险程度的预测研究。本专项工作的研究属于后一方面。

地震的中-长期预测与短临预报的关系，既相对独立又相互依赖。相对独立表现在科学思路和技术途径两个方面中-长期预测与短临预报存在显著差异。短临预报的基本思路是"以场求源"，通过对各种观测异常变化的空间分布、时间演化以及数量与强度变化的分析，参照以往震例的相关经验，对可能临近地震的三要素进行预测。中-长期预测，特别是对大地震危险地点的判定，则主要依据对地震构造带、活动断层潜在破裂段的划分，以及对历史、史前大地震破裂与复发特征的研究，结合地震空区理论、地震学与构造大地测量学观测资料的分析等，综合判定、预测活动地块边界带、主要活动断裂带潜在大地震危险段落与潜在大地震的强度，进而估计未来特定时段内发震的危险程度。中-长期预测和短临预报的相互依赖性主要表现在由中-长期预测研究获得强震危险地点、潜在地震强度、孕震构造特征及其动力学模式等，是开展地震短临预报、以及开展为短临预报服务的强化监测措施的重要基础。因为从现有震例的情况来看，短临异常具有非常复杂的特性，包括分布的不均匀性、特征的不重复性和成因的多解性，使得单纯依靠观测异常难以做出准确的地震短临预报；而科学的中-长期预测研究及其结果，有可能为短临预报阶段认识观测异常与孕震构造及动力学模式的相互关系提供重要参考，进而可能有助于短临预报的成功。

因此，中-长期预测和短临预报是地震预报工作不可或缺的两个重要组成部分。只有坚持不懈地从多种途径获取并积累对地震孕育发生的科学认识，才能稳步推动我国地震预测预报向前发展。

3. 中-长期预测的基础地位及研究的高起点推进

我国地震多、强度大、灾害广，是因在印度洋板块和太平洋板块的强烈碰撞、推挤的动力作用下，大部分国土都分布有发生强震危险的活动断裂（带）。因此，针对中国的国情，开展中-长期地震预测研究，一方面应是基础性的、普查性的，另一方面还应具有较高的研究起点与水准。

基础性一方面是指中-长期预测在长、中、短临预报工作体系中应处于基础地位。以十年尺度7级以上地震的危险区判定为目标的中-长期预测研究，结果应该既可直接服务于社会，又是短临预报的重要参考。预测十年及稍长时间尺度的强震危险区是确定我国特定时期地震重点监视防御区的首要环节，预测结果的科学性和可靠性决定了我国地震重点监视防御区的预测水平。地震短临预报的难点之一在于判定危险地点，而中-长期预测研究由于充分吸收了地震构造、动力学、历史强震背景以及地壳形变背景等方面的研究成果，有可能为短临阶段的危险地点判定提供有用线索。还有，短临预报的实现依赖于观测到短临前兆异常并可进行科学的解释，但经验表明短临异常出现的时间和地域带有极大的偶然性，只有在此前开展并已取得了具有一定科学水平的中-长期预测结果，才有助于提高短临预报水平，否则，有可能失去及时解读前兆异常、开展短临预报相关工作所需的时间。

鉴于中-长期预测的基础性地位，这项研究工作应立足于长远、立足于相关的或可开展研究的地震构造带。对我国大陆内部已具备条件（有一定观测、研究基础和资料积累）的活动构造区、带都应该开展强震孕育和危险程度的研究。因此，要在这些可能发生强震的地震构造区、带开展普查式的、长期不懈的大地震危险性的中-长期预测研究。对暂不具备条件的活动构造区、带，也应创造条件开展研究（如已开展相关的活断层填图、古地震研究、地震与地形变观测、地球物理探测，等等）。这样，最终可建立覆盖全国的中-长期地震预测研究的工作基础与组织体系。

在我国开展中-长期地震预测研究，应具有较高的研究起点与水准。中国地震预报工作的最主要特色在于短临预报实践，全球尚没有第二个国家像我国一样拥有众多的前兆观测站、点和手段，没有像我们一样的以短、临震情跟踪为岗位的职业队伍，更没有像我们仅靠自身实践与摸索总结出短临预报指标、经验和相关技术方法（尽管它们的有效性仍存在问题）。然而，一些西方国家很早就开展有计划的中-长期地震预测研究，并已获得了许多重要的科学理论、共识与进展，形成了多种假说与技术方法。例如弹性回跳假说与特征地震复发模式、地震空区与地震平静理论、凹凸体与断层闭锁理论、时间相依的概率地震危险性分析方法、利用地震活动及其参数分布识别高应力断裂段的方法、以及 AMR 模型等多种地震活动性异常的定量分析方法，等等。因此，我国中-长期地震预测研究的发展道路会与短临预报的有明显不同。因为我国的中-长期地震预测研究，可更多地参考、引进或吸收国际中-长期地震预测相关理论与最新技术方法，并紧密合我国大陆的地震构造、动力学环境与观测资料的特点，使得研究即可参考、应用世界先进水平的相关科学思路与技术途径，又可坚持中国特色。因此，完全有可能较高起点、较高水准地推动我国中-长期地震预测研究，并持续、稳定发展。

通过长期不懈开展基础性、普查式的中-长期地震预测研究，将显著增强我国地震预报的科学基础和应用研究能力。这有益于我国地震短临预报与实践的继续向前发展，并促进我国地震预测相关科学研究的水平和能力能更好适应我国防震减灾的需求。

4. M7 专项工作的背景与初步成果

为实现上述科学思路和目标，2008 年 8 月初（四川汶川 8.0 级特大地震发生后仅 2 个多月），中国地震局监测预报司启动了"中国大陆 7、8 级地震危险性中-长期预测研究"工作专项，简称"M7 专项"，并成立了专项工作组，拟在我国现有的、对地震的科学认识以及地震科技能力的基础上，进一步探索研究我国大陆地区未来十年及稍长时间的大地震危险性。

在中国地震局监测预报司预报管理处的具体组织下，M7 专项工作组首先开展系统的调研，了解过去 30 多年间国内外中-长期地震预测的理论、方法与研究发展趋势，分析我国大地震分布与活动构造的关系、可用观测资料的积累状态、以及 M7 专项工作组的人才队伍现状，并在参考国际地震科学界普遍认同的中-长期地震预测基础理论与技术方法的基础上，紧密结合我国实际，设计出以地震地质和历史地震、大地形变测量、地震学与地震活动性等多学科观测资料和技术方法为基础的多学科交叉与相结合的研究技术方案，针对我国大陆地区 Ⅰ、Ⅱ 级活动地块边界带及重要的活动断裂带，开展以判定未来十年及稍长时间的 7~8 级大地震危险地点为目标的中-长期地震预测研究，并在工作中逐步修正、完善研究的科学思路与技术方案。

M7 专项工作是 2008 年四川汶川 8.0 级特大地震后，我国地震系统实施地震预测预报多路科学探索思路的实践之一，所取得的研究成果已于 2009 年 7 月在北京召开的国际地震预报研讨会上作过专题介绍，向 2010 年度全国地震趋势会商会提交了针对南北地震带的阶段性研究报告，以及在 2011 年度全国地震趋势会商会上作了专题汇报。

三年多来，M7 专项工作组成员经过艰辛的努力，取得了相关的研究成果，所确立的总体科学思路和技术途径对于我国未来的中-长期强震危险区（段）预测研究具有参考意义。为系统总结本期 M7 专项工作的成果，监测预报司组织编著出版《中国大陆大地震中-长期危险性研究》专著。

本专著是 M7 工作专项在 2008 年 8 月至 2010 年 11 月期间完成的、主要研究成果的集成。以专著的形式保存 M7 工作专项研究的阶段性成果与资料，便于接受时间的检验，且有利于未来阶段的、后人研究工作的深入。需要提及的是，本专项的研究工作面临的诸多困难中，除了地震预测本身的科学难题之外，主要的困难还有可用观测资料时、空分布的高度非均匀性。正是为了在这种观测资料时空非均匀分布的情况下，尽可能维护中-长期地震危险性研究及其结果的科学性，本专项设计的重点研究区暂时没能包括我国青藏高原的大部、天山以外的新疆地区、东北地区、以及沿海海域的大部，因为这些地区的地震地质与历史地震调查研究、现代地震与地壳形变的监测能力和资料积累还很不够。

本专著第 11 章已汇集了通过 M7 专项工作的研究判定出的地震危险区和危险性值得注意地区的分布图，同时还给出相应潜在地震的发震构造、震级范围、危险性急迫程度，以及这些危险区/值得注意地区的主要判定依据。相应的研究方法和危险性的分析、论证与判定过程，以及作为判定依据的相关资料与图件等，已分别在本专著第 1 章至第 10 章中给出。

本期"中国大陆 7、8 级地震中-长期危险性预测研究"专项（简称"M7 专项"）工作的牵头单位是中国地震局地震预测研究所，技术负责人是闻学泽研究员。工作组成员分别来自中国地震局的地震预测研究所、地球物理研究所、第一与第二监测中心等直属单位，河北、山西、辽宁、江苏、安徽、山东、陕西、内蒙古、宁夏、新疆、青海、甘肃、四川、云南、广东、福建等省（区）地震局，以及中国科学院测量与地球物理研究所。其中，骨干成员有研究员/正研级高级工程师 12 位：闻学泽、田勤俭、袁道阳、张晶、杨国华、祝意青、王双绪、杜方、付虹、易桂喜、高立新、张素欣，副研究员/高级工程师 6 位：蒋长胜、郑勇、宋美琴、李霞、王行舟、盛菊琴，助理研究员/工程师等共 11 位：龙锋、冯建刚、李志海、马玉虎、袁丽文、黄元敏、李迎春、曾宪伟、刘春、石军、王亮、韩立波。

第1章 科学思路、研究目标与技术路线

1.1 国内外中-长期地震预测研究简要回顾

鉴于大地震的中-长期预测研究是地震预测预报科学探索与实践的重要方面，研究结果对于提高国家与地方政府部门防震减灾规划与决策水平、增强防震减灾综合能力具有重要参考意义，在过去的 30 多年中，国内外与中-长期地震预测相关的科学研究一直在探索中进行。

自 1970 年代后期以来，国际中-长期地震预测研究最突出的进展主要是在环太平洋地震带取得的，该地震带最近 30 多年来绝大部分大地震、巨大地震都发生在依据"地震空区理论"判定的地震空区内（Fedotov，1965；Sykes，1971；Mogi，1979；McCann et al.，1979；Nishenko，1991），如 2004 年 12 月印度尼西亚苏门答腊 9.2 级巨大地震、2010 年 2 月 27 日智利南部康塞普西翁市海外 8.8 级巨大地震，等等；当然，也有一小部分大地震和特大地震发生在事先未能充分鉴别出的地震空区中，如 2011 年 3 月 11 日的日本宫城海外 9.0 级地震。最近十多年来，我国大陆地区发生的 2001 年青海昆仑山口西 8.1 级、2008 年新疆于田 7.3 级与四川汶川 8.0 级、2010 年青海玉树 7.1 级等大地震，均发生在活动地块边界或大型活动断裂带上的地震空区中。其中，后三次大地震还发生在我国地震部门 2006 年预测、圈绘并公开发表的中-长期大地震危险区中（参见地震出版社 2007 年出版的专著《2006~2020 年中国大陆地震危险区与地震灾害损失预测研究》64 页的图 3.14 和 225 页的图 7.3）。此外，近十多年来，基于 GPS 测量的地壳形变场时-空变化研究、沿断裂带的 b 值等地震活动性参数的空间扫描、地震活动率与地震活动图像时空变化分析、以及地震引起的应力作用计算等方法已越来越多地应用于中-长期地震预测的探索，并有一些较成功的例子。这些工作反映加强中-长期地震预测研究是有效减轻地震灾害与损失所期望和需求的重要工作，因而也是国际地震预测研究的重要方面。

最近 30 多年来，国内外开展数年至 30 年时间尺度的中、长期地震预测研究的进展主要体现在以下八个方面：

（1）地震空区理论的应用（例如，McCann et al.，1979；Sykes，1984；Nishenko，1991；Bilham et al.，2001；Wen et al.，2007、2008；2006~2020 年中国大陆地震危险区与地震灾害损失预测研究项目组，2007；等等）。

（2）活动断裂带/板块边界带分段的、时间相依的发震概率评估（Working Group on California Earthquake Probabilities，1988、1990、1995、1999、2003、2007；日本防灾科学技术研究所，2006；闻学泽，1990、1995、1998）。

（3）区域地震活动图像分析及地震平静理论的应用（例如，Mogi，1979；Habermann，

＊ 本章执笔：1.1~1.3 节，闻学泽；1.4 节，蒋长胜；1.5 节，杜方、闻学泽、龙锋。

1981；陆远忠等，1985；梅世蓉等，1996；张国民等，2001），其中，紧密结合区域活动构造、区域与构造动力学背景进行分析，是不同尺度地震活动图像、强震迁移研究逐步发展的重要特征之一（例如，马宗晋等，1992；马瑾，1999；刘百篪等，2001；张国民等，2004；Wyss et al.，1988、1998；Wen et al.，2007；闻学泽等，2008，2011a、b）。

（4）地震活动性参数时、空变化的分析（例如，李全林等，1978），特别是沿活动断裂带多个地震活动性参数的时、空变化分析（闻学泽，1986；Wiemer and Wyss，1997；易桂喜等，2004a、b，2005，2006，2007，2008，2010，2011）。

（5）地震可预测计划（CSEP）发展的统计模型、方法及其应用，例如加速矩释放模型AMR、时空丛集模型 ETAS 以及图像信息模型 PI 等方法的发展与应用（例如，Holliday et al.，2007；Garavaglia et al.，2007；蒋长胜等，2008，2009、2010）。

（6）基于近场（或跨断层）形变观测资料的中期异常变化分析（例如，Sylvester，1986；张晶等，1998、2011）。

（7）基于构造大地测量（Tectonic geodetics）的区域/断裂带应变/位移场、重力场时空与动态变化的研究（例如，Bilham et al.，2001；Hirose and Obara，2005；Aguiar et al.，2009；Dixon，2009；Caltech，2003；杨国华等，1995；江在森等，2003、2009；杜方等，2009；祝意青等，2009；张晶等，2011）。

（8）地震引起的应力转移及其影响的计算分析（例如，Stein，1999；Freed and Lin，2001；Pollitz and Sacks，2002；Papadimitriou et al.，2004）。

以上的（1）和（2）方面可划归为地震地质与历史地震研究，第（3）～（5）方面应属于地震学与地震活动性研究，第（6）～（8）方面应属于近场/构造大地测量与动力学研究。由此可见，最近30多年中，国内外的中-长期地震预测研究主要涉及地震地质与历史地震、地震学与地震活动性、近场/构造大地测量与动力学等多个分支地球科学领域研究的分工与协作。这些对于形成本工作专项研究的科学思路与技术路线具有重要启示。

1.2 科学思路、研究目标与任务

1.2.1 科学思路

综合考虑以上总结的、国内外中-长期地震预测研究的多学科探索特点与发展趋势，结合现有人才队伍与可用观测资料现状，形成本工作专项（即"中国大陆7、8级地震危险性中-长期预测研究"，简称"M7专项"）研究的基本科学思想是：中国大陆地区中-长期尺度的、大地震潜在发生地点的判定，应当基于地震地质与历史地震、地震学与地震活动性、近场/构造大地测量与动力学等多学科方法与资料的研究，其中，既有分工又有协作。首先，设法鉴别出活动断裂带上的大地震空区、或者已有高应力/应变积累的活动断裂段/构造部位，同时排除那些大地震破裂发生不久、或者应力/应变积累水平尚不高的活动断裂段/构造部位；然后，再综合利用与时间相关的技术方法与观测资料进行分析（如地震活动性及其时-空变化的定量/统计分析、基于大地测量/重力测量资料的区域形变场、应变场、重力场的时-空变化分析，等等），进一步缩小中-长期尺度的、大地震潜在危险区的范围。

开展中国大陆地区中-长期大地震危险地点预测研究，首要的问题是：在中国大陆众多的、不同规模和活动程度的活动断裂（带）上，哪一些更有可能是未来大地震主要的发生场所？

中国地震局承担的一项国家重大基础科学研究项目（973 项目）"大陆强震机理与预测"的成果揭示：中国大陆是由不同级别的地壳活动块体所组成的，其中86％的 $M \geqslant 7$ 级地震、所有的 $M \geqslant 8$ 级地震均发生在 I、II 级活动地块边界带（图 1-1）（张培震等，2003；张国民等，2004、2005）。因此，鉴于中国大陆 $M \geqslant 7.0$ 级地震及其灾害主要沿 I、II 级活动地块边界带分布，本工作专项确定以 I、II 级活动地块边界带为研究的重点地带，以多学科分工—合作的研究途径综合判定未来十年及稍长时间 7~8 级大地震可能发生的地点为重点研究目标的科学思路，以便能集中有限的资源、突出重点开展研究，并有利于获得对未来一段时期我国的防震减灾和中期、中-短期大地震预测研究工作有一定参考意义的成果。

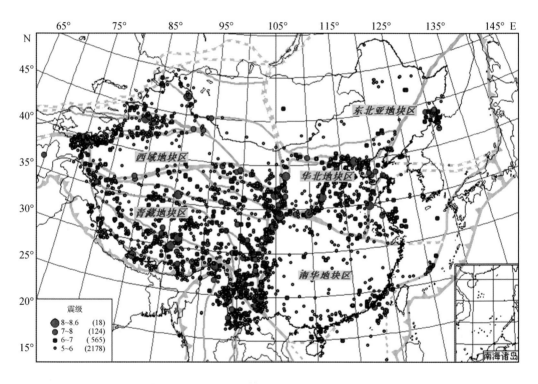

图 1-1　中国大陆及邻区 I、II 级活动地块与 $M \geqslant 5$ 级地震震中分布（张国民等，2004）

桔黄色、蓝色条带分别为 I、II 级活动地块边界

1.2.2　研究目标

M7 专项工作的研究目标是：基于活动构造与历史强震资料、区域与跨断层形变/重力测量资料以及现代地震观测资料，采用地震地质、地震活动性、地壳形变场/重力场分析等多学科相结合的技术方法，研究与判定中国大陆地区（青藏高原中南部、新疆南和北部、东北等地区暂时除外）部分活动地块边界带与地块内部重要活动断裂带未来十年及稍长时间的 $M \geqslant 7.0$ 级地震危险区。

1.2.3 工作任务

针对以上科学思路与研究目标，设定 M7 专项工作的主要任务是：

（1）判定中国大陆未来大地震主体活动区/带以及特定区/带的危险性。

分析不同时-空尺度的强震、大地震活动特征，判定未来十年及稍长时间中国大陆大地震的主体活动区域以及相关的活动构造区/带；结合区域与构造动力学分析，研究特定活动构造区/带 $M \geqslant 7.0$ 级大地震的中-长期危险背景。

（2）鉴别活动地块边界带/重要活动断裂带上存在的地震空区（大地震破裂空段）。

综合应用活动构造、历史与现代地震的破裂资料（含古地震资料），确定重点研究区主要活动地块边界/重要活动断裂带的强震、大地震震源区/破裂区的展布，从中识别出长期缺少 $M \geqslant 7.0$ 级地震破裂的段落，即地震空区。

（3）分析现代地震活动异常的区域，识别出小震及其参数分布异常的断裂段。

利用区域地震台网目录分析重点研究区活动地块边界带/重要活动断裂带的现代地震活动性及其参数的空间分布，圈出小震分布及地震活动性参数异常的段落。对于部分地震监测能力好的地区，开展地震重新定位，并利用重新定位的地震目录进行相应的分析研究。

（4）研究地块/断裂带的现代运动与变形/应变状态，鉴别相应的异常区域/断裂段。

利用跨断层（近场）与区域/构造大地测量（如 GPS、水准、重力、基线等）资料，分析重点研究区活动地块边界带、地块内部重要活动断裂带的现代运动与应变状态，判定出异常运动状态以及高应变积累的断裂段。

（5）综合判定未来十年及稍长时间的大地震危险区。

基于以上第（1）～（4）项内容的研究结果，结合地震引起的应力变化（库仑应力影响场）的相关研究结果，综合判定重点研究区活动地块边界带/重要活动断裂带未来十年及稍长时间的 $M \geqslant 7.0$ 级震危险区，尽可能依据现有信息估计出危险区潜在大地震的震级范围，并在综合考虑判定依据的科学性与充分性的基础上，对危险区的判定结果进行可靠性分类。

1.2.4 重点研究区

考虑到中国大陆西部以及东部滨海的一些地区缺少长期完整的历史地震资料，地震地质调查研究不足，同时，现代地震与地壳形变观测资料的积累也很有限，暂不能满足开展十年及稍长时间尺度的大地震危险性判定研究对基础调查与观测资料的需求，本工作专项暂未对青藏高原的大部分（尤其是青藏高原中南部）地区、天山构造带以外的新疆地区、东北地区、以及东部一些滨海地区开展系统研究。而已列入本工作专项重点研究区的是：

（1）华北地区：华北地块及其次级活动块体的周缘：山西—渭河断陷带、华北平原地震构造带、郯-庐断裂带（辽宁—渤海—安徽部分）、张家口—渤海地震构造带、河套地震构造带。

（2）南北地震构造带：包括青藏地块中次级活动块体的东缘及其附近，由北而南有吉兰泰—银川断陷带、海原—六盘山构造带、西秦岭北缘断裂带、祁连山断裂带东段、东昆仑断裂带东段、岷山—龙门山构造带、甘孜—玉树断裂带、鲜水河—安宁河—则木河断裂带、大凉山与马边断裂带、莲峰与昭通断裂带、金沙江—中甸断裂带、小江断裂带、红河断裂带、小金河与程海断裂带，以及位于腾冲—澜沧之间的滇西南地震构造带。

（3）西北地区：青藏地块北缘、西北缘的祁连山构造带中西段和阿尔金断裂带北东段，天山构造带及其周缘断裂带。

（4）东南沿海地区。

1.3 技术路线

本专项工作拟采用地震地质与历史地震、地震活动性、地壳形变场/重力场分析等多学科的研究，然后进行综合分析的技术思路来判定中国大陆活动地块边界及重要活动断裂带10年及稍长时间的 $M \geq 7.0$ 级地震危险区。

1. 地震地质与历史地震研究

在查明重点研究区活动地块边界及重要活动断裂带构造特征的基础上，系统整理与分析史前、历史与现代 $M \geq 6.5$ 级强震/大地震资料，由地表破裂、地震烈度与破坏分布、余震分布等信息确定各次强震/大地震破裂的位置与延伸，恢复特定活动断裂带/地震构造带的强震破裂历史；结合活动断裂带的破裂分段与分段强震/大地震平均复发间隔信息，分析并识别出 $M \geq 7.0$ 级地震的破裂空段，即地震空区；进一步结合历史强震时间序列与地震构造动力学分析等，判定地块边界/断裂带大地震的活动进程、趋势与中-长期危险背景。这部分研究的技术路线如图1-2所示。

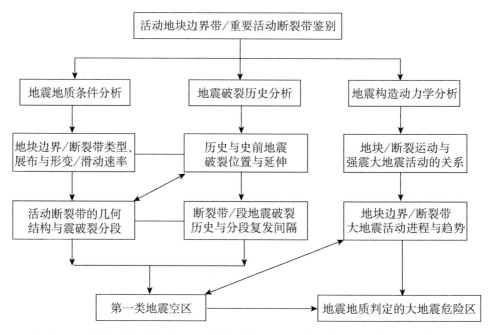

图1-2 基于地震地质与历史地震研究判定 $M \geq 7.0$ 级地震危险区的技术路线框图

基于地震地质与历史地震研究所判定的地震空区或大地震潜在危险区，仅具有发生大地震的长期危险背景，发震时间很不确定，未来十年及稍长时间的大地震危险区还必须结合以下其他学科的研究来综合判定。

2. 地震活动性研究

这部分研究主要包括：

①应用不同时、空尺度地震活动图像分析方法（常规方法），研究与判定中国大陆中-长期尺度的大地震主体活动区及次要活动区，以及未来十年及稍长时间可能发生 $M \geq 7.0$ 级地震的主要地震构造带。

②应用具有物理意义的地震活动性统计学方法，如加速矩释放（AMR）、图像信息（PI）等模型，以及地震空间相关长度增长（或者单键群 Single-link cluster）等分析方法的应用，将地震活动性统计异常的分布与地震构造带展布和地震空区的位置相结合，判定中-长期尺度的大地震危险区。

③沿活动断裂带地震活动性参数的研究，即对地震监测能力较好、具有较长时期小震目录地区的活动断裂带（段）进行 b 值等地震活动性参数的平面/深度扫描计算，结合小震分布、历史强震/大地震破裂背景等，分析活动断裂带不同段落的现今活动习性，判定出相对高应力积累或者已闭锁的断裂段。

④沿活动断裂带小震分布图像分析，对地震监测能力好和较好的地区，开展地震重新精确定位，在此基础上开展 3D 地震分布及其参数图像的分析，鉴别出小震分布及活动参数异常的断裂段，用于判定相对高应力的/闭锁的断裂段。

地震活动性研究的技术路线如图 1-3 所示。

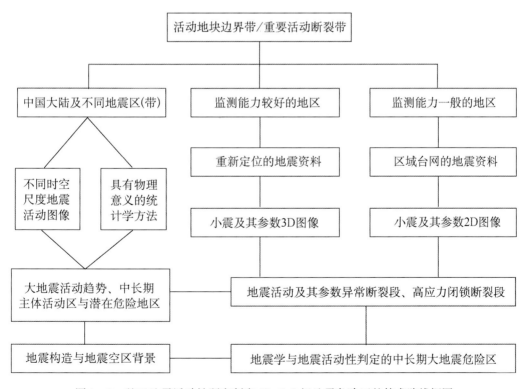

图 1-3　基于地震活动性研究判定 $M \geq 7.0$ 级地震危险区的技术路线框图

3. 大地形变场/重力场与动力学研究

这部分研究的技术路线如图1-4所示，分别利用区域GPS、水准、流动重力观测以及跨断层形变观测等资料，分析研究区域与活动地块的现代运动、变形与重力场变化特征，判定正处于异常运动或者高应变积累的地块边界/地震构造带；结合地震构造特征和强震发生背景等，判定异常运动、高应变积累或者闭锁的断裂段；再进一步结合跨断层测量获得的断裂（段）运动/变形的时间变化特征、先发强震/大地震引起的库仑应力变化等信息判定的中-长期的大地震危险区。

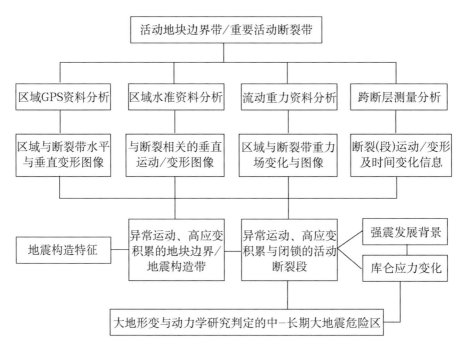

图1-4 基于地形变/重力场变化与动力学分析判定 $M \geq 7.0$ 级地震危险区的技术路线框图

4. $M \geq 7.0$ 级地震中-长期危险区的综合判定

对以上分别采用地震地质与历史地震、地震活动性以及大地形变/重力与动力学等不同学科资料与研究方法判定出的 $M \geq 7.0$ 级地震空区和危险区，再采用图1-5的技术路线进行综合分析。在综合分析的过程中，注重两种新的分析研究的加入：①分析历史及现今强震、大地震活动的时、空、强特征及其与区域地震构造区/带的关系，判定未来大地震活动的主体构造区/带，并由地震的时空迁移规律、应变能积累释放特征等分析未来大地震可能发生的危险地段、时段与强度；②基于不同学科与资料的研究方法对以往大地震相关震例进行回顾性分析研究，并将震例研究获得的认识及时应用于中-长期大地震危险区的综合判定。最后，对于综合判定出 $M \geq 7.0$ 级地震危险区或危险性值得注意的地区，尽可能采用相关的震级—破裂尺度经验关系（例如，Wells and Coppersmith，1994；龙锋等，2006；Leonard，2010）或者宏观地震矩方法（例如，闻学泽等，2008）等估计出潜在地震的强度。

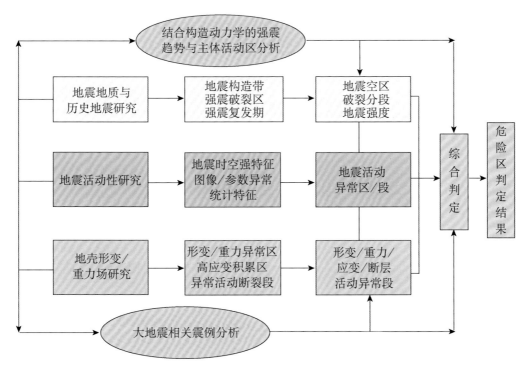

图 1-5 本专项工作采用的、多学科相结合综合判定 $M \geqslant 7.0$ 级地震危险区的技术路线

1.4 已开展和完成的工作

在 2008 年 8 月至 2010 年 11 月期间，本专项已开展和完成以下工作：

（1）方法培训与研究交流。已通过 7 次工作会议，对本工作专项不同阶段的工作进行部署、检查，开展阶段研究的交流与新技术方法的培训，从中深化中-长期大地震预测的科学思路，并不断完善技术路线。通过方法的培训与阶段研究的交流，已促进一些新的技术方法的及时应用，例如，地震目录完整性的多种分析确定方法；地震绝对定位的 HypoInverse-2000 和相对定位的 HypoDD 方法；地震加速矩释放（AMR）模型（Zhuang et al.，2002；Jiang and Wu，2005；蒋长胜等，2008、2009、2010；蒋长胜、吴忠良，2009）、沿断裂带地震活动性参数的扫描与分析方法（Wiemer and Wyss，1997；易桂喜等，2004 a、b、2005、2006、2007、2011）等地震活动性定量分析的技术与应用程序；基于活动构造与历史地震资料确定强震/大地震破裂区、进而鉴别地震空区的技术方法，以及考虑地震构造与区域动力学背景的中长期大地震危险性分析思路与研究实例（Wen et al.，2007、2008；闻学泽等，2008、2011a、b），等等。通过这些方法培训与研究交流，培养与提高了专项工作组成员的科学研究与分析能力。

（2）区域地震观测报告汇集、整合与应用。我国的数字化地震观测时段（2000 年至今）太短，为了能最大限度利用可用时段的地震资料进行重新定位和地震活动性研究，参与本专项工作的各省（区）地震局成员和地球物理研究所，已在监测预报司的组织下，组织力量清理和汇集了模拟记录时代（大约是 1970～2000 年期间）的区域地震台网观测报告（纸介质的）或卡片，并按统一格式进行数字化。各参加单位收集、整理和数字化的观测报告资料统计情况如表 1-1 所示。在此基础上，将数字化的模拟记录年代的观测报告与数字化记录年代的观测报告进行整合，结果已在很大程度上延长了本专项可用地震资料的时间。

表 1-1　本专项工作完成的区域地震台网观测报告汇集情况统计

	区域台网	资料起止时间	台站数目	地震数目	震相条目
1	辽宁台网	1975.01～2008.12	58	30644	216865
2	河北台网	1972.01～2008.12	121	19566	266016
3	首都圈台网（地球所）	1978.01～2008.12	167	20309	316775
4	山东台网	1975.01～2009.10	57	5649	85355
5	江苏台网	1982.01～2007.12	40	3363	65440
6	安徽台网	1976.01～2009.07	36	4011	42995
7	福建台网	1980.01～2009.07	84	5618	58305
8	广东台网	1972.01～2009.05	113	30343	176913
9	云南台网	1979.01～2008.12	153	35850	145411
10	四川台网	1981.11～2009.04	153	62754	887397
11	甘肃台网	1970.01～2009.04	149	23272	260406
12	陕西台网	1970.01～2008.12	67	10470	320445
13	山西台网	1981.01～2008.12	66	21904	206073
14	宁夏台网	1970.01～2008.12	27	7128	73886
15	内蒙台网	1976.01～2009.06	58	11660	113223
16	新疆台网	1988.01～2008.12	100	109200	1484570
17	青海台网	1974.01～2007.12	30	11174	96547
合计			1479	412915	4816622

本专项已基于以上整合、汇集起来的、近 40 年的区域地震台网观测报告中的震相资料，采用更为精细和科学合理的分区地壳速度模型、以及采用相对和绝对定位方法与程序进行地震的重新定位，获得研究区大部分活动地块边界带 1980 年以来的地震重新定位目录，并应用于本专项研究的地震活动性定量分析。其中，应用 Hypo2000 和 HypoDD 方法与程序进行定位的工作流程如图 1-6 和 1-7 所示，工作流程的核心技术思路是采用多种组合方式"各态遍历"和误差评估的震相报告整合，即假定同一事件相邻台网记录的多种拼合后在台站—事件覆盖方位角、近震到时数据增多情况下，可显著改善定位精度并降低定位的总体残差。

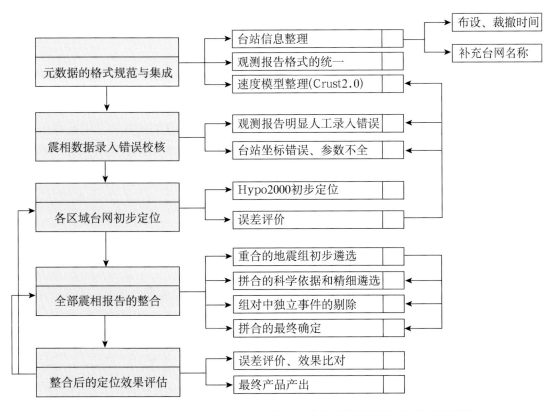

图 1-6 本专项利用 Hypo2000 方法重新定位和观测报告拼合的技术流程图

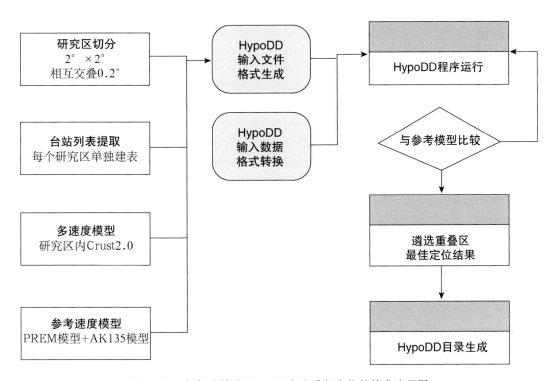

图 1-7 本专项利用 HypoDD 方法重新定位的技术流程图

在不同的重点研究区，重新定位结果或显著、或不同程度改善了地震定位精度，结果已为本专项研究中分析和揭示地震活动与构造关系提供了相应的信息。其中也发现目前还存在的、有待于开展进一步的工作去解决的相关问题。

（3）大地震相关震例的研究。为了解本专项所采用的各种分析方法与资料对于大地震中-长期预测的可行性与有效性，已针对过去（中国大陆地区为主）的 $M \geqslant 7$ 级地震的震例开展回顾性研究，内容包括大地震前的历史强震、大地震破裂背景与破裂空段的分布特征，地震活动及其参数图像分布，地震加速矩释放（AMR）的时空分布，大震前的地壳形变场、应变场与重力场变化，以及跨断层的形变特征，等等，从中已总结并获得有助于本专项根据不同学科与资料判定大地震中-长期危险性的相关特征，并已应用于本专项的大地震中-长期危险区判定。

（4）未来十年及稍长时间的 $M \geqslant 7$ 级地震危险性与危险地点判定研究。基于本专项的科学思路、技术路线，以及基于以上开展的（1）、（2）、（3）项工作，已开展并完成的研究工作有：

①中国大陆未来十年及稍长时间 $M \geqslant 7$ 级地震趋势及主要发生地域的判定研究，获得的主要认识将在本章 1.5.1 节中介绍。

②未来十年及稍长时间的 $M \geqslant 7$ 级地震潜在危险地点的判定研究，结果已在重点研究区的活动地块边界带/重要活动断裂带上初步判定出 15 个 $M \geqslant 7$ 级地震危险区和 17 个 $M \geqslant 7$ 级地震危险性值得注意的地区。其中，考虑判定依据的科学性和充分性，已将危险区的危险性急迫程度分成 A、B、C 三类。另外，已根据潜在发震断层段的尺度估计出各危险区、值得注意地区潜在大地震的震级范围。

1.5　中国大陆大地震发生的中-长期趋势与地域分析

1.5.1　未来十年及稍长时间的大地震活动趋势

2008 年 3 月新疆于田 7.3 级、2008 年 5 月四川汶川 8.0 级、2010 年 4 月青海玉树 7.1 级地震的发生，进一步表明中国大陆地区自 2001 年昆仑山口西 8.1 级大地震后，7 级以上地震平静了 6 年之后，于 2008 年开始进入新一轮强震活跃期，同时，预示着在未来 10～15 年中还可能会发生多次 $M \geqslant 7.0$ 级的大地震（图 1-8）。

图 1-8 反映中国大陆地区（国境线以内）在 1900 年以来已完成的前 4 个强震活跃期中，每一个活跃期发生的 $M \geqslant 7$ 级地震次数在 9～14 之间，且平均有 2～3 次 $M \geqslant 7.7$ 级的特大地震。2008 年开始的最新强震活跃期中，中国大陆地区已发生 3 次 $M \geqslant 7.0$ 级地震，其中有 1 次 $M = 8.0$ 级地震（2008 年四川汶川地震）。由此可外推预测从 2011 年起，未来 10 年及稍长时间中国大陆地区还可能发生 10 次以上 $M \geqslant 7.0$ 级的大地震，其中还可能有 1～2 次 $M \geqslant 7.7$ 级的特大地震。

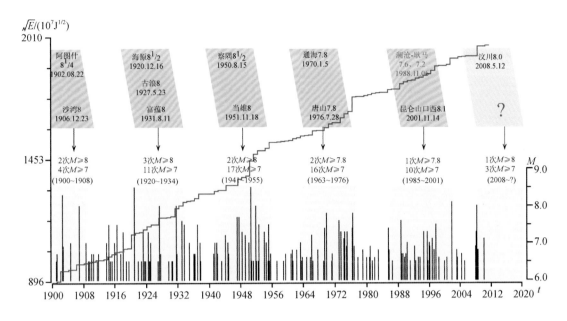

图1-8 中国大陆地区过去百年大地震活跃期划分与最新活跃期预测图

使用1900年以来国境线以内 $M \geqslant 6.5$ 级地震资料（不含东北的中、深源地震和台湾地区的地震资料）

黑竖线为震级，红色曲线指示应变能释放随时间的积累，黄色影区示意大地震活跃期

1.5.2 未来大地震的主体发生地域

我国一些科学家早已发现区域性强震、大地震活动存在时间上的丛集性和空间上的分区分带性，并且在时-空上表现出循环与迁移的特征。例如，在中小尺度上强震与大地震沿断裂带或者地震构造带的迁移（马宗晋，1997），在较大尺度上大地震主体活动区发生时-空迁移甚至循环（刘百篪等，2001）。这些现象可能与周边板块运动对中国大陆动力作用的强度与方式、以及在这种作用下中国大陆活动地块运动/变形以及相互作用的强度与方式随时间的变化有关（马瑾，1999；张培震等，2003；张国民等，2004、2005）。

刘百篪等（2001）研究了中国大陆及邻近地区活动地块与不同时段大地震空间分布的相互关系，发现在过去100多年的不同时期中，中国大陆由西向东存在四个大地震群聚发生区域或者主体活动区（图1-9）。这4个区域及其大地震群聚发生时期分别为：①区——天山—贝加尔地震带和喜马拉雅地震带（1897～1916年）（图1-9a）；②区——青藏块体中北部—南北地震带（1917～1940年）（图1-9b）；③区——南北地震带—阿萨姆角周缘（1941～1960年）（图1-9c）；④区——华北与川滇地区（1961～1980年）（图1-9d）。每个区域的大地震群聚发生时间为10～23年不等。1981～1997年期间，大地震群聚区域迁移回到西部的①区，即回到类似1897～1916年期间的大地震群聚区域（图1-9e），从而出现大地震群聚区域的"循环"迁移现象。自1998年以来，中国大陆大地震主要发生在青藏块体中北部和南北地震带中南段上，反映出大地震群聚区域很可能迁移回②区，即与1917～1940年期间大地震群聚活动相同的区域范围（图1-9f）。按照这种大震群聚区域的时-空迁移与循环规律，可预测在1998～2019年左右的时段内（包含从2011年起的未来十年及稍长时期），青藏块体中北部以及南北地震带地区依然是中国大陆 $M \geq 7.0$ 级大地震的主要群聚发生区域（图1-9f）；对比图1-9f与图1-9b，还可推测未来十年及稍长时期在新疆天山地区、华北地区、以及青藏高原中南部地区，也有可能发生个别 $M \geq 7.0$ 级的大地震。

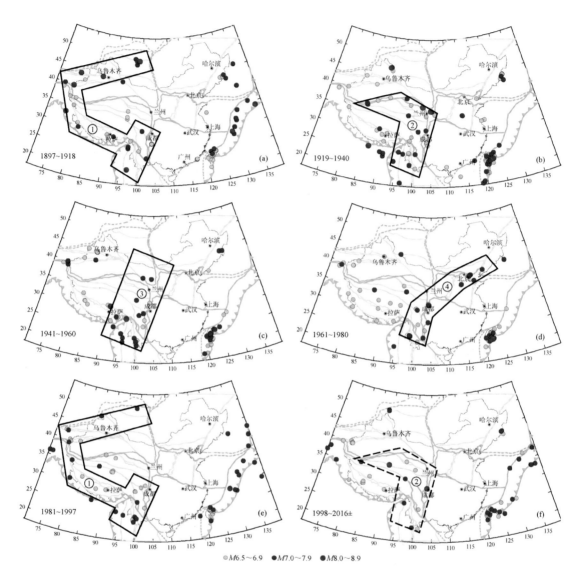

○ M6.5~6.9　● M7.0~7.9　● M8.0~8.9

图1-9　中国大陆大地震群聚发生区域随时间的迁移图像（据刘百篪等（2001）改绘）

依据前5个时段大地震群聚区随时间的迁移特征，可预测1998~2018年前后中国大陆大地震
群聚区应位于青藏高原中-北部以及南北地震带
图中蓝色、红色与褐色圆点分别指示 $M=8.0~8.7$、$M=7.0~7.9$、$M=6.5~6.9$ 级地震震中

由图1-9可注意到南北地震带中-南段的川滇地块是一个特殊的区域，任何一个时段都可发生 $M \geq 7.0$ 级的大地震。考虑到南北地震带中段和青藏块体中部的2008年汶川大地震、2010年玉树地震刚发生不久，未来中-长期尺度时段内似乎更应注意青藏块体北部、南北地

震带北段和南段发生 $M \geqslant 7.0$ 级大地震的可能性①。

图 1-10 从另外一种时段划分方案进行观察，反映出 1996 年至 2010 年年底，中国大陆 $M \geqslant 7.0$ 级地震的主体活动区是青藏高原中部的巴颜喀拉块体至川滇块体的西边界，目前仍看不出这种大地震主体活动区域有发生重要转变的迹象。

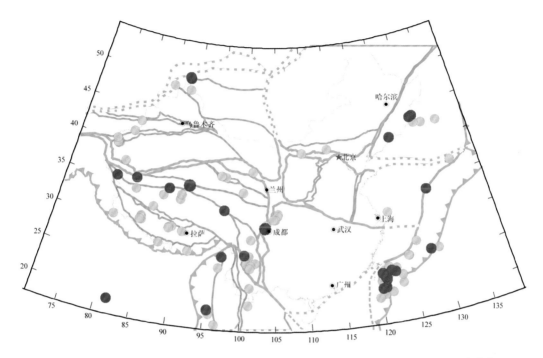

图 1-10 中国大陆 I、II 级活动地块边界带及 1996～2010 年 $M \geqslant 6.0$ 级地震震中分布
至 2010 年底的 $M \geqslant 7.0$ 级地震主体活动区是青藏高原巴颜喀喇块体边界带与川滇块体的西边界
红色和灰色圆点分别表示 $M = 7.0 \sim 8.1$、$M = 6.0 \sim 6.9$ 级地震震中

已注意到在最新的（1996 年以来或者 1998 年以来）大地震（红色圆）主体活动区中，南北地震带南段仅发生过 1996 年云南丽江 $M7.0$ 地震和 2011 年缅甸东北部的 $M7.2$ 地震；同时，还注意到在相同的时期中，在青藏地块的羌塘块体与拉萨地块的边界带、青藏地块东北缘的 I、II 级块体边界带、川滇块体的中-南段等地已发生过多次 $M = 6.0 \sim 6.9$ 级地震（图 1-10）。因此，结合图 1-9 的群聚发生区/主体活动区随时间演化和循环的规律，本研究综合判定未来十年及稍长时间中国大陆 $M \geqslant 7.0$ 级地震的主体活动区是青藏地块中北部的祁连山—柴达木块体边界带、南北地震构造带、以及羌塘块体的南边界东段（中国西藏东南部及中、缅、印交界地区），次要的 $M \geqslant 7.0$ 级地震活动区可能是天山构造带中、西段，以及华北地区。

---

① 本书在修改、编辑过程中，2011 年 3 月 24 日在与云南接壤的缅甸东北部地区，已发生一次 7.2 级大地震。

第 2 章　中-长期大地震危险性的地震地质研究

中国大陆绝大多数 $M \geqslant 7.0$ 级和几乎所有 $M \geqslant 8.0$ 级的大地震均发生在 I、II 级活动地块/块体边界带的事实（邓起东等，2002；张培震等，2003；张国民等，2004），反映在中-长期地震预测研究中，有关未来大地震潜在危险地点的判定，离不开地震地质学的研究与配合。因此，地震地质学的研究思路、方法、资料与相关研究结果，如何有效应用于大地震的中-长期危险性评价或预测，是非常值得深入探索与实践的问题，也是 M7 专项工作的一个重要内容。在 M7 专项工作中，地震地质学的研究及其作用主要体现在以下方面：

（1）分析区域活动构造与动力学环境，划分地震构造带，提供具体地震构造、断裂活动方式与活动程度的相关信息，并为大地形变场/重力场、地震活动的异常区提供地震地质与构造动力学的背景分析。

（2）整理并集成 M7 专项工作重点研究区（参见 1.2.4 节）活动块体边界带/活动断裂带的历史及史前大地震破裂的信息，并在此基础上识别与判定出相应的地震空区。

（3）将活动断裂分段及分段活动性差异的地震地质学分析思路，引入并应用到对具体断裂带/地震构造带的现今地震活动性、断裂现今活动习性的分析中，帮助判定存在潜在大地震危险性的断裂段。

（4）基于构造动力学分析判定活动断裂带/构造带整体的大地震发生趋势。

以上第（1）、（3）点的地震地质学应用研究工作，已在本书的第 1 章和第 3 ~ 10 章的相关研究和论述中体现。本章将针对以上第（2）、（4）点的工作，围绕地震空区的识别及其潜在大地震危险背景分析，以及围绕活动断裂带整体大地震发生趋势分析两个方面，以地震地质学为主的研究视角，论述并总结相关理论、方法以及分析思路，并给出相应的应用研究例子。

2.1　地震空区及其识别的基础

2.1.1　地震空区理论

科学分析并识别、圈划出中国大陆重点研究区相关活动块体边界带、主要活动断裂带上的地震空区，是 M7 专项分析与判定未来大地震可能发生地段、进而估计潜在地震强度的一项重要的基础性研究工作。总结这项研究工作需要先从地震空区理论说起。

地震空区（Seismic gaps）是板块边界带/活动断裂带上那些已较长时期没有发生大地震破裂的段落，其相对于相邻的、发生大地震破裂不久的段落可积累起更高的应力应变，因而可能是未来大地震最有可能先发生的地段——这种理论即地震空区理论（Fedotov，1965；Sykes，1971）。地震空区初始概念的提出可追溯到 20 世纪初。1909 年日本地震学家大森房

＊ 本章执笔：闻学泽。

吉（F. Omori）曾认识到大地震沿地震带不同部分依次发生的现象，并由此推断意大利地震带中未发生过大地震的部分应是未来大地震的填补性发生区。结果，在他所指的一个填补区中，1915 年发生了意大利阿韦扎诺（Avezzano）地震（7 级，造成 3 万多人死亡）。1924 年，另一位日本地震学家今村明恒也认为一个地震带中不相邻的部分一旦发生了大地震，它们之间的空隙（未发生大地震的部分）就容易被下一次大地震填补。这些初始概念与现代的地震空区概念基本一致。

苏联学者 S. A. Fedotov（1965）在研究勘察加半岛—库页岛—东北日本列岛海沟的大地震震源分布时，明确指出位于已发生大地震震源区之间的、尚未发生大地震的地震空区。后来，随着板块构造研究的发展，结合板块边界的地震活动性研究使得地震空区理论进一步深化。其中，美国地震学家 Lynn R. Sykes（1971）在研究阿拉斯加—阿留申俯冲带的大地震活动时，发现在 1938～1970 年期间的地震轮回中，5 次大地震已经破裂了该俯冲带的大部分，但位于这些大地震震源区之间还存在若干地震空区，它们很可能是未来大地震发生的地点。美国构造物理学家 C. H. Scholz（1990）在总结地震空区理论时说："板块构造的一个原则是在地质时期中沿板块边界的运动速率必须是稳定和连续的，如果进一步假定这种板块运动的一个重要部分必须以地震的形式释放，则那些在板块边界上已有最长时间没有被地震破裂过的段落就最有可能在不远的将来发生地震破裂，那些段落就是地震空区"。因此，根据地震空区进行中-长期地震预测的理论依据是：在特定的板块边界段或活动断裂段上，大地震可以反复发生；那里发生大地震的危险性在紧随一次大地震发生之后最小，但随着时间的增长而增加。

最近 30 多年来已陆续发现许多大地震发生在板块边界的地震空区中，并已在地震空区理论的基础上逐步发展了板块边界/活动断裂带破裂分段的中-长期地震预测方法。例如，McCann 等（1979）和 Nishenko（1991）分别根据历史大地震破裂的空间分布，将环太平洋板块边界划分成数十公里到超过 1000km 长度的许多段落，分别采用半定量的和概率的方法评估这些段落未来数十年的大地震危险性，结果发现那些属于地震空区的段落具有更高的地震危险性。1990 年代以来，我国地震地质工作者已逐渐将地震空区理论应用到中国大陆板内的活动断裂带，并与活动断裂的破裂分段研究相结合，应用于地震的中-长期预测与危险性评价（例如，丁国瑜等，1993；闻学泽，1990、1995、1998）。图 2-1 是东昆仑断裂带 1879 年以来 7 级以上地震、1902 年以来 6.5 级以上地震破裂的分布，其反映在 2001 年之前沿该断裂带在东经 90°～95°之间以及东经 100°～105°之间分别存在两个地震空区，2001 年 11 月 14 日昆仑山口西 8.1 级大地震发生在前一个地震空区（昆仑山地震空区）中，且地震破裂几乎填满该空区。目前，后一个地震空区（玛曲地震空区）依然存在（Wen et al.，2007）。图 2-1 的例子有力说明地震空区理论同样适用于我国大陆板内环境的大地震中-长期预测研究。

美国学者 Kagan 和 Jackson（1991）、Kagan（1995）曾对 McCann 等（1979）和 Nishenko（1991）分别根据地震空区理论对环太平洋板块边界带不同段落大地震危险性的中-长期预测结果进行了统计检验，结果认为那些基于地震空区理论的预测与 5 到 10 年后的大地震实际发生情况不相符；从而，几乎否定了地震空区理论的中-长期地震预测意义。然而，多数学者认为这种统计检验的条件过于苛刻。例如，日本著名地震学家大竹政和（1998）对此的看法是：被 Kagan 和 Jackson（1991）、Kagan（1995）检验的环太平洋板块边界带的中-

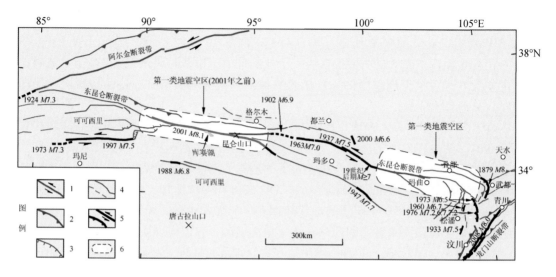

图 2-1　2001 年之前沿东昆仑断裂带的地震破裂与地震空区

1. 活动走滑断层；2. 活动逆断层；3. 活动正断层；4. 次级活动断层；5. 地震破裂段；6. 地震空区

2001 年 8.1 级大地震发生在西侧地震空区，但东侧地震空区依然存在

（据 Wen et al（2007）补充、修改）

长期大地震预测研究工作中，由于使用资料的精度较差，使得当时圈定的一些地震空区的位置并不准确，这是预测结果不能通过后来严格统计检验的主要原因；从而，这种统计检验结果不足以否定地震空区理论的中-长期地震预测意义。大竹政和（1998）的这一分析，充分说明在应用地震空区理论开展中-长期地震预测时，务必将地震空区的位置判定、圈划准确。

总之，尽管存在一些不同的看法，但地震空区理论已被全球多数地震科学家所接受，并且一直是国际地震预测研究的重要理论假说之一，在中-长期地震预测研究中应用广泛。同时，地震空区理论本身也还在不断发展。

2.1.2　第 I、II 类地震空区的问题

1979 年，日本地震学家茂木清夫（K. Mogi）基于地震预测的角度考虑，将地震空区划分为两类。其中，"第 I 类地震空区"即通常所称的地震空区，亦即本书 2.1.1 节给出定义的"地震空区"—板块边界带/活断裂带上那些相对于邻段已有较长时期未发生大地震破裂的段落；而"第 II 类地震空区"则是指大地震发生之前、环绕潜在震源区及其周围的较小地震（如中强地震和背景地震）活动相对平静的区域。

自 1960 年代中期以来，一些地震学家（如日本的井上千、宇津德治）开始注意到在一些大地震发生之前，在潜在震源区及其周围会出现中强地震或者背景地震活动的相对平静区域，而平静区域周边的地震活动反而相对增强，形成环绕地震平静区域的、近于环状的地震分布图像。1960 年代末期以来，我国地震学家陆续研究了中强地震和背景地震活动的相对平静区及其作为大地震中期前兆的意义。例如，梅世蓉（1970）研究并发现在华北地区若干历史大地震发生之前的若干年，潜在震源区及其附近存在地震发生数量明显少于周缘的"空白区"图像。随后的研究还发现以上现象较为普遍，且在实验室也能观察到类似的平静

期现象。若按照茂木清夫（Mogi，1979）的定义，这类特定时段的中强地震或者背景地震活动的相对平静区、或者"空白区"，应属于"第Ⅱ类地震空区"的范畴。

然而，一些地震学家，如美国的 Habermann 等（1983）和日本的大竹政和等（1998年），不同意茂木清夫（Mogi，1979）定义的"第Ⅱ类地震空区"，认为其与地震空区的概念完全不同，应恰如其分地称为"地震平静区"。

本研究的地震空区与"第Ⅰ类地震空区"的含义相同，并将相当于茂木清夫（Mogi，1979）定义的"第Ⅱ类地震空区"的现象称为地震活动的"平静区"。

2.1.3 地震空区识别的基础——破裂信息的集成

要识别板块与活动块体边界带、或者活动断裂带上的地震空区，首先需要获取并集成过去较长时期的强震、大地震破裂的信息，包括地震的发生时间、破裂的位置与延伸。一条活动断裂带的不同段落，过去强震、大地震破裂的次数、规模与时间是不同的，从而，获取每次地震破裂信息的技术方法也不同。依地震发生距今时间的远、近，可将确定单次地震破裂信息的技术方法总结于表2-1。

表2-1说明：现代地震事件的破裂时间是明确的（有仪器记录的），相应破裂的位置与延伸等信息，可分别从余震定位、破裂过程与同震位移的地震波反演和同震位移场/形变场反演（含 InSAR 技术反演）、地表破裂带地质调查、遥感影像分析等现代技术方法获得。大部分历史地震的发生时间是有文字记载的或者可以推算的，这部分历史地震的破裂位置与延伸，可采用活动构造地质调查+烈度分布的分析方法较可靠地获得；但对于早期历史地震的破裂位置与延伸信息，仅可依据有限的破坏/有感分布的信息，结合活动构造分析粗略推断，结果的可靠性自然比不上前述两种情况。

表2-1 确定不同时期地震破裂位置与延伸的主要技术方法

破裂确定方法	现今地震	近代历史地震	历史地震	早期历史地震	史前（古）地震
余震分布	○				
地震波反演	○				
同震位移分布/反演	○				
InSAR 方法	○				
遥感影像分析	○	√			
烈度/分布	√	○	○	√	
地表破裂/地质调查	○	○	√	√	√
破坏/海啸/有感分布		√	√	○	
古地震研究				√	○

注："○"表示最适用的方法，"√"表示可选用的方法。

古地震是指一个地区有文字记载历史之前发生的大地震，即史前大地震，相应的破裂信息仅能依靠古地震学的研究手段获得。古地震学是地震地质学的一个专门研究方面，基于活动构造学、微沉积地层学和新地质年代学理论，采用探槽开挖、大地切片、钻探、采样、高保真成图、绝对年龄测定等技术方法，配合活动断裂微地貌调查、古沙土液化/沉积层变形分析等手段来研究史前的大地震事件，并尽可能获得事件发生的距今时间、破裂位置与延伸、同震位错和地震强度、以及大地震之间的复发间隔等参数。古地震的研究结果已在一定程度上弥补了历史地震文字记载时期过短、历史强震与大地震样本不足的问题。例如，在文字记载历史不足 200 年的美国加州地区，Sieh et al.（1978、1989）最早开展古地震研究，确定了多个场地的古地震事件的年代学序列，并建立了圣安德烈斯断裂带若干段落最近两千年来的大地震破裂历史；Weldon 等（2005）开展了进一步的研究与信息集成，并获得圣安德烈斯断裂带中—南段较长时期的大地震破裂历史与复发间隔。自 1980 年代以来，我国地震地质工作者也陆续开展古地震研究工作，先后获得相关活动断裂带（段）的长期大地震破裂历史与复发间隔的信息，其中的一部分古地震研究结果已在本专项研究中得到应用（例如，冯先岳，1997；冉勇康等，1997；闻学泽等，2000；柴炽章等，2001；袁道阳等，2003；徐锡伟等，2005；闵伟等，2006）。

集成由不同技术方法获得的、不同时期的强震与大地震破裂的信息（时间、位置与延伸），是恢复研究断裂带长期地震破裂历史，进而识别、判定地震空区的重要基础。在过去的 40 多年中，综合应用活动构造、历史地震、古地震等资料研究特定板块边界带/活动断裂带的大地震破裂历史与图像，进而识别大地震空区，一直是国际长期、中-长期地震预测研究的重要方面。例如，Ando（1975）依据历史文字记载中的地震破坏、伤亡分布/海啸分布的相关信息，重建日本南海海沟俯冲带两个相连接段落从公元 684 年至 1946 年的破裂历史，揭示出这两个段落各自的大地震复发间隔为 90～260 年，并由复发间隔揭示出南海海沟俯冲带的东海段属于地震空区；Bilham（2004）分别利用活动构造、历史地震资料重建喜马拉雅活动冲断带最近数百年的大地震破裂历史，识别出多个地震空区；Amberrys（1970）、Dewey（1976）和 Toksoz 等（1979）则先后利用地表破裂带的地质调查、历史文字记载的地震破坏等信息研究并获得土耳其北安纳托利亚断裂带最近数百年的破裂历史图像，并由此识别出该断裂带的西段存在明显的地震空区；后来，1999 年土耳其 Izmit $M7.6$ 大地震发生在该地震空区的东段上。

本专项工作对中国大陆重点研究区的活动块体边界带、重要活动断裂带开展了地震空区的识别与判定研究工作。其中，对大部分地震空区的判定研究，是在活动构造背景、历史地震资料、加上部分古地震资料的综合分析基础上进行的。研究中使用的大部分现代地震、古地震破裂的信息，主要来源于已有的研究结果，但有少数古地震破裂信息是本专项工作组成员的研究获得、尚未发表的成果。

如何基于活动构造与历史地震资料获取研究断裂带历史地震破裂位置与延伸的信息，是在判定地震空区时的一项重要工作，可参考 2.2 节的思路与方法。

2.2 地震空区识别的方法与例子

2.2.1 历史地震破裂位置与延伸的确定

中国大陆许多地区均有较长时期的、内容丰富的历史地震文字记载。同时，已有基于这种历史地震文字记载资料的分析确定的、相关历史地震事件的烈度或者破坏/有感分布的研究成果（例如，国家地震局震害防御司，1995；中国地震局震害防御司，1999；中国地震局地球物理研究所、复旦大学历史地理研究所，1990a、b、c）。因此，如何有效利用历史地震的记载资料以及相应的烈度/破坏/有感分布信息，结合活动构造分析，确定研究断裂带历史强震、大地震破裂的位置与延伸，是本专项工作研究中识别地震空区的一项重要的基础工作。本小节以川滇活动块体东边界主断裂带的研究为例，总结并介绍利用历史地震资料，结合活动构造信息确定历史强震、大地震破裂位置与延伸的思路、方法与应用研究结果。

1. 研究断裂带及相关资料概况

川滇活动块体（张培震等，2003）属青藏高原地块朝东南侧向滑移、挤出的若干活动构造块体（Tapponnier et al.，1982）之一，其东边界由鲜水河、安宁河、则木河以及小江等4条主断裂以及大凉山、马边等分支断裂组成，是一条总长度超过1100km的巨型左旋走滑断裂带（图2-2）。强烈的构造与地震活动性以及长达数百年的地震记载历史，使得川滇活动块体的东边界是研究中国大陆板内活动断裂带破裂历史与地震行为的理想场所（Wen et al.，2008）。

在仪器记录之前，川滇块体东边界主断裂带展布地区大多有数百年的历史地震文字记载；其中的个别城镇，如西昌，最早的地震记载始于A. D. 624年。这些历史地震的文字记载主要是不同历史时期用汉语写成的官方奏摺（情况简报或调查报告），少部分来源于古代的民间文字材料（如家谱、传记、墓碑文，等等），也有个别来源于早年的藏文、英文文件。这些历史文字资料已汇编在有关出版物中（例如，四川地震资料汇编编辑组，1980；西藏自治区科学技术委员会、档案馆，1982；云南省地震局，1988），其中一部分历史地震已有烈度分布的研究结果（国家地震局震害防御司，1995；中国地震局震害防御司，1999；中国地震局地球物理研究所、复旦大学历史地理研究所，1990a、b、c）。另外，研究断裂带的历史与现代地震的地表破裂、余震分布、震区活动断裂展布等信息，也已有相应的调查、研究结果，其中大部分可在相关的文献中找到。

2. 烈度—破裂延伸关系的建立

确定过去较长时期各次 $M > 6$ 级地震的破裂，是判定川滇块体东边界主断裂带现存地震空区的基础。这里的"破裂"是指强震或大地震时伴有应变能或矩释放的断裂段，或者伴有同震滑动的断裂段。对于现代地震的破裂位置与延伸，可直接由地表破裂展布或者余震分布确定，资料来源于相应的震后地震地质调查或者余震序列的定位结果。然而，对于大多数仪器记录之前发生的历史强震、大地震，由于受较长时期的风化、剥蚀与堆积等地质作用的影响，同时受生物作用以及人为改造的影响，相应的地表破裂位置与延伸，已不能通过地质调查获得。尽管在经验上可利用"震中区"或者"严重破坏区"（例如，Ambraseys and Jackson，1998；闻学泽，2000、2001）去推断历史地震破裂的位置与延伸，但不同的研究

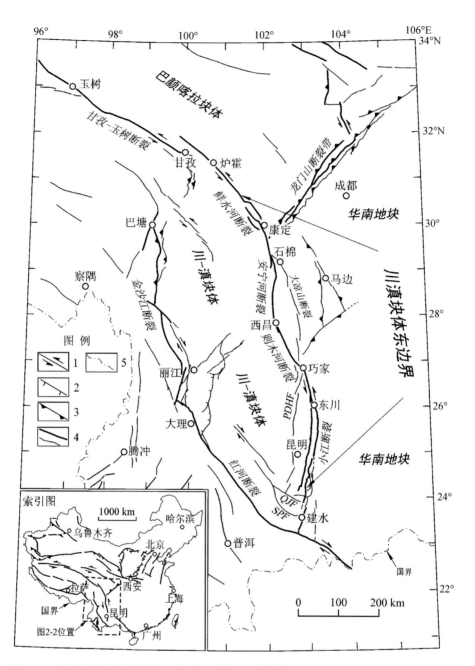

图 2-2 川滇活动块体及其邻区主要活动构造系统简化图（据 Wen et al.（2008）修改）

1. 活动走滑断层；2. 活动正断层；3. 活动逆断层；4. 主干（粗线）和次级（细线）活动断裂；5. 国界

分支断裂代号：QJF——曲江断裂；SPF——石屏断裂；PDHF——普渡河断裂

者可能对"震中区"或者"严重破坏区"的理解不同，使得对于同一次地震，不同研究者圈划的"震中区"或者"严重破坏区"的尺度不同，造成判定的破裂位置与延伸也不同。为了解决这一问题，Wen et al.（2008）提出一种利用地震烈度分布、结合活动断裂展布有效确定历史地震破裂位置与延伸的半定量经验方法。

表2－2和图2－3汇集了研究区10次现代和近代地震的破裂延伸、烈度分布、震区活动断裂展布等信息。这些资料显示：研究区具有不同最高烈度 I_h 的地震发生时，相应的地震破裂可由最高烈度区（极震区）沿发震断裂向两侧延伸到具有较低烈度值 I_L 的地区。当最高烈度 I_h = Ⅺ度时，地震破裂的两端可分别延伸到烈度 I_L = Ⅷ$^+$的地区；而当最高烈度 I_h = Ⅷ度时，地震破裂的两端可分别延伸到烈度 I_L = Ⅶ度区。由表2－2的数据建立起如图2－4所示的研究区"最高烈度 I_h—破裂延伸的烈度区间 $[I_h,\ I_L]$ 的关系"，图中的双向箭头覆盖的纵轴范围（即烈度区间 $[I_h,\ I_L]$）相当于地震破裂沿发震断层实际延伸的（烈度区）范围，而该图中的上、下两条虚线 I_h 和 I_L' 限定的纵轴范围，则代表了不同最高烈度地震的破裂可能延伸的最大烈度区间 $[I_h,\ I_L']$。这里，I_L 是破裂两个端部位置（地点）的平均烈度，即图2－4中双向箭头底端对应的纵轴值；I_L' 是破裂两个端部位置平均烈度的下限，即双向箭头底端（或其向下延伸点）与下方虚线交点的纵轴值；且 $I_L \geqslant I_L'$。

表2－2 研究区10次已知破裂延伸与可靠烈度分布的地震资料（据 Wen et al.（2008）修改）

地震事件			震中位置		发震断裂	最高烈度 I_h	地表破裂长度（km）	余震区长度（km）	破裂端部的（平均）烈度 I_L
序号	年.月.日	震级 M	北纬	东经					
①	1833.09.06	8	25.0	103.0	小江	Ⅺ	126		Ⅷ$^+$
②	1850.09.12	7½	27.7	102.4	则木河	Ⅹ$^+$	90～115		Ⅷ$^+$
③	1893.08.29	7	30.6	101.5	鲜水河	Ⅸ$^+$	70		Ⅷ
④	1923.03.24	7.3	31.3	100.8	鲜水河	Ⅹ	60		Ⅷ$^-$
⑤	1955.04.14	7.5	30.0	101.9	鲜水河	Ⅹ	≥30		Ⅷ$^+$
⑥	1966.02.05	6.5	26.2	103.2	小江	Ⅸ		42	Ⅶ$^+$
⑦	1970.01.05	7.7	24.0	102.7	曲江（QJF）	Ⅹ		85	Ⅷ
⑧	1973.02.06	7.6	31.5	100.5	鲜水河	Ⅹ	90	100	Ⅷ
⑨	1981.01.24	6.9	31.0	101.1	鲜水河	Ⅷ$^+$	44	40	Ⅶ
⑩	1985.04.18	6.3	25.9	102.8	普渡河（PDHF）	Ⅷ		12	Ⅶ

注：研究区指川滇块体东边界主断裂带及其附近。

研究中注意到：对于已知最高烈度为 I_h 的地震，其破裂端部的平均烈度值，会受到发震断裂几何结构特征的影响。从图2－3可看到：破裂②的两个端部、破裂③、⑥和⑦的至少一个端部分别受到发震断层走向上的弯曲、不连续或分岔等因素的制约，而破裂⑤的延伸则完全受限于发震断层本身的有限长度。很明显，断层几何结构因素使得这5次破裂端部的实际平均烈度值 I_L 要高于由图2－4下侧外包虚线代表的下限值 I_L'。

基于图2－4的烈度-破裂延伸经验关系，可利用地震烈度分布（等震线图）和活动断裂展布信息综合确定历史地震事件的破裂位置与延伸。方法与步骤是：

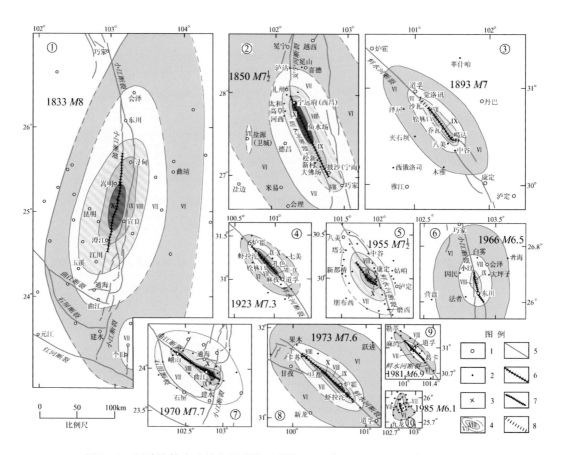

图 2-3 川滇块体东边界主断裂带及其附近 10 次地震的烈度分布与破裂延伸
1、2. 有破坏记载的部分城镇和村庄；3. 山口；4. 烈度分布；5. 活动断裂；6. 地震地表破裂；
7. 由余震确定的地震破裂；8. 推测的地震破裂（据 Wen el al.（2008）修改）
带圆圈数字的序号与表 2-2、图 2-4 中的相同

（1）重新解读历史地震破坏、伤亡、有感的文字记述（例如，国家地震局震害防御司，1995；中国地震局震害防御司，1999；中国地震局地球物理研究所、复旦大学历史地理研究所，1990a、b、c），结合活动断裂展布、现代小震分布等信息，确认或者修正已发表的相关历史地震事件的烈度分布（等震线），包括确认或修正事件的最高烈度值；然后，在研究区的活动断裂展布图上绘出经确认或修正的历史地震事件的烈度分布（等震线）。

（2）分析历史地震的烈度分布及其与震区活动断裂的关系，判定发震断层（段），必要时可结合现代小震分布一同分析。

（3）对于每一次最高烈度 $I_h \geqslant$ Ⅷ度的历史地震事件，根据其烈度分布（等震线），采用图 2-4 中的经验关系，确定与事件的最高烈度 I_h 相对应的、破裂延伸的烈度区间 $[I_h, I_L']$，圈绘出烈度 $\geqslant I_L'$ 的范围，并由该范围初步判定事件的破裂位置与可能的最大延伸。

（4）考虑发震断层的几何结构，结合相关地表破裂的信息（若有的话），在地图上对烈度 $\geqslant I_L'$ 的范围作进一步的限制、修改，使其沿发震断层的延伸更接近于实际破裂延伸的烈度区间 $[I_h, I_L]$ ——"相对重破坏区"。

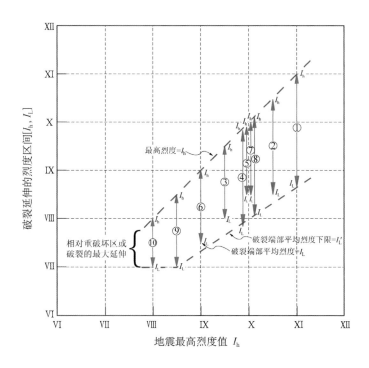

图 2-4　川滇块体东边界主断裂带及其附近 10 次地震的最高烈度—破裂延伸烈度区间的关系

破裂事件的序号与图 2-3 和表 2-2 中的相同。双向箭头覆盖的烈度区间为 $[I_h, I_L]$，其对应于沿发震断层的破裂实际延伸范围；而两条虚线（外包线）之间的烈度区间为 $[I_h, I_L']$，代表了破裂的可能最大延伸

（据 Wen el al.（2008））

（5）采用"相对重破坏区"沿发震断裂的位置与长度代表相应历史地震事件破裂的位置与延伸。此时的"相对重破坏区"也可称为"破裂区"。

3. 历史地震烈度/影响分布的再分析

为采用以上方法确定川滇块体东边界主断裂带历史地震破裂的位置与延伸，已从汇编在相关出版物（例如，四川地震资料汇编编辑组，1980；西藏自治区科学技术委员会、档案馆，1982；云南省地震局，1988）中的历史文字资料中系统清理出研究断裂带自 A. D. 1327 年以来各次主要地震（$M > 6$ 级）的宏观破坏、伤亡及有感记载资料，参照《中国地震烈度表（1999）》的标准，分析、确认或修改已发表的相应地震的烈度分布（国家地震局震害防御司，1995；中国地震局震害防御司，1999；中国地震局地球物理研究所、复旦大学历史地理研究所，1990a、b、c），并绘成配有震区较详细活动断裂展布信息的地震烈度/破坏/有感分布图（图 2-5、图 2-6）。对于较早历史时期发生的、文字记载较简略的若干次地震事件，尽管无法圈绘出相应的等震线，但也已在分析相关震害、有感影响以及活动断裂展布等信息的基础上，尽可能推断出这些事件的粗略"相对重破坏区"（图 2-5、图 2-6 中的灰色影区）。

4. 地震破裂位置与延伸的确定

在系统整理历史地震与活动构造资料的基础上，分析、确认与修改川滇块体东边界主断裂带 36 次历史及近代强震、大地震的烈度分布与震区活动断裂展布（图 2-3、图 2-5 和图

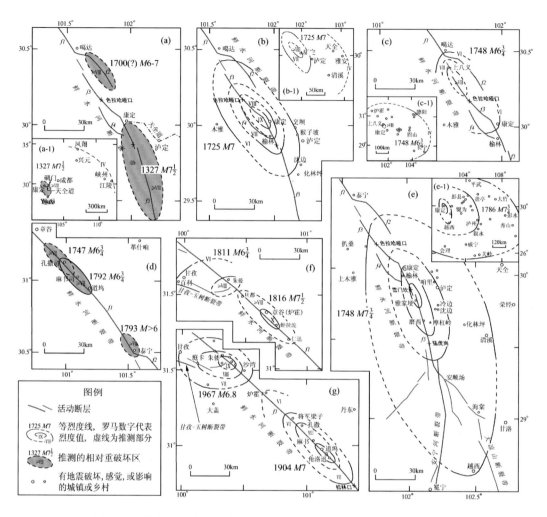

图 2-5　鲜水河断裂带部分强震、大地震的烈度与相对重破坏区分布图

（据 Wen et al.（2008）修改）

2-6），采用前面介绍的地震烈度—破裂延伸的经验关系（图 2-4）及相应的分析方法，确定出各次地震的破裂位置与延伸，结果列于表 2-3 并绘于图 2-7。

　　考虑到可用基础资料的多寡以及历史地震的烈度分布（等震线图）可能存在不确定性，将 36 次地震破裂位置与延伸的确定结果分为 A、B、C 三类不同的可靠性。其中，A 类可靠性：破裂位置与延伸由地表破裂或者余震分布确定，或者由可靠的烈度分布结合部分（残留的）地表破裂信息联合确定；B 类可靠性：破裂位置与延伸由较可靠的烈度分布、采用图 2-4 的经验关系及相应的方法确定，并能采用发震断层的几何结构加以限制；C 类可靠性：破裂位置与延伸是根据记载的有限破坏与有感信息、结合烈度衰减规律及发震断层几何结构推断的粗略"相对重破坏区"确定的，如图 2-5、图 2-6 中的灰色影区。在全部结果中，可靠性为 A、B、C 类的破裂位置与延伸的确定结果分别占 13/36、17/36 和 6/36。即 A、B 两类已占 83%，C 类结果的数量较少，主要是较早期的或较小历史事件的破裂（表 2-3）。

因此，对研究断裂带最近数百年地震破裂的位置与延伸的确定结果总体上是可靠的（图2-7）。

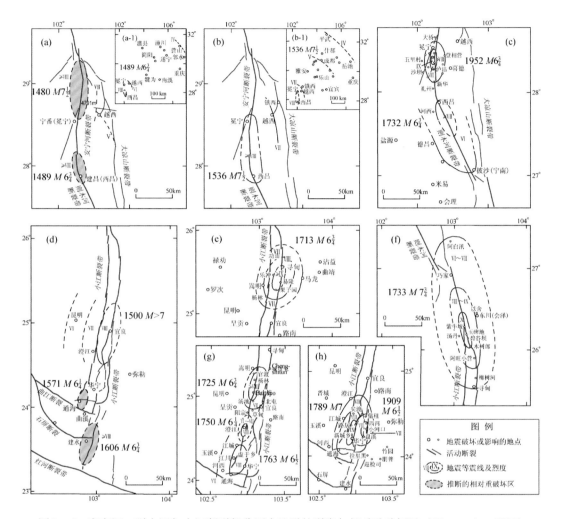

图2-6　安宁河、则木河与小江断裂部分历史地震的烈度与相对重破坏区（Wen et al., 2008）

1480年 $M7\frac{1}{2}$ 地震破裂信息来闻学泽等（2000）根据古地震与历史文字记载的联合分析

表2-3　川滇块体东边界主断裂带 $M>6$ 级地震破裂位置与延伸的判定（据 Wen et al.（2008）修改）

地震事件			确定或推断的破裂位置与延伸			
编号	年.月.日	震级 M	长度（km）	中心经纬度		可靠性
				北纬	东经	
鲜水河断裂						
1	1327.09.—	$\geqslant7\frac{1}{2}$	$\geqslant75$	29.73	102.08	C
2	1700.—.—	$>6\frac{1}{2}$	35?	30.36	101.79	C
3	1725.08.01	7	50	30.16	101.83	A

地震事件			确定或推断的破裂位置与延伸			
编号	年.月.日	震级 *M*	长度（km）	中心经纬度		可靠性
				北纬	东经	
鲜水河断裂						
4	1747.03.—	6¾	≥30	31.23	100.85	B
5	1748.08.30	6½	35	30.33	101.62	B
6	1786.06.01	7¾	90	29.87	102.04	A
7	1792.09.07	6¾	>25	31.06	101.00	B
8	1793.05.15	>6	有限	30.75	101.33	C
9	1811.09.27	6¾	15	31.61	100.15	B
10	1816.12.08	7½	≥60	31.29	100.75	B
11	1893.08.29	7	70	30.70	101.37	A
12	1904.08.30	7	55	31.06	101.00	B
13	1919.05.29	6¼	有限	31.00	101.07	C
14#	1923.03.24	7.3	60	31.17	100.90	A
15#	1955.04.14	7.5	35	30.03	101.84	A
16	1967.08.30	6.8	18	31.62	100.20	A
17	1973.02.06	7.6	90	31.50	100.52	A
18	1981.01.24	6.9	45	30.95	101.15	A
安宁河与则木河断裂						
19	1480.09.27	7½	75	28.86	102.21	B
20	1489.01.03	6¾	有限	28.0	102.21	C
21	1536.03.29	7½	80	28.23	102.19	B
22	1732.01.29	6¾	45	27.38	102.52	B
23	1850.09.12	7½	110	27.37	102.53	A
24	1952.09.30	6¾	40	28.41	102.18	B
小江断裂						
25	1500.01.13	≥7	≥60	24.87	103.16	B
26	1571.09.19	6¼	有限	24.30	102.78	C
27	1606.11.30	6¾	≥30	23.60	102.86	B
28	1713.02.26	6¾	60	25.47	103.24	A
29	1725.01.08	6¾	50	25.13	103.04	B

	地震事件		确定或推断的破裂位置与延伸			
编号	年．月．日	震级 M	长度（km）	中心经纬度		可靠性
				北纬	东经	
小江断裂						
30	1733.08.02	7¾	110	26.37	103.09	A
31	1750.09.15	6¼	30	24.58	102.96	B
32	1763.12.30	6½	40	24.25	102.94	B
33	1789.06.07	7	60	24.29	102.96	B
34	1833.09.06	8.0	130	25.0	103.0	A
35	1909.05.11	6½	40	24.35	103.15	B
36	1966.02.05	6.5	45	26.10	103.15	A

图 2-7 分 4 个不同历史时段绘出研究断裂带上 36 次 $M>6$ 级地震的"相对重破坏区"，每一个"相对重破坏区"是长轴沿发震断层走向的、与破裂长度相当的地区，亦即地震烈度界于 $[I_h, I_L]$ 之间的地区（图 2-4）。

由上述可见：本专项工作的研究中，对于历史强震、大地震破裂位置与延伸的确定，采用了历史地震与活动构造信息综合分析的方法，即本小节前半部介绍的地震烈度-破裂延伸的经验关系（图 2-4）及相应的分析方法，明显减小了历史地震破裂位置与延伸确定结果中的随意性和不确定性，也使得结果更有利于准确判定地震空区或潜在大地震危险区的位置与延伸。

2.2.2 破裂时-空图像与地震空区识别

将图 2-7 中各次地震的相对重破坏区的位置与延伸，沿川滇块体东边界主断裂带的走向进行时-空投影，获得沿研究断裂带的 $M>6$ 级地震的破裂时-空图像（图 2-8），该图像也是研究断裂带破裂历史重建的最直观表现。

根据定义（详见 2.1.1 节），地震空区应同时具有时间、空间和强度的属性。在空间上，地震空区位于特定的断裂段；在时间上，地震空区仅存在于特定的时段；而在强度上，地震空区缺失的是相对大的地震的破裂。亦即地震空区仅仅是相对于相邻的段落已较长时期没有发生大地震破裂的断裂段。因此，在判定地震空区之前，需要先分析图 2-8 中破裂的时、空特征。

首先，图 2-8 反映沿研究断裂带的不同部分，强震的完整记载历史长度是不同的，这与历史人文发展的地理性差异有关。在鲜水河断裂与小江断裂北段，较完整的强震记载是自 18 世纪以来；小江断裂中-南段的自 15 世纪末期以来。安宁河断裂和则木河断裂的强震记载历史较长，在这两条断裂交汇处的西昌城附近，最早的强震记载始于 A. D. 624 年（四川地震资料汇编编辑组，1980）。

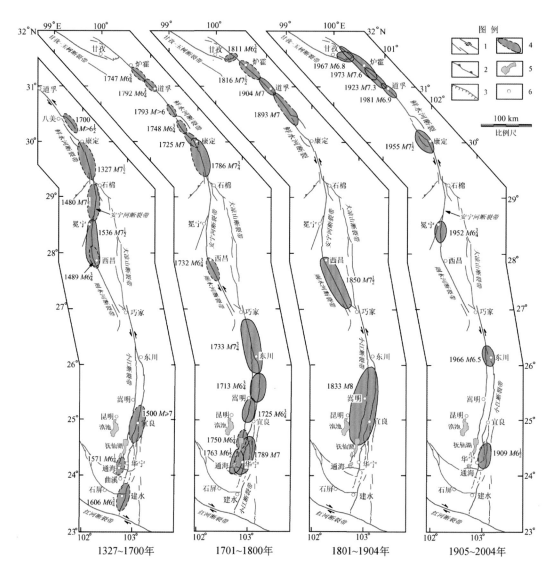

图 2-7　川滇块体东边界 4 个时段 $M>6$ 级地震的相对重破坏区（破裂区）分布

1. 活动走滑断层；2. 活动逆断层；3. 活动正断层；4. 相对重坏区（虚线为推测）及地震发生年代与震级；

5. 主要湖泊；6. 主要城镇（据 Wen et al.（2008）修改）

图 2-7 和图 2-8 还清楚地显示出地震破裂的空间分段性。可基于不同部位的断裂几何结构与历史最大破裂的位置与延伸，将研究断裂带划分为 14 个相对独立的破裂段，编号为 S1～S14（图 2-8）。尽管从图 2-7 看到鲜水河断裂在康定以北（康定—八美之间）的部分、以及小江断裂中部，是由平行的 2～3 条分支断裂组成的，但考虑到走滑断裂带的平行分支断裂在横剖面上常形成花状构造的结构，在平面上分离不大的平行分支断裂在沉积盖层之下的深度很可能逐渐汇合于同一条深部的主断裂上（Bayasgalan et al.，1999）；同时，考虑到在这些由多条平行分支断裂组成的断裂带部分，历史大地震的相对重破坏区往往覆盖了相邻的平行分支断裂，如 1955 年四川康定 $M7\frac{1}{2}$ 地震（图 2-3⑤）、1833 年云南嵩明 $M8$ 地

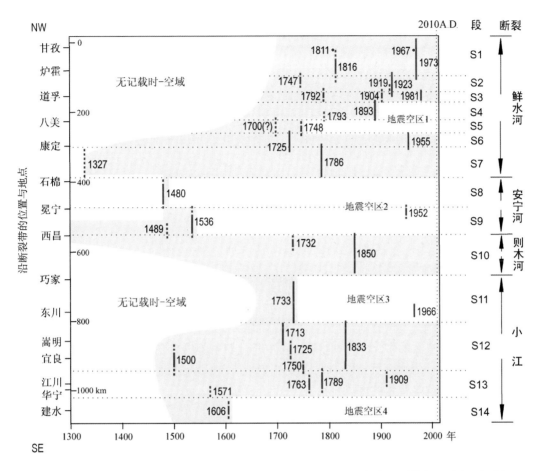

图 2-8　川滇块体东边界主断裂带主要地震（$M > 6$ 级）的破裂时-空图像与地震空区识别

纵轴表示沿断裂带从北西朝南东的位置与距离，横轴表示时间。图中粗竖线是破裂投影，圆点表示与主断裂正交断层的破裂，数字表示破裂年代。破裂确定的可靠性：A 类——实线，B 类——两端虚线，C 类——虚线。水平点状线示意破裂分段，断裂名称及段落代号标示于图的右侧（据 Wen et al.（2008）修改）

震（图 2-7）（暗示了这些大地震的震源破裂主要沿较深处的主断裂发生，而不仅仅沿浅部花状构造系统中的单条分支断裂发生），等等，图 2-8 的分段模式暂时忽略断裂带同一部位不同平行分支断裂的影响。

　　研究断裂带是中国大陆目前已知历史强震事件最多的巨型活动断裂带。图 2-8 的破裂历史图像包含有长期的、较宽尺度范围的地震破裂信息，反映多数段落已至少在历史时期中破裂过两次，从而可以揭示出在其他类似研究中鲜有报道的多轮回地震破裂行为特征。例如，在鲜水河断裂的 S1~S6 段上、小江断裂的 S11~S13 段上的强震、大地震破裂的原地平均复发间隔一般为 100 多年至 200 多年，安宁河断裂（S8、S9 段）、则木河断裂（S10 段）以及小江断裂带最南段（S14 段）的强震、大地震破裂的原地平均复发间隔应长达 400 年以上（图 2-8）。

　　比较图 2-8 中各断裂段最晚的、相对大的地震破裂至今的时间与同一断裂段或者相邻段破裂的复发间隔，可初步识别出沿研究断裂带的 4 个地震空区，它们均是较长时期缺少相对大的地震破裂的断裂段，或者是自最晚大地震破裂后的平静时间已相当于同一段或者相邻段大地震复发间隔的断裂段。其中，地震空区 1 位于鲜水河断裂中部的 S4 和 S5 段，其最晚地震破裂分别发生在 1748 年和 1893 年；地震空区 2 位于安宁河断裂，即 S8 和 S9 段上，那里的最晚大地震破裂分别发生在 1480 年和 1536 年，尽管 S9 段后来复发过 1952 年 $M6\frac{3}{4}$ 地震破裂，但因该破裂尺度较小，远未能填满该地震空区；地震空区 3 存在于小江断裂北段（S11 段），那里自 1733 年大地震破裂以来仅发生过较小尺度的 1966 年等破裂；地震空区 4 位于小江断裂最南部的建水附近（S14 段），那里自 1606 年以来未再发生过强震或者大地震破裂。

需要指出的是，由以上地震地质方法识别出的 4 个地震空区，是否具有中-长期时间尺度大地震危险背景，还需要开展更进一步的研究。如对地震空区所在的断裂段开展地震地质分析、现代地震活动性及其参数随时间变化的定量分析、地形变与应变积累状态分析，等等。

2.3 地震空区危险背景的地震地质分析

本书的第 6~9 章，将在综合分析多种资料的基础上，分别对中国大陆重点研究区各主要地震构造带地震空区的中-长期大地震危险性进行较系统的分析。本节拟选择两种不同资料状态的地震空区，分别分析相应的大地震危险背景，作为总结利用地震地质学分析思路与方法研究地震空区危险背景的例子。

2.3.1 玉树地震空区

对于已知地震破裂历史较短、大部分段落在历史期间仅破裂 1 次的活动断裂带，地震空区的分析与圈划也可直接在含有活动断裂与地震破裂区（相对重破坏区）的平面图上进行，如图 2-1、图 2-9。2010 年 4 月 14 日青海玉树发生 7.1 级地震，本小节回顾性地分析玉树地震前的地震空区及其危险背景。

图 2-9 是甘孜—玉树断裂带上的强震、大地震破裂。从中可看出在 2010 年玉树 7.1 级地震发生之前，沿主断裂在玉树附近存在一个地震空区，可称为"玉树地震空区"。该空区的北西侧是 1738 年 $M \geq 7$ 级地震破裂段（国家地震局震害防御司，1995；周荣军等，1997），而空区的南东侧是 1896 年 $M7.3$ 地震破裂段（闻学泽等，1985、2003）。2010 年玉树 7.1 级地震的破裂发生在该空区内，但并未完全填充震前已形成的整个空区，震后沿主断裂在玉树南东的巴塘附近依然存在长约 35km 的"剩余"地震空区（图 2-9）。

然而，在此种情况下，由于所判定的玉树地震空区内缺少最晚大地震破裂距今时间的信息，同时缺少大地震原地复发时间间隔的信息，使得即使在 2010 年之前就已注意到该地震空区，也会存在对空区潜在大地震的危险背景认识不清的问题。但对于类似的问题，在地震地质方面有可能开展进一步的分析工作。假如，在 2010 年玉树 7.1 级地震之前，若已获得历史地震的破裂信息，并已绘出如图 2-9 所示的破裂区（或相对重破坏区）、地震空区展布图，则可对玉树地震空区内最晚大地震破裂的距今时间、大地震的原地复发间隔、以及潜在地震的震级进行如下分析、估计。

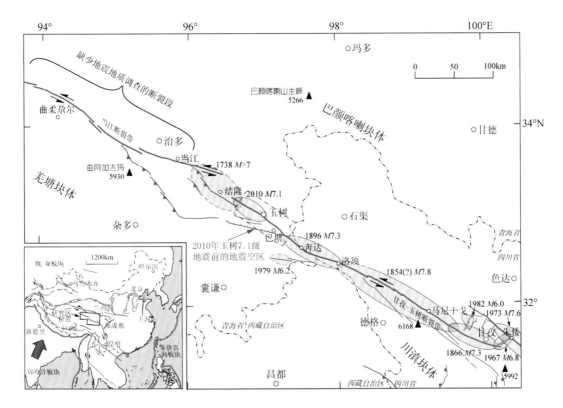

图 2-9 甘孜—玉树断裂带的历史地震破裂区与 2010 年之前的地震空区
集成闻学泽等（1985、2003）、周荣军等（1997）的调查资料、历史地震资料、以及报道的玉树地震信息编绘

分析相关历史地震资料可发现，1738 年的玉树以西地震在清代的官方文件中已有详尽的记载，并可由记载的破坏程度、受灾范围等信息估计该地震的震级应大于 7 级。清代的官方文件对 1896 年发生在玉树南东的 7¼ 级地震同样有详细的记载（中国地震局地球物理研究所、复旦大学历史地理研究所，1990c）。因此，可判断位于 1738 年和 1896 年两次大地震破裂之间的玉树地震空区，其内部最晚大地震的破裂时间，应早于公元 1738 年，从而，该空区至 2010 年的无大地震平静时间 t 应大于 272 年。

已有研究表明玉树地震空区所在断裂段的晚第四纪断层滑动速率 $s = 7mm/a$（周荣军等，1997）。从图 2-9 量得玉树地震空区沿断层的长度约为 75km，由走滑型地震的矩震级 M_w—破裂长度 L（km）经验关系 $M_w = 4.33 + 1.52 \lg L$（Leonard，2010）和 $M_w = 5.16 + 1.12 \lg L$（Wells and Coppersmith，1994）估计出该空区断裂段的特征地震矩震级为 7.18 ~ 7.26 级，再由矩震级 M_w—同震平均位错 AD（m）的经验关系 $M_w = 7.04 + 0.89 \lg AD$（Wells and Coppersmith，1994）估计出该空区特征地震的同震平均位错为 1.44 ~ 1.77m。最后，再估计该空区特征地震的平均复发间隔 $R = AD/s$，结果为 206 ~ 253 年。

以上基于地震地质资料的分析表明：至 2010 年，玉树地震空区所在的断裂段无大地震的平静时间 t 至少为 272 年，明显大于该断裂段特征地震的平均复发间隔 $R = 206 ~ 253$ 年。因此，2010 年玉树 7.1 级地震发生在一个具有大地震危险背景的地震空区中。未来还应注意玉树南东依然存在的、长约 35km 的"剩余"空区（图 2-9）的潜在强震危险性。

2.3.2 安宁河地震空区

1. 地震空区的表现

安宁河地震空区位于四川西部近南北向安宁河断裂带上，是基于破裂时-空图像分析、识别出的一个地震空区，即本章图2-8中的地震空区2。本小节进一步分析该地震空区的大地震危险性。

图2-10是图2-7和图2-8的局部放大，并增加了两次6.0级左右的历史地震破裂。从图2-10看到：安宁河地震空区占据了安宁河断裂带的两个段落（S8和S9），这两个断裂段的最晚大地震破裂分别发生在1480年和1536年。其中，1480年7½级地震是根据地表破裂遗迹的调查、探槽古地震事件的^{14}C年龄测定、并综合简略的历史文字记载确定的，其地表破裂展布于安宁河断裂的石棉—冕宁段（S8），最大同震水平位移约3m（闻学泽等，2000）；1536年7½级地震的破坏有较详细的历史文字记载（四川省地震资料汇编编辑组，1980），其相对重破坏区沿安宁河断裂展布于冕宁—西昌之间段（S9），至今仍可在局部地点见到该地震的破裂遗迹，最大同震位移约4m（闻学泽等，2007）。因此，安宁河地震空区的两个断裂段（S8和S9）至今已分别有531年和475年未发生≥7级的大地震，相对于相邻的鲜水河断裂南段（S7）以及则木河断裂（S10）的最晚大地震破裂时间（1786年和1850年），已构成了一个长期缺少大地震破裂的空段（图2-10b），总长度达到150km，性质上符合地震空区的定义。

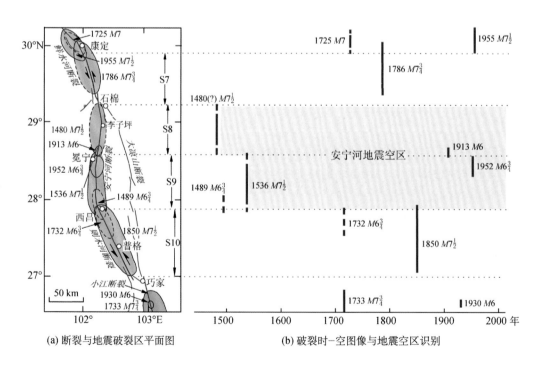

(a) 断裂与地震破裂区平面图　　　　　(b) 破裂时-空图像与地震空区识别

图2-10　川西安宁河断裂及其附近最近500多年地震破裂图像及地震空区识别

虚线表示不确定性；水平点线以及S7~S10示意破裂分段（据闻学泽等（2008）修改）

尽管沿安宁河地震空区中的主断裂，近代已分别发生了1913年6级和1952年6¾级两次强震破裂，但这两次破裂的尺度较小，远不能将该地震空区填满（图2－10b）。另外，至少已有两个例子反映安宁河与则木河断裂带的大地震前数十年至100多年，潜在破裂段上会发生较小尺度的强震破裂；例如，1536年7½级大地震破裂前约47年发生的1489年6¾级地震破裂，1850年7½级大地震破裂前约118年发生的1732年6¾级地震破裂（图2－10）。因此，1913年和1952年两次较小尺度的破裂，可能是安宁河地震空区应变已积累到较高程度的先期破裂，性质上可能与1536年7½级大地震前1489年地震破裂相类似。

2. 空区内主断裂闭锁与危险状态分析

（1）4级以上地震平静图像

　　一些研究认为，由于潜在发震断层在主震发生前的高强度闭锁作用，使得在主震前的特定时段，环绕潜在发震断层（段）可能会出现局部区域的中等地震或者背景地震活动水平的下降，从而使得环绕潜在发震断层（段）及其附近形成中、小地震活动的围空图像（例如，Hauksson and Jones，2000；Wen et al.，2007）。

　　图2－11反映：川西安宁河、则木河断裂地区自1977年1月之后，已经历了30多年的$M_L \geq 4.0$级地震的平静，形成以安宁河断裂冕宁—西昌段为核心的$M_L \geq 4.0$级地震围空图像，且平静区的面积在逐渐缩小。因此，这一逐渐缩小的、$M_L \geq 4.0$级地震平静很可能是安宁河地震空区内主断裂发生高强度闭锁的反映。

（2）小震分布与闭锁断层面

　　图2－12是根据重新精定位地震资料绘制的、1981～2006年沿安宁河与则木河断裂带走向的$M_L \geq 2.5$级地震震源深度剖面，从中可看出沿安宁河断裂从冕宁以北（李子坪）至西昌附近存在一总长度约为135km的小震明显空缺段，其在5～7km的深度之下几乎完全缺失小震活动，而在空间位置上对应于安宁河地震空区核心的断裂段（图2－10、图2－11）。另外，从图2－12还可看出沿则木河断裂在西昌—普格之间也存在一明显的小震缺震段，其在10km深度上的长度可达到75km，而在空间上对应了沿则木河断裂带1850年7½级大地震的主要破裂段（图2－10）。考虑到易桂喜等（2004a）的计算揭示出沿安宁河断裂带的冕宁北拖乌至西昌之间在地震活动性参数上表现为异常低b值区，而则木河断裂西昌-普格段则大部分时间表现出高b值区，可判定安宁河地震空区的主断裂应处于高应力的闭锁状态，而则木河断裂总体上应属于1850年大地震破裂后断层面强度尚未恢复的低应力断裂段。关于沿安宁河、则木河断裂带的最新地震活动性参数计算结果与分析，请参见本书第7章7.3.3节。

　　另外，对比分析还发现：安宁河地震空区中沿主断裂的小震空段或稀疏段的图像（图2－12），与1989年10月美国加州Loma Prieta 7.1级地震前的相似。在Loma Prieta 7.1级地震之前的约20年中，沿圣安德烈斯断裂带的Loma Prieta段上一直表现为小震活动的空缺区，其中，在小于10km的深度上几乎没有小震活动，而7.1级主震的破裂和余震正好发生在主震前的小震空缺区中（图2－13），反映主震前小震活动的空缺区对应了强烈闭锁的断层面（Working Group of California Earthquake Probabilities，1990）。这种对比分析中的相似性，也反映安宁河地震空区可能正趋于"成熟"，因而很可能存在发生大地震的中-长期危险性。

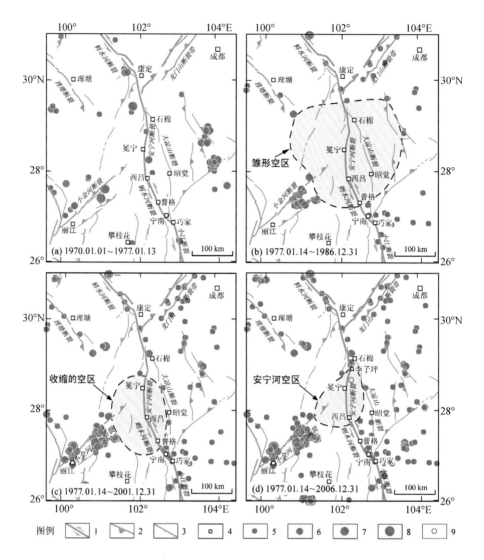

图 2 - 11　1970 年以来安宁河断裂及其周围 $M_L \geqslant 4.0$ 级地震及其平静图像

灰色影区为地震平静区。1. 走滑断层；2. 逆断层；3. 正断层；4. 城镇；5. $M_L = 4.0 \sim 4.9$ 级；
6. $M_L = 5.0 \sim 5.9$ 级；7. $M = 6.0 \sim 6.9$ 级；8. $M = 7.0$ 级；9. 水库诱发地震（据闻学泽等（2008）修改）

2.3.3　地震空区潜在地震震级的估计

在 2.3.1 节中，已根据地震空区沿主活动断裂的长度，估计出玉树地震空区特征地震的矩震级 $M_w = 7.2 \sim 7.3$ 级。2.3.2 节讨论的安宁河地震空区，比玉树地震空区拥有更多的资料或信息可用于估计潜在地震的震级。可整理出这些信息（闻学泽等，2008）如下：

（1）安宁河地震空区沿主活动断裂的总长度 $L = 135$km，平均左旋滑动速率 $s = 6.3$mm/a，最晚大地震（1480 年和 1536 年 M7½）以来的平均离逝时间 $t = 503$ 年，1913 年和 1952 年分别发生过 $M = 6$ 级和 $M = 6¾$ 级地震，发震带的下倾深度 $W = 25$km（图 2 - 10b、图 2 - 12）。

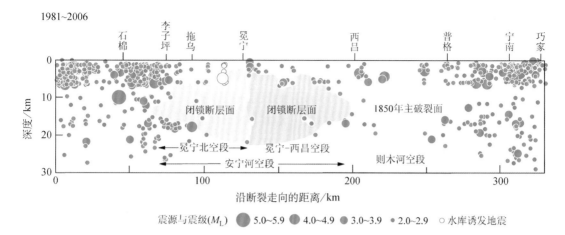

图 2-12　安宁河、则木河断裂的震源深度剖面以及对闭锁断裂段的识别

使用的精定位地震资料：1981.06～1992.05，$M_L \geq 2.5$ 级；1992.06～2006.12，$M_L \geq 2.0$ 级（据闻学泽等（2008））

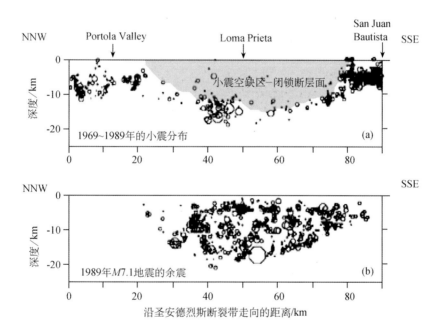

图 2-13　（a）1989 年加州 Loma Prieta 7.1 级地震前约 20 年中沿圣安德烈斯断裂带 Loma Prieta 段及其邻近的小震分布；（b）1989 年 Loma Prieta 7.1 级地震余震分布

（据 Working Group of California Earthquake Probabilities（1990）改绘）

（2）安宁河地震空区的冕宁以北断裂段长度 $L = 65$km，平均左旋滑动速率 $s = 6.0$mm/a，最晚大地震（1480 年 $M7\frac{1}{2}$）以来的离逝时间 $t = 531$ 年，1913 年发生过一次 $M = 6$ 级地震，发震带的下倾深度 $W = 25$km（图 2-10b、图 2-12）。

（3）安宁河地震空区的冕宁—西昌断裂段长度 $L = 70$km，平均左旋滑动速率 $s = 6.5$mm/a，最晚大地震（1536 年 $M7\frac{1}{2}$）以来的离逝时间 $t = 475$ 年，1952 年发生过一次 $M = 6\frac{3}{4}$ 级地震，发震带的下倾深度 $W = 25$km（图 2-10b、图 2-12）。

考虑到未来地震可能沿安宁河地震空区两个断裂段之一破裂 65km 或者 70km，也有可能空区两个断裂段同时破裂，使得总破裂长度最大达到 135km。以下分别按单个断裂段单独破裂 65km 或 70km、以及两个断裂段同时破裂的不同方案估计相应的潜在地震震级。首先计算每种破裂方案在离逝时间 t 年中主断裂上积累的地震矩总量 M_0（Brune，1968）：

$$M_0 = \mu L W s t \qquad (2-1)$$

式中，取地壳岩石的平均剪切模量 $\mu = 3.3 \times 10^{11}$ dyne-cm。在估计的地震矩总积累量 M_0 中减去、或者分别减去 1913 年 M6 和 1952 年 M6.7 地震的矩 m_0。这里，单次地震的矩 m_0 分别由经验关系（陈培善等，1989）估计：

$$\lg m_0 = 1.0M + 19.2 \qquad (M \leqslant 6.4) \qquad (2-2)$$
$$\lg m_0 = 1.5M + 16.0 \qquad (6.4 < M \leqslant 7.8) \qquad (2-3)$$

M 为面波震级。最后，将剩余的积累地震矩分别代回以上最后一式中的 m_0 位置，估计出安宁河地震空区冕宁以北断裂段和冕宁—西昌断裂段单独破裂时的潜在地震最大震级均为 $M7.5$，而两个断裂段同时破裂时的潜在地震最大震级为 $M7.7$。

考虑到面波震级 M 与地震矩 m_0 的关系或许存在系统偏差，可再由走滑型地震的矩震级 M_w—破裂长度 L（km）经验关系：

$$M_w = 4.33 + 1.52 \cdot \lg L \qquad (\text{Leonard},2010) \qquad (2-4)$$
$$M_w = 5.16 + 1.12 \cdot \lg L \qquad (\text{Wells and Coppersmith},1994) \qquad (2-5)$$

估计出安宁河地震空区冕宁以北断裂段和冕宁—西昌断裂段单独破裂时的潜在地震矩震级为 $M_w = 7.1 \sim 7.2$ 级，而两个断裂段同时破裂时的潜在地震最大矩震级为 $M_w = 7.5 \sim 7.6$ 级。

以上两种不同方法估计的地震震级稍有差别。综合考虑，可认为安宁河地震空区潜在地震的震级可能在 $M = 7.2 \sim 7.7$ 级（面波震级）之间。

2.3.4 地震空区及其危险性判定的不确定

本小节拟从日本的例子，说明地震空区识别、地震空区中-长期大地震危险性分析、判定结果中可能存在的不确定性。目的是积累相关研究经验，以便在未来相关的研究中尽可能减小这种不确定性。

菲律宾海板块沿骏河湾-南海海沟以每年 65mm/a 的高速率俯冲于西南日本之下，使得在过去的 1000 多年中，每隔 100 ~ 200 年南海海沟就会发生一次 8 级的特大地震（例如，Ando，1975）。1854 年 8.3 级巨大地震时，沿整个南海海沟的三个段落（南海段、东南海段和东海段）均发生破裂；约 90 年后，在南海海沟的前两个段落（南海段、东南海段）又复发了 1944 年和 1946 年大地震破裂，剩下东海段尚未复发大地震破裂。因此，Ishibashi（1981）最早识别出东海段属于地震空区（图 2-14）。自那以来。东海地震空区一直是日本地震监测预报的重点目标区，环绕东海地震空区的地区列为日本的地震强化观测区（兼有国家地震预报实验场与地震重点监视防御区的性质）。图2－14 绘出最近100 多年日本周缘板块边界大地震破裂区分布图像以及东海地震空区的位置。应该说，日本地震科学家识别、圈划东海地震空区的依据是充分的。

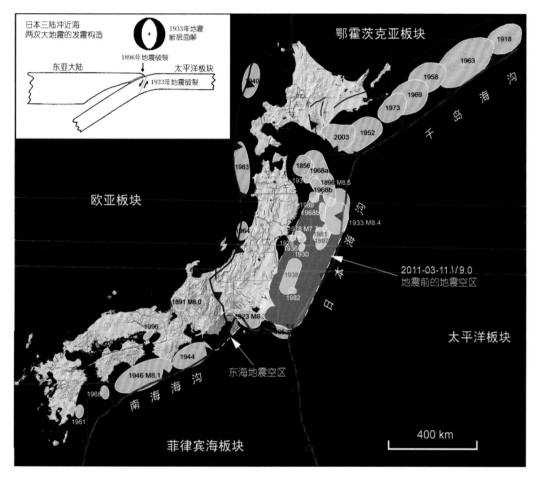

图2－14　最近100 多年日本周缘板块边界的大地震破裂区分布图

岛陆地形及活断层信息引自 http：//www. j-shis. bosai. go. jp/（2005），地震破裂区从 Ando（1975）、Sato（1989）以及后来多篇文献中集成并重绘（有修改）。三陆冲地震构造模式与震源机制解据 Kanamori（1971、1972）。东海地震空区据 Ishibashi K（1981）修改，2011 年 M9.0 地震前的地震空区是本研究在震后认识到的

　　判定依据充分、并部署了强化监测措施的东海地震空区，至今仍未发生目标大地震。然而，2011 年3 月11 日，在东海地震空区北东侧的日本海沟板块俯冲带发生震惊全球的日本宫城海外9.0 级巨大地震，且地震时沿日本海沟俯冲带形成大约550km×250km 的同震破裂——几乎是整个日本海沟俯冲带的浅源尺度。问题是，在这次巨大地震之前，相关的研究并没有明确提出沿日本海沟存在单个长度超过500km 的地震空区，仅判定出沿日本海沟俯冲带存在若干尺度在100～300km 的长期、超长期时间尺度的潜在震源区（日本防灾技术研究所，2005）。这说明对地震空区及其中-长期大地震危险性的判定研究及结果中存在不确定性。

震前未能明确识别出日本海沟俯冲带存在巨型尺度地震空区的原因可能是多方面的。最主要是：日本海沟板块俯冲带的北段历史上已发生若干次 8.0~8.5 级的地震，而中-南段上一直是以较频繁的 7 级（7.0~7.8 级）地震活动为主的。然而，据 Kanamori（1971、1972）的研究，日本海沟的 1933 年、1938 年等大地震，发震断层是俯冲大洋板条弯曲部位或者仰冲板块中的正断层，即图 2-14 中两次绿色破裂区的大地震发生时，并没有释放海沟俯冲断层面上的应变，而是释放了俯冲断层面上、下部位的应变。因此，若将图 2-14 中属于正断层型的两次大地震破裂区（绿色）去掉（因没有释放海沟俯冲断层面上的应变），则日本海沟俯冲带的大部分，特别是其中-南段，在有历史记载以来仅发生过多次 7 级（7.0~7.8 级）地震。2011 年的 9.0 级巨大地震破裂发生在这里，足以说明震前 100 多年该段海沟俯冲带发生的多次 7.0~7.8 级大地震，并没有显著影响（降低）平均俯冲速度高达每年 8~10cm 的、日本海沟俯冲带的巨大地震的应变积累。

因此，如果从震后总结经验教训的角度，2011 年 3 月 11 日 9.0 级巨大地震发生之前，日本海沟板块俯冲带的中-南段应存在一尺度约 500km 的巨大地震空区，且过去 100 多年期间的多次 7 级大地震破裂远未填满该巨大地震空区。另外，2011 年 9.0 级巨大地震发生时，破裂的北端已扩展到达震前空区以北的 1896 年大地震破裂区中，使得破裂的总尺度略大于震前地震空区的尺度（图 2-14）。

本例说明对地震空区的识别、判定，一方面需要分析和综合考虑发震断裂的最大潜在破裂尺度（最大潜在发震能力），另一方面应注意空区内较小尺度的地震破裂很可能并未改变空区的应变积累与危险状态。实际上，图 2-10 与图 2-14 的例子已较充分说明大地震、巨大地震之前的较小尺度地震破裂，不仅不影响地震空区的应变积累状态，反而可能是大地震、巨大地震发生前中、长期尺度的危险信号。今后，针对这两个方面的相关科学问题，还需开展进一步的基础研究。

2.4 考虑地震构造与动力学背景的强震趋势分析

2.4.1 问题的提出

在中-长期地震预测研究中，需要对特定地域在未来一定时期内的强震发生趋势做出整体性分析、判断。以往的这一研究大多是基于对历史强震时间序列的分析，特别是基于统计区内的地震频度、强度、应变能释放随时间变化特征的分析，并由分析结果进行外推、预测。由于这种分析在统计区的大小、范围的选取上，较少考虑区域或局部的地震构造与动力学背景，从而在研究思路与方法上仍属于统计学的范畴，难以包含物理上的考虑。因此，如何在强震发生趋势的分析中考虑地震构造与动力学的因素，使得分析结果尽可能包含有物理意义，是非常值得探索与实践的问题。

在本专项的研究中，已尝试性地运用地震构造与动力学分析的思想研究与分析鄂尔多斯地块周缘（2.4.2 节）、川滇块体的东南边界带（2.4.3 节）、巴颜喀拉块体北和东边界带（7.3.2 节）、以及青藏块体中南部（第 10 章）等地域的中-长期大地震发生趋势或者危险背景，从而初步发展了分析不同尺度地震构造带或者活动构造单元整体强震发生趋势的方法，可简称为构造与动力学分析方法。构造与动力学分析方法包含有较明确的物理思想，并可选择或配合定性、半定量和定量的分析手段，但对于分析的地震构造与动力学单元的选择，需要有较深入的区域地震地质与活动构造研究作为基础。目前，该方法仅处于探索阶段，适用的范围及结果的有效性仍有待于不断探索与实践。本节拟通过在鄂尔多斯地块周缘断裂系统以及云南小江与曲江—石屏断裂带的研究例子，介绍强震发生趋势的构造与动力学分析方法。

2.4.2 鄂尔多斯地块周缘断裂系统

1. 活动构造、地震与区域动力学背景

鄂尔多斯地块周缘的 4 个大型活动断裂系统分别为：南缘的近东西向渭河活动断陷带，东缘的北东向山西活动断陷带，北缘的近东西向河套活动断陷带，以及西缘的近南北向银川—吉兰泰活动断陷带（北段）和六盘山走滑—逆冲活动断裂带（中-南段）（图 2-15）。表 2-4 列出鄂尔多斯地块周缘 4 个活动断裂系统的历史大地震事件，反映出大地震的发生频度以该块体西缘断裂系统（中-南段）的最高，其次为东和南缘断裂系统，且这三个断裂系统均发生过 8~8½ 级的巨大地震。该块体的北缘断裂系统强震完整记载时期较短，但目前已知发生过公元 849 年的 $M \geq 7$ 级地震，同时已知在北缘断裂系统的大青山、色尔腾等断裂带上发现了古大地震破裂的遗迹（李克等，1994；吴卫民等，1995；聂宗笙等，1996；冉勇康等，2002、2003；杨晓平等，2003）。因此，鄂尔多斯地块周缘 4 个大型活动断裂系统均具有发生大地震和特大地震的活动构造条件。

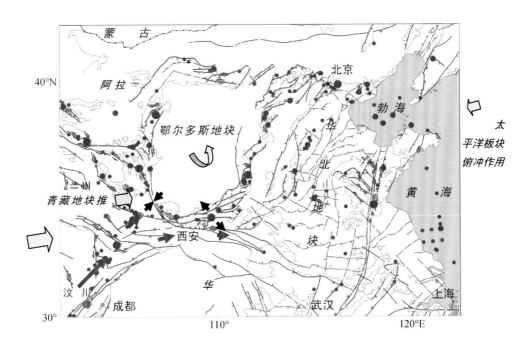

图 2-15　鄂尔多斯块体周缘断裂系统 $M \geq 6$ 级地震分布与区域动力学背景

底图取自邓起东编《中国活动构造图》。图中红线为全新世活动断裂，红圆点为 $M \geq 6$ 级地震震中，粉蓝箭头示意地块、板块动力作用方向，深蓝箭头示意 2008 年汶川地震同震右旋位移分量及其对鄂尔多斯地块南缘附近的影响，黑色小箭头示意汶川地震同震位移可能引起的远场挤压、拉张的局部效应

鄂尔多斯周缘断裂系统以及南北地震带北段构造活动的动力源，主要来自青藏地块向北东的推挤作用。青藏地块在六盘山地区与鄂尔多斯地块的西南隅发生强烈的会聚——碰撞作用，造成鄂尔多斯地块除了整体发生向北东方向的运动外，还产生相对于四周的逆时针旋转运动（邓起东、尤惠川，1985；国家地震局《鄂尔多斯周缘活动断裂系》课题组，1988）（图2-15）。在东侧，太平洋板块向西、南西西的俯冲作用在岩石圈深度上的推挤作用较弱，但其俯冲于华北地块岩石圈之下、并滞留在那里，引起华北岩石圈产生明显的水平扩张与减薄作用，且这种作用的前端，向西已到达太行山东麓之下（Huang and Zhao，2004、2006），并可能影响到鄂尔多斯地块东缘的山西断陷带。

表2-4　鄂尔多斯地块周缘活动断裂系统的历史大地震事件

鄂尔多斯地块边界		活动断裂系统		历史大地震		
		名称	断层作用性质	年.月.日	震级 M	震中烈度 I_0
南缘		渭河断陷带	左、右旋—正断	1501.01.29	7	≥IX
				1556.02.02	8¼	XI
东缘		山西断陷带	右旋—正断	0512.05.23	7½	X
				1038.01.15	7¼	X
				1303.09.25	8	XI
				1626.06.28	7	IX
				1683.11.22	7	IX
				1695.05.18	7¾	X
北缘		河套断陷带	右旋—正断	0849.10.24	≥7	？
西缘	北段	银川—吉兰泰断陷带	右旋—正断	1739.01.03	8	X⁺
	中、南段	海原、天景山、烟筒山、六盘山断裂带	左旋走滑、左旋—逆断	1219.06.09	>6½~7	VIII~IX
				1352.04.26	7（？）	？
				1561.08.04	7¼	IX~X
				1622.10.25	7	IX~X
				1709.10.14	7½	IX~X
				1920.12.16	8½	XII

2. 地块周缘各断裂系统的强震发生趋势分析

将鄂尔多斯地块周缘4个断裂系统分别作为相对独立的地震构造单元，基于历史地震资料（表2-4；国家地震局震害防御司，1990）对各构造单元的强震时间序列进行分析（图2-16）。结果反映：该块体西缘的吉兰泰—银川—六盘山断裂带和北缘的河套断陷带目前及未来一段时期可能正处于最新的强震活跃期，东缘的山西断陷带可能从1989年开始也进入最新的强震活跃阶段。然而，目前暂时看不出南缘渭河断陷带在不远的将来有进入最新强震活跃期的可能性。以下依次分析西、东和北缘断裂系统的强震发生趋势。

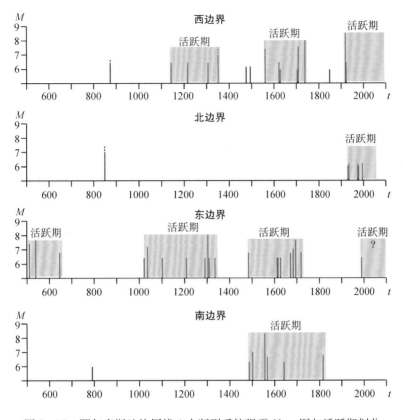

图 2 - 16　鄂尔多斯地块周缘 4 个断裂系统强震 M - t 图与活跃期划分

（1）西缘断裂系统：自 A. D. 876 年以来，鄂尔多斯地块西缘断裂系统已发生 10 次 M > 6.5 级强震与大地震（图 2 - 17）。其中，前 9 次分成两个分别长 210 年（1143 ~ 1352 年间）和 179 年（1561 ~ 1737 年间）的活跃期、以及两个分别长 266 年（876 ~ 1143 年间）和 208 年（1352 ~ 1561 年间）的平静期（图 2 - 16 上图），表现为两个完整的应变积累—逐渐加速释放的强震与大地震发生轮回（图 2 - 17）。在第二轮回结束后、平静了 180 年的基础上发生的 1920 年宁夏海原 $M8.5$ 巨大地震，可以视为该地块西缘断裂系统进入 1000 余年来的第三个 M > 6.5 级地震的发生轮回。根据前两个轮回中，第一与第二次事件的平均间隔时间（76 和 101 年）的平均（88 年），同时考虑到第三轮回首发事件（1920 年 M = 8.5 级）已经发生了 90 年，认为未来十年（2010 ~ 2020 年）期间鄂尔多斯地块西缘断裂系统存在发生 M > 6.5 级地震的中、长期危险性。

（2）东缘断裂系统：尽管认为 1815 年山西平陆 6¾ 级地震的发生是华北第 4 强震活动期第 1 活动幕的开始（图 6 - 5），但这次地震后，华北的强震与大地震主要发生在华北平原地震构造带和张-渤地震构造带上，而作为鄂尔多斯地块东缘断裂系统的山西断陷带，自 1815 年 6¾ 级地震以来一直处于 M ≥ 6 级地震的平静之中，直到 1989 年大同—阳高 M_L = 6.1 级震群的发生（图 6 - 6）。因此，山西断陷带在华北第 4 强震活动期随后的时段中开始新的强震、大地震活跃期的可能性不能排除。从图 2 - 16 看，从 1989 年大同—阳高震群开始，山西断陷带本身可能已进入新的强震、大地震活跃期。

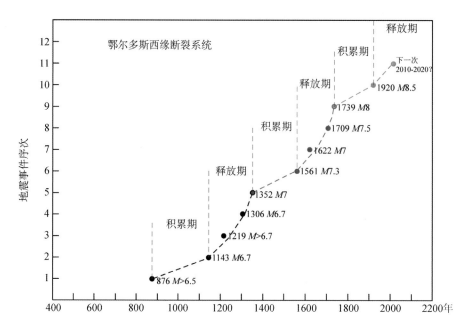

图 2-17　鄂尔多斯地块西缘断裂系统 $M > 6.5$ 级地震的时间-序次与活动轮回图

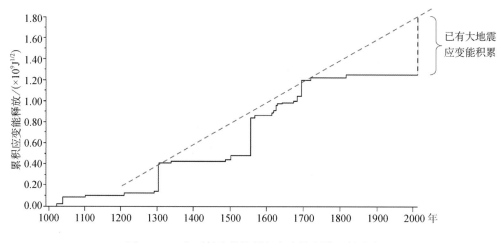

图 2-18　山西断陷带的累积应变能释放-时间图

　　由过去约 1000 年的累积应变能释放-时间图像（图 2-18）可看出：山西断陷带的上一次地震大释放期结束于 1695 年临汾大地震，至今又已积累起可发生大地震的应变能。该带历史上 $M \geqslant 6.5$ 级地震集中发生期之间的间隔为 551 和 392 年，而自从最晚的 1695 年临汾大地震（$M = 7\frac{3}{4}$ 级）以来，距今已平静了 405 年。因此，不能排除山西断陷带在未来十年及稍长期发生强震、大地震的可能性。

　　（3）北缘断裂系统：鄂尔多斯地块北缘断裂系统及其附近，至少在 1929 年之前没有破坏性地震的报道。那里由于地处北疆，清代以前的破坏性地震很可能没能完整记载下来，但至少从清代直到 1920 年代的近 300 年间，这里无重大破坏性地震发生（图 2-16）。

然而，自1929年以来，鄂尔多斯地块北缘断裂系统及其附近已陆续发生6次$M=6.0\sim6.5$级强震（图2-16），反映这里应属于至今可能尚未结束的、华北第4强震活动期的主体活动区之一（图6-6），而且，随时有可能进入最新强震活动的时段（图2-16）、并发生强震与大地震。因此，鄂尔多斯地块北缘断裂系统（河套断陷带）存在发生强震与大地震的中、长期危险背景。

3. 小结

本小节的分析表明，鄂尔多斯地块周缘中-长期尺度的强震、大地震危险性，首先应考虑该地块西缘和北缘断裂系统；其次应考虑该地块东缘的山西断陷带，尤其是山西断陷带的南、北两个段落。

2.4.3 云南小江与曲江—石屏断裂带

1. 活动构造与动力学模式

小江断裂带以及曲江—石屏断裂带是云南与强震、大地震发生关系最密切的两条相邻的活动断裂系统，前者是川滇活动块体的东南边界，而后者与其南侧的红河断裂带元江—红河段一起共同构成川滇活动块体的最南边界（图2-19）。

小江断裂带近南—北走向，全长约415km，北端在巧家附近与北西向则木河断裂带相连，巧家—东川之间的北段走向北北西，东川及其以南的中、中-南和南段的地表形迹主要分成东、西两个分支，走向近南—北，总体呈现向东微凸出的弧形。新生代以来，随着川滇块体朝南东方向的主动滑移运动，作为该块体东南边界的小江断裂带呈现以西盘为主动盘的强烈左旋走滑运动，平均左旋滑动速率在华宁及其以北为$8\sim10$mm/a，华宁以南减小到4mm/a（闻学泽等，2011b）。如此高速率的断裂活动性使得小江断裂带是云南地区最强烈的强震发生带，最近500多年来已发生$M\geqslant6$级地震16次，其中$M\geqslant7$级地震4次、$M8$地震1次，这些地震的破裂已完全覆盖了整个断裂带（图2-19）。

北西—北西西走向的曲江—石屏断裂带由北支曲江断裂和南支石屏断裂（亦称石屏—建水断裂）组成，全长约120km，西段走向北西，东段转为北西西—近东西。新生代以来，该断裂带受到川滇活动块体朝南南东水平运动的驱动，表现出以右旋走滑为主、兼挤压逆冲的运动特征，现代右旋水平滑动/剪切变形总速率约为4.5mm/a、横向水平挤压/缩短速率为2.5mm/a（闻学泽等，2011b）。高速率的活动性使得曲江—石屏断裂带是云南地区强震活动水平仅次于小江断裂带的地震构造带，最近500多年已发生$M\geqslant6$级地震11次，其中$M\geqslant7$级地震5次，这些地震的破裂也已完全覆盖了整个断裂带（图2-19）。

对穿越曲江—石屏断裂带以及红河断裂带的一段人工地震剖面（位置见图2-19）宽约35km的地带开展地震重新定位，并综合该剖面较高分辨率的速度结构进行活动构造解释。结果发现：曲江—石屏断裂带在横剖面上表现为自北朝南推覆逆冲的断裂带结构，主断面均朝北东—北北东倾，并在约12km的深度交汇于一个基底滑脱面。该滑脱面向上与红河断裂带（元江—红河段）略北的一条北倾的逆断层相连，并与红河断裂带主断面构成"对冲"型活动构造格局（图2-20）。这一剖面解释初步揭示了曲江—石屏断裂带的逆冲型结构是在川滇活动块体最南端为了调节来自该块体的、即小江断裂带西盘岩块南南东运动的活动构造与变形响应。换句话说，曲江—石屏断裂带变形、运动的直接动力源，与小江断裂带西盘的向南水平运动有关。

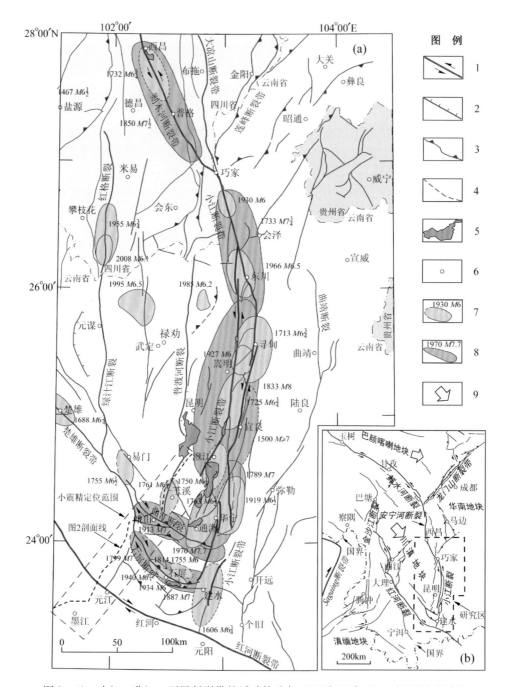

图 2-19　小江、曲江—石屏断裂带的活动构造与 1500 年以来 $M \geqslant 6$ 级地震破裂区
索引图示意研究区在区域活动构造系统中的位置（闻学泽等，2011b）

1. 主干走滑断层；2. 正断层；3. 逆断层；4. 推测断层；5. 湖泊；6. 城镇；

7. $M6 \sim 6.9$ 地震破裂区（虚线为不确定边界）；8. $M7 \sim 8$ 地震破裂区；9. 块体运动方向

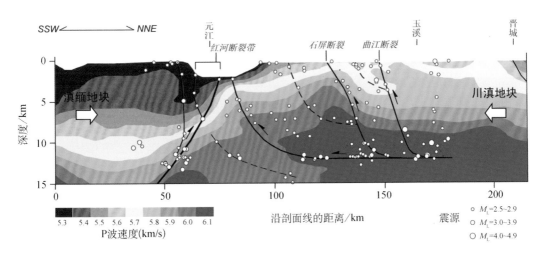

图 2 - 20 穿越曲江—石屏与红河断裂带的速度结构及活动构造解释剖面
剖面位置见图 2 - 19，速度结构据白志明等（2003）图 5 重绘，
小震定位及构造解释由闻学泽等（2011b）完成

地质调查也已证实曲江—石屏断裂带在晚第四纪期间除了有右旋走滑运动外，还兼有显著的逆冲断层作用。此外，在平面展布上，曲江—石屏断裂带与红河断裂带（元江—红河段）以及它们之间的次级断裂均发生了朝南南西方向凸出的弯曲变形（图 2 - 19），这同样反映川滇活动块体最南端的北西—北西西向断裂带以及它们之间的岩块共同承受了川滇活动块体——小江断裂带西侧岩块——长期向南的水平推挤作用。

如图 2 - 21 所示，研究区的震源机制解反映：则木河断裂带表现为带有正断层倾滑分量的左旋走滑断层作用；小江断裂带北段和中段表现出以左旋走滑断层作用为主，仅个别事件表现出带有正或逆断层的倾滑分量；小江断裂带西支的中-南段表现出带有逆断层倾滑分量的左旋走滑断层作用；小江断裂带的最南段，在建水南、北有三次地震的断层面解显示出带有显著正断层倾滑分量的左旋走滑断层作用。由此可见，沿则木河—小江断裂带现代地震的同震运动是以左旋走滑断层作用占优势的（图 2 - 21）。然而，曲江—石屏断裂带及其与红河断裂带之间的地区，8 次地震的震源断层面解中，有 4 次的北西—近东—西向节面呈现带有右旋走滑分量的逆断层作用，3 次为右旋走滑断层作用，仅 1 次为带有正倾滑分量的走滑断层作用（发震断层面可能为近南北向节面）。因此，在曲江—石屏断裂带及其与红河断裂带之间地区的地震主要是北西—近东西—向逆—右旋走滑断层作用的结果（图 2 - 21）。

综上，可以概括出从小江断裂带至曲江—石屏断裂带的现代构造运动特征与动力学模式（图 2 - 22）：沿川滇活动块体的东南边界，左旋走滑/剪切变形速率由小江断裂带北段的约 10mm/a 减小至最南段的 4mm/a，速率的急剧减小变化发生在小江断裂带的中-南段与最南段之间玉溪—通海—华宁一带；GPS 速度场显示在小江断裂带最南段的西侧，曲江—石屏断裂带所在地带分别以 4.5mm/a 的右旋走滑/剪切变形速率和 2.5mm/a 横向水平缩短速率调节吸收了来自小江断裂带西盘（即川滇活动块体）的大部分向南运动（闻学泽等，2011b）。

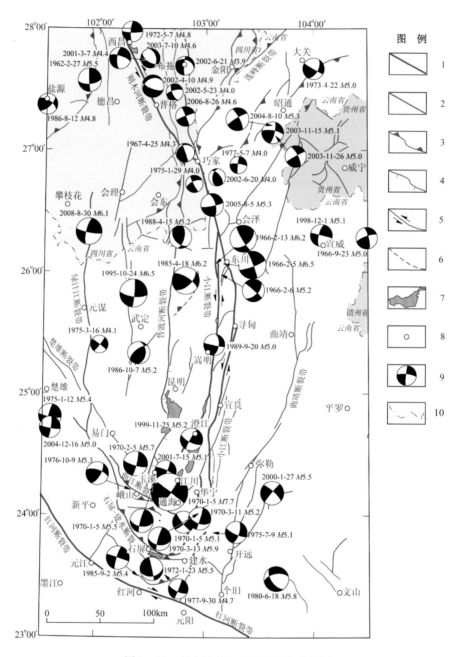

图 2-21 研究区的地震断层面解分布图

1. 主干活动断层；2. 次级活动断层；3. 逆断层；4. 正断层；5. 走滑断层；6. 推测断层；
7. 湖泊；8. 城镇；9. 地震断层面解（下半球投影）；10. 省界（据闻学泽等（2011b））

　　图 2-22 的构造动力学模式主要反映：曲江—石屏断裂带之间的地带右旋走滑/剪切和横向水平缩短变形是对小江断裂带西盘向南运动的构造动力学响应。那么，这种构造动力学响应是否在强震活动上也有表现？以下拟从小江、曲江—石屏两断裂带强震活动的关联性分析来证明这一想法。

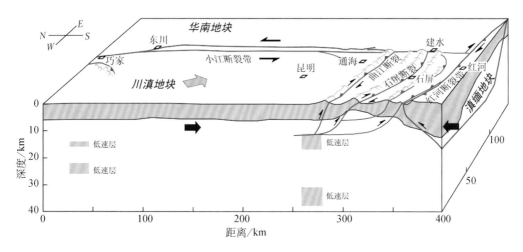

图 2-22　小江与曲江—石屏两断裂系统的构造动力学模式（闻学泽等，2011b）

低速层信息来源于李永华等（2009）发表的攀枝花和易门两台站下方的 S 波接收函数速度结构

2. 两研究断裂系统强震活动的关联性

考虑到北北西向的则木河断裂带与小江断裂带相连、运动方式基本相同（图2-19），本小节将则木河、小江两断裂带视为同一断裂系统，并将它们的地震事件合并（表2-5）进行分析。因此，本小节研究的是则木河—小江与曲江—石屏两个断裂系统强震、大地震活动的关联性。

表 2-5　小江（+则木河）与曲江—石屏两个断裂系统的主要地震事件（A. D. 1500 年以来）

编号	时间	震中位置		震级	震中烈度	地点
	年 . 月 . 日	北纬	东经	M		
小江（+则木河）断裂系统						
1	1500.01.13	24.9°	103.1°	≥7	≥Ⅸ	云南宜良
2	1606.11.30	23.6°	102.8°	6¾	Ⅸ	云南建水
3	1571.09.19	24.1°	102.8°	6¼	Ⅷ	云南通海
4	1713.02.26	25.6°	103.3°	6¾	Ⅸ	云南寻甸
5	1725.01.08	25.1°	103.1°	6¾	Ⅸ	云南宜良、嵩明间
6	1733.08.02	26.3°	103.1°	7¾	Ⅹ	云南东川—巧家间
7	1732.01.29	27.7°	102.4°	6¾	Ⅸ	四川西昌南
8	1750.09.15	24.7°	102.9°	6¼	Ⅷ	云南澄江
9	1763.12.30	24.2°	102.8°	6½	Ⅷ⁺	云南江川、通海间
10	1789.06.07	24.2°	102.9°	7	Ⅸ⁺	云南华宁
11	1833.09.06	25.0°	103.0°	8	≥Ⅹ	云南嵩明

编号	时间 年·月·日	震中位置 北纬	震中位置 东经	震级 M	震中烈度	地点
		小江（＋则木河）断裂系统				
12	1850.09.12	27.7°	102.4°	7½	X	四川西昌南
13	1909.05.11	24.4°	103.0°	6	?	云南华宁、弥勒间
14	1909.05.11	24.4°	103.0°	6½	VIII⁺	云南华宁、弥勒间
15	1927.03.15	26.0°	103.0°	6	VIII	云南寻甸
16	1930.05.15	26.8°	103.0°	6	VII～VIII	云南巧家南
17	1966.02.05	26.1°	103.1°	6.5	IX	云南东川
18	1966.02.13	26.1°	103.1°	6.2	VII～VIII	云南东川
		曲江—石屏断裂系统				
1	1588.08.09	24.0°	102.8°	≥7	≥IX	云南建水曲溪
2	1755.02.08	23.7°	102.8°	6	VIII	云南石屏东
3	1799.08.27	23.8°	102.4°	7	IX	云南石屏
4	1814.11.24	23.7°	102.5°	6	VIII	云南石屏
5	1887.12.16	23.7°	102.5°	7	IX⁺	云南石屏
6	1913.12.21	24°09′	102°27′	7	IX	云南峨山
7	1913.12.22	24.2°	102.5°	6	?	云南峨山
8	1929.03.22	24.0°	103.0°	6	?	云南通海
9	1934.01.12	23.7°	102.7°	6	VIII	云南石屏附近
10	1940.04.06	23.9°	102.3°	6	VIII	云南石屏
11	1970.01.05	24°12′	102°41′	7.7	X⁺	云南通海

注：震级 M 相当于面波震级

（1）应变释放时间进程的关联性

首先由表 2-5 的资料计算并绘制这两个断裂系统地震的累积应变能（即贝尼奥夫应变）释放—时间曲线（图 2-23）。其中，单次事件的应变能 e 由面波震级 M 与 Gutenberg-Richter 经验公式 $e = \sqrt{10^{1.5M+4.8}}$ 计算。

由图 2-23 看到：小江（＋则木河）断裂系统在 1500 年发生一次 $M \geq 7$ 级地震，并在随后的 350 年中再陆续发生 4 次 $M7 \sim 8$ 的大地震和 6 次 $M = 6 \sim 6\frac{3}{4}$ 级的强震，呈现出一个应变逐渐加速释放的过程与序列（图 2-23 下半部）。在 1500～1850 年的 351 年期间，小江（＋则木河）断裂系统从北到南几乎完全破裂和贯通（图 2-7、图 2-19），总共释放了约 $76 \times 10^7 \mathrm{J}^{1/2}$ 的应变能。

由图 2-23 的上半部看到：在滞后于小江（＋则木河）断裂系统 88 年后，曲江—石屏断裂系统自 1588 年起至 1970 年 383 年中也发生一个强震、大地震序列。该序列总共有 5 次 $M \geqslant 7$ 级大地震和 6 次 $M6$ 的强震，也显示出应变逐渐加速释放的过程。同时，5 次大地震中有 4 次发生在该序列的中—后期。在这 383 年期间，曲江—石屏断裂系统从西到东也几乎完全破裂和贯通（图 2 – 19），总共累积释放约 $38 \times 10^7 J^{1/2}$ 的应变能，约为小江（＋则木河）断裂系统强震、大地震序列释放量的 50%。

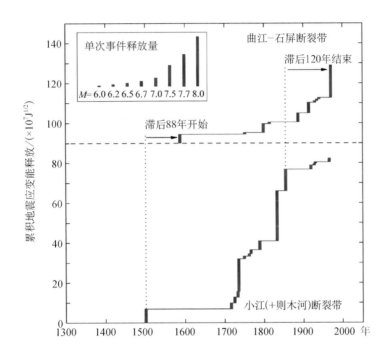

图 2 – 23　小江（＋则木河）、曲江—石屏两个断裂系统的累积
应变能释放-时间曲线（闻学泽等，2011b）

（2）大地震序次-时间关系的关联性

图 2 – 24 是两个研究断裂系统的 $M \geqslant 7.0$ 级大地震的序次-时间图。从中看到：小江（＋则木河）断裂系统在 1500~1850 年期间的 5 次 $M7~8$ 大地震的序次-时间关系总体上呈现指数函数式的单调上升，反映 $M \geqslant 7$ 级事件之间的时间间隔依次缩短（图 2 – 24 下半部的曲线），并与相应的应变能加速释放过程（图 2 – 23 下半部的曲线）相对应。曲江—石屏断裂带 1588~1970 年期间的 5 次 $M7~7.7$ 大地震的序次-时间关系也呈现相同函数类型的单调上升，事件之间的间隔也具有逐渐缩短的趋势（图 2 – 24 的上半部），且与该断裂带的应变能加速释放过程（图 2 – 23 的上半部）相呼应，只是 $M \geqslant 7$ 级地震序列的总体时间进程滞后于小江（＋则木河）断裂带的 88~120 年（图 2 – 24）。

3. 小结

本小节的研究已论述了曲江—石屏断裂带的右旋走滑/剪切和横向水平缩短变形作用是对北北西—近南北向小江（＋则木河）断裂带西盘向南运动的构造动力学响应（图 2 – 22）。这种构造动力学响应也表现在这两个断裂系统历史强震、大地震发生序列的关联性上：

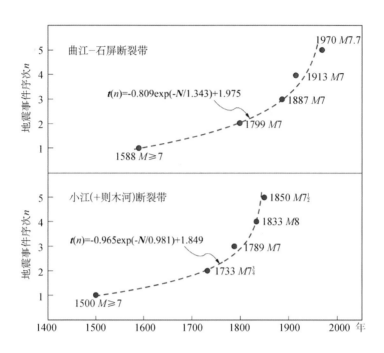

图 2-24　小江（+则木河）、曲江—石屏两断裂系统 $M \geqslant 7$ 级
地震序次-时间关系（闻学泽等，2011b）

1500~1850年期间，小江断裂带及其以北的则木河断裂带完成了一个长达351年的强震、大地震发生序列，显示出应变逐渐加速释放、$M \geqslant 7.0$ 级事件间隔逐渐缩短、大释放集中在序列中-后期等特征；作为对于这一序列的响应，曲江—石屏断裂带在滞后88年后，发生一个长达383年（1588~1970年）、具有相同加速释放与时间进程特征的强震与大地震序列（图2-23、图2-24）。

这两个断裂系统的 $M \geqslant 7.0$ 级大地震加速发生序列已分别结束于1850年和1970年。至今，$M \geqslant 7.0$ 级大地震的平静时间分别为161年和41年，均明显短于这两个断裂系统的上一个大地震序列中的第1和第2次 $M \geqslant 7.0$ 级地震的时间间隔（分别为233年和211年），反映这两个断裂系统已分别自1851年和1971年进入新的一轮应变积累期。因此，未来10年及稍长时间，小江断裂带及其以北的则木河断裂带、以及曲江—石屏断裂带仍处于整体的应变积累期中，发生 $M \geqslant 7.0$ 级大地震的可能性很小。但是，这种认识不包括这两个断裂系统 $M = 6.0 \sim 6.9$ 级强震的活动趋势。

可注意到小江（+则木河）断裂系统自1851年进入整体的应变积累/减速释放阶段以来，仍陆续发生过1919年云南弥勒 $M6.5$ 和 6.0、1927年寻甸 $M6.0$、1930年巧家南 $M6.0$、以及1966年东川 $M6.5$ 和 6.2 等多次强震，说明6级左右强震发生的随机性较高。因此，不能排除未来10年及稍长时间在小江（+则木河）断裂带上以及在曲江—石屏断裂带上再次发生 $M = 6.0 \sim 6.9$ 级强震的可能性。

第3章 地震活动性定量分析方法及其应用研究

3.1 引言

地震活动性定量分析是国际中-长期地震预测与危险性研究的重要方面，也是获取区域与局部地震活动性量化特征、分析地震活动与区域和局部应力场变化、进而分析与强震/大地震相关前兆信息的重要途径之一。例如，近十多年来国内外开展的沿活动断裂带 b 值等地震活动性参数的空间扫描（Wiemer and Wyss，2000；易桂喜等，2004a，b，2005，2006，2007，2008，2010，2011），对地震活动性前兆时、空迁移的定量描述（Wu et al.，2008），以及在"地震可预测性国际合作研究"（CSEP）计划中开展的地震统计预测模型、方法及其应用的"竞赛"（http：//www.cseptesting.org）——特别是加速矩释放模型 AMR、时空丛集模型 ETAS 以及图像信息模型 PI 等方法的发展与应用（例如 Bufe and Varnes，1993；Bowman et al.，1998；Ogata，1998；Rundl et al.，2000、2003；Jiang and Wu，2010a）等等，均代表地震活动性定量研究的重要方面。本专项研究在实施过程中，根据现有研究资料以及人才状况，按照边引进、边探索研究、边应用的方式，积极开展了地震活动性定量研究，并及时应用于中国大陆重点研究区大地震中-长期危险性的分析与判定。具体工作体现在如下三方面：

（1）用于评估基础数据质量的定量分析方法——地震目录完整性的定量分析。

（2）用于识别大地震中-长期危险断裂段的地震活动性定量分析方法——沿断裂带的 b 值等地震活动性参数空间扫描。

（3）用于 $1 \sim 3$ 年尺度强震/大地震危险状态评估的地震活动性定量分析方法——地震矩加速释放（AMR）现象的分析与应用研究。

本章以下分述本专项主要应用的地震活动性定量分析方法以及相关的应用研究。

3.2 地震目录完整性定量分析方法与应用

由于区域地震台站分布的时-空非均匀性、震相数据信噪比的时-空复杂变化、以及地震定位过程中使用观测数据的人为选择性等各种因素，即使"最好的"地震目录也存在监测能力的非均匀性和非一致性（Woessner and Wiemer，2005）。最小完整性震级 M_c 的一个小的变化，例如变化量 $\Delta M_c = 0.1$ 时，引起地震数目的变化可能达到（在 $b = 1$ 的情况）25%；如果 $\Delta M_c = 0.3$ 时，引起地震数目的变化则可能达 50%。因此，地震目录的完整性是基于地震活动性分析地震危险性的重要和关键的因素之一。在中-长期地震危险性分析中，一方面需要根据数目有限的资料对强震时-空活动的整体特征进行分析，例如分析强震发生的周期

---

　　* 本章执笔：3.1、3.2、3.4 节，蒋长胜；3.3 节：易桂喜。

性和时-空丛集性，等等，当使用的强震事件记录不能保证完整性的情况下，容易得到错误认识；另一方面，基于中、小地震活动的强震危险性分析中，对强震危险性的概率计算和状态评估往往受到数目较多的地震事件、即最小完整性震级 M_c 附近中小地震自身分布特征的影响，例如，利用 PI 算法进行的中-长期地震危险性分析时遇到的问题（Jiang and Wu，2010a），等等。因此，在应用地震活动性定量分析方法研究中-长期地震危险性时，对地震目录最小完整性震级 M_c 进行科学评估，是保证地震危险性研究结果可靠性的最重要基础。

3.2.1 震级-序号法

在考察区域最小完整性震级 M_c 随时间变化的工作中，Ogata 等（1991）发展起来的震级-序号法是一种定性评估 M_c 的较好方法。尽管这种定性的方法只能给出 M_c 的取值范围，但可避免采用定量计算方法所得结果与真实的 M_c 之间存在较大的偏离。震级-序号法按地震发生时间的先后顺序排序，考察不同震级事件数的密度分布，定性分析 M_c 的可能取值范围，其中，地震数密度较大的位置对应的震级即是最小完整性震级。该方法使用了地震序号而不是地震发生时间，是为了避免时间上地震"丛集"的影响；此外，一些短期内由于人为因素造成的地震目录不完整等问题也可通过震级-序号法识别出来。

作为计算示例，图 3-1 给出了川滇地区 1970 年以来地震事件的震级-序号图像，地震目录使用了中国地震台网中心提供的《中国地震月报目录》，使用的最低震级为 $M_L2.0$。由该图中不同颜色色块指示的地震数目分布的变化可见，1970 年的短期内，最小完整性震级 M_c 约为 $M_L3.3$ 左右；1971～1986 年 M_c 在 $M_L2.1～2.5$ 之间，总体有下降趋势；1987～1999 年期间 M_c 由于某种人为因素截断在 $M_L2.5$ 左右；2000～2008 年期间 M_c 约为 $M_L2.2$ 左右；2008 年 5 月 12 日四川汶川 8.0 级地震发生之后，川滇地区 M_c 又回升至 $M_L3.0$ 左右，可能与此时期大量发生汶川地震的余震有关。

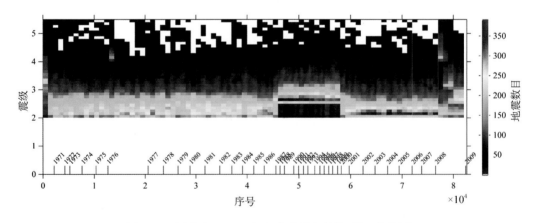

图 3-1　川滇地区 1970 年以来地震事件的震级-序号图
横坐标是按发生时间排序的地震序号，地震数用不同颜色代表。资料来源于《中国地震月报目录》

3.2.2　定量的多参数方法

基于地震目录和统计地震学定量评估最小完整性震级 M_c 的方法大体上可分为两类，一类是假定震级不小于 M_c 的地震在震级-频度分布上满足 G-R 关系，认为满足该关系的地震记录才是完整的（Wiemer and Wyss，2000；Cao and Gao，2002；Marsan，2003；Woessner and Wiemer，2005；Amorèse，2007），并将能够最好满足 G-R 关系的震级-频度分布中的最小起始震级确定为最小完整性震级 M_c。具体而言，该类方法中确定最小起始震级的方法有所不同，现有方法包括"完整性震级范围"（Entire-Magnitude-Range，EMR）方法（Woessner and Wiemer，2005）、"最大曲率"MAXC 方法和拟合度分别为 90% 和 95% 的 GFT 方法（Wiemer and Wyss，2000），等等。另一类是"基于概率的完整性震级"（Probability-based Magnitude of Completeness，PMC）方法（Schorlemmer and Woessner，2008），该方法基于区域地震震级定义和震相观测报告，计算每个台站对全部地震在时-空上的检测能力，给出概率表示的震级 M_p 的空间分布。由于 PMC 方法对观测资料、台站布设历史、采用的震级-距离衰减关系等要求较高，操作上具有一定难度，因此，本专项研究主要采用基于 G-R 关系的统计地震学方法定量计算、评估 M_c。

考虑到不同的计算方法基于不同的假定和计算原理，结果有所不同，本专项研究主要选用了 Mc-Best 方法评估最小完整性震级 M_c，即首先根据"最大曲率"MAXC 方法和拟合度分别为 90% 和 95% 的 GFT 方法（Wiemer and Wyss，2000）分别计算，然后按照方法优先级遴选出各时间段最佳结果的 M_c。其中，MAXC 方法是将震级-频度关系曲线的一阶导数最大值对应的震级作为 M_c；而 GFT 方法通过搜索实际和理论的震级-频度分布的拟合程度来确定 M_c；由于 GFT 方法同时采用 90% 和 95% 的拟合度，这里分别称为 GFT-95% 和 GFT-90%。计算中使用固定地震事件数目的窗口选取数据，并进行滑动计算；按照 ［GFT-95% 优于 GFT-90% 优于 MAXC］的优先级顺序，选择每次滑动的计算结果，选择后的 M_c 结果重新连接成 Mc-Best 曲线。图 3-2 给出了采用定量多参数法计算川滇地区 1970 年以来最小完整性震级 M_c 的示例，选择后该研究区的 M_c 随时间的变化如图 3-2 中标注为 Mc-Best 的黑色曲线所示。

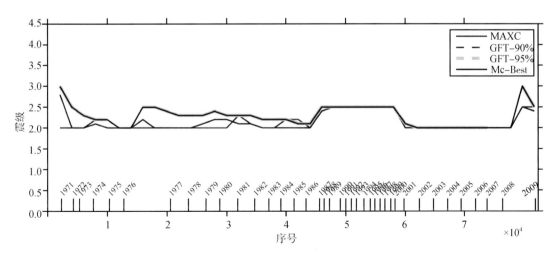

图 3-2　川滇地区 1970 年以来 M_c 时序变化的定量多参数法分析

横坐标是按发生时间排序的地震序号。资料来源于《中国地震月报目录》

由图 3-2 可见，第一阶段 2000 年之前，M_c 时序曲线总体维持在 $M_L 2.5 \sim 3.0$ 之间，并持续下降，与此相对应的是，此时段川滇地区正处于地震模拟观测时代，台站数量较少、分布也不够好，但在逐步改善；第二阶段是 2000 年至 2008 年 5 月 12 日汶川 8.0 级地震发生之前，该时段 M_c 相对稳定在 $M_L 2.0$ 左右，这可能与"九五"全国范围的区域测震台网数字化改造有关，此时期川滇地区的地震监测能力得到了明显提高；第三阶段是 2008 年 5 月 12 日汶川 8.0 级地震发生之后，M_c 又回升至 $M_L 3.0$ 左右，实际上此阶段 M_L 的变化与该时段大量发生的汶川余震有关（中国地震局监测预报司，2009）。

3.3 沿断裂带 b 值等参数的扫描与填图方法及其应用

强震与大地震往往发生在活动断裂带上具有高应力积累的闭锁断裂段或者凹凸体段（Aki，1984；Wiemer and Wyss，1997；Wyss et al.，2000）。地震一旦成核，破裂将会在高应力环境下扩展，并穿过凹凸体及其附近的非凹凸体的断裂段（Wyss et al.，2004）。古登堡-李克特震级-频度关系 $\lg N = a - bM$ 中的 b 值与介质的非均匀程度、有效剪应力等参数有关，并与应力呈反比关系，这一现象早已在岩石破裂实验（Scholz，1968）、与流体抽取有关的地震活动（Wyss，1973）以及地下矿山岩石破裂（Urbancic et al.，1992）中观测到。既然特定岩体内构造应力的大小与地震破裂的 b 值成反比，低 b 值可以作为高有效剪应力的一个指标（Wyss et al.，2000）。

Wiemer 和 Wyss（1997）提出了通过沿活动断裂带的精细 b 值空间扫描与填图，由异常低 b 值（$b < 0.7$）的分布勾画高应力或凹凸体断裂段、而由异常高 b 值（$b > 1.1$）的分布勾画低应力或蠕滑断裂段的思路与方法。目前，利用 b 值的空间分布揭示和推断一个区域内活动断裂带不同段落的相对应力水平，已成为分析不同断裂段现今活动习性与强震/大地震潜在危险地段的重要手段之一（Wiemer et al.，1998；Wyss et al.，2000；Wyss and Wiemer，2000；Zuñiga and Wyss，2001；Wyss and Matsumura，2006；Wyss and Stefansson，2006；易桂喜等，2004a、b，2005，2006，2007，2008，2010，2011）。除 b 值外，其他地震活动性参数，如震级-频度关系中的 a 值，最小局部复发周期 T_r，等等，也已广泛应用于活动断裂带的中-长期地震危险性分析（Wiemer and Wyss，1997；Wyss et al.，2000、2002；Zuñiga and Wyss，2001；易桂喜等，2011）。

易桂喜等（2004a）已率先将 Wiemer 和 Wyss 于 1997 年发展的 b 值精细空间扫描方法引入国内，同时，发展了基于 b 值空间分布的多地震活动性参数值的组合、结合历史强震背景和精定位的震源深度剖面综合判定断裂带不同段落的现今活动习性与强震危险地段的方法，并将该方法先后应用于分析中国大陆不同区域主要活动断裂带（川滇块体东边界、龙门山—岷山、山西断陷带、郯-庐断裂带，等等）的现今活动习性与强震危险性（易桂喜等，2004b、2005、2006、2007、2008、2010、2011）。目前，这一方法仍在不段发展、完善与应用。本专项已将沿活动断裂带的 b 值等地震活动性参数的扫描与填图方法应用于重点研究区主要活动断裂带/构造带的强震/大地震中-长期危险地段判定研究。本节以下分述相应的方法与应用研究。

3.3.1 沿断裂带 b 值等参数的填图方法与应用

可靠 b 值的计算要求有一定的地震统计样本量。因此，基于 b 值的平面或剖面分布判定活动断裂带不同段落现今习性的方法仅适用于地震较频繁、空间密度较大、且最近几十年监测能力较强的地区，而不适用于那些现今地震活动频度偏低、监测能力较低的地区。

1. b 值等参数的计算与填图方法

以 b 值为例，沿断裂带 b 值扫描计算与填图的方法、过程与需注意的问题如下：

首先界定沿断裂带现代小震活动的相对密集地带。对密集地带以一定的间距（如 0.1°）进行网格化，挑选出以每个网格节点为圆心、半径为 r 的圆形统计单元内的地震目录；然后，对每一个统计单元分别确定完整性震级下限 M_c，再利用最小二乘法或最大似然法计算出古登堡-里克特震级（M）-频度（N）关系式中的 b 值，并作为该统计单元中心点（即网格节点）的计算值。最后，根据各节点的 b 值填绘出研究区的 b 值空间分布图像。式（3-1）中 N 为震级 $M \geqslant M_c$（最小完整性震级）地震的累积频度，a、b 为回归系数。

$$\lg N = a - bM \tag{3-1}$$

由于即使在同一区域，地震活动程度也存在一定的空间差异，在计算过程中，不同统计单元的半径 r 值可以不完全一样。对于地震分布较稀疏的区域，为了满足计算可靠 b 值所需的地震样本数，统计单元的半径 r 值可适当扩大。根据经验，对于地震分布稀疏的地区，当统计单元半径 r 值扩大到研究区内最小 r 值的 2 倍、而样本数仍不能满足计算可靠 b 值的要求时，应放弃该单元的 b 值计算，并在绘制 b 值图像时，对没有获得 b 值计算结果的单元用空白进行处理。

b 值计算需要保证一定的地震统计样本量，由于早期各区域台网监测能力有限，为了尽可能利用更长时间的地震资料，最小完整性震级通常较高，可用地震资料有限，若样本量要求太高，会使大部分统计单元的半径 r 值过大，导致获得的 b 值是一个大面积的区域平均值，无法反映局部应力状态的差别；另外，若样本量太小，获得结果的可靠性差。因此，为了保证利用最小二乘法计算 b 值的可靠性与稳定性，要求每一统计单元的地震样本数不低于30，有效震级档不低于 5 档（注：有效震级档的实际地震数不为零）；若最小完整性震级 M_c = $M_L 2.0$，震级分档间距 0.3 时，5 个有效震级档覆盖的震级范围应大于或等于 1.5 个震级单位（$\geqslant 5$ 档 × 0.3），即分布在 $M_L = 2.0 \sim \geqslant M_L 3.4$ 之间。

在求得式（3-1）中的 a、b 值后，可进一步求取局部复发周期 T_r（Wiemer and Wyss，1997）：

$$T_r = \Delta T / 10^{(a - bM_e)} \tag{3-2}$$

式中，ΔT 为使用地震目录的资料长度；M_e 为期望震级。

此外，在 b 值等地震活动性参数的计算中，最小完整性震级 M_c 的空间差异性也是不可忽视的，必须逐一确定各统计单元的最小完整性震级 M_c（Wiemer and Wyss，2000），可采用 3.2 节介绍的定性和定量方法确定，也可根据相应的震级-频度关系估计。图 3-3 给出了四川马边地区 1975 年 1 月至 2008 年 12 月 $M_L 1.0$ 以上地震的震级-频度分布，其显示该区域的 $M_L \geqslant 2.0$ 级地震记录似乎是完整的，然而，该区域内不同位置的最小完整性震级 M_c 存在一定的差异（图 3-4）。

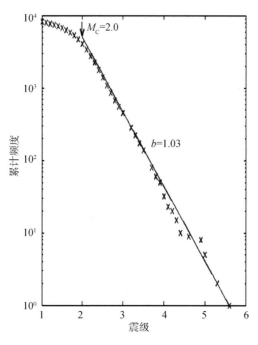

图 3-3 四川马边地区的震级-频度分布

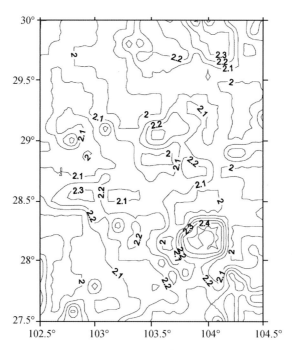

图 3-4 四川马边地区最小完整性震级 M_c 分布

图 3-3 和图 3-4 区域范围同（1975.01～2008.12，$M_L \geq 1.0$ 级）

采用最小二乘法估算 b 值的误差 δb 的计算公式为

$$\delta b = \sqrt{\frac{\sum\limits_{i=1}^{n}\left(\lg N_{1i} - \lg N_{2i}\right)^2}{\sum\limits_{i=1}^{n}\left(M_i - \overline{M}\right)^2}} \times \sqrt{\frac{n-1}{n(n-2)}} \qquad (3-3)$$

采用最大似然法估算 b 值的误差 δb 的计算公式为（Shi & bolt，1982）

$$\delta b = 2.3 b^2 \sqrt{\frac{\sum\limits_{i=1}^{n}\left(M_i - \overline{M}\right)}{n(n-1)}} \qquad (3-4)$$

式中，$\overline{M}$ 为参加计算的地震平均震级；N_1 为拟合直线上的值；N_2 为实测值，n 为数据点数。

2. 断裂带 b 值填图的应用例子

（1）沿断裂带的 b 值平面图像与分析

这里以南北地震带中段的龙门山—岷山断裂带为例，说明 2008 年四川汶川 8.0 级地震前沿断裂带的 b 值平面分布图像与断裂带分段活动习性及地震危险性的分析。

图 3-5 是 1977 年至 2008 年 5 月 11 日沿龙门山—岷山断裂带的 $M_L \geqslant 2.0$ 级地震分布

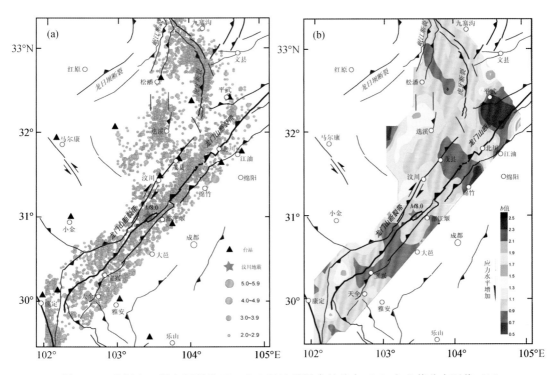

图 3-5　龙门山—岷山断裂带 $M_L \geqslant 2.0$ 级地震及台站分布（a）与 b 值分布图像（b）

（资料时段：1977.01.01 ~ 2008.05.11）（据易桂喜等（2011））

（图 3-5a）以及根据上述方法计算获得的 b 值图像（图 3-5b）。图 3-6 则为研究区及其附近历史与现代 6 级以上地震震源（破裂）区以及 2008 年汶川 $M_S8.0$ 主震震源（破裂）区和 $M_S \geqslant 5.0$ 级余震分布。

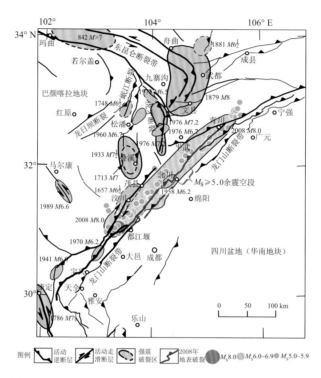

图 3-6　龙门山—岷山断裂带 $M_S \geqslant 6.0$ 级震源（破裂）区
及 2008 年汶川地震 $M_S \geqslant 5.0$ 级余震分布图

（据闻学泽等（2009）改编）

图 3-5b 显示，2008 年 5 月 12 日之前，沿龙门山—岷山断裂带分布的 b 值存在显著的空间差异。其中，龙门山断裂带中、北段的绵竹—茂县段以及江油—平武段具有异常低 b 值（<0.7），显示 2008 年 5 月 12 日汶川 $M_S8.0$ 地震发生前，绵竹—茂县与江油—平武两个段落属于具有高应力积累的断裂段，或者凹凸体段。这两个段落后来成为汶川 $M_S8.0$ 地震破裂的中心地段（图 3-6）。

图 3-5b 还清楚地显示，2008 年汶川地震之前，位于岷山断裂带的、茂县—松潘之间的叠溪一带表现出异常高 b 值（>1.3）；那里曾经是 1933 年 7½ 级大地震的震源区（图 3-6），异常高 b 值反映原震区在发生大地震破裂几十年后，现以较频繁的小震活动为特征（图 3-5a），显示断面仍处于松弛、应力积累水平低的状态，不具备复发强震/大地震的中长期危险性。另外，位于岷山断裂带的虎牙断裂具有接近区域平均的 b 值（图 3-5b）；那里曾经是 1976 年松潘—平武间 7.2 级震群的震源区（图 3-6），在发生 1976 年震群破裂几十年后，中等 b 值显示该断裂带以频繁的小震、偶有稍大（4～5 级）地震活动进行大震后

的调整性运动，应力水平不高，但仍有可能发生中强地震。

（2）沿断裂带深度剖面的参数图像与分析

利用精定位的地震目录进行扫描计算，可以获得沿着或者垂直于活动断裂带走向深度剖面的 b 值等地震活动性参数图像，有利于从三维空间上分析断裂带不同部位/段落的现今活动习性。然而，此时对精定位的地震目录资料有更高的要求：①重新定位的地震目录中不能丢失地震事件（利用双差定位方法时，台站和震相资料不能满足的地震事件或者较分散的地震事件会被拒绝定位，从而在重新定位的地震目录中会丢失较多地震事件，使得由这种方法重新定位的地震目录是不完整的）；②深度定位精度要高，误差要尽可能小。目前，中国大陆除局部区域外，本专项重点研究区的大部分尚不能完全满足上述资料要求。因此，这里暂以 Wiemer 和 Wyss（1997）对美国加州中部圣安德烈斯断裂带的研究，给出深度剖面 b 值空间分布与危险性分析的例子。

美国加州中部圣安德烈斯断裂带中段由北部的长期蠕动段以及南部的 Parkfield 中强地震发生段组成。其中，Parkfield 段（图 3 - 7a 中标示 MM 之处——Middle Mountain 的缩写）也是美国的地震预报试验场，该段在 1857 ~ 2004 年期间，共发生了 7 次 $M=6.0 \sim 6.5$ 级的强震。Wiemer 和 Wyss（1997）利用 1980 ~ 1996 年 $M_L \geqslant 1.0$ 级的地震资料，获得包括 Parkfield 断裂段在内的圣安德烈斯断裂带中段约 100km 长的震源深度剖面（图 3 - 7a），以及 b 值、a 值和给定预测震级 $=M6$ 地震复发间隔 T_r 值等参数的分布图像（图 3 - 7b、c、d）。他们在计算中将深度剖面上的地震统计单元设计为垂直断层面走向的水平圆柱形，统计单元的最小半径取 4km、沿断层面走向的空间间隔步长为 1km，统计单元内的地震数固定为 200；另外，利用滑动窗口方法，通过改变样本量的 10%（即 20 个地震样本量）作为步长来移动统计单元的深度。

从图 3 - 7 可看出，沿整个研究断裂段走向深度剖面的 b 值（图 3 - 7b）、a 值（图 3 - 7c）和给定预测震级 $=M6$ 的复发间隔 T_r 值（图 3 - 7d）存在明显的空间不均匀性。其中，在发生过多次中强地震的 Parkfield 断裂段（图 3 - 7a 标有 MM 处），沿断层面 5 ~ 15km 的深度上表现出异常低 b 值（$b < 0.7$）、低地震活动率 a 值（$a < 3$）、以及明显偏小的 $M6$ 地震复发间隔 T_r 值（$T_r < 100$ 年）等异常；反映在 1980 ~ 1996 年期间，Parkfield 段属于整个研究断裂段上应力积累水平最高、地震活动水平最低、6 级地震复发间隔最短的断裂段，应处于高应力状态或属于凹凸体段。后来，2004 年 9 月 28 日，在该凹凸体部位发生了 Parkfield $M6.0$ 地震。图 3 - 7 显示：在 Parkfield（MM）的北西侧（左侧），沿断层面 0 ~ 10km 的深度上表现出高 b 值、中-高的地震活动率 a 值、以及明显长得多（千年至万年量级）的 $M6$ 地震复发间隔 T_r 值等特征，反映在相同的时期，Parkfield（MM）北西侧的断裂段属于应力积累水平低、小震活动频度高的断裂段；那里正好是圣安德烈斯断裂带中部的长期蠕动段（无中、强地震，但小震密集，且形变观测证明断层蠕动）。

对于位于研究断裂段上的长期蠕滑段落和凹凸体段落的统计单元 A、B（图 3 - 7a），分别统计与计算震级-频度关系，结果反映凹凸体部位（B 区）的 b 值要明显低于长期蠕滑断裂段（A 区）的 b 值（图 3 - 8）。

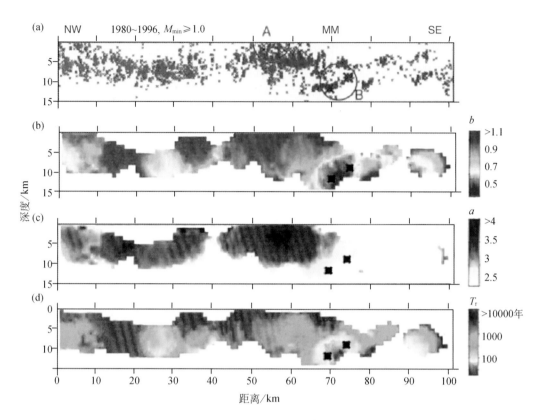

图 3-7 沿圣安德烈斯断裂带中段走向的震源深度（a）、b 值（b）、a 值（c）和 M6 地震复发间隔 T_r 值的剖面（d）图（据 Wiemer & Wyss（1997））

图中"＊"号标示 1994 年 M4.6 和 M4.7 地震震源

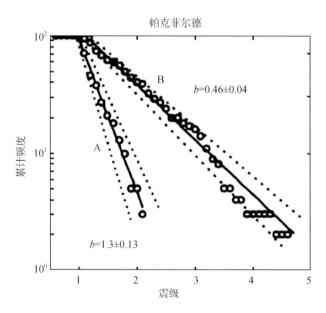

图 3-8 圣安德烈斯断裂带中段长期蠕滑与凹凸体段落统计单元的震级-频度关系（参见图 3-7a 中的 A、B）（据 Wiemer & Wyss（1997））

3.3.2 断裂带分段的多参数组合分析方法与应用

考虑到不同的地震活动性参数的物理意义不同，多个地震活动性参数的值及其组合应能比单个参数值（如b值）更好地反映断裂（段）的物理状态，即现今活动习性。闻学泽等（1984、1986）提出将b值、地震的应变能释放$\sqrt{E}$值与频次$\overline{N}$值、以及单次事件平均震级$\overline{M}$等4个地震活动参数值及其组合特征，用于描述断裂带的分段现今活动性质，并初步应用于鲜水河、安宁河与则木河断裂带。易桂喜等（2004a、2005、2006、2007）开展了进一步的研究，并采用以下4个地震活动性参数值及其组合来综合判定不同断裂段的现今活动习性：

（1）$\overline{b}$——断裂段在研究时段的总体b值；

（2）$\overline{a/b}$——断裂段在研究时段的总体a/b值；

（3）$\sqrt{E}$——断裂段单位面积（或单位长度）的应变能年释放率；

（4）n——断裂段单位面积（或单位长度）的地震年频度。

他们基于各个参数本身的物理性质，认为4个参数值的不同组合与断裂段现今活动习性（滑动性质）存在密切的关系。例如，具有低$\overline{b}$值（反映高应力）、低n值和$\sqrt{E}$值（反映低频度地震活动及低应变能释放率）、以及较高$\overline{a/b}$值（反映具有偏高的最大期望震级）这样一种参数值组合的断裂段，应处于较高应力背景下的相对闭锁状态，亦即具有凹凸体性质的断裂段；而具有高$\overline{b}$和n值、中等或中偏低的$\sqrt{E}$值、以及较低$\overline{a/b}$值组合的断裂段，应具有以频繁小震滑动为主、应力积累水平不高的现今活动习性（易桂喜等，2007）。

多地震活动性参数值及其组合分析方法可应用于综合判定断裂带现今活动习性的空间分段差异性，进而判定强震/大地震的中-长期危险性。采用这种方法计算4个参数时，由于将每一个相当于潜在强震或大地震破裂尺度的断裂段作为统计单元，很容易满足计算出可靠参数对地震数量（统计样本）的需求。因此，相比于3.3.1节的方法，本节的方法可应用于地震监测能力一般、地震活动水平中—偏低地区的活动断裂带。

1. 断裂带分段以及4个参数计算方法

计算断裂带分段的4个地震活动性参数时，首先需要对研究断裂带进行合理分段，并使得结果可代表对潜在大地震破裂空间分段性的判定，即每一段的尺度代表单次大地震的破裂尺度。断裂带分段的主要判据可综合参考下列因素：断裂带的几何结构、深部构造的空间差异性，历史强震/大地震震源区（破裂区）的时-空展布，现代地震活动的空间分布及其差异性，b值图像反映的沿断裂带b值的空间差异，等等。然后，对于各个断裂段落，分别选取地震目录、判定在研究时段的最小完整性震级M_c、并采用$M_L \geq M_c$的地震资料计算4个地震活动性参数值。其中$\overline{a}$和$\overline{b}$值（及$\overline{a/b}$值）采用最小二乘法或最大似然法计算；$\sqrt{E}$值的计算公式为

$$\sqrt{E} = \sum_{i=1}^{N} \sqrt{E_i} / (t \times A) \qquad (3-5)$$

即对研究时段t年内全部（N次）$M_L \geq M_c$地震的应变能求和，再按断裂段的平面积A（km^2）和研究时段长度t（年）进行归一化。上式中的Benioff应变$\sqrt{E_i}$由公式

$$\lg E_i = 4.8 + 1.5 M_{s,i} \qquad (3-6)$$

计算，E_i 的单位为 J。同理，参数 n 的计算公式为

$$n = N/(t \times A) \qquad (3-7)$$

因为 $\sqrt{E}$ 与 n 是量纲参数，会受统计时-空范围的影响，按断裂段的平面积 A 和研究时段长度 t 进行归一化可消除这种影响。假若研究断裂带各段落的平面宽度相同，则式（3-5）和式（3-7）中的 A 也可替换成断裂段的长度 l（km）。

2. 应用例子

分别以地震相对活跃的鲜水河中-南段和近代地震活动性较低的郯-庐断裂带为例，给出多地震活动性参数值的组合在不同地震活动程度区域地震危险性分析中的实际应用。

（1）鲜水河断裂带中-南段

川滇块体东北边界的鲜水河断裂带中-南段（道孚—石棉之间），区域台网的监测能力一般，1978 年以来 $M_L \geqslant 2.0$ 级的地震记录完整。易桂喜等（2007）在综合考虑断裂带几何结构、历史强震与大地震破裂分布（图 3-9）（Allen et al., 1991；闻学泽，2000），结合沿断裂带的平面 b 值图像（图 3-10a）与现代地震分布（图 3-11a），将研究的断裂带划分为如图 3-10b 和图 3-11a 所示的 6 个段落，计算各段的 4 个地震活动性参数值（图 3-11c）。其中，第②~⑥段的参数由 1978 年以来的资料计算；考虑到第①段是 1981 年 1 月道孚 6.9 级地震的破裂段（图 3-11d），为了消除余震的影响，对该段采用 1981 年 11 月以后的资料进行参数计算。同时，为了辅助分析，还利用 1981 年 10 月至 2003 年 6 月间 $M_L \geqslant 2.5$ 级地震的精定位结果，给出了沿断裂带走向的震源深度剖面（图 3-11d），并在该深度

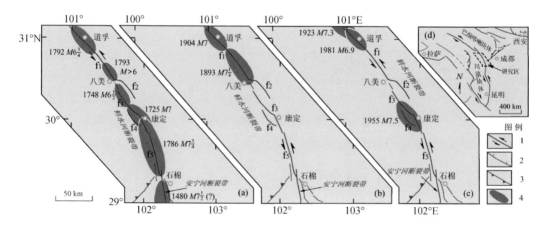

图 3-9 鲜水河断裂带中-南段不同时期的强震/大地震震源区分布（据闻学泽（2000）改绘）

（a）. A. D. 1480~1799；（b）. A. D. 1800~1904；（c）. A. D. 1905~2010；（d）. 研究区在西南地区主要活动断裂中的位置

f1——鲜水河断裂，f2——雅拉河断裂，f3——色拉哈断裂，f4——折多塘断裂，f5——磨西断裂

1. 走滑断裂；2. 正断层；3. 逆断层；4. 历史地震（$M > 6$ 级）震源区（长度近似于破裂尺度）

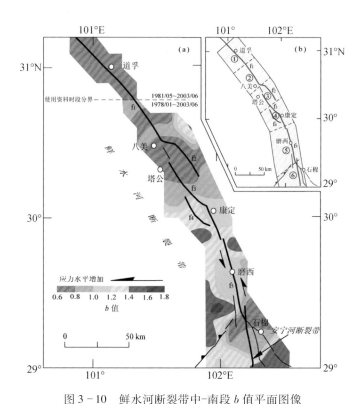

图 3-10　鲜水河断裂带中-南段 b 值平面图像

（a）与断裂分段及地震重新定位范围；（b）①~⑥为断裂段编号（据易桂喜等（2005））

剖面上添加了 1981 年 6.9 级主震及其 $M_L \geqslant 1.0$ 级余震的分布，且标示出与图 3-11a 对应的分段方案，以及各段最晚强震/大地震破裂的年代与震级，同时，还圈绘出 $M_L \geqslant 2.5$ 级地震空缺断层面的位置。

　　分析显示鲜水河断裂带中-南段存在 6 个不同活动习性的段落。其中，第①段具有异常低的 $\bar{b}$、$\sqrt{E}$、n 值和中等 a/b 值的参数值组合（图 3-11c），反映出该断裂段处于 1981 年 6.9 级地震的震后调整性运动阶段，具有较高的应力水平，在频度不高的地震活动中，伴有少数震级偏大的（$M_L = 3.5 \sim 4.5$ 级）地震发生，因而 $\bar{b}$ 值较低。考虑到第①段以往的强震复发间隔在 77~112 年之间（图 3-10），认为至复发下一次 7 级左右地震，还需要进一步的应变积累。

　　第②和③段的参数值组合特征相似，均有较低的 $\bar{b}$ 值以及中偏低的释放水平（图 3-11c），且中小地震仅限于断层面的浅部发生，中-深部的断层面上存在明显的小震"空缺"（图 3-11d）。反映这两段处于偏高应力水平下的相对静止或闭锁状态，但第③段比第②段具有更长的应变积累期（图 3-10）和更高的期望震级（更高的 a/b 值）。

　　第④和⑤段的参数值组合特征显示出那里的断层面在中偏低的应力作用下分别呈现稀疏小震滑动和较频繁小震滑动的状态（图 3-11c），意味着自从各自段落的最晚大地震破裂（1955 年 7½级和 1786 年 7¾级地震）后，断层面尚未重新耦合、或者未完全耦合。第⑥段的参数值组合反映在中偏高应力下的频繁中-小地震活动状态（图 3-11c），可能与那里地处多条断裂的交汇区有关。

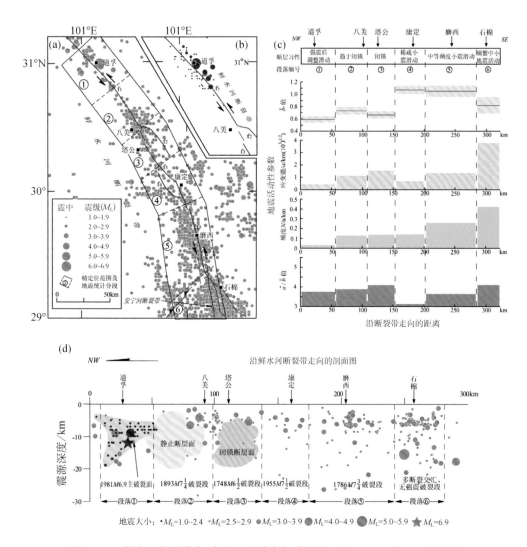

图 3–11　鲜水河断裂带中-南段地震分布与分段图（a）、1981 年 6.9 级地震
及其余震分布图（b）、分段多地震活动性参数与分析图（c）以及重新
定位的 $M_L \geqslant 2.5$ 级地震震源深度剖面图（d）

（据易桂喜等（2005））

　　由图 3–11 的分段多参数值组合的综合分析，可将第③段判定为整个研究断裂带的强震
/大地震中-长期危险性最高的段落，而第②段的危险性次之。

　　（2）郯-庐断裂带

　　郯-庐断裂带主体虽展布于华北地震监测能力较强的区域，但除局部段落外，1970 年以
来该断裂带的地震并不活跃（图 3–12a），使得地震数量不能满足沿断裂带进行 b 值等参数
填图的需求，只能依据地震空间分布的密度变化（图 3–12a、c）以及历史大地震震源区的
展布（图 3–12b），参考断裂带几何结构，将研究的断裂带划分为 4 个段落（图 3–12a 虚
线所示），并利用 1970~2005 年 $M_L \geqslant 1.8$ 级地震资料，计算出分段的 4 个地震活动性参数
值（表 3–1、图 3–13）（易桂喜等，2007）。

易桂喜等（2007）分析表明：位于 1668 年 8½ 级巨大地震破裂南段的宿迁-郯城段（图 3-12）具有最低的 $\bar{b}$ 值以及几乎最低的 $\sqrt{E}$、n 和 $\bar{a}/\bar{b}$ 值的参数值组合（图 3-13），反映正处于高应力下的闭锁状态，从长期预测的角度看，应属于最具强震/大地震潜势的段落。临沭-孟僮段曾是 1668 年大地震破裂的核心段落（图 3-12），那里中等的 $\bar{b}$ 值以及高 $\sqrt{E}$、n 和 $\bar{a}/\bar{b}$ 值的参数值组合反映目前正处于中等应力下的较频繁中小地震活动状态，应变释放显著，潜在大地震的危险性小。安丘段的大震平静期很可能已超过 2000 年（图 3-12），多参数值组合显示该段处于中等应力水平下、以稀疏的小震活动为特征，应已有一定程度的应变积累。莱州湾段的多参数值组合显示目前在中偏高的应力下以低频的中小震活动为特征，应属于有一定应变积累的潜在强震/大地震危险段。

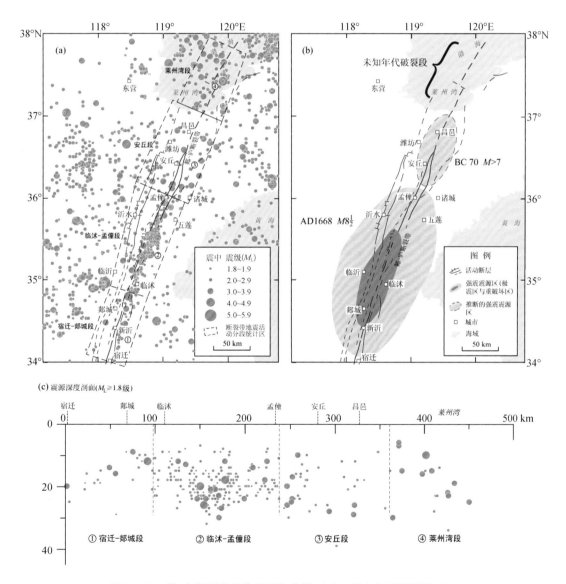

图 3-12　郯-庐断裂带现代地震与分段（a）、历史大地震震源（b）以及 $M_L \geqslant 1.8$ 级地震的震源深度分布（c）（据易桂喜等（2007））

表 3-1 　郯-庐断裂带的分段多地震活动参数值组合与现今活动习性判定

地震活动参数	① 宿迁—郯城	② 临沭—孟僮	③ 安丘	④ 莱州湾
$\bar{b} \pm$ 标准差	0.69 ± 0.033	0.91 ± 0.022	0.90 ± 0.087	0.84 ± 0.074
n /（次/年/km^2）	0.0002	0.001	0.0002	0.0003
$\sqrt{E}$ /（J$^{1/2}$/年/km^2）	1.53	4.03	1.27	3.74
$\bar{a}/\bar{b}$	2.80	4.08	3.53	3.73
相对应力水平	高	低	偏低	偏高
断裂活动习性	闭锁	频繁小震滑动	稀疏中小震滑动	小震滑动

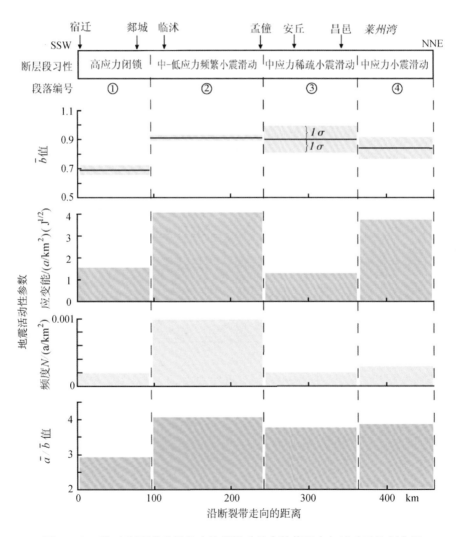

图 3-13 　郯-庐断裂带分段的多地震活动性参数值组合与活动习性判定图
（据易桂喜等（2007））

以上的郯-庐断裂带研究结果（易桂喜等，2007），是作为介绍多地震活动性参数值组合分析方法及其应用的例子介绍的。考虑到该研究涉及的资料（1970～2005年）已偏老，第6章将利用更新的资料，给出郯-庐断裂带的相应研究结果。

3.4 地震加速矩释放（AMR）模型及其应用研究

3.4.1 强震前的加速矩释放（AMR）现象

强震前的加速矩释放（Accelerating Moment Release，AMR）现象被认为是一种有潜力的中期地震前兆（Sornette and Sammis，1995），在物理上可与地震孕育过程中的"临界性"联系在一起。国内外许多学者已基于AMR现象发展了相关的分析方法，并已应用于诸多震例（Bufe and Varnes，1993；Bufe et al.，1994；Sornette and Sammis，1995；Brehm and Brail，1998；杨文政、马丽，1999；杨文政等，2000），但对于AMR在强震前是否可作为地震前兆的研究，正面和反面的震例均有。在定量分析方面，Varnes（1989）、Bufe和Varnes（1993）和Bufe等（1994）将AMR现象的分析表示成"破裂时间分析"（Time-to-failure analysis）方程，即

$$\sum \Omega = A + B(t_f - t)^m \tag{3-8}$$

式中，Ω是地震活动性的量度，例如地震矩（或地震能量）、地震数目或Benioff应变等（本研究使用Benioff应变）；A和B为常数；幂指数m为标度常数；t_f是大地震发生的时间。

由式（3-8）可知，标度常数m表示了地震矩释放曲线的类型，当$m < 1$时，累积Benioff应变释放（CBS）曲线呈现"加速"行为；$m > 1$时为"减速"；而当$m \sim 1$时CBS释放曲线呈现线性行为。利用式（3-8）可研究强震的发生时间和震级（Bufe and Varnes，1993；Bufe et al.，1994；Sornette and Sammis，1995；Brehm and Brail，1998；杨文政等，2000；杨文政、马丽，1999），以及未来强震的发生地点（蒋长胜、吴忠良，2009）。m值也称为"地震矩释放程度"，是本专项研究中长期大地震危险性时采用的地震活动性定量分析的主要参量之一。

然而，随着震例的累积，发现一些强震前并未观测到明显的AMR现象，或者出现AMR现象后也不一定有对应的强震发生，而且，利用人工合成的随机地震目录也很容易得到AMR现象（Hardebeck et al.，2008）。这些使得AMR现象与其他地震"前兆"现象一样，学术界还存有争议，尽管肯定和否定AMR现象具有普遍性的双方均宣称采用了严格的统计检验。近年来，采用更客观的、而不仅仅是统计上描述的论证工作已逐渐开展，例如：Jiang和Wu（2006）使用固定的时间尺度和多空间尺度，系统研究了中国大陆$M_S 6.0$以上地震事件前AMR现象的普遍性问题，发现60%的强震前存在稳定的加速矩释放现象。但在多时间、空间尺度组成的二维空间内，一些地震前的矩释放往往呈现加速、减速交替出现的复杂特征（Jiang and Wu，2005a；Papazachos et al.，2006）。一些"极端事件"，例如2004年12月26印度尼西亚北苏门答腊以西近海$M_W 9.0$地震，震前存在明显的AMR现象（Jiang and Wu，2005b）。此外，对全球范围内强震前AMR等现象的调查研究工作也得到开展

（Papazachos et al. ，2005）。

图 3 - 14a 给出了 2008 年新疆于田 7.3 级地震前，固定发震时刻和震中位置情况下 m (T, R, M_c) 的分布。由图可见，于田 7.3 级地震前 m (T, R, M_c) 的分布图像较为复杂，分别在 $T = 0 \sim 15$ 年、$R = 50 \sim 120$km，以及 $T = 1 \sim 10$ 年、$R > 150$km 两个范围内均可观测到明显的 AMR 分布。此外，尽管随着最小完整性震级 M_c 的提高、可用于计算的地震数目显著降低，只有较大的时-空尺度下才可得到满足计算条件的结果，但在 $M_L 3.5 \sim 4.0$ 范围，M_c 变化对 m 值的时-空分布影响似乎不大。

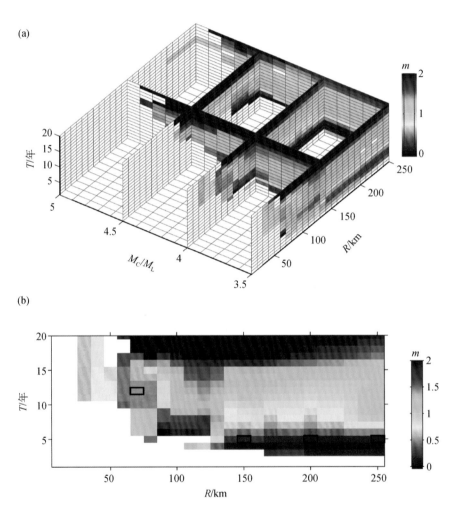

图 3 - 14　新疆于田 7.3 级地震前的 m 值分布（去除"干扰事件"后的 m 值分布）
（a）$T - R - M_c$ 三维空间中 m 值分布；（b）截止震级为 $M_L 4.0$ 时对应的时—空二维 m 值分布
白色方块表示地震数目不足或 m 值拟合误差过大的位置；使用的地震目录未删除余震序列

使用未删除余震的地震目录，将式（3 - 8）中 t_f 固定为实际发震时刻。对模型参数设定如下：T 以 1 年为步长，震前 $1 \sim 20$ 年变化；R 是以实际震中为圆心，10km 为步长，$10 \sim$

250km 多尺度半径选取圆形区域；M_c 以 0.1 个震级单位为步长，$M_L3.5 \sim 5.0$ 为多尺度变化范围。由此选取于田地震前的地震目录、拟合累积 Benioff 应变曲线并计算 m 值，结果得到 m（T，R，M_c）的分布如图 3 – 14a 所示。为保证 m 值的可靠性，本研究删除了地震序列中数据点数少于 5 个、非线性拟合与线性拟合的均方根残差比 >1、以及拟合误差 $\Delta m > 0.5$ 的计算结果，在图中用白色方块表示。图 3 – 14b 给出了 $M_L4.0$ 情况下的 m（T，R）二维分布。

3.4.2 AMR 扫描与计算方法

利用 AMR 扫描寻找强震发生地点和评估危险状态需要两方面的论证：①震前 m 值随时间的变化是否存在临近主震发生明显加速的现象；②震前 m 值时空扫描给出的加速释放空间区域是否与主震震中相吻合。对上述问题的回答构成了利用 AMR 扫描进行强震预测的理论基础。

在以往的 AMR 震例研究中，一个常见做法是将 m 值固定为 0.3（Bufe and Varnes，1993；Mignan et al.，2006）。然而，Hardebeck 等（2008）使用实际的和人工合成地震目录研究表明，m 值分布范围较大，统计上并不支持 $m \approx 0.3$ 的假设；Wang 等（2004）研究也表明 m 的取值范围较大。此外，由热力学统计物理和临界理论可知，当系统逼近相变点时常呈现幂律的时间行为，而逼近程度即可由幂律关系中的尺度不变性标度常数的大小描述。因此，在以 AMR 为代表的地震"类临界点"模型中，标度常数 m 可代表地震孕育进程中趋近临界状态的程度。

此外，矩释放程度 m 值的空间分布与主震震中对应关系的研究先前已有报道（例如，Jiang and Wu，2006）。按照地震的临界性概念，通常认为主震发生前震中周围形成临界区域，强震的发生将破坏临界状态，并使之恢复到背景水平。Saleur 等（1996）认为，临界区域对应的幂律关系对于控制临界性水平和将临界区域从背景中区别出来起关键作用，对于非临界的背景区域，地震活动性水平是线形增长的。按照这种观点，如果主震的震中在临界点附近，在主震发生前就可找到一些方法搜寻震中位置。基于 Bowman 等（1998）最佳搜索的办法和 AMR "临界区域"要充分"吸收"临界点附近的地震事件以使数据能被幂率拟合最好的假设，杨文政等（2000）也利用 AMR 和临界性的概念，通过空间搜索可能的临界圆重叠率最高的位置来寻找未来地震的震中。研究表明，对于 2008 年新疆于田 7.3 级和 2008 年四川汶川 8.0 级地震，通过对震前 AMR 的时空扫描可发现矩释放加速区域与主震震中有较好的对应（蒋长胜、吴忠良，2009；Jiang and Wu，2010b）。

目前利用 AMR 扫描寻找未来强震发生地点和评估危险状态的研究思路有两种：①假定震例的发震时刻和震中位置已知，通过叠加震例的时空二维扫描 m（r，t）矩阵，提取区域可能的特征时、空尺度，并用于向前的预测（李宇彤、蒋长胜，2012）；②假定震例的发震时刻或震中位置未知，通过时间轴滑动或时空扫描与主震震中的对应，判断物理上相关的孕震时空尺度，通过多震例构建区域的震级-临界空间尺度、震级-临界时间尺度定标率，并用于向前的预测（蒋长胜、吴忠良，2011），相关研究思路如图 3 – 15 所示。

目前，本研究专项主要采用的是图 3 – 15 中的研究思路一，但随着我国地震观测记录的逐渐积累，对一些观测资料较好的强震区开展思路二的研究，将能更客观、科学地获取符合区域地震活动特点的 AMR 时空定标率，这也是今后要开展的工作。

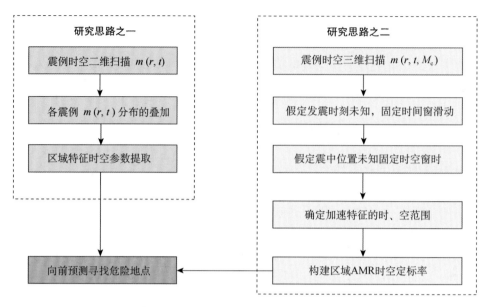

图 3 - 15　将 AMR 扫描应用于中长期危险地点判定的研究思路

（蒋长胜、吴忠良，2010；李宇彤、蒋长胜，2012）

现对图 3 - 15 中的研究思路二简述如下：在震例研究中，首先考虑实际震中已知、发震时刻未知的情况。固定实际震中为圆形研究区的圆心，采用可能的 T_i 和 R_i（$i = 1$、2、3、4…）固定时-空窗组合，采用一定步长，沿时间轴向实际发震时刻滑动逼近。如果 m 值随着地震发生时刻的临近逐渐变小，即主震震中附近的 AMR 现象越来越显著，表明相应的参数组合可能与主震的孕震时-空范围相一致。此外，考虑实际震中与发震时刻均未知的情况。将研究区域网格化，空间各网格节点作为未来可能的震中，再将地震可能的"破裂时间" t_f 自震前一段时间向地震实际发生时刻滑动来进行 m 值计算。如果各时刻 AMR 加速区的空间分布与震中有较好的对应，即也能说明这种时-空窗组合可能更接近主震的孕震时-空范围。

图 3 - 16 给出了 2008 年新疆于田 7.3 级地震前、采用图 3 - 14b 中 4 种不同的固定时—空窗滑动后、由式（3 - 8）拟合的 CBS 释放曲线的均方根残差 RMS 在 $m - t_f$ 二维空间中的分布。其中，t_f 是潜在地震的破裂时间，也就是时间窗 T_i 的末端时刻。图中的白线为滑动变化 t_f 时最小 RMS 对应的 m 值曲线。由图 3 - 16 可见，于田 7.3 地震前可观察到 m 值随着地震发生时刻的临近逐渐变小，即主震震中附近的 AMR 现象越来越显著。图 3 - 17 给出了于田 7.3 级地震前 m 值空间分布随时间的演化，其中，扫描使用的时空参数分别为 $T = 12$ 年，$R = 70\text{km}$。由图 3 - 17 可见，震前震中附近地区有明显的 AMR 现象存在，由此推测相应的时空参数可能更接近于田 7.3 地震的孕震时-空范围。

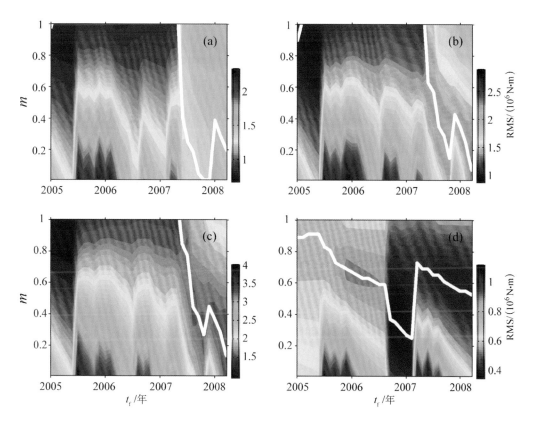

图 3-16　2008 年新疆于田 7.3 级地震前与 AMR 相关的参数计算：
幂率拟合均方根残差 RMS 在 $m-t_f$ 二维空间的分布

（a）$T_1 = 5$ 年，$R_1 = 150km$；（b）$T_2 = 5$ 年，$R_2 = 200km$；

（c）$T_3 = 5$ 年，$R_3 = 250km$；（d）$T_4 = 12$ 年，$R_4 = 70km$

白线为各给定破裂时间 t_f 处最小 RMS 位置的连线

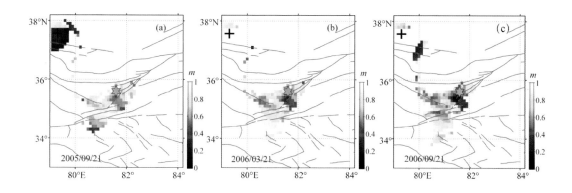

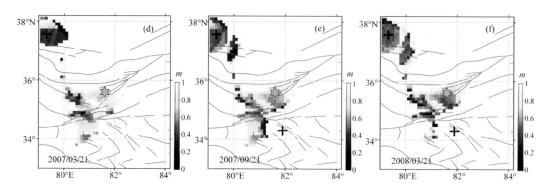

图 3 - 17　2008 年新疆于田 7.3 级地震前的、去除 "干扰事件" 后的矩 "释放程度" m 值扫描图像

$T_4 = 12$ 年，$R_4 = 70$km：（a）$t_f = 2005/09/21$；（b）$t_f = 2006/03/21$；（c）$t_f = 2006/09/21$；

（d）$t_f = 2007/03/21$；（e）$t_f = 2007/09/21$；（f）$t_f = 2008/03/21$

绿色六角星和黑色十字形分别标示主震和被去除的 $M_L 6.0$ 以上 "干扰事件" 的震中位置，

蓝色线条示意主要活动断裂

3.4.3　AMR 现象的震例剖析和适用性研究

除 2008 年新疆于田 7.3 级和四川汶川 8.0 级地震之外，本专项还对中国大陆 1990 年以来的其他 6 次 7 级以上浅源地震的震前 AMR 特征进行研究，这些地震事件的相关参数如表 3 - 2，计算得到的这些地震震前的 m 值在 $r - t - M_c$ 坐标系中的分布如图 3 - 18 所示。

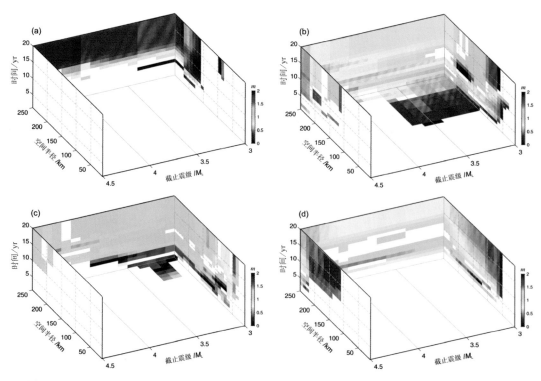

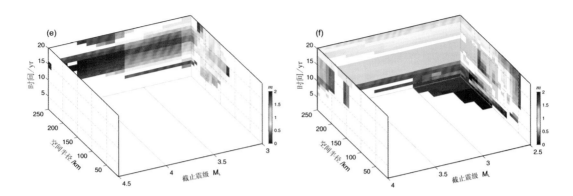

图 3 - 18 1990 年以来中国大陆 7 级以上浅源地震震前 m 值在 $r - t - M_c$ 坐标系中的分布图像

（a）1990 年青海共和 $M_S7.0$ 地震；（b）1995 年中缅交界 $M_S7.3$ 地震；（c）1996 年云南丽江 $M_S7.0$ 地震；

（d）1996 年新疆喀喇昆仑 $M_S7.1$ 地震；（e）2001 年青海昆仑山口西 $M_S8.1$ 地震；（f）2010 年青海玉树 $M_S7.1$ 地震

白色方块表示地震样本数不足或 m 值拟合误差过大的位置

表 3 - 2 本专项开展 AMR 现象研究的 1990 年以来的中国大陆浅源大地震事件

	名称	年 . 月 . 日	时：分：秒	北纬（°）	东经（°）	震级 M_S
1	青海共和	1990.04.26	17：37：09	36.06	100.33	7.0
2	中缅交界	1995.07.12	05：46：39	22.00	99.30	7.3
3	云南丽江	1996.02.03	17：14：19	27.20	100.30	7.0
4	新疆喀喇昆仑	1996.11.19	18：44：46	35.60	78.50	7.1
5	昆仑山口西	2001.11.14	17：26：00	36.40	90.90	8.1
6	青海玉树	2010.04.14	07：49：38	33.20	96.60	7.1

由图 3 - 18 可见，各震例在主震前的不同时—空尺度上均可观察到 AMR 现象存在。最小完整性震级 M_c 的选取，除了当由于震级提高导致地震数目不足难于计算外，对 m 值计算结果的影响不大。然而，各震例的震前出现 AMR 现象的时间尺度 t 离散程度均较大，表明与"目标地震"震级 M 无明显的线性依赖关系，这与前人研究的认识相同（Brehm and Braile，1998）。

对于空间尺度 r，Bowman 等（1998）通过对美国加州地区的 AMR 震例分析，得到出现 AMR 现象最明显的空间临界半径 R 与 M 存在明显的线性关系：

$$\lg R = cM + d \tag{3-9}$$

式中，c、d 是常数，其中 $c = 0.44$。Brehm 和 Braile（1998）对新马德里地震带进行了类似的研究，得到 $c = 0.75$；Jaumé 和 Sykes（1999）综合前两者的研究，得出 $c = 0.36$。Zöller 等（2001）选用美国加州 1952 年以来 $M \geqslant 6.5$ 级的所有地震进行系统分析，得到 $\lg R \propto 0.7M$。Papazachos 和 Papazachos（2000）对希腊爱琴海地区的研究，认为 $c = 0.42$，$d = -0.68$。

为了考察中国大陆 7 级以上浅源地震震前出现 AMR 现象的空间尺度及其与前人结果的关系，蒋长胜和吴忠良（2005）收集和整理 $M \geqslant 6$ 级地震的 AMR 震例及其参数（Bufe and Varnes，1993；Bufe et al.，1994；Brehm and Braile，1998；Bowman et al.，1998；Robinson，2000；Papazachos and Papazachos，2000；Bowman and King，2001；Karakaisis et al.，2002；Papazochos et al.，2002），给出如图 3 - 19 所示的定标率关系。应该指出，不同作者选择"最佳"的时、空临界尺度的方法是不尽相同的。与前人研究不同的是，蒋长胜和吴忠良（2005）的研究未并刻意选取"最佳"的时、空临界尺度，而是将图 3 - 18 中各震例出现稳定 AMR 现象的空间范围标注在图 3 - 19 上。作为比较，图 3 - 19 中还给出了采用类似的 m（$T - R - M_c$）分布方法得到的 2008 年于田 $M_S7.3$ 地震（蒋长胜、吴忠良，2009）和 2008年汶川 $M_S8.0$ 地震（Jiang and Wu，2010b）的 AMR 空间范围结果。其中，由于汶川地震破裂尺度较大，周边强震多，在研究该地震震前 AMR 现象的时-空关系时，作为 Brehm 和 Braile（1998）去除"干扰事件"的方法的一个发展，使用了"蚀法"（Jiang and Wu，2010b）删除了周边主要活动断裂上的强地震事件。

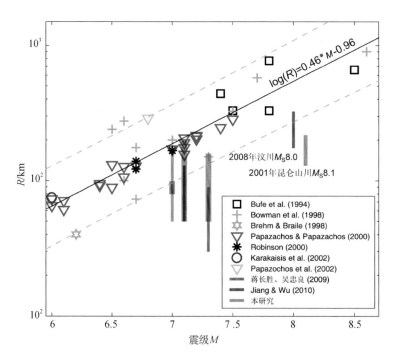

图 3 - 19　AMR 研究中主震震级与空间参数选取的定标率

橙色、紫色和红色线段分别对应 2008 年于田 $M_S7.3$ 地震、2008 年汶川 $M_S8.0$ 地震和 2010 年玉树 $M_S7.1$ 地震的 AMR 时、空范围，黑色直线为除上述三个震例外的线性拟合，灰色虚线为拟合的 95% 置信区间

　　由图 3 - 19 可见，尽管各相似震级的震例震前出现 AMR 的空间尺度范围离散较大，但总体上仍有随震级增加趋势。当对于 $M_S7.0 \sim 7.9$ 地震设定空间尺度 $R = 80km$、对于 $M_S8.0$ 以上地震设定 $R = 150km$ 时，则有可能在震中附近识别出震前的矩释放加速区域。对于时间尺度，由于取值离散较大，则可通过设定一定范围，例如 $T = [10，11，12，…，15]$，并

搜索非线性拟合残差最小位置的 m 值来表示矩加速释放的程度。

3.4.4　应用研究与结果

通过对中国大陆 8 次 7 级以上地震前 AMR 现象普遍性的研究，提取了这些地震前的矩加速释放扫描的特征空间尺度，同时获得震前 AMR 时间尺度与潜在主震震级无明显线性关系的认识。这些来自震例的相关研究结果可应用于对未来 7 级以上地震可能发生地点的分析判定。在此基础上，本节对中国大陆不同地区（本专项重点研究区为主）的Ⅰ、Ⅱ级活动地块边界带开展 AMR 空间扫描研究，目的是帮助判定中-长期尺度的潜在 $M_S \geqslant 7$ 级地震危险地点。

AMR 空间扫描中，使用了空间尺度 $R=80km$、最小完整性震级 $M_c = M_L 3.0$ 和多时间尺度 $T=[8，9，\cdots，15]$ 年搜索最佳拟合的研究方法，对大华北地区（30°N～43°N，108°E～125°E）、南北地震带地区（21°N～43°N，97°E～108°E）、西北地区（30°N～43°N，108°E～125°E）和东南沿海地区 2010 年 11 月 1 日对应的 m 值空间分布分别进行了考察。为保证计算结果的可靠性，在计算中设置：数据点不足 10 的、非线性拟合和线性拟合 RMS 残差比 $C \geqslant 1.0$、以及 $\Delta m > 0.5$ 的空间格点不保留结果。最终结果分别如图 3 - 20、图 3 - 21、图 3 - 22 和图 3 - 23 所示。

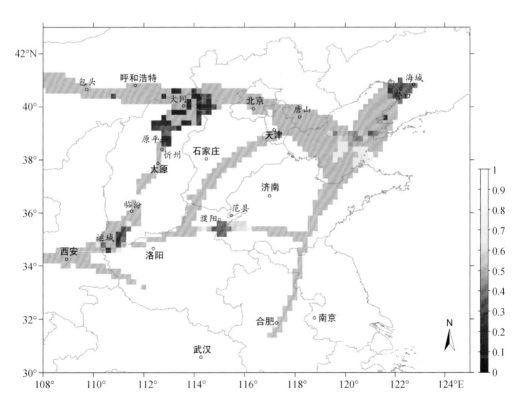

图 3 - 20　大华北地区活动地块边界带至 2010 年 11 月 1 日的 AMR 扫描结果图像
不同颜色代表不同的 m 值，灰色区域为地震样本数目不足或 m 值拟合误差过大的位置

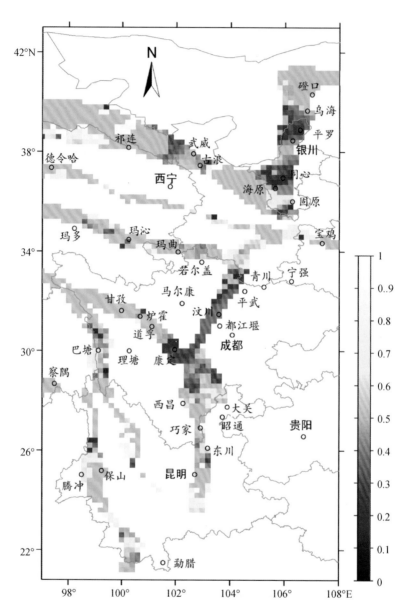

图 3-21　南北地震带至 2010 年 11 月 1 日的 AMR 扫描结果图像

不同颜色代表的 m 值大小，灰色区域为地震样本数目不足或 m 值拟合误差过大的位置

分析图 3-20，可识别出大华北地区 AMR 扫描已出现明显矩加速释放异常的地区有：

（1）山西地震构造带北段的忻州—大同至晋、冀、蒙交界地区、南段的临汾—运城地区。

（2）华北平原地震构造带南段东支的河南周口—濮阳—冀、鲁、豫交界地区。

（3）郯-庐断裂带渤海段与张-渤地震构造带东段交汇区、辽宁岫岩—海城—营口地区。

其中，辽宁岫岩—海城—营口地区的 m 值显著异常可能与 1975 年海城 7.3 级地震、

1999 年岫岩 5.6 和 5.4 级地震等晚期余震活动有关。

分析图 3-21，自北而南可识别出南北地震带 AMR 扫描已出现明显矩加速释放现象的地区有：

（1）鄂尔多斯块体西北缘的银川以北—内蒙磴口段；

（2）六盘山断裂带的宁夏同心—固原—陕西宝鸡地区；

（3）祁连构造带河西走廊的张掖—金昌—武威地区；

（4）东昆仑构造带的青海玛多—玛沁地区；

（5）四川龙门山断裂带地区；

（6）川滇块体东边界的鲜水河断裂带中-南段—川滇交界东段地区；

（7）川滇块体西边界的川、藏交界地区；

（8）小江断裂带北段（巧家—东川）地区；

（9）滇西腾冲及其附近地区。

其中，四川龙门山断裂带地区的 m 值显著异常应与 2008 年汶川 8.0 级地震区的余震活动有关。

由图 3-22 可见，西北地区 AMR 扫描出现明显矩加速释放现象的地区有：

（1）新疆乌恰以西地区；

（2）北天山西段霍城一带；

（3）北疆阿勒泰—富蕴地区；

（4）新疆于田以东的阿尔金、东昆仑断裂带交汇处及其附近；

（5）疆、藏交界—西昆仑地区；

（6）阿尔金断裂带东段的且末—若羌地区；

（7）祁连山构造带西段（甘肃敦煌—青海德令哈地区）。

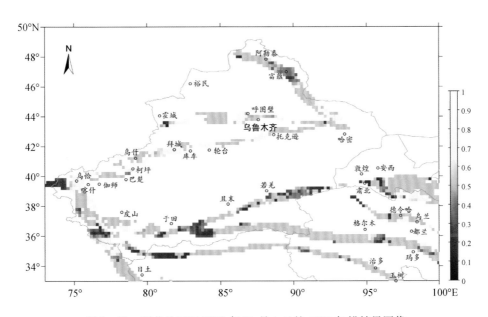

图 3-22　西北地区至 2010 年 11 月 1 日的 AMR 扫描结果图像

不同颜色代表 m 值大小，灰色区域为地震样本数目不足或 m 值拟合误差过大的位置

由图 3‒23 给出的东南沿海地震带矩加速释放扫描结果可见，出现明显的加速矩释放现象地区主要是 NE 向滨海断裂带的福建东山岛—蒲田海外段。

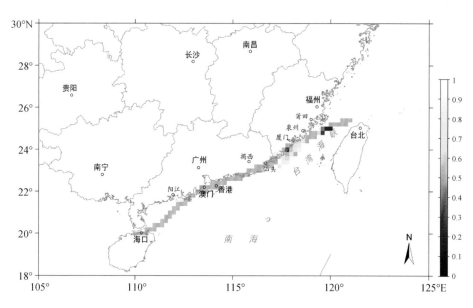

图 3‒23　东南沿海地区至 2010 年 11 月 1 日的 AMR 扫描结果图像
不同颜色代表 m 值大小，灰色区域为地震样本数目不足或 m 值拟合误差过大的位置

需要指出的是，本章介绍和应用的加速矩释放（AMR）扫描方法，一方面虽然基于强震前 AMR 现象的普遍性，但出现 AMR 现象的区域不一定会发生强震或大地震，因此，仍需要考虑以地震地质方法划定的潜在危险段落为约束、配合地壳形变以及其他地震活动性分析方法获得异常的分布进行综合分析判定；另一方面，AMR 时空扫描中使用了震例数量有限获得的 $M\text{-}R$ 经验关系，不可避免有人为因素影响。因此，加速矩释放扫描给出的定量地震活动图像仅可作为中长期尺度的强震/大地震危险段落和危险状态的判别依据之一。

第4章 中国大陆现代构造形变与大地震危险性

4.1 中国大陆整体水平运动、形变场与大地震

基于全球统一参考框架 ITRF2005 处理相邻两期和多期流动 GPS 观测资料，获得 1999 ~ 2009 年期间分时段的、以及全时段（十年）的中国大陆相对于稳定欧亚板块的水平运动速度场，本节首先依据 GPS 速度场反映的中国大陆整体地壳水平运动的趋势，由大型 GPS 站速度剖面分析与寻求地壳水平运动受阻或者不协调之处，分析并寻找可能具有潜在大地震应变积累背景的地点；然后借助最小二乘配置（江在森等，2003a）求解并获得的各主要应变率参量的分布，分析中国大陆大地震发生的应变背景以及具有潜在大地震危险性的可能地点；进一步依据中国大陆活动块体划分方案（张培震等，2003），结合活动断裂带展布以及强震分布，建立块体运动模型，研究块体的运动、变形特征及其与大地震的关系。

4.1.1 水平运动基本场与跨大型构造带形变

中国大陆，尤其是西部地区的现代水平运动与变形的主要动力源是印度洋板块向北的水平推进（Molnar and Tapponnier，1975；Tapponnier et al.，1982），除此之外，华北和东北地区还受到东部太平洋板块向西俯冲、滞留的影响，而华南地区还受到菲律宾海板块作用的影响（Huang and Zhao，2004）。构造运动与变形总体上西强、东弱（图 4-1）。青藏高原的挤压隆升以及高原内各块体向东—南东水平挤出运动、天山褶皱带的形成，以及华北的张剪性和东北的压剪性等不同形式、强度的构造运动，构成中国大陆地震活动基本动力学环境。

考虑图 4-1 中 GPS 速度场反映的地壳水平运动优势方向，截取跨越中国大陆不同大型活动构造带/断裂带的、2007 ~ 2009 年时段的 GPS 站速度剖面（图 4-2），分析各剖面平行于和垂直于活动构造带/断裂带方向的水平运动分量及其变化，寻求中国大陆现代地壳水平运动受阻或者不协调之处，以寻找可能具有潜在大地震应变积累的地点，结果如图 4-3 所示。

图 4-3 的 GPS 剖面显示了跨越中国大陆若干主要活动构造带/断裂带的近期运动方式与变形方式。其中，近年来表现为挤压运动受阻、反映应变积累特征或者相对闭锁的部位主要位于：①新疆天山中-西段（图 4-3a，参见图 4-2 剖面位置 1）；②阿尔金断裂北东段（图 4-3b，参见图 4-2 剖面位置 2）；③祁连山构造带中西段，那里除了存在明显的挤压运动受阻外，青藏高原内部一侧伴有明显的剪切变形（图 4-3c，参见图 4-2 剖面位置 3）；④鄂尔多斯块体西南缘附近的西秦岭北缘断裂带—六盘山断裂带，以及甘、青、川交界的东昆仑断裂带东段，这些部位的水平运动明显受阻，显示应变显著积累的特征（图 4-3d，参见图 4-2 剖面位置 4）；⑤2007 ~ 2009 年期间，剖面 5 跨越的东经 96°~98°附近区域显示强

---

* 本章执笔：4.1 节，王双绪、张晶；4.2 节，杨国华；4.3 和 4.4 节，张晶；4.5 节，王双绪。

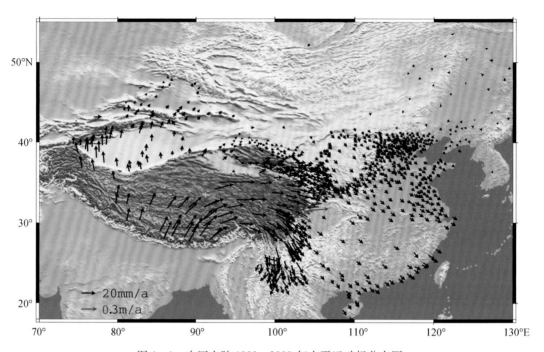

图 4-1　中国大陆 1999~2009 年水平运动场分布图

（ITRF2005 框架下相对欧亚板块）

红色箭头为汶川 8.0 级地震区附近的位移矢量，反映汶川地震同震影响

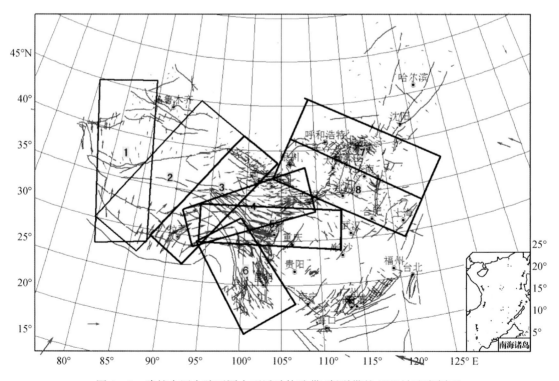

图 4-2　跨越中国大陆不同大型活动构造带/断裂带的 GPS 站速度剖面

烈水平挤压运动受阻，这应是 2010 年 4 月青海玉树 7.1 级地震的水平形变背景（图 4-3e，参见图 4-2 剖面位置 5）。另外，青藏块体东南部的安宁河断裂带至川滇交界地区也存在类似的水平运动与变形特征（图 4-3f，参见图 4-2 剖面位置 6）。

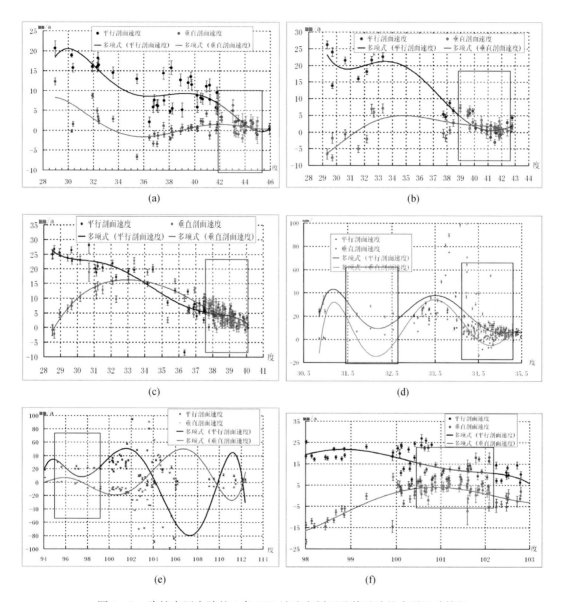

图 4-3　跨越中国大陆的 6 条 GPS 站速度剖面及其反映的水平运动特征

2007～2009 年测期的 GPS 站速度资料，剖面位置见图 4-2 的 1～6

　　相关研究已表明：四川龙门山构造带及其北西侧地区在 1999～2007 年期间存在明显的水平运动受阻、应变积累的特征，这应是与 2008 年 5 月汶川 8.0 级地震有关的水平运动与变形背景（杜方等，2009；张培震等，2010）。因此，图 4-2 反映的若干处近年地壳水平运动受阻的部位，可能存在较高的应变积累背景，应注意可能成为未来发生大地震的危险地段：新疆天山中西段、阿尔金断裂带北东段与祁连山构造带的交汇区、鄂尔多斯西缘的宁-蒙交界至六盘山和西秦岭北缘断裂带、东昆仑断裂带东段、安宁河断裂带至川滇交界地区。

4.1.2 水平应变空间分布图像与大地震

1. 最小二乘配置与水平应变率计算

中国大陆应变率的计算采用"中国大陆地壳运动观测网络"项目提供的 1999~2001、2001~2004 和 2004~2007 年的区域 GPS 网速度场解算结果，包含 1000 多个测点的 GPS 站速度数据，分布遍及整个中国大陆。以 $0.5° \times 0.5°$ 网格划分，进行应变率的计算。计算方法是利用欧亚基准的速度场数据，首先扣除区域整体运动，然后采用最小二乘配置球面解获取 3 个时段内的中国大陆应变率场演化特征（江在森等，2003；武艳强，2008）。具体算法如下：

首先利用公式（4-1）建立速度场与点位经纬度的关系，然后利用公式（4-2）的偏微分公式直接求得网格点的应变张量。在利用最小二乘配置进行应变计算时的经验协方差分布函数如公式（4-3）所示，全国应变场计算参数取 $A = 20.5$，$k = 0.0016634$（k 越大，频段越高）。

$$
\begin{cases}
\hat{Y} = \left\{ G^{\mathrm{T}} (D_{\mathrm{X}} + D_{\Delta})^{-1} G \right\}^{-1} G^{\mathrm{T}} (D_{\mathrm{X}} + D_{\Delta})^{-1} L \\
\hat{Z} = D_{Z} (D_{\mathrm{X}} + D_{\Delta})^{-1} (L - G\hat{Y})
\end{cases}
\tag{4-1}
$$

$$
\begin{cases}
\varepsilon_{\varphi} = \dfrac{1}{(R+h)} \dfrac{\partial u_{\varphi}}{\partial \varphi} + \dfrac{u_{\mathrm{h}}}{(R+h)} \\[2mm]
\varepsilon_{\lambda} = \dfrac{1}{(R+h)\cos\varphi} \dfrac{\partial u_{\lambda}}{\partial \lambda} + \dfrac{u_{\varphi}}{(R+h)} \tan\varphi + \dfrac{u_{\mathrm{h}}}{(R+h)} \\[2mm]
\varepsilon_{\lambda\varphi} = \dfrac{1}{2} \left[\dfrac{1}{(R+h)\cos\varphi} \dfrac{\partial u_{\varphi}}{\partial \lambda} - \dfrac{u_{\lambda}}{(R+h)} \tan\varphi + \dfrac{1}{(R+h)} \dfrac{\partial u_{\lambda}}{\partial \varphi} \right]
\end{cases}
\tag{4-2}
$$

$$
f(d) = A e^{-k^2 d^2}
\tag{4-3}
$$

在多种动力作用下，非均匀的岩石层及其构造作用必然导致地壳中非均匀的三维应变分配并不断发展，即震间弹性应变积累的过程。虽然最终大地震发生是与多种条件的相关或不相关的发展共同决定的，但是震间应变积累是大地震发生的必要条件。按照这样的思路与上述方法，根据区域网格划分的 GPS 水平视应变计算结果，将所有时段同方向累积的应变单元累加，统计应变积累信息。

2. 现代水平应变率空间积累图像

考虑到汶川地震的影响，对中国大陆的水平应变率计算不采用 2007~2009 年的 GPS 站速度数据，仅采用 1999~2001、2001~2004、2004~2007 年的 GPS 站速度数据，并以 $0.5° \times 0.5°$ 划分的网格进行统计，结果如图 4-4 所示。

在图 4-4 中绘出 1999 年至 2010 年 9 月中国大陆 $M_{\mathrm{S}} \geqslant 7.0$ 级大地震的震中，从中可以清楚看出，除台湾岛与东北的中-深源地震区之外，1999 年以来中国大陆的 $M_{\mathrm{S}} \geqslant 7.0$ 级大地

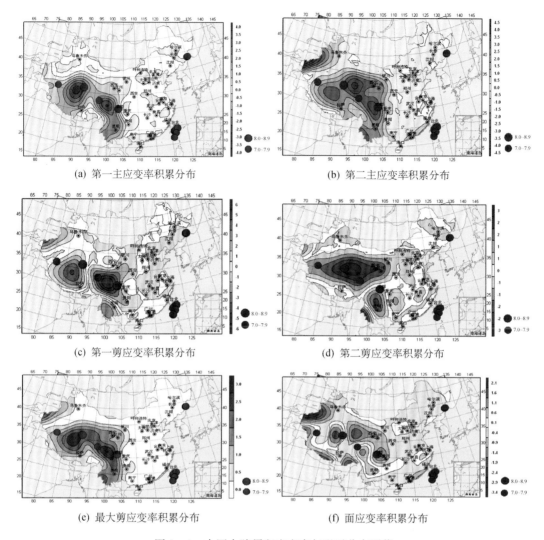

(a) 第一主应变率积累分布　　　　　　　(b) 第二主应变率积累分布

(c) 第一剪应变率积累分布　　　　　　　(d) 第二剪应变率积累分布

(e) 最大剪应变率积累分布　　　　　　　(f) 面应变率积累分布

图 4-4　中国大陆累积应变率与强震分布图像

地震事件：1999 年至 2010 年 9 月，$M_S \geq 7.0$ 级；应变率单位：$10^{-8}/a$

震基本分布在高应变积累区或其附近区域，主要沿着西部青藏地块（Ⅰ级活动地块）中的巴颜喀拉块体（Ⅱ级活动地块）边界带上的高应变积累区以及高、低应变变化的梯度带附近发生，该区域也是相同时段内中国大陆应变积累最高的区域，最大应变累积速率为 $6 \times 10^{-8}/a$。因此，最小二乘配置计算 GPS 应变场主要反映了相对低频变形，基本反映了空间应变积累信息，对中长期强震危险地点的预测有较好的参考意义。

当边界动力环境改变或应变累积进入到非线性阶段时，局部地区的应变可能处于一种僵持状态，或出现反向变化。使用本小节的方法可能会损失掉局部信息，但对于 10 年尺度大地震危险地点的判定，应变积累速率较高的区域仍是应特别值得关注的地区。

根据图 4-4 的应变空间分布及其与 $M_S \geq 7.0$ 级地震震中分布的关系，综合考虑相对高应变区、应变梯度带分布（图 4-4）以及Ⅰ、Ⅱ级活动地块边界带展布（图 1-1）的关系，认为未来一定时期内（中-长期时间尺度内），中国大陆的 $M_S \geq 7.0$ 级大地震还应发生在属于相对高应变积累区及应变梯度带的Ⅰ、Ⅱ级活动地块边界带上；其中，西部地区尤其应注意青藏地块中北部—东北部的祁连山构造带—南北地震构造带北段和南北地震构造带南段，再者是帕米尔—西昆仑地区、天山构造带西段等地，这些地区可能是中国大陆未来$M_S \geq 7.0$级地震发生的危险区域。东部的相对高应变积累区域主要是华北地区，但是与中国大陆西部地区相比应变积累的强度尚不十分显著。关于华北地区应变积累状态的分析在4.3.1中讨论。

4.1.3　小结

本节对1999～2007年中国大陆整体水平运动/形变、应变场及其与大地震关系的研究主要表明：$M_S \geq 7.0$级大地震主要沿着西部青藏地块（Ⅰ级活动地块）中的巴颜喀拉块体（Ⅰ级活动地块）边界带上的水平运动明显受阻、应变积累区以及高、低应变变化的梯度带附近发生。由此可提出中国大陆未来十年及稍长时间$M_S \geq 7.0$级地震应主要发生在西部水平运动明显受阻的高应变积累区、相应的梯度带及其与Ⅰ、Ⅱ级活动地块边界带重合的地带，危险区域应考虑这些地带上的大地震空区，尤其是青藏地块中北部—东北部的阿尔金断裂带北东段—祁连山构造带—南北地震构造带北段、南北地震构造带南段、新疆天山构造带西段—帕米尔—西昆仑，而东部地区的未来相对危险区域为华北地区。

4.2　中国大陆分区地壳运动、形变场与大地震

4.2.1　资料与方法简述

1. GPS 资料概述

GPS 数据处理主要利用 GAMIT/GLOBK/QOCA 软件。基线选用了我国及周边若干国家的多个 IGS 永久站，并采用轨道与地面点的松弛技术。利用1999～2001、2001～2004、2004～2007、2007～2009和1999～2007年中国大陆不同测期的 GPS 流动观测资料对 M7 专项重点研究区的华北、川滇和青藏高原东北缘地区进行变形分析。

2. 多核函数与水平运动场的解析表达

多核函数法是 Hardy（1971）提出的一种数值逼近方法，其基本思想是：任何数学表面和任何不规则的圆滑表面，总可以通过一系列有规则的数学表面的合成，并以任意精度逼近。其数学表达式为

$$f(x,y) = \sum_{j=1}^{m} c_j s_j(x,y,x_j,y_j) \tag{4-4}$$

式中，$s_j(x, y, x_j, y_j)$为核函数；(x_j, y_j)为核点的坐标；c_j为待定系数。

相对于较大尺度的地壳应变场而言，地壳介质由于其各向非同性、活动构造带的存在及应力大小与方向的空间变化等，使得应变场具有广谱性（杨国华，2010）。据此，选用的核函数为"钵"形函数：

$$s_j(x, y, y_j, y_j) = d_j^a + b \qquad (4-5)$$

式中，$d_j = \sqrt{(x - x_j)^2 + (y - y_j)^2}$。由于较大尺度运动场的描述是在球面上，故将式（4-4）、式（4-5）合并为下式：

$$\begin{cases} f(\lambda, \varphi) = \sum c_j s_j(\lambda, \varphi, \lambda_j, \varphi_j) = S^{\mathrm{T}} C \\ s_j(\lambda, \varphi, \lambda_j, \varphi_j) = d_j^{1.1} + 1 \end{cases} \qquad (4-6)$$

式中，d_j 为球面上两点间的大地线长度；$S^{\mathrm{T}} = (s_1, s_2, \cdots, s_{n_x})$，$C^{\mathrm{T}} = (c_1, c_2, \cdots, c_{n_x})$。

在 GNSS 计算中通常以 ITRF 作为参考框架获取速度场，而在实际分析时为了突出相对变化，往往从水平运动中剔除欧拉运动，即相对于区域整体无旋转基准（杨国华，2005）。现假定 (λ_j, φ_j) 为测站 j 的位置坐标，$v_e(\lambda_j, \varphi_j)$、$v_n(\lambda_j, \varphi_j)$ 为其相应的东向和北向相对运动，$V_{oe}(\lambda_j, \varphi_j)$、$V_{on}(\lambda_j, \varphi_j)$ 为相应的欧拉运动，计算研究区任意位置的相对水平运动方程：

$$f(\lambda, \varphi) = \vec{f}_e(\lambda, \varphi)i + \vec{f}_n(\lambda, \varphi)j + \vec{f}_u(\lambda, \varphi)\vec{k} \qquad (4-7)$$

同理，也可获得相应误差的解析式：

$$m(\lambda, \varphi) = m_e(\lambda, \varphi)\vec{i} + m_n(\lambda, \varphi)\vec{j} + m_u(\lambda, \varphi)\vec{k} \qquad (4-8)$$

3. 地壳运动的滤波计算

多核函数不但可以进行数值逼近，而且也具有滤波的功能，故这里进行空间滤波同样利用多核函数法（杨博，2010b、c）。由于运动场是由上述东、北两个分量共同描述，所以为了保持运动场描述的协调性和彼此之间的相关性不被破坏，进行该两分量的滤波计算时应采用相同的滤波计算准则。故东、北和法向运动分量的滤波函数均表述为

$$\begin{cases} F_e(\lambda, \varphi) = \sum a_i s_i(\lambda, \varphi, \lambda_i, \varphi_i) = S^{\mathrm{T}} A \\ F_n(\lambda, \varphi) = \sum b_i s_i(\lambda, \varphi, \lambda_i, \varphi_i) = S^{\mathrm{T}} B \\ F_u(\lambda, \varphi) = \sum c_i s_i(\lambda, \varphi, \lambda_i, \varphi_i) = S^{\mathrm{T}} C \end{cases} \qquad (4-9)$$

式中，$A^{\mathrm{T}} = (a_1, \cdots, a_{n_x})$、$B^{\mathrm{T}} = (b_1, \cdots, b_{n_x})$、$C^{\mathrm{T}} = (c_1, \cdots, c_{n_x})$ 均为待定系数；$S^{\mathrm{T}} = (s_1, \cdots, s_{n_x})$ 为核函数阵；s_i 的具体形式如式（4-6）所示；(λ_i, φ_i) 为核点位置坐标。

依据最小二乘建立误差方程，式（4-9）转换为函数解析式：

$$F(\lambda, \varphi) = F_e(\lambda, \varphi)\vec{i} + F_n(\lambda, \varphi)\vec{j} + F_u(\lambda, \varphi)\vec{k} \qquad (4-10)$$

据此可获得任意位置地壳运动滤波值。

4. 无偏应变场的计算

假定东西向应变为 $\varepsilon_e(\lambda, \varphi)$，南北向应变为 $\varepsilon_n(\lambda, \varphi)$，它们之间的剪应变为 $\varepsilon_{en}(\lambda, \varphi)$，$\omega_{en}(\lambda, \varphi)$ 为旋转量。若滤波后在 ITRF 框架下运动的解析式为

$$f_{\text{itrf}}(\lambda, \varphi) = f_{\text{ie}}(\lambda, \varphi)\vec{i} + f_{\text{in}}(\lambda, \varphi)\vec{j} \qquad (4-11)$$

其中，

$$\begin{cases} f_{\text{ie}}(\lambda, \varphi) = F_e(\lambda, \varphi) + V_{oe}(\lambda, \varphi) \\ f_{\text{in}}(\lambda, \varphi) = F_n(\lambda, \varphi) + V_{on}(\lambda, \varphi) \end{cases} \qquad (4-12)$$

那么在现行球面坐标系统下球面应变和旋转量的算式则为

$$\begin{cases} \varepsilon_e(\lambda, \varphi) = \dfrac{1}{R\cos\varphi}\dfrac{\partial f_{\text{ie}}(\lambda, \varphi)}{\partial\lambda} - \dfrac{f_{\text{in}}(\lambda, \varphi)}{R}\tan\varphi \\[2mm] \varepsilon_n(\lambda, \varphi) = \dfrac{1}{R}\dfrac{\partial f_{\text{in}}(\lambda, \varphi)}{\partial\varphi} \\[2mm] \varepsilon_{en}(\lambda, \varphi) = \dfrac{1}{2}\Big[\dfrac{1}{R\cos\varphi}\dfrac{\partial f_{\text{in}}(\lambda, \varphi)}{\partial\lambda} + \dfrac{1}{R}\dfrac{\partial f_{\text{ie}}(\lambda, \varphi)}{\partial\varphi} + \dfrac{f_{\text{ie}}(\lambda, \varphi)}{R}\tan\varphi\Big] \\[2mm] \omega_{en}(\lambda, \varphi) = \dfrac{1}{2}\Big[\dfrac{1}{R\cos\varphi}\dfrac{\partial f_{\text{in}}(\lambda, \varphi)}{\partial\lambda} - \dfrac{1}{R}\dfrac{\partial f_{\text{ie}}(\lambda, \varphi)}{\partial\varphi} - \dfrac{f_{\text{ie}}(\lambda, \varphi)}{R}\tan\varphi\Big] \end{cases} \qquad (4-13)$$

式中，R 为地球的平均半径。

在此基础上可获得最大主应变：

$$\varepsilon_{\max}(\lambda, \varphi) = \frac{\varepsilon_e(\lambda, \varphi) + \varepsilon_n(\lambda, \varphi)}{2} + \frac{\sqrt{4\varepsilon_{en}^2(\lambda, \varphi) + (\varepsilon_e(\lambda, \varphi) - \varepsilon_n(\lambda, \varphi))^2}}{2}$$

$$(4-14)$$

最小主应变：

$$\varepsilon_{\min}(\lambda, \varphi) = \frac{\varepsilon_e(\lambda, \varphi) + \varepsilon_n(\lambda, \varphi)}{2} - \frac{\sqrt{4\varepsilon_{en}^2(\lambda, \varphi) + (\varepsilon_e(\lambda, \varphi) - \varepsilon_n(\lambda, \varphi))^2}}{2}$$

$$(4-15)$$

最大剪应变：

$$\gamma_{\max}(\lambda,\varphi) = \frac{\varepsilon_{\max}(\lambda,\varphi) - \varepsilon_{\min}(\lambda,\varphi)}{2} = \frac{\sqrt{4\varepsilon_{en}^2(\lambda,\varphi) + (\varepsilon_e(\lambda,\varphi) - \varepsilon_n(\lambda,\varphi))^2}}{2}$$

$$(4-16)$$

面应变：

$$\Delta(\lambda,\varphi) = \varepsilon_{\max}(\lambda,\varphi) + \varepsilon_{\min}(\lambda,\varphi) = \varepsilon_e(\lambda,\varphi) + \varepsilon_n(\lambda,\varphi) \qquad (4-17)$$

和最大主应变方向：

$$\theta(\lambda,\varphi) = \arctan\left(\frac{\varepsilon_{en}(\lambda,\varphi)}{(\varepsilon_{\max}(\lambda,\varphi) - \varepsilon_e(\lambda,\varphi))}\right) \qquad (4-18)$$

4.2.2 华北地区

1. 区域水平应变场的趋势性变化

经过滤波处理后其误差远小于观测结果，信噪比具有显著的提高。由图 4-5 可知，华

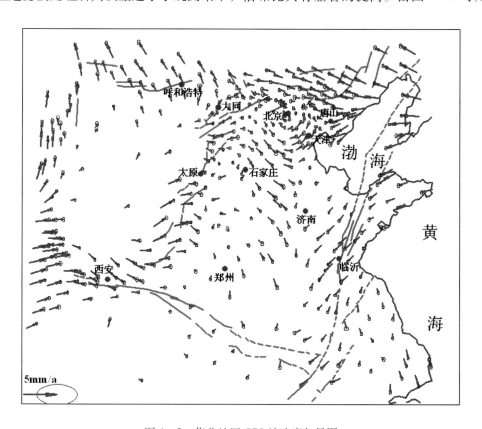

图 4-5 华北地区 GPS 站速度矢量图

1999~2007 年相对于无旋转基准水平运动结果的滤波结果

（误差椭圆置信度为 95%）

北地区北部燕山构造带的优势运动为北西西向，而向西至阴山构造带的运动则变为北西—北北西向，较为明显的分界区带为山西大同及其附近的地域。可能与鄂尔多斯块体的整体与有序活动有密切的关系；鄂尔多斯块体为稳定的块体，其运动具有一定的逆时针旋转；鄂尔多斯东边界—山西断陷带，其运动也存在某种程度的差别；华北东部地区的运动虽不一致，但变化是有序的。运动量级一般保持在2mm/a以内。

华北地区的东向应变具有明显的规律性（图4-6a），最主要的特征是条带分布与张、压相间分布，等值线的优势展布呈近南北向，与华北的区域主压应力方向是相辅相成的。东向应变的最大值出现在太原、石家庄等的东西线上，变化范围为$15 \times 10^{-9}/a \sim 20 \times 10^{-9}/a$，梯度相对突出；反映山西断陷带中段近年表现出偏压性的形变，郯庐断裂带北段近年表现为偏压性形变，南段则为偏张性形变。然而，河北平原地震带表现为明显偏张性的形变带，尤其是石家庄及其以南段。

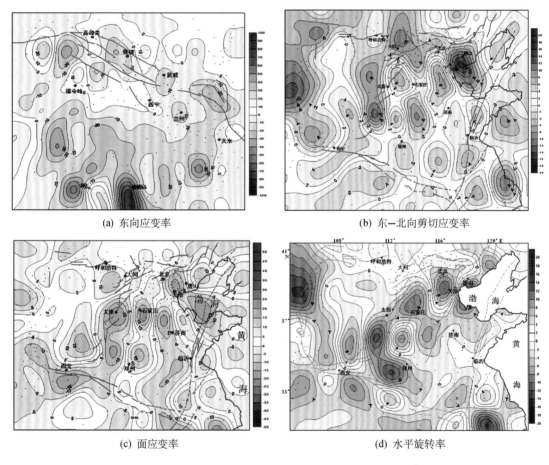

(a) 东向应变率　　　　　　　　　　(b) 东—北向剪切应变率

(c) 面应变率　　　　　　　　　　(d) 水平旋转率

图4-6　华北地区1999~2007年应变率结果（单位：$10^{-9}/a$）

东—北向剪切应变率可以反映东西向构造活动性质及其大小（图4-6b），从东—北向剪切应变率变化的梯度看，天津及周围地区最大，且又是两种活动性质的变化地带，在潜在大地震危险性方面应给予关注。太原、石家庄以及济南以北的地区是华北地区面应变最大的区带（图4-6c），并呈东西连线的分布，这可能反映华北地区的形变不但受水平向构造力的控制，可能还受到来自深部垂向构造力的作用。从华北地区的旋剪形变特征来看（图4-6d），右旋剪形变最显著的地带是鄂尔多斯块体西缘的中北段（银川断陷带），旋转应变达$14 \times 10^{-9}/a$；其次是山西断陷带南段、郑州西南地区、石家庄地区等，最大旋转应变为$8 \times 10^{-9}/a \sim 12 \times 10^{-9}/a$。

2. 区域水平形变的动态变化

华北地区的水平运动、形变特征随时间发生动态变化。1999～2001年（图4-7a）和2004～2007（图4-7c）年的运动、形变特征较为相似，大体上反映了华北地区正常状态的水平向构造活动的主要形态。2001～2004年（图4-7b）运动、形变特征与2007～2009年的有所偏离（图4-7d），分别与受到2001年青海昆仑山口西8.1级地震、2008年四川汶川8.0级地震发生的影响有直接的关系。华北地区对昆仑山西8.1级地震的响应表现为整体卸载，而汶川8.0级地震对华北地区强震孕育的影响似乎尚未明朗，张-渤构造带的活动随时间的变化值得继续跟踪研究。

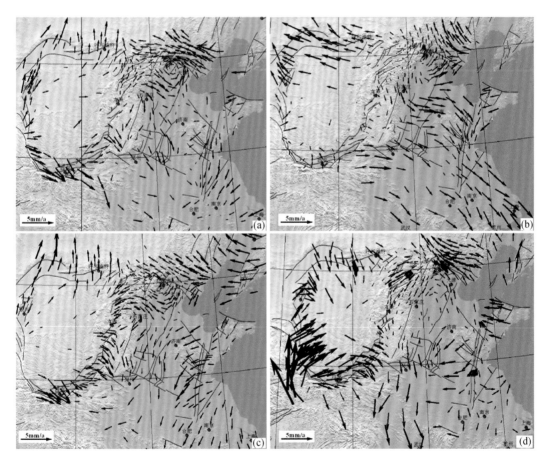

图4-7　华北地区不同时段GPS站速度运动图像的滤波计算结果

（a）1999～2001年；（b）2001～2004年；（c）2004～2007年；（d）2007～2009年

2007～2009年时段的运动图像（图4-7d）与前3个时段的相比，虽然显得变形的强度增大，但变形格局仍然与背景场相近。变形强度增大与华北受到 2008 年汶川地震的影响有直接的关系。在受到汶川地震影响后，华北地区水平差异运动最突出的部位当属张-渤构造带，该带的中长期潜在大地震危险性也应给予高度关注。

不同时段的面应变（图 4 - 8）的构造物理意义也与其他应变基本相似。图 4 - 8d 反映华北地区 2007～2009 年的面应变值域（绝对值）和梯度均较其他时段的大，但在性质上继承性的成分较为多。这是否说明华北地区正处于强震孕育应变积累过程，尚未形成高应变的源区，短期内可能并不具备发生大震的条件？需要新的观测资料来进一步说明。

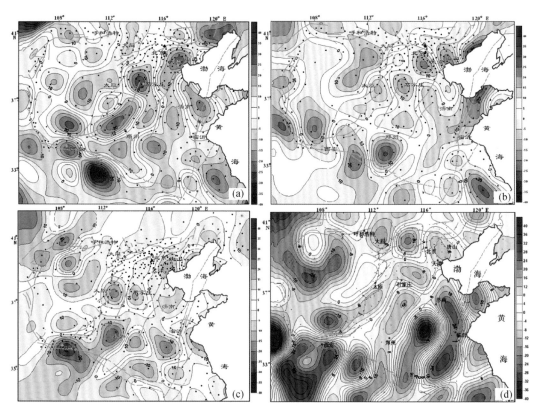

图 4 - 8　华北地区不同时段面应变率图像（单位：10^{-9}/a）

(a) 1999～2001 年；(b) 2001～2004 年；(c) 2004～2007 年；(d) 2007～2009 年

3. 区域垂向形变场

已由 GPS 观测资料解算并提取出区域的垂直形变图像，结果如图 4 - 9 所示，基本表征了华北近十年来具有构造活动含义的垂向运动方式仍以继承性运动为主，不同地区存在一定的差异。其中，鄂尔多斯块体东缘的山西地区（包括太行山脉）是华北地区隆升最突出的地区，太原以东上升速率达 10mm/a，为华北最大；石家庄以东、北京以南、济南以西所围限的地区，明显表现为一个巨型的沉降"漏斗"，其中心沉降速率接近 50mm/a，应是华北平原区过量开采地下水、引起地面沉降所致，并非构造运动的反映。因此，若从垂直形变的角度分析未来大地震的潜在危险地域，太原—石家庄及其周缘地带应给予关注。若考虑到强震孕育不同阶段，较活跃的断裂构造部位若形变偏低，则强震危险性更值得重视。

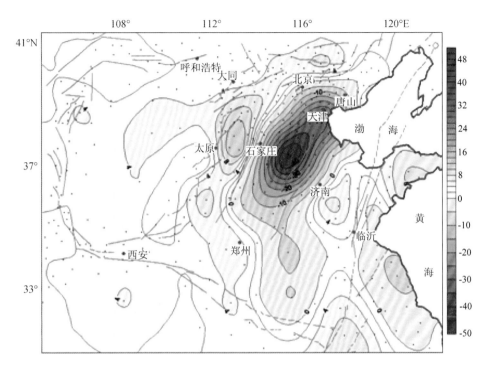

图 4 - 9　华北地区 1999～2007 年垂向运动/形变速率图像（单位：mm/a）

4.2.3　川滇地区

1. 区域水平应变场

川滇地区的东向应变具有一定的规律性，其最主要的特征是"北压南张"（图 4 - 10a），张、压性与构造断裂活动有一定的联系，鲜水河、安宁河、则木河断裂带以压为主，红河断裂带以张为主。中甸、丽江、楚雄和龙陵所围区域（滇西北及其附近地区）的东向应变具有正、负交替的"4 象限"图像，故那里的大地震危险性值得关注。北向应变率的张、压应变空间分布与东向应变基本相反（图 4 - 10b），张应变的分布与强度与断裂活动性似乎关系更加密切。在川滇块体南部以压应变为主的区域中尚包含一定范围的张应变区（最大值为 20×10^{-9}/a），具体部位是在楚雄及其南部，应令人关注。东—北向剪切应变率的空间分布反映了南北向构造的活动性质与应变积累背景（图 4 - 10c），川滇块体东边缘的左旋剪切变形在整个边界带上是比较均匀的，梯度变化也是如此，应变积累的相对高值区分别是鲜水河断裂带的康定—道孚段、以及小江断裂带北段。云南楚雄地区不但剪切应变与周围不相一致，东向应变、北向应变也是如此，那里的潜在大地震危险性应给予高度关注。面应变的空间分布与变化显得有序性不明显（图 4 - 10d），从断裂构造活动的角度看，川滇块体的东边缘似乎以面收缩为优势，而西边缘以面膨胀为优势。

2. 区域水平形变的动态变化

图 4 - 11 分别给出了川滇地区 1999～2001 年（图 4 - 11a）、2001～2004 年（图 4 - 11b）、2004～2007 年（图 4 - 11c）、2007～2009 年（图 4 - 11d）等不同时段水平形变场的

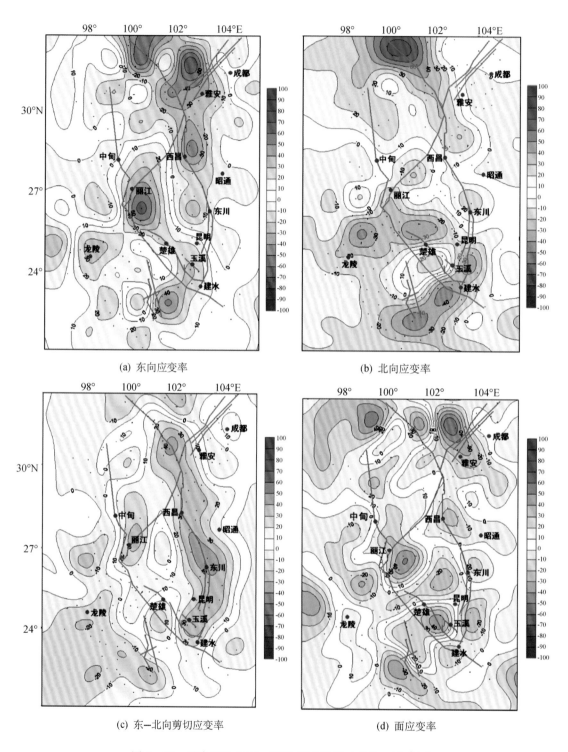

(a) 东向应变率

(b) 北向应变率

(c) 东—北向剪切应变率

(d) 面应变率

图4-10　川滇地区1999~2007年应变率（单位：10^{-9}/a）

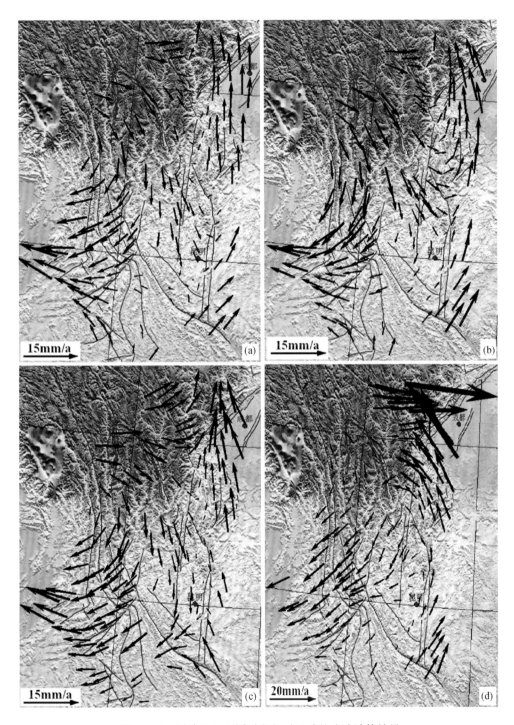

图4-11　川滇地区不同时段相对运动的滤波计算结果

（a）1999～2001年；（b）2001～2004年；（c）2004～2007年；（d）2007～2009年

动态变化。由于 2008 年四川汶川地震的影响，第四时段的变化相对前三个时段更大一些，汶川地震引起的最为显著变化是，震源及周围地区的逆冲式相对运动；其次是该区西部的旋转运动较以前弱。汶川地震前后，川滇地区水平运动亏损（或断裂可能闭锁）的地区，主要有四川安宁河断裂带—川滇交界东段地区，以及云南楚雄及其附近地区。

从川滇地区不同时段应变率的变化来看，东向应变率在云南中甸、丽江、楚雄和龙陵所围的区域（滇西北及其周缘）具有 4 象限的形变图像（图 4 - 12（1））。此外，无论是东向应变率、北向应变率、还是东—北向剪切应变率的空间分布图像，楚雄地区均与周围不一致，应引起特别关注。

不同时段的面应变（图 4 - 12（2））图像有一定的差异，面膨胀和面收缩的空间分布也比较零乱，这说明面形变可能是在较小的空间尺度内进行的；另外也可能表明，面应变对区域应力场变化的反应较为敏感。此外，对面应变含义的理解与构造活动的方式也是分不开的，如汶川地震的孕震构造是以逆冲为主的，所以在震前的不同时段，潜在震源及其附近主要表现出面应变收缩的形成与加速（图 4 - 12（2）a、b、c）。另外，从近年来川滇地区的总体形变特征看，云南地区的差异性形变特征更为突出（图 4 - 12）。

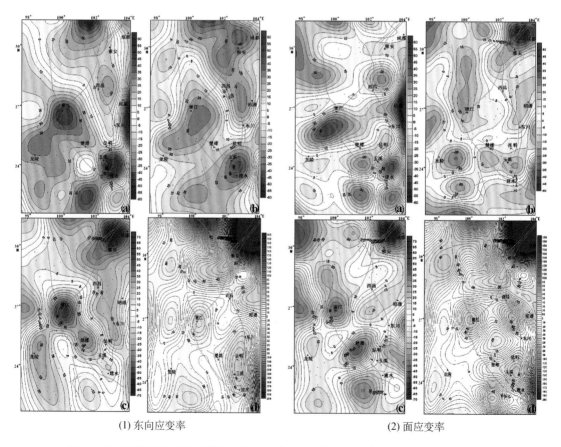

(1) 东向应变率   (2) 面应变率

图 4 - 12　川滇地区不同时段的东向应变率（1）与面应变率（2）（单位：10^{-9}/a）

（a）1999～2001 年；（b）2001～2004 年；（c）2004～2007 年，（d）2007～2009 年

3. 区域垂向形变场

1999~2007年川滇地区的垂向形变图像（图4-13）显示北部的鲜水河断裂带及周围地域是下沉最快的地域；东北部的龙门山地区则表现为隆升，其东南侧的成都平原则表现为下沉；川滇块体中部至云南西部出现一总体呈北东向的隆升区，垂直隆升梯度带位于小滇西地区—川滇交界西段地区。其中，川滇地区北部（鲜水河断裂南段—理塘断裂地区）的垂直运动呈现比较典型的四象限空间分布；此外，1999~2007年期间四川龙门山断裂带地区主要表现为隆升的梯度带，与该断裂带的逆冲构造类型相辅相成，说明2008年汶川大地震的发生有着显著的垂直隆升形变的背景。由此分析发现，滇西南至滇中地区的龙陵—楚雄一带也存在一个比较明显的四象限分布的垂直形变图像，最大的下沉速率为2.0mm/a，最大隆升速率为3.0mm/a；由于该四象限分布的垂直形变图像的空间尺度较大，所以应注意这可

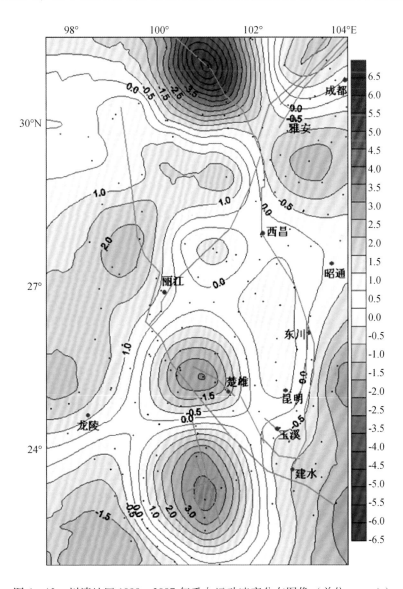

图4-13　川滇地区1999~2007年垂向运动速率分布图像（单位：mm/a）

能属于大地震孕育的中-长期前兆性形变背景。

4.2.4 青藏高原东北缘地区

1. 区域水平应变场

青藏高原东北缘不同部位的水平运动特征具有一定差异，但存在明显的趋势性，连续变化是其变化的基本特征（图4-14）。由图4-14可知，该区的祁连山—海原主断裂带以北地区存在一个朝西、北西方向的运动，且带有自东向西的顺时针旋转；祁连山—海原主断裂带以南地区的西宁及其以西，优势朝北北东和近北向运动，西宁以东，大致以兰州为中心存在一个自西向东的大角度顺时针旋转运动。这两种系统的水平运动最不协调的部位分别位于：①甘肃武威以南至兰州之间（祁连山断裂带东段、庄浪河断裂等），②甘肃天水以西、西南的西秦岭北缘断裂带中、西段至东昆仑断裂带东段之间的地区。

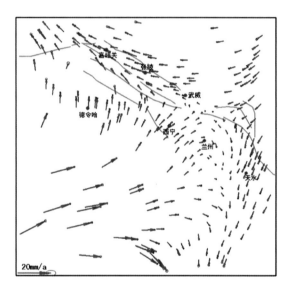

图4-14　青藏高原东北缘1999～2007年相对于无旋转基准的GPS
水平运动速度场滤波结果（误差椭圆置信度为95%）

图4-15显示该区东北部，即北西向祁连山—海原主断裂带以北地区的右旋旋剪应变变化为$0 \sim 15 \times 10^{-9} \text{rad/a}$，东、西两端相对较大一些，主断裂带的左旋旋剪应变最大为$10 \times 10^{-9} \text{rad/a}$。该主断裂带以南地区变为右旋旋剪应变，最大位于兰州至天水地区，达$15 \times 10^{-9} \text{rad/a}$。西部的德令哈以南、西宁以西地区左旋旋剪应变达到$25 \times 10^{-9} \text{rad/a}$。在研究区南部则表现为右旋旋剪，数值最大也达到了$25 \times 10^{-9} \text{rad/a}$。另外，张掖以西和以南地区的右旋剪形变特征与其左、右两侧相邻地区刚好相反。已注意到研究区存在若干处旋剪应变的相对高梯度带（区），分别位于嘉峪关附近及其以西、武威—兰州之间、德令哈以南、东昆仑断裂带东段北侧至西秦岭北缘断裂带之间、以及天水北东的六盘山断裂带，等等。

青藏高原东北缘地区的其他应变图像（图4-16），总体表现出相应构造活动的性质及其大小。其中，存在若干处应变梯度相对较高的地带（区），分别位于祁连山断裂带中西段、嘉峪关附近及其南西、东昆仑断裂带东段附近、以及天水北东的六盘山断裂带。

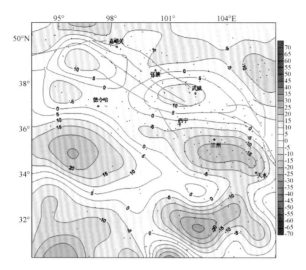

图 4 - 15   青藏高原东北缘 1999～2007 年水平旋转应变率分布图像（单位：rad/a）

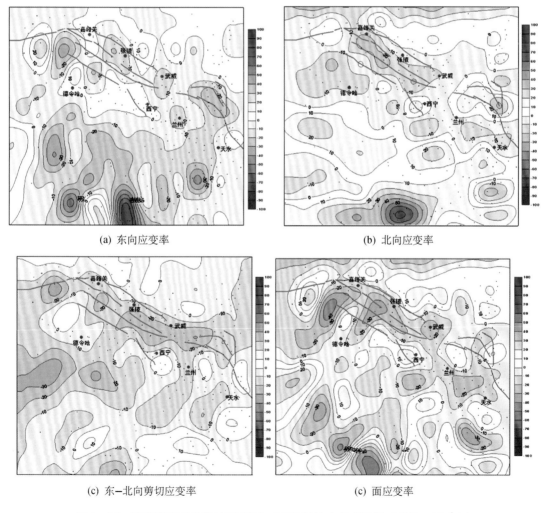

(a) 东向应变率

(b) 北向应变率

(c) 东—北向剪切应变率

(c) 面应变率

图 4 - 16   青藏高原东北缘地区 1999～2007 年的应变率图像（单位：10^{-9}/a）

2. 区域水平形变的动态变化

结合活动构造分析四个时段的区域水平运动特征（图 4 - 17），认为前三个时段（1999～2001、2001～2004、2004～2007 年）的变化并不显著，即区域性构造运动在这三个时段是比较稳定的。由于 2008 年四川汶川地震，2007～2009 年的结果与前三个时段的有明显不同，特别是在靠近汶川地震震源区及其东、北东侧的地带。无疑这种差异变化是汶川地震导致的，但对相邻构造带的大地震孕育可能具有某种催化作用。

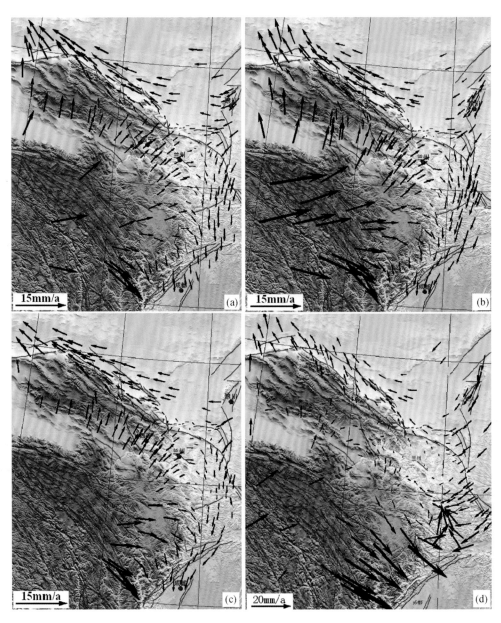

图 4 - 17　青藏高原东北缘地区不同时段相对水平运动的滤波计算结果

（a）1999～2001 年；（b）2001～2004 年；（c）2004～2007 年；（d）2007～2009 年

从应变率动态变化结果来看，2007～2009 年变化较大的部位在汶川震源区附近，原来高压应变转变为高膨胀区，表明该区域能量积累得到一定程度的释放；压应变较大的地区位于东南角，应进一步关注（图 4-18）。从剪切应变率结果来看，继承性的剪切形变是其主要特点，但在研究区的东南地域的剪切形变性质与众不同，该地域有可能成为强震孕育的地点（图 4-19）。

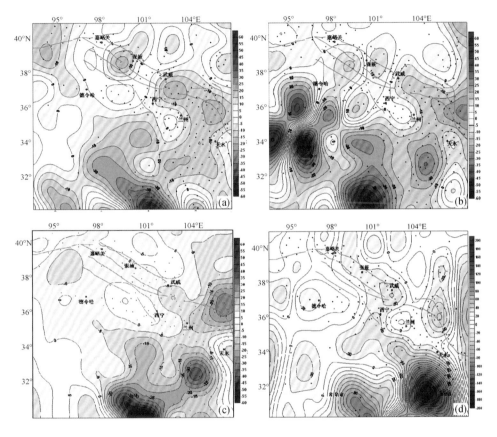

图 4-18　东北缘地区不同时段东向应变率的计算结果（单位：10^{-9}/a）
（a）1999～2001 年；（b）2001～2004 年；（c）2004～2007 年；（d）2007～2009 年

3. 区域垂向形变场的空间变化

　　研究区 1999～2007 年区域垂向形变场（图 4-20）起伏变化并不剧烈，除局部地区外，下沉与隆升速率一般在 -2～2mm/a 的范围内。具体表现为，嘉峪关—天水一带为相对下沉，最大下沉为 2mm/a，位于兰州地区；天水以北的东边缘为隆升运动，速率为 1～2mm/a；德令哈以西的地区主要表现为隆升运动。研究区的中南部则以下沉为主，一般在 2mm/a 以内，但在研究区南缘，局部达到了 12mm/a（原因不详）。总体来说该区近十年来的垂向差异运动并不突出，而且与地貌形态也不相关，即没有体现带有继承性的垂向运动，似乎处于垂直形变的僵化状态，应引起注意。

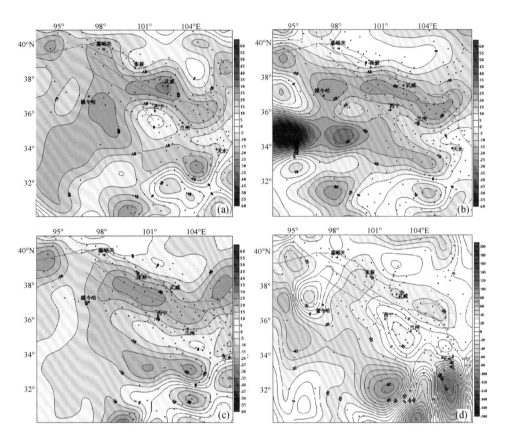

图 4-19　东北缘不同时段东、北向剪切应变率的计算结果（单位：$10^{-9}/a$）

(a) 1999～2001 年；(b) 2001～2004 年；(c) 2004～2007 年；(d) 2007～2009 年

4.2.5　小结

本节利用新的信息提取方法，对中国大陆华北地区、川滇地区和青藏高原东北缘地区的 GPS 资料进行处理，并以 1999～2007 年的结果为主分析形变场的空间变化，结合不同时段形变特征的动态变化，针对未来十年及稍长时间尺度的 7～8 级大地震危险性做出初步判断。具体意见如下：

（1）华北地区的形变相对最弱，中-长期尺度的大地震孕育的可能区域目前尚不明朗。然而，张-渤构造带是值得注意的构造活动带，尤其是该带的中段和西段。中段如北京及其周围地区，特别是北京南东，西段如山西断陷带北段（大同—怀来），均为与邻近地区运动不协调的显著差异运动地区，也是左旋运动或拉张运动相对亏损的部位，持续时间较长，而且近期动态也比较明显（图 4-5 至图 4-8），是值得注意和跟踪研究的地区。

（2）川滇地区的形变剧烈，其中，川滇块体东边界带的鲜水河、安宁河、则木河等断裂带及其两侧存在剪切变形，目前在该东边界带的西昌—川滇交界东段之间存在形变亏损（图 4-10 至图 4-12），应继续跟踪监测。另一个值得注意的地区是红河断裂带中段及周围，GPS 测量显示红河断裂带中段及其以北的楚雄、元谋等断裂近年来基本上处于低应变区，而附近存在高的变形/应变梯度带（图 4-10 至图 4-12），如果这种图像显示断裂闭

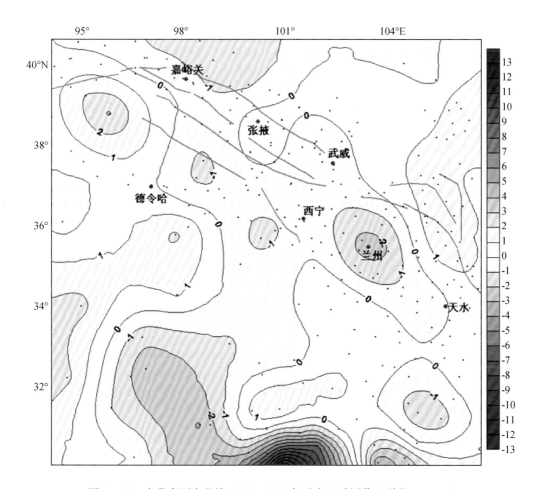

图 4 - 20　青藏高原东北缘 1999 ~ 2007 年垂向运动图像（单位：mm/a）

锁，则那一带可能正在孕育着大地震，主要危险地点是楚雄及其附近。

（3）青藏高原东北缘的张掖以西地区存在形变亏损和应变梯度带（区），天水南西地区的形变性质与周边的差异较明显，天水北东、德令哈附近存在应变梯度区。因此，从十年及稍长的时间尺度看，这些地点的大地震危险背景应给予关注。

4.3　华北和首都圈的应变积累与主要构造带形变

4.3.1　应变累积分布图像

考虑到华北地区 1999 年至今尚未发生 $M \geqslant 7.0$ 级的大地震，我们借鉴中国大陆西部大地震与地壳形变关系的震例分析结果（图 4 - 4），按照 4.1.2 节中所述的方法，将华北地区按照 $0.1° \times 0.1°$ 网格划分，取式（4 - 3）中的经验协方差分布函数参数 $A = 0.68$，$k = 0.0055$，选择 1999 ~ 2001、2001 ~ 2004、2004 ~ 2007、2007 ~ 2009 年四个时段 GPS 视应变率同方向累积的单元，统计应变积累信息。结果如图 4 - 21。

分析较高分辨率的华北地区的应变积累图像（图 4 - 21），可发现应变积累相对突出的地区有：①鄂尔多斯块体周边的三个地区，包括该块体西南缘的六盘山地区、东北缘的大同盆地及其附近地区、东南缘的山西断陷带南段地区；②首都圈东部—天津—济南之间地区。尽上述地区的累积应变数值并不很大，但考虑到华北大部分地区的应变率要比中国大陆西部

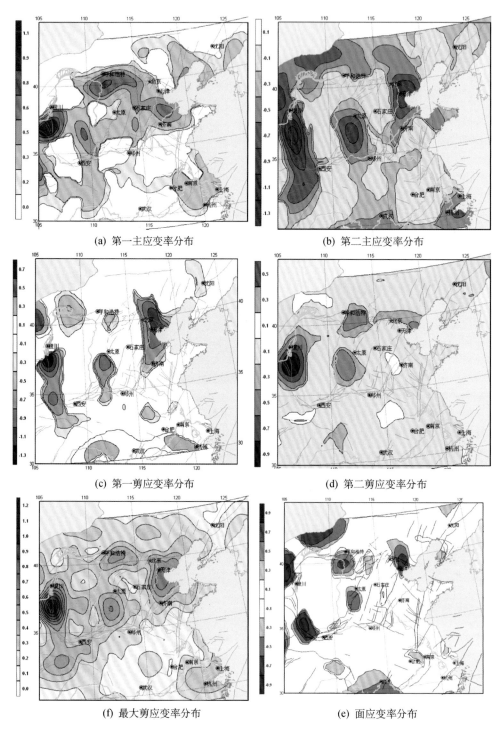

(a) 第一主应变率分布 (b) 第二主应变率分布

(c) 第一剪应变率分布 (d) 第二剪应变率分布

(f) 最大剪应变率分布 (e) 面应变率分布

图 4-21 华北地区应变率累积图像（应变率单位：10^{-8}/a）

的小 1 个数量级，上述地区的应变积累如果继续发展，则可能是未来十年或稍长时间发生强震的主要区域。

4.3.2 主要构造带现今变形状态

应用 1999～2001、2001～2004、2004～2007、2007～2009 年相对于欧亚板块的 GPS 运动速率，分析华北地区张-渤、山西、郯-庐等构造带的变形，取研究构造带周边 200km 左右范围内的测点速率数据，分析将平行与垂直构造带方向的速率分量。

1. 主要构造带的现今变形状态

（1）张-渤构造带

平行于张-渤带的运动速率分量显示该构造带以左旋运动为主，垂直于该构造带的速率分量略显张性的继承性运动状态。张-渤带东段与其他段落相比，左旋运动状态尤为明显（图 4-22）。

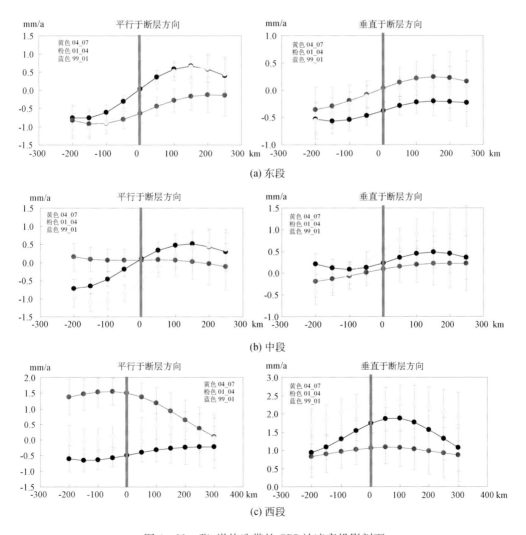

图 4-22 张-渤构造带的 GPS 站速率投影剖面

（2）山西带

GPS 站点运动速率剖面显示山西构造带具有右旋、弱张性的变形背景，2001～2004 年的运动形态与其他两个时段的不同，其中，应包含了 2001 年青海昆仑山口西 8.1 级地震的影响（图 4-23）。

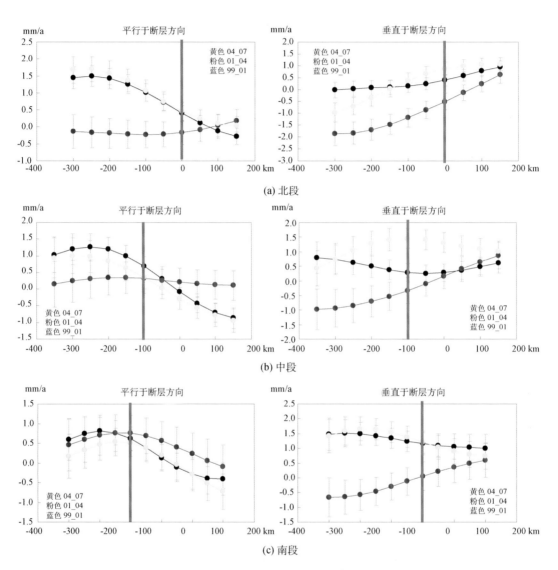

(a) 北段

(b) 中段

(c) 南段

图 4-23　山西构造带的 GPS 站速率投影剖面

（3）郯-庐断裂带

GPS 站速率显示郯-庐断裂带周边的变形背景相对较弱，平行于该断裂带的运动呈弱右旋走滑，垂直于该断裂带的运动由北向南逐渐由挤压转为拉张（图 4-24）。

2. 主要构造带的应变率图像

利用最小二乘配置得到的视应变分析构造变形，从而了解应变状态与断裂带长期变形的关系。将视应变率转换为断裂带走向的应变率，进而判断近期变形特征与较长期的形变背景

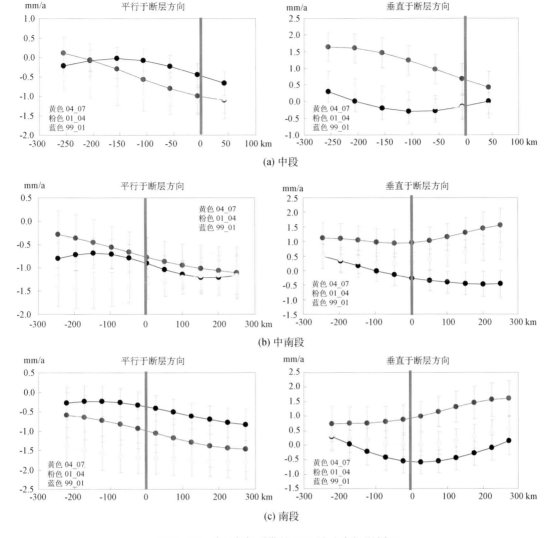

图 4-24 郯-庐断裂带的 GPS 站速率投影剖面

是否一致，如果在形变背景上加强，则可能反映有利于潜在强震/大地震的破裂。

应用 GPS 站速率计算水平视应变，根据应变张量坐标转换式：

$$\sum = T\varepsilon T'$$ （4-19）

式中， $\varepsilon = \begin{pmatrix} \varepsilon_n & \varepsilon_{ne} \\ \varepsilon_{ne} & \varepsilon_e \end{pmatrix}$ $T = \begin{pmatrix} \cos\alpha & \sin\alpha \\ -\sin\alpha & \cos\alpha \end{pmatrix}$

ε_n、ε_e 分别为 NS 向、EW 向应变率；ε_{ne} 为剪应变率；T 为旋转矩阵；α 为逆时针旋转为断裂走向的角度。由于各构造带/断裂带的相关参数不是唯一可确定的，转换时假设相关的断层面倾角直立，并且断裂带不同段的参数一致。

对于不同走向的断裂带，可选取不同的剪应变，张-渤带为 NW 走向，山西带为 NE 走向，选取第一剪应变率，其正号表示 NE 向断层的左旋剪切，NW 断层的右旋剪切；郯-庐带为近 NS 走向，选取第二剪应变率，其正号表示 NS 走向断层的左旋剪切。

剪应变率的分布基本反映了构造带/断裂带形变的背景，其中，张-渤带以左旋剪切为主（图 4-25a），山西带、郯-庐带以右旋剪切为主（图 4-25b、c）。值得关注的是山西带南段近期的右旋剪切速率较明显增强，而郯-庐带的右旋剪切有转为左旋剪切的迹象。从正应变率分布来看（正为张，负为压），近期郯-庐带的北段偏压性、南段显张性（图 4-25b）。

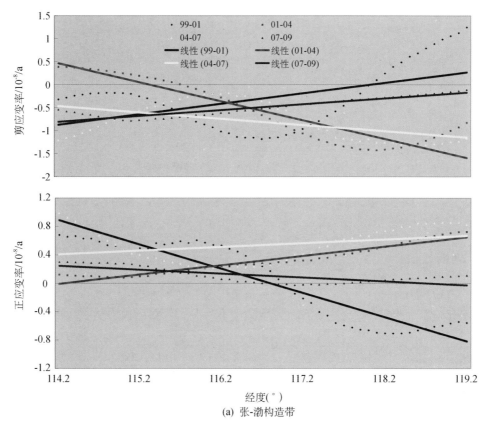

(a) 张-渤构造带

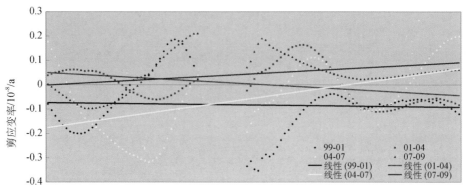

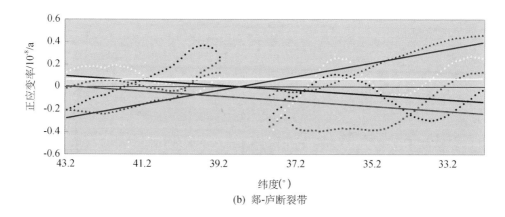

(b) 郑-庐断裂带

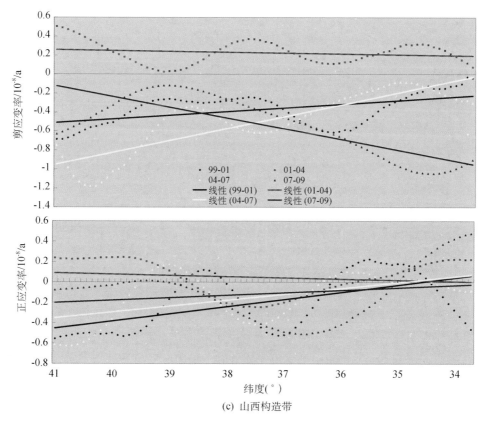

(c) 山西构造带

图 4-25 华北三个主要活动构造带的应变率

4.3.3 小结

根据本节对华北地区应变积累区以及主要活动构造带/断裂带形变特征的分析，认为华北地区未来 3~10 年值得关注的、具有强震或大地震危险性的地区和构造带有：①鄂尔多斯块体西南缘（六盘山断裂带）；②鄂尔多斯块体东南缘（山西断陷带南段）；③鄂尔多斯块体东北缘（大同盆地）及其附近地区；④首都圈东部—天津—济南（华北平原构造带北段与张-渤构造带的交汇部位）及其附近地区。

4.4 断层形变协调比与运动分量合成分析

4.4.1 断层形变协调比

1. 思路与方法

当断层活动处于无障碍自由蠕动的走滑状态时，具有刚性滑动特征，可以认为在 Δt 时间内的断层走滑、拉张、垂直运动分量中任意两个分量之比近似为常数（黎凯武，2009）。

跨断层综合观测场地的布设（即两条基线、两条水准），提供了计算断层运动分量的条件（薄万举，1998）。依据这样的分析思路和方法，当断层活动处于刚性无障碍蠕滑时，其运动符合以下条件：

$$\begin{cases} f_1 = \dfrac{b}{a} = C_1\text{（常数）} \\[2mm] f_2 = \dfrac{h}{a} = C_2\text{（常数）} \\[2mm] f_3 = \dfrac{h}{b} = C_3\text{（常数）} \\[2mm] f_4 = \dfrac{d}{a} = C_4\text{（常数）} \end{cases} \tag{4-20}$$

式中，a、b、h 分别为断层面两盘的走滑、拉张和垂直分量；d 为断层面倾滑分量，有 $d = \sqrt{b^2 + h^2}$；f_1、f_2、f_3、f_4 称为断层活动协调比。

式（4-20）给出了无障碍、无应变积累的断层活动特征，即三维变量协调比是一个常数。对于有障碍，有应变积累的断层活动，当障碍引起的摩擦力很小时，应变积累很低，变量协调比基本接近一个常数，就表明断层的活动接近于正常蠕动，即接近于稳定滑动；当变量协调比是一个变量，偏离原来正常值很大时，在排除了非构造活动的情况下（如干扰），断层活动趋向不稳定或已产生闭锁；即协调比的改变预示着断层存在应变积累。当断层失稳发生强地震，并伴随高应变能释放之后，断层活动又趋于刚性模式，断层活动协调比再次趋于正常。在获得跨断层形变综合观测资料的条件下，可以用此方法分析断层是否正处于较强应变积累的阶段。

2. 震例分析与检验

我国四川、云南、首都圈等地区分别布设有多处跨断层的形变综合观测场地，已积累了几十年的观测数据。这些地区也是地震多发区，可通过周边发生的强震对断层形变协调比方法的中长期预测效能进行检验。

（1）四川地区

自从四川地区跨断层形变观测系统开始观测以来，周边发生了几次 6.0 级以上的强震。分析表明，在这些强震发生前，四川大部分跨断层场地的断层形变协调比都出现偏离正常背景的变化（图 4-26），地震后逐渐恢复稳定形态。例如，鲜水河断裂带上的侏倭、格篓、

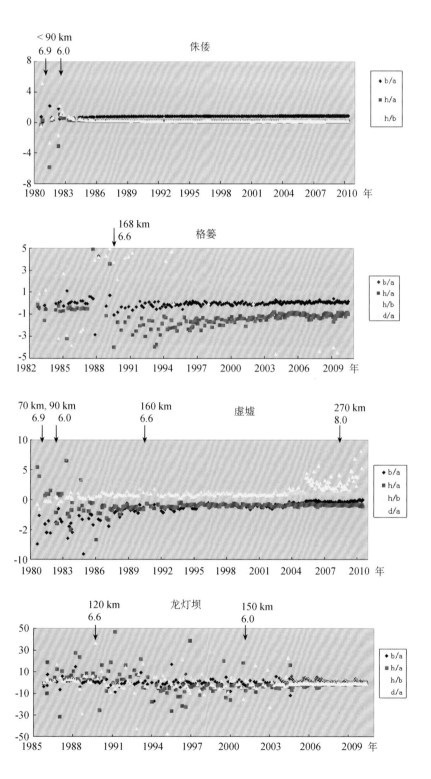

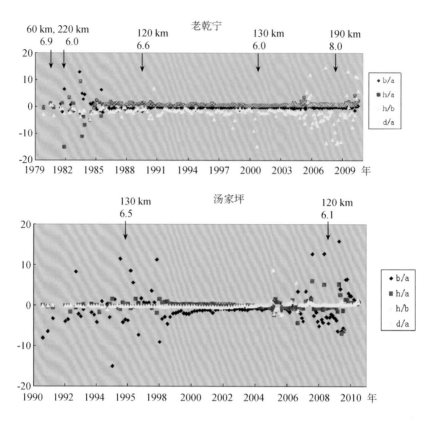

图 4-26　四川若干跨断层场地的断层活动协调比随时间的变化
箭头指示强震发生时间，其上方数字分别为震级与震中距场地的距离

虚墟、沟普、龙灯坝、老乾宁等场地的协调比在 1981 年 1 月道孚 6.9 级地震、1982 年 6 月甘孜 6.0 级地震、1989 年 9 月小金 6.6 级地震、2001 年 2 月雅江 6.0 级地震之前，均出现了不同程度的异常变化；则木河断裂带上汤家坪场地的协调比在 1995 年 10 月 24 日云南武定 6.5 级地震、2008 年 8 月 30 日四川攀枝花 6.1 级地震之前，也出现了异常变化。目前大部分场地的协调比已恢复稳定形态，但有些场地的协调比仍处于不稳定变化，如虚墟、老乾宁、汤家坪等场地，前二者的不稳定变化可能包含了 2008 年汶川 8.0 级地震的影响，后者的则可能包含了攀枝花 6.1 级地震的影响。

（2）云南地区

1996 年 2 月云南丽江 7.0 级地震发生在丽江跨断层形变观测场地附近。分析发现，自 1982 年观测以来，丽江场地的断层活动协调比就处于离散的不稳定状态，直到丽江 7.0 级地震发生后才趋于稳定（图 4-27）。因此，在丽江地震发生前，丽江场地的断层闭锁持续了至少 13 年。此外，距丽江地震中稍远的永胜场地，在 1994 年底也开始出现断层活动协调比的离散性变化，丽江地震后逐渐恢复正常（图 4-27）。

丽江 7.0 级强震的震例表明，震源区及其附近反映断层闭锁的断层活动协调比异常，可能在震前持续数年至 10 多年，这对我们采用断层活动协调比判定 10 年及稍长时间尺度的强震危险地点提供了可行性。因此，可以认为，当断层活动协调比持续处于偏离状态时（在排除了干扰的前提下），场地及其附近一定范围内未来数年至 10 多年有可能发生强震或者大地震。丽江 7.0 级强震的震例还说明，仅根据跨断层形变观测的原始曲线，往往难以判断应变积累的状态，如永胜场地的基线、水准的原始观测曲线在丽江 7.0 级地震后仍保持相对较高的变化速率，但其协调比的变化基本处于稳定的形态（图 4－27）。因此，可由断层活动协调比的非异常形态判断永胜场地目前的的跨断层基线、水准变化基本反映了断层的蠕滑活动，可能并无显著的应变积累。

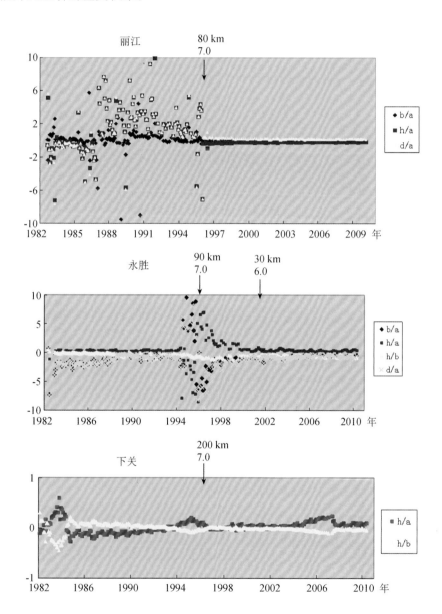

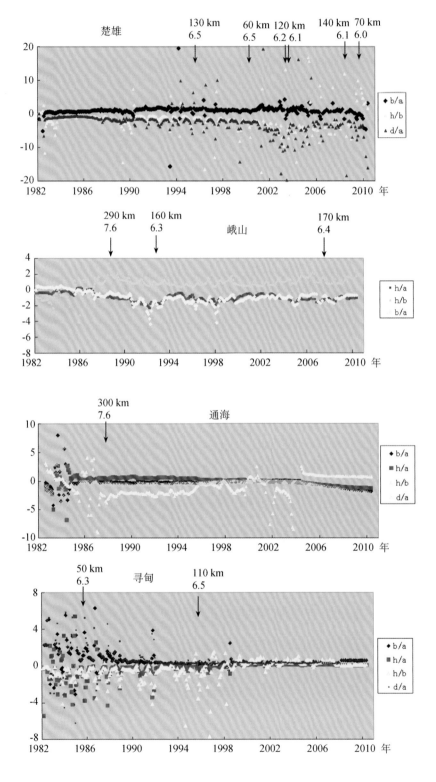

图 4 - 27　云南若干跨断层场地的断层活动协调比随时间的变化

箭头指示强震发生时间，其上方数字分别为震级与震中距场地的距离

寻甸场地跨小江断裂带的东支断裂，在其附近发生的 1985 年 4 月禄劝 6.3 级地震、1995 年 10 月武定 6.5 级地震前，断层活动协调比出现了明显的异常，之后已恢复稳定（图 4 - 27）。目前，云南大部分跨断层观测场地的断层活动协调比变化比较稳定，仅楚雄场地的断层活动协调比处于偏离变化状态（图 4 - 27）。因此，云南楚雄及其附近的中长期强震/大地震危险性值得关注。

（3）首都圈地区

首都圈地区最近 30 多年来发生过 1976 年 7 月唐山 7.8 级、1989 年 10 月大同 6.1 级、1998 年 1 月张北 6.2 级等强震与大地震。在这些地震发生前，该地区相关场地的断层活动协调比出现中-长期尺度的场兆异常特征（图 4 - 28）。

如图 4 - 28 所示，张家台场地的断层活动协调比在 1998 年张北 6.2 级地震后出现较大的离散性偏离，而墙子路场地的刚好相反，其协调比在张北地震后逐渐趋于稳定。张家台、墙子路两个场地均位于首都圈东部地区，相距不到 10km，它们的断层活动协调比在张北地震后出现不同性质变化的原因可能与这两个场地所跨断层的走向有关：张家台场地跨 NNE 向断层，墙子路场地跨 NW 向断层，张北地震前、后这两个场地及断层的应力场状态及其改变可能不同。我们在对华北地区的应变积累状态分析中已提到：首都圈东部为主要的应变积累区之一（图 4 - 21），已有较高的应变积累背景。结合相关场地断层活动协调比异常（图 4 - 28），该地区存在发生强震的中-长期形变背景。

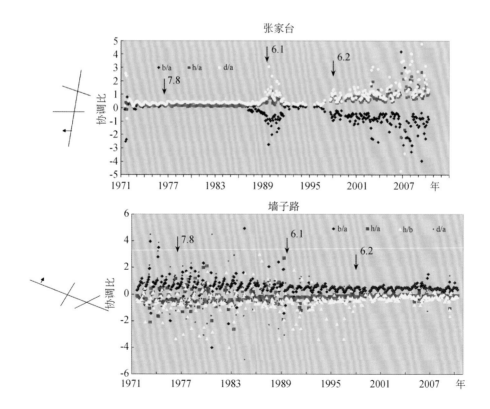

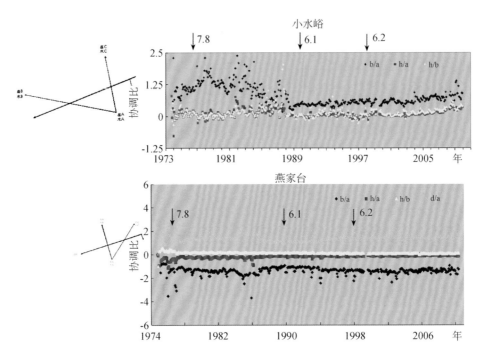

图 4-28　首都圈若干跨断层场地的断层活动协调比随时间的变化

箭头指示强震发生时间，其上方数字分别为震级与震中距场地的距离

4.4.2　断层运动分量与速率合成

断层观测网络的信息合成，可能是与区域应力场相关的地震场兆变化的最好体现。我国西南与华北地区的断层活动均以水平运动为主，水平形变与垂直形变之比分别达到 9:1 ~ 12:1、2:1 ~ 3:1（车兆宏，1993）。在强震孕育过程中，单项断层形变异常在附近的几次强震前常表现为相似的变化形态，可能反映局部区域由于具有较统一的构造背景和相互关联的整体性孕震过程，使得不同的强震前可在特定的构造部位出现相似的断层活动形态。因此，断层活动分量的合成在一定程度上能够突显应力场的变化，同时具有提高信噪比的优点。

1. 首都圈地区

图 4-29 为首都圈断层走滑分量信息合成及其随时间的变化，其中正为左旋走滑，负为右旋走滑。在 1976 年 7 月唐山 7.8 级、1989 年 10 月大同 6.1 级、1998 年 1 月张北 6.2 级、2006 年 7 月文安 5.1 级等地震前的变化形态具有相似性，其中，跨 NW 向断层的信息合成反映以左旋走滑为主，跨 NE 向断层的信息合成反映以右旋走滑为主，与该地区在近东西向挤压应力作用下的断层活动方式（图 4-29c）相同。最近几年来，断层走滑分量信息合成结果再次表现为应力增强作用下的断层走滑形态，表明目前首都圈地区的应力作用正处于增强阶段。另外，从跨断层基线、水准速率的信息合成结果来看，目前首都圈地区的断层整体活动水平正处于上升阶段（图 4-30）。

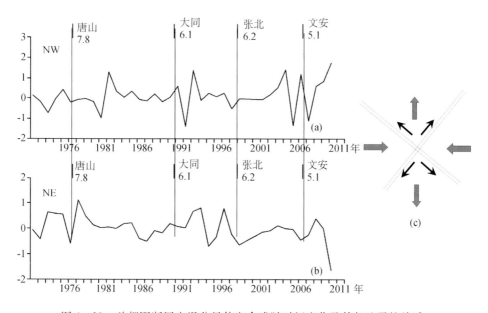

图 4-29　首都圈断层走滑分量信息合成随时间变化及其与地震的关系

（a）为跨 NW 向断层信息合成；（b）为跨 NE 向断层信息合成；（c）示意区域应力场与断层活动方式

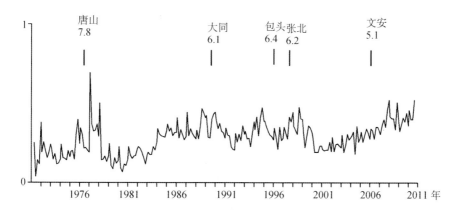

图 4-30　首都圈跨断层（基线、水准）形变速率信息合成随时间变化及其与地震的关系

2. 华北地区

除了首都圈外，华北地区其他跨断层形变观测场地主要分布在山西断陷构造带、郯-庐断裂带及其周边的主要活动断裂带上。其中，山东地区的跨断层水准测量场地主要分布于郯-庐断裂带中南段与该断裂带西侧的 NW 向活动断裂带上；江苏地区的跨断层水准测量场地布设在郯-庐断裂带南段与茅山断裂带上；安徽的跨断层水准测量场地主要分布在郯-庐断裂带南端与霍山及周边的断裂上。不同地区/构造带（段）的观测形变反映断层活动水平存在差异（图 4-31）。其中，山西地区在 1998 年张北 6.2 级地震前出现断层活动加速，目前断层活动速率较为平稳。山东地区以及江苏、安徽地区的断层活动速率在 1995 年前、后有明显差异，其中，山东地区在 1995 年前的断层活动速率较大，1995 年后减弱；而江苏、安

徽地区的断层活动在 1995 年后有所增强。图 4 - 31 的变化形态表明目前山东地区的断层活动可能正处于相对闭锁的应变积累阶段，而郯-庐断裂带南段及其周边地区的断层活动可能正处于相对活跃、不易积累较高应变能的时段。

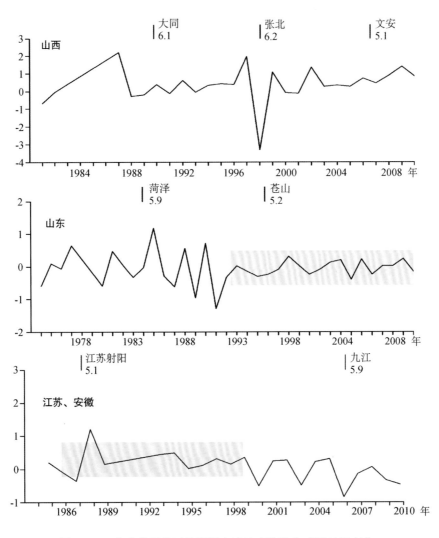

图 4 - 31　华北若干地区跨断层水准速率信息合成随时间变化

3. 川滇地区

图 4 - 32 为鲜水河断裂带上的断层走滑分量信息合成，可以看出该断裂带以左旋走滑为主，但在 2004 年和 2008 年前后，左旋走滑速率分别发生了减缓，并有逐渐转为右旋走滑的趋势，这种变化在该断裂带上各观测场地的走滑分量中也可显示出来（图 4 - 33）。

云南地区跨断层形变观测场地建于地震多发的主要活动构造带上，主要分布在红河（北西段）、曲江以及小江等主要活动断裂带上。图 4 - 34 显示了云南地区跨断层水准、基线的活动速率合成与场地周边发生的 $M_s \geqslant 6.5$ 级地震的对应关系．该图反映在武定 6.5 级、丽江 7.0 级、姚安 6.5 级等地震之前分别出现 3 ~ 5 年的、断层活动增强的变化。

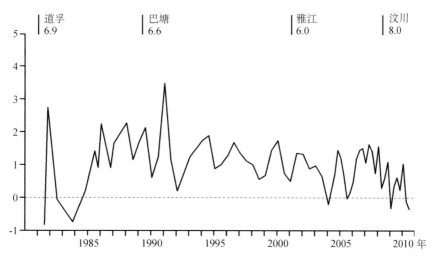

图 4 - 32 鲜水河断裂带断层走滑分量合成随时间变化

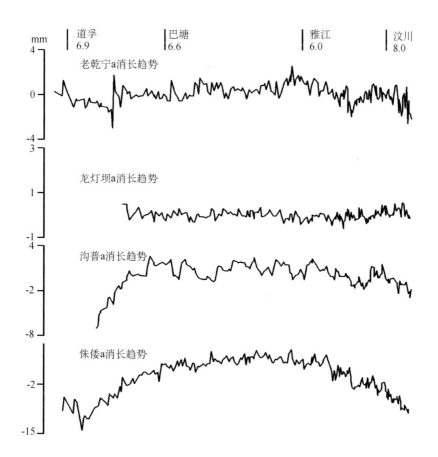

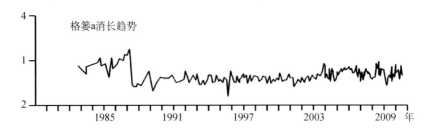

图4-33 鲜水河断裂带各场地断层走滑分量消趋势结果

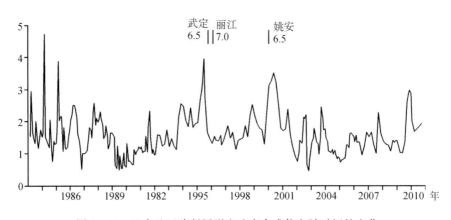

图4-34 云南地区跨断层形变速率合成信息随时间的变化

已注意到从2010年之前开始，云南跨断层形变速率合成信息又转为高值（图4-34），反映该地区的断层活动正在增强，同时意味着未来几年云南地区发生强震或大地震的危险性增强。

4.4.3 小结

断层活动三维变量协调比的异常过程，刻画了断层异常活动演化的过程。可根据这个参数的变化判定断层活动处于相对正常或相对闭锁的异常阶段，进而判定特定地区的中-长期地震危险性。从相关震例的总结、检验来看，这一探索已取得了一些有意义的结果。因此，基于跨断层形变观测的断层活动协调比、活动速率（分量）合成信息等参量及其随时间的异常变化，可以作为中-长期时间尺度强震/大地震危险性预测的重要参考，前提是排除跨断层形变观测数据中属于干扰的影响。

从本节的分析结果看，未来3～10年需关注强震/大地震危险性的地区主要有：①首都圈东部与山东地区，该区的断层活动似乎呈现相对闭锁状态；②鲜水河断裂带中-南段地区（道孚—康定），因为2008年汶川地震后鲜水河断裂带的左旋走滑速率继续减缓，仍未恢复至2003年以前的左旋运动特征；③云南地区（红河断裂带及其以北），断层总体活动水平上升，反映未来几年发震的危险性增强。

4.5 跨断层垂直形变分析

4.5.1 长水准测线的跨断层垂直形变

长水准测量揭示的、跨越活动断裂带的垂直形变主要反映了测线所跨断裂带两侧构造单元的现代相对升降差异运动，且垂直形变的时-空变化可能与强震/大地震的孕育/发生有关。本小节研究南北地震带不同段落长水准测线上的相关垂直形变，分析这些垂直形变的强震/大地震中-长期危险意义。

本小节使用的"断块比方法"是一种分析断裂垂直运动与块体垂直运动差异性的简单算法[①]，公式为：

$$R_{fb} = \frac{V_f - K}{V_b - K} \qquad (4-21)$$

式中，R_{fb} 称为断块比；V_f 为断裂带平均垂直运动速率；V_b 为断块平均垂直运动速率；K 为基准调整参数。取距主断层线 10km 内的点作为断裂参照点，10km 之外的点作为块体参照点。当断块比 R_{fb} 值接近或等于 1 时，反映断裂与两侧块体的运动相协调；当其远大于或小于 1 时，显示断裂与块体运动差异性增强，可能意味着应变积累与强震危险性。

1. 南北地震带北段—祁连山构造区

对该区域的跨断裂垂直形变速率梯度和断块比的计算结果列于表4-1，反映跨断裂垂直形变速率梯度较大的地区主要为祁连山断裂带中-西段、日月山—拉脊山断裂带，其次为东昆仑断裂带中-东段和西秦岭北缘断裂带，再者是祁连山断裂带东段和海原断裂带。各长水准测线跨相关断裂带的垂直形变剖面如图4-35所示。总体上看，2001年昆仑山口西8.1级大地震发生后，青藏块体东北部断裂带的垂直形变速率梯度的增大，由震区向北、自西向东有逐渐衰减趋势，远离震区的贺兰山断裂带的变化不明显。

2. 南北地震带中-南段

南北地震带中-南段较长时间的水准测量资料主要是在汶川8.0级地震前积累的，跨断裂垂直形变速率梯度和断块比的计算结果如表4-2，主要反映出，虽然在2008年5月发生了龙门山构造带上的汶川8.0级大地震，但比较本区各时段的平均垂直形变速率梯度，目前鲜水河断裂带南段、安宁河—则木河断裂带、丽江—剑川断裂带、程海断裂、大凉山断裂存在较显著垂直形变异常，断块比指标持续偏离基准的现象较明显，反映这些断裂带的相关构造部位存在不同程度的应变积累。各长水准测线跨相关断裂带的垂直形变剖面如图4-36所示。

综合表4-1、表4-2以及图4-35和图4-36的结果，长水准测线上的跨断裂垂直形变反映的显著压性隆起及其伴生的形变高梯度异常，对高应变积累地段和潜在强震/大地震发生地点的判断有一定的指示意义。就以上有限的资料而言，目前祁连山断裂带中段、西秦岭北缘断裂带中-西段、六盘山断裂带、安宁河—则木河—大凉山断裂带、红河断裂带等垂

---

① 中国地震局第二监测中心，《2004年度地震趋势研究报告》，2003年12月，15~16页。

直差异活动相对显著，存在应变积累背景。

表 4-1　南北地震带北段与祁连山构造带部分长水准测线上的跨断裂断块比 R_{fb}

断裂名称	水准测线	昆仑山口西8.1级大震前时段（年）	断块比 R_{fb}	昆仑山口西8.1级大震后时段（年）	断块比 R_{fb}
阿尔金断裂北段	岔格线	1978～1996	0.68	1996～2002	1.13
祁连山西段	玉西线	1979～2000	0.48	2000～2002	4.46
祁连山中段	元八线	1981～2000	0.35	2002～2005	2.83
	山民—民西线	1995～2000	2.43	2002～2005	5.74
祁连山东段	酒兰线	1993～1999	1.96	2002～2005	3.32
海原断裂	兰包线	1991～1998	0.74	2002～2006	0.80
	金海—海将线	1991～1998	0.57	1998～2002	0.94
西秦岭断裂	刘岷线	1993～1999	0.62	2002～2010	5.19
	武定线	1993～1999	1.25	2002～2006	3.28
贺兰山断裂	银小支线	1988～1994	0.71	1994～2002	0.41
	汝姚线	1988～1994	0.34	1994～2002	0.42
日月山—拉脊山断裂	西宁环	1995～2000	2.99	2000～2002	13.06
东昆仑断裂带	格拉线	1979～1991	1.10	1991～2002	2.74

表 4-2　南北地震带中-南段部分长水准测线的跨断裂断块比 R_{fb}

断裂名称	水准测线	资料时间段/年	断块比 R_{fb}
鲜水河断裂	二雅线	1982～2006	0.98
	马雅线 I	1984～2006	5.35
	泸石线	1990～2006	1.34
理塘—德巫断裂	巴塔线	1979～2006	1.00
龙门山断裂带	马雅线 II	1987～2008	1.48
安宁河—则木河断裂	绵昆线	1992～2006	5.84
程海断裂	永清线	1983～2006	2.70
丽江—剑川断裂	中下线	1978～2006	1.97
	丽永线	1981～2006	2.38
红河断裂、无量山断裂、澜沧江断裂	下保线	1983～2006	1.53
	南云线	1983～2006	1.91

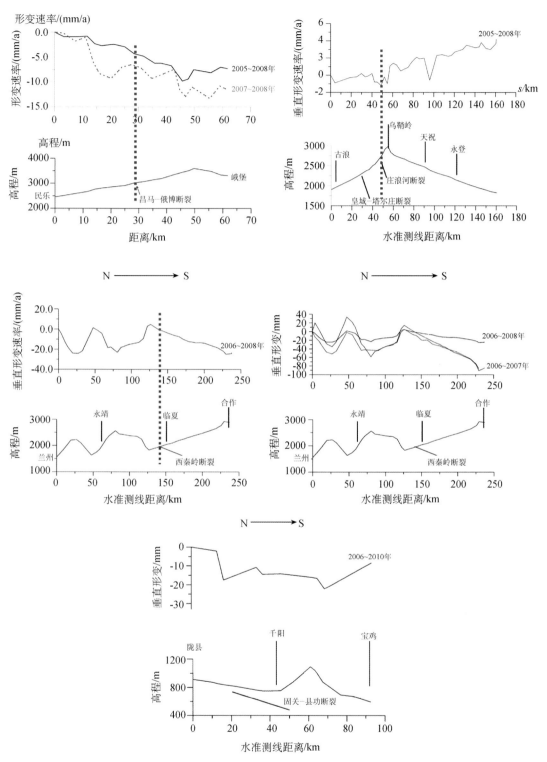

图 4-35 南北地震带北段—祁连山构造区跨断裂长水准测线的垂直形变剖面

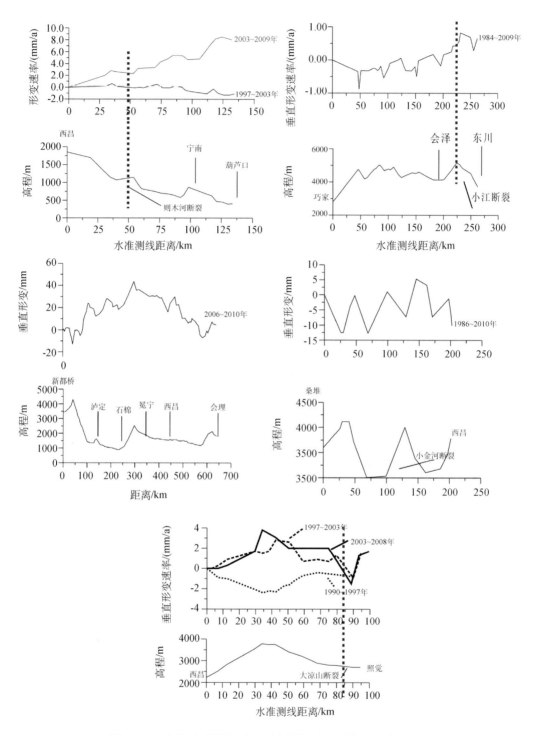

图 4-36　南北地震带中-南段跨断裂长水准测线的垂直形变剖面

4.5.2 跨断层形变区域群体性变化与强震的关系

1. 资料与方法简述

使用南北地震带及其附近100余处跨断层形变流动观测场地从20世纪70年代至今的观测资料,流动观测周期为每年3～12期不等。由观测资料绘制跨断层测段的观测值随时间的变化曲线,再建立跨断层形变强度比指标SR_T^0。断层形变异常强度指标定义为跨断层测段单期观测值相对上一期观测值变化与正常平均年变幅度的比率(对有2个以上跨断层测段的场地,综合趋势因子与稳定因子加权计算均值)。

2. 断层活动的群体性特征

通过对南北地震带和西北地区的断层活动趋势在不同时段的区域群体性变化特征分析,表现出地震活动水平上升与断层活动的协同性(图4-37、图4-38)。

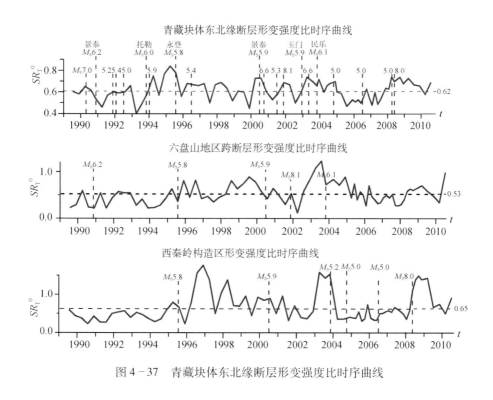

图4-37 青藏块体东北缘断层形变强度比时序曲线

青藏块体东北缘各断裂带和断裂段的应变强度比SR_T^0时序曲线对发生在这些构造边缘的$M \geqslant 5.8$级地震反映较好,震前数月至1年左右时间内曲线呈现"明显上升—均值线以上峰值—快速回落"的过程。其中"明显上升—均值线以上峰值"反映的可能是构造应力增强和能量积累的中期特性;SR_T^0值由峰值快速回落则具有短期前兆意义。而断裂带(段)之间SR_T^0值的显著差异对其交汇区及附近的强震有一定预示意义(张希,2009)。

对川滇地区,6级以上地震前1～2年(或2年以上),在震源区附近区域基本上都有SR最大值大于2.0的高值区出现,高值区主要表现为趋势性变化或压性运动,且整个区域SR均值(或最大值)有一个较明显的增高过程(大多数可能是震前1年或持续1～2年以

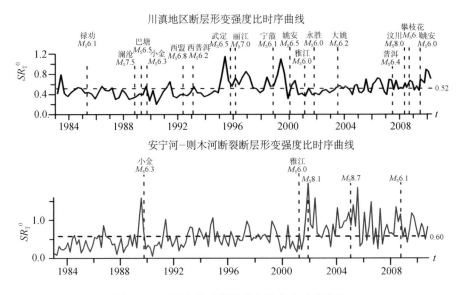

图 4-38　川滇地区断层形变强度比时序曲线

上增大，或两三年增大，而震前 1 年又稍缓），而发震当年无论是区域均值及震中附近高值区的最大值均有所下降（或在震中附近表现出同震形变特征的较高值区），震后则普遍下降，且幅度较大，恢复较稳定（或相对稳定）水平，较准确地反映了地震前后应变能积累、释放和调整的动态演化过程。其中小金 6.6 级、丽江 7.0 级、武定 6.5 级地震在震前及震后都有显示，宁蒗 6.2 级地震震前有反映，效果较好（张希，1999）。

4.5.3　小结

综合分析南北地震带与祁连山构造带长水准测线的跨断层垂直形变异常、断层活动趋势的区域群体性变化与强震活动关系，同时结合近年来研究区域的断层形变时空异常特征，认为祁连山断裂带中-西段、西秦岭北缘断裂带中-西段、六盘山断裂带、安宁河—则木河—大凉山断裂带、红河断裂带、程海断裂等断裂带（段）的垂直差异活动相对显著，存在应变积累和发生强震/大地震的危险背景。

第5章　中国大陆重力场变化与大地震危险性

5.1　中国大陆重力观测网、资料及其处理

5.1.1　重力观测

我国流动重力观测起步于 1966 年河北邢台 7.2 级地震后的 20 世纪 60 年代后期，并在 80、90 年代得到长足发展，逐步建立起各省、自治区、直辖市的地震重力监测网。考虑到这些地震重力监测网的控制范围有限，自成体系，彼此独立，没能形成对中国大陆重力监测的整体控制，1998 年"中国地壳运动观测网络"工程实施时，构建了中国大陆大范围的统一地震重力监测基本网（图 5－1）。同时，在该地壳运动观测网络工程实施期间，已对全国 25 个基准站、56 个基本站以及联测线路上的区域站等 300 多个过渡点进行了重力联测，其中，对 25 个基准站还进行了绝对重力值测量。

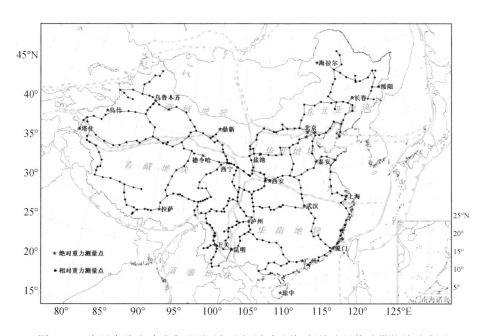

图 5－1　中国大陆流动重力观测网与 I 级活动地块/板块边界构造带的关系略图

从 1998 年到 2008 年，地壳运动观测网络工程进行五期网络基准站的绝对重力测量，由中国科学院测量与地球物理研究所采用 FG－5 绝对重力仪进行观测，每个基准站上绝对重

---

　　* 本章执笔：祝意青。

力测定精度优于 5×10^{-8} m/s^2（祝意青等，2007；张为民等，2008）。相对重力联测工作由中国地震局、国家测绘局和总参测绘局各组建两个作业组联合完成。每个作业小组用 3 ~ 4 台 LCR ~ G 型重力仪作业。每期的测量路线和测量点重合，复测时间相对固定在同周期进行，尽量减少可能的水文季节等影响，重力联测的段差精度优于 10×10^{-8} m/s^2。

5.1.2 资料处理

　　数据处理的关键是将绝对重力观测资料与同期的流动重力观测资料相结合，其中，绝对重力点（基准点）构成一个大尺度、相对稳定的高精度控制网，流动重力观测是与该网的定期联测，共同形成中国大陆重力动态监测网。这种资料处理方案的优点在于可有效地保持整个中国大陆重力场起算基准统一、稳定，又可在此基础上严密、可靠地解算出各流动站的重力变化，从而获得中国大陆重力场的动态变化。具体数据处理方法与流程是：①使用中国地震局地震研究所提供的、国内先进的重力处理软件 LGADJ（刘冬至等，1991；李辉，1991）对多期重力观测资料进行统一处理；②数据处理中采用稳健估计法（杨元喜，2001；郭春喜，2005），对少数存在误差较大的观测段差实行粗差剔除和降权处理，利用计算程序自动优化、合理确定各台仪器的先验方差后进行整体平差计算；③平差计算中采用网络基准站的绝对重力值加以控制，以获得各测点的重力值；④绝对重力资料处理中作了地球潮汐、光速、局部气压、极移、垂直梯度等改正，相对重力资料处理中作了固体潮、气压、一次项、仪器高等改正；⑤此外，对点位稳定性差、观测环境有变化的低信度测点逐个进行观测结果的分析，确定有问题者予以剔除，以利于可靠观测资料的获得和真实重力变化信息的提取。实践证明，采用以上述方法与流程进行重力观测数据处理的结果好，五期点值平均精度均优于 15×10^{-8} m/s^2。

5.2　中国大陆重力场变化图像

5.2.1　相邻两期的重力场变化

1. 1998 ~ 2000 年重力场变化

　　由图 5 - 2 可见，1998 ~ 2000 年我国大陆地区重力场变化分布较为有序，变化的总体趋势是自东向西逐渐降低，由东南沿海的 $+80 \times 10^{-8}$ m/s^2 逐渐过渡到青藏高原的 -90×10^{-8} m/s^2。本期在我国东部有三个重力变化显著区，其一，东南沿海地区重力出现较大的正值变化和重力变化高梯度带；其二，东北地区出现一定量值的重力正值变化异常区；其三，华北地区重力变化相对平缓，但在冀蒙交界地带出现了一对范围较小的 $+30 \times 10^{-8}$ m/s^2 和 -40×10^{-8} m/s^2 变化的局部重力异常区。

　　在以上自东向西重力逐渐降低的总体趋势中，本期于中部的盐池、西安、泸州一带出现了量值为 -20×10^{-8} ~ 20×10^{-8} m/s^2 之间的平缓变化。

　　本期在我国西部及邻区，青藏高原是大区域性的负重力变化区，其外围展布着环绕青藏高原的重力变化梯度带。青藏高原内部于昆仑山口附近出现 -90×10^{-8} m/s^2 的重力变化异常区；青藏高原的北部与南东两侧，重力异常等值线变密，形成高原外侧突出的扇形结构。青藏高原由南向北重力逐渐增加，与高原接壤的塔里木盆地和河西走廊地区的重力出现正值变化，其中，塔里木盆地出现 $70 \times 10^{-8}\,\mathrm{m/s^2}$ 的重力正值异常区。另外，本期在滇西南地区出现 $-60 \times 10^{-8}\,\mathrm{m/s^2}$ 的重力变化异常区（图 5-2）。

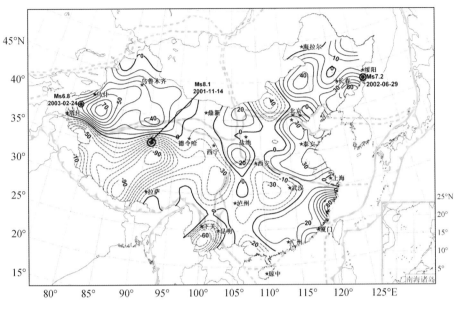

图 5-2　1998～2000 年中国大陆重力变化图

2. 2000～2002 年重力场变化

由图 5-3 可见，2000～2002 年我国大陆地区重力场变化虽然表现出一种大尺度空间范围内的有序性，但相对于上一期的重力场（图 5-2）已出现反向变化，变化的总体趋势是自东向西逐渐增加，由东南沿海的 $-10 \times 10^{-8}\,\mathrm{m/s^2}$ 逐渐过渡到青藏高原的 $60 \times 10^{-8}\,\mathrm{m/s^2}$。本期我国东部地区重力出现 $-30 \times 10^{-8} \sim +30 \times 10^{-8}\,\mathrm{m/s^2}$ 之间的波动变化，重力变化在 $-30 \times 10^{-8} \sim +30 \times 10^{-8}\,\mathrm{m/s^2}$ 之间；东南沿海地区由上一期的重力正值变化反向为 $-10 \times 10^{-8}\,\mathrm{m/s^2}$ 的重力负值变化，滇西南及云贵高原由上一期的负值变化反向为 $60 \times 10^{-8}\,\mathrm{m/s^2}$ 的正值变化并出现较高的重力变化梯度带。本期我国西部重力变化分为两部分。其一，我国西南的云贵高原—青藏地区由上一期的大范围负值变化转为大范围的重力正值变化，其中存在滇西南、青藏交界和藏西南三个重力异常区，每一个的重力变化均由上一期的高负值剧烈转变为高正值。其二，新疆北部地区重力变化剧烈，并在阿勒泰地区形成 $60 \times 10^{-8}\,\mathrm{m/s^2}$ 的重力变化及乌鲁木齐附近地区的 $-30 \times 10^{-8}\,\mathrm{m/s^2}$ 的重力急剧变化（图 5-3）。

3. 2002～2005 年重力场变化

由图 5-4 可见，2002～2005 年我国大陆地区重力场变化自东向西具有正—负—正—负相间的特征，表现出一种新的有序性变化，突出反映了大陆内部区域性的重力差异变化。本期在我国东部有两个重力变化显著区，其一，东北地区出现重力负值变化；其二，晋、蒙地区出现达 $-70 \times 10^{-8}\,\mathrm{m/s^2}$ 重力的变化，并在晋冀蒙交界地区形成重力变化的高梯度带。本期东南沿海地区的重力变化相对平缓。

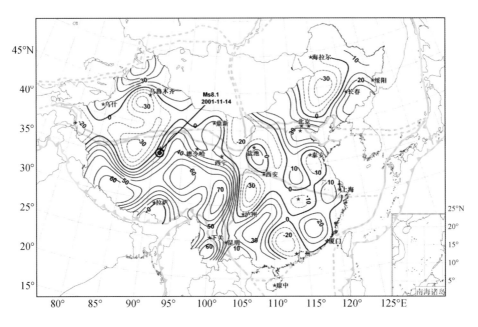

图 5-3　2000~2002 年中国大陆重力变化图

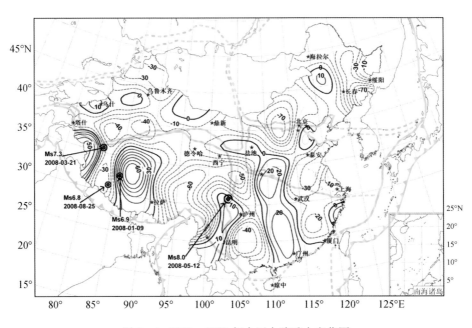

图 5-4　2002~2005 年中国大陆重力变化图

本期我国西部重力变化分为两部分。其一，36°N 以北地区重力变化平缓，新疆北部阿勒泰地区重力变化由上一期的 $50 \times 10^{-8} \text{m/s}^2$ 转为 $-30 \times 10^{-8} \text{m/s}^2$。其二，36°N 以南地区重力变化较为复杂，有三个显著变化区，一是环川滇块体周围出现重力负值急剧变化，并形成重力变化梯度带；二是拉萨东西两侧出现负、正重力变化异常区及重力变化梯度带；三是紧邻巴基斯坦的新藏交界地区出现 $100 \times 10^{-8} \mathrm{m/s}^2$ 的重力差异变化及重力变化梯度带（图5-4）。

4. 2005～2008 年重力场变化

由图5-5可见，2005～2008 年我国大陆地区重力变化仍表现出一种空间大尺度范围内的有序性变化，总体趋势是自东向西重力逐渐增加，由东南沿海的 $-80 \times 10^{-8} \mathrm{m/s}^2$ 逐渐过渡到青藏高原的 $140 \times 10^{-8} \mathrm{m/s}^2$。本期我国东部重力变化相对比较平缓，但在晋冀蒙交界地带出现了 $+120 \times 10^{-8} \mathrm{m/s}^2$ 的局部重力异常区。

本期我国西部的重力变化比较复杂，主要有两个重力变化显著区。一是川滇块体所在区域出现剧烈的重力负值变化，最大达 $-120 \times 10^{-8} \mathrm{m/s}^2$，但紧邻该区域的藏东及青藏交界地区出现重力正值变化，其中，青海玉树及其附近地区出现最大的重力正值变化，达 $100 \times 10^{-8} \mathrm{m/s}^2$。二是藏西至南疆的西昆仑地区出现高达 $140 \times 10^{-8} \mathrm{m/s}^2$ 重力变化正异常区，其周缘出现正、负重力变化的高梯度带（图5-5）。

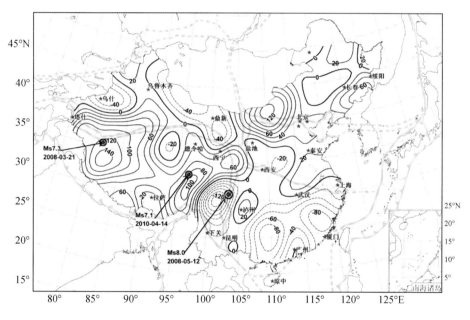

图5-5　2005～2008 年中国大陆重力变化图

5.2.2　较长时期的重力场变化

为了进一步分析中国大陆较长时期的重力变化，我们绘制了1998～2005 及1998～2008 年较长时期的重力变化等值线图（图5-6、图5-7）。

1. 1998～2005 年重力场变化

从图5-6可以看出，1998～2005 年我国大陆地区重力场变化分布总体趋势是自东向西逐渐降低，由东南沿海的 $+70 \times 10^{-8} \mathrm{m/s}^2$ 波动式过渡到青藏高原的 $-40 \times 10^{-8} \mathrm{m/s}^2$。在我国东部有三个重力变化显著区。其一，东南沿海地区重力出现较大的正值变化和重力变化高梯度带。其二，东北地区出现较大范围的正、负相间的重力变化异常区，重力差异变化最大

值达 $80 \times 10^{-8} \mathrm{m/s^2}$，并在长春—齐齐哈尔一带形成重力变化高梯度带。其三，晋、蒙地区出现 $-70 \times 10^{-8} \mathrm{m/s^2}$ 的重力变化异常区，并在晋冀蒙交界地区形成重力变化高梯度带。

在相同时期内，我国西部重力变化主要表现为川滇地区出现较大范围的一正一负的重力变化异常区，差异变化达 $100 \times 10^{-8} \mathrm{m/s^2}$，并在泸州—汶川—马尔康一带形成重力变化高梯度带。

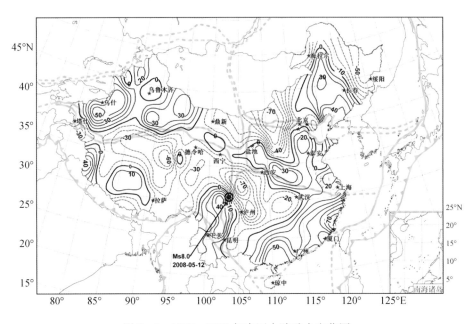

图 5-6　1998～2005 年中国大陆重力变化图

2. 1998～2008 年重力场变化

从图 5-7 可以看出，1998～2008 年我国大陆地区重力场变化自东向西具有正—负—正—负相间的规律性，东部重力变化较为平缓。西部的重力场总体出现正负相间变化的四个异常区，一是川西高原出现 $-100 \times 10^{-8} \mathrm{m/s^2}$ 的重力变化负异常区，二是青、藏交界至藏东地区出现 $+80 \times 10^{-8} \mathrm{m/s^2}$ 的重力变化正异常区，三是昆仑山口西出现 $-80 \times 10^{-8} \mathrm{m/s^2}$ 的重力变化负异常区，四是新、藏交界地区出现 $+140 \times 10^{-8} \mathrm{m/s^2}$ 的重力变化正异常区及重力变化梯度带。2001～2010 年期间，已在上述四个重力异常区附近分别发生了 2001 年昆仑山口西 8.1 级、2008 年新疆于田 7.3 级、2008 年四川汶川 8.0 级和 2010 年青海玉树 7.1 级等大地震。

5.2.3　重力变化与活动地块

分析图 5-2 至图 5-7 中不同时段重力场变化与活动构造的关系，可看出几条规模巨大的重力变化梯度带始终纵横于中国大陆，而且大都与我国巨型的活动构造/断裂格架相吻合，特别是与活动地块/块体边界带的分布较为一致。根据中国大陆重力场动态变化的特点，按照重力变化等值线的疏密程度，可将中国大陆分为东、西两大块。尤其是 1998～2000 年我国大陆重力场的变化（图 5-2）较明显地表现出：①在我国东部有三个重力变化区，其一、

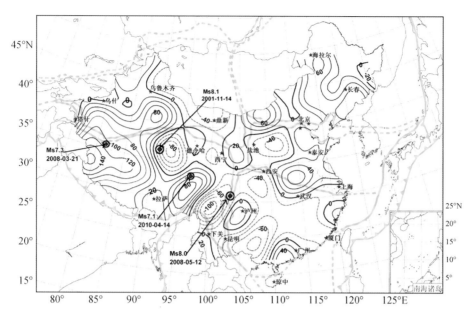

图 5-7　1998~2008 年中国大陆重力变化及同时期 $M_s \geq 7.0$ 级地震的震中图

东南沿海地区出现较大的重力正值变化和重力变化高梯度带；其二，东北地区出现一定量值的重力正值变化异常区；其三，在这两个异常区之间，华北地区的重力变化相对平缓。②在我国西部也存在三个重力变化区，其一，青藏高原区域性重力负值变化区，其外围展布着环绕青藏高原的重力变化梯度带；其二，新疆及阿拉善地区重力正值变化区；其三，滇西南重力负值变化区。从地质构造分析，东、西部的以上这六个区域性重力变化区可以分别与已划分出的、中国大陆及邻区的华南、东北、华北、青藏、西域和滇缅六大活动地块区（邓起东等，2002；张培震等，2003）相对应。重力场变化图像清晰地显示了这六大活动地块运动态势的差异（图 5-7）。

重力场是反映地球介质密度变化和在各种环境（固体地球潮汐、内部热流、固体和液体之间质量的交换、表面负荷和地震构造运动等）下地球动力学特征的最基本和最直接的物理量（孙和平，2004），因此，在地壳运动中，由于各种原因，当中国大陆及区域的构造应力场发生强、弱的变化时，重力场的图像也会出现相应的时、空变化（王勇，2004；祝意青，2003）。

区域重力场的空间变化与活动断裂构造密切相关，如重力的非潮汐变化较显著梯度带的走向与构造上活跃的断裂带走向基本一致。活动构造单元或者块体的边缘往往容易出现重力等值线形态的转折和密集，形成高梯度带。构成活动地块/块体区边界的断裂带，由于其规模及切割深度大、差异运动强烈而往往表现出重力变化的高梯度带，例如青藏高原周缘的重力变化高梯度带。

5.3　大地震前后区域重力变化及其分析

地表重力变化主要是由地表观测点的位置变化、地表整体变形运动以及地球内部因构造块体变形运动引起的密度变化的综合效应引起的，包含了十分丰富的地球变动和地震与构造运动信息（顾功叙等，1997；Zhu，2010；Chen，1979；Hunt，1970；Li，1983）。正重力变化一般反映地表沉降或地下物质增加或其叠加效应，而负重力变化一般反映地表隆升或地下物质减少或其叠加效应（祝意青等，2009；李辉等，2009）。图 5-2 至图 5-7 给出的、不同时段的重力场的变化综合反映了中国大陆现今地下物质运动、地壳形变及地表升降的效应，与大地震孕育、发生的构造动力学过程、作用可能有较密切的关系。本节以下结合中国大陆最近十年若干大地震的震例分析，研究与探讨大地震前、后区域重力场动态变化及其中-长期地震预测意义。

5.3.1 2001年青海昆仑山口西8.1级地震

2001 年 11 月 14 日青海昆仑山口西 8.1 级地震（36.2°N，90.9°E）之前的 1998～2000 年，青藏高原主要表现为负重力变化（图 5-2），这可能反映印度板块向北推进作用加强，致使得青藏高原隆升加剧，再加上青藏高原之下可能存在地幔受热的轻物质上涌（曾融生等，1994；傅容珊等，1998），导致这一时段的重力减小。该 8.1 级地震的孕震区位于 $-90 \times 10^{-8} \mathrm{m/s^2}$ 的负重力变化区的北缘，以北为新疆塔里木盆地的正重力变化区，正、负重力差异达 $130 \times 10^{-8} \mathrm{m/s^2}$，震中位于该正、负重力变化区之间的重力变化高梯度带附近（图 5-2）（祝意青等，2003）。昆仑山口西 8.1 级地震发生后的 2000～2002 年（图 5-3），青藏高原主要表现为正重力变化，震区东部和东南部大范围呈现正重力变化区，相对于震前发生最大达 $+150 \times 10^{-8} \mathrm{m/s^2}$ 的重力反向变化，可能反映了昆仑山口西 8.1 级大地震同震重力场调整的响应。

以上表明：2001 年昆仑山口西 8.1 级地震发生在青藏高原内部重力场变化最剧烈的地区以及重力场发生反向转折变化的时段（图 5-2、图 5-3）。

5.3.2 2008年新疆于田7.3级地震

2008 年 3 月 21 日新疆于田 7.3 级地震（36.0°N，80.0°E）之前的 2002～2005 年，中国大陆西部 35°N 线附近自西南向东北重力变化由 $60 \times 10^{-8} \mathrm{m/s^2}$ 逐渐减少到 $-40 \times 10^{-8} \mathrm{m/s^2}$，正、负异常区的重力差异达 $100 \times 10^{-8} \mathrm{m/s^2}$，并在新疆于田—和田一带形成重力变化梯度带。于田地震发生在这一重力变化正、负异常高梯度带带上的零值线与西昆仑断裂—阿尔金断裂的交汇部位附近（图 5-4）。于田 7.3 级地震可能是 2005 年 10 月巴基斯坦 7.8 级地震后，喜马拉雅碰撞构造带西段（帕米尔构造结及其附近）向北推挤活动造成区域构造变动响应的结果（祝意青等，2008b），而震前的断裂带变形与蠕动可能是区域重力场变化的重要原因之一。于田 7.3 级地震后的 2005～2008 年，新疆于田—和田一带形成大范围的重力正值变化异常区（图 5-5），可能为强烈的同震响应的表现。

以上表明：2008 年于田地震发生在重力正、负异常区高梯度带上的零值线与西昆仑、阿尔金两断裂带的交汇部位附近（图 5-4）。

5.3.3 2008年四川汶川8.0级地震

2008 年 5 月 12 日四川汶川 8.0 级地震（31.0°N，103.4°E）之前的 1998～2005 年，印度板块推挤青藏高原至东昆仑断裂带附近，使得青藏高原内部的地壳物质向东扩展以及向东—南东东的运动加强（滕吉文，2008），造成高原东南缘的川滇块体呈现大范围的高值重力正异常变化区；四川龙门山及其附近地区可能因为巴颜喀拉块体的南东东向运动加强、受四川盆地阻挡产生挤压隆升而呈现高值重力负异常变化区，尤其是四川北部地区。两异常区的差异变化大于 $100 \times 10^{-8} \text{m/s}^2$，并在四川泸州—汶川—马尔康一带形成重力正、负异常变化的高梯度带（祝意青，2008a、2010；zhu，2010）。汶川 8.0 级地震发生在该重力高梯度带零值线与龙门山断裂带的交汇部位（图 5-6）。汶川 8.0 级地震后（对应 2005~2008 年测期的重力变化），震区及其邻近区域重力总的变化趋势（图 5-5）与 2000~2002 年及 2002~2005 年时段的变化趋势（图 5-3、图 5-4）相反，表现出强烈的震后反向变化，其中，川滇块体由上一测期的正值变化急剧转为负值变化，重力差异运动达 $150 \times 10^{-8} \text{m/s}^2$ 多；成都以东的四川盆地重力正值变化较为平缓。

以上反映：2008 年汶川 8.0 级地震发生在泸州—汶川—马尔康重力变化高梯度带零值线与龙门山断裂带的交汇部位（图 5-6）。

5.3.4　2010 年青海玉树 7.1 级地震

2010 年 4 月 14 日青海玉树 7.1 级地震（33.2°N，96.6°E）之震前（对应 2005~2008 年测期），川滇块体重力发生剧烈的负值变化，青藏块体重力发生正值变化；其中，青海玉树地区的重力正值变化最大，达 $100 \times 10^{-8} \text{m/s}^2$，而格尔木、德令哈等地区重力正值变化较为平缓（图 5-5）。1998~2008 年十年尺度的重力变化（图 5-7）更清楚的显示出，潜在的玉树地震震中以东、川西高原的重力发生剧烈的负值变化，最大达 $-100 \times 10^{-8} \text{m/s}^2$，四川盆地发生重力正值变化，这可能是 2008 年汶川 8.0 级地震后重力场调整有关的变化；同时期在潜在的玉树地震震中地区，重力发生正值变化，震中以北的格尔木地区重力发生负值变化，并以五道梁一带的重力负值变化最大，达 $-80 \times 10^{-8} \text{m/s}^2$，可能是 2001 年昆仑山口西 8.1 级地震后的调整变化。因此，2001 年昆仑山口西 8.1 级地震和 2008 年汶川 8.0 级地震的孕育、发生以及震后的恢复调整作用，对区域重力场的动态变化，进而对 2010 年玉树 7.1 级地震的发生具有重要的影响（祝意青，2011）。

由此看出：2010 年玉树 7.1 级地震发生在重力变化正异常区中伴生的重力变化较高梯度带与巴颜喀拉活动地块南边界甘孜—玉树断裂带的交汇地区，该重力变化正异常区两侧分别是受 2001 年昆仑山口西 8.1 级地震和 2008 年汶川 8.0 级地震震后恢复调整作用影响的重力变化负异常区。

5.3.5　2003 年新疆伽师 6.8 级地震

2003 年 2 月 24 日新疆伽师 6.8 级地震（39.5°N，77.2°E）之前的 1998~2000 年测期（图 5-2），塔里木盆地出现 $70 \times 10^{-8} \text{m/s}^2$ 的重力正异常区及重力变化的高梯度带，梯度带展布分别与柯坪断裂和南天山断裂构造带（塔里木盆地与天山的过渡地带）的走向一致。伽师 6.8 级地震发生在该重力正异常区的重力变化高梯度带西端的向北转折处。另外，2000~2002 年测期，塔里木盆地与南天山地区重力场发生部分反向变化（图 5-3），时间上，伽师 6.8 级地震正好发生在该重力反向变化的过程中。

5.3.6　2008 年西藏改则 6.9 级地震和仲巴 6.8 级地震

2008 年 1 月 9 日西藏改则 6.9 级地震（32.5°N，85.2°E）和 8 月 25 日西藏仲巴 6.8 级

地震（31.0°N，83.6°E）之前的 2002～2005 年测期，拉萨的东、西两侧出现负、正重力异常变化区及重力变化梯度带，正、负异常区的重力差异达 $90 \times 10^{-8} \mathrm{m/s^2}$ 以上（图5-4）。改则、仲巴两次地震均发生在重力正异常区向负异常过渡的重力变化梯度带附近。

5.3.7 2002 年吉林汪清 7.2 级地震

2002 年 6 月吉林汪清发生 7.2 级地震（43.6°N，130.8°E），其震源深度约为 540km，属深源地震。震前的 1998～2000 年（图5-2）和 2000～2002 年（图5-3），汪清及其附近地区连续出现较大范围的重力正值异常变化区。汪清 7.2 级地震发生在正重力变化区的局部梯度带上，可能与太平洋板块的深俯冲引起的挤压致密作用有关。

综上所述，1998 年以来中国大陆重力场异常变化区及其梯度带与活动地块边界带、大型活动断裂带的交汇部位，与同时期的大地震和 $M_S \geqslant 6.7$ 级强震的震中位置有密切的对应关系（Zhan F，2011）。由不同时段中国大陆重力场变化图像的进一步分析比较可发现，在重力变化相对平缓的地区，始终没有 $M_S 6.7$ 以上地震发生。因此，可根据不同时段中国大陆重力场动态图像中的重力异常梯度带及其与活动地块边界带、大型活动断裂带的交汇关系，判定十年及稍长时间尺度的大地震危险区。

5.4 区域重力场演化与中-长期大地震危险性

5.4.1 晋冀蒙交界地区

在深入研究华北地区各期重力变化图像后，我们以 38°N 为界，首先将鄂尔多斯块体东缘地区分为南、北两部分后，分析图5-8 得出以下一些认识：

（1）鄂尔多斯块体东缘的北部地区重力变化较为复杂，2005～2006 年重力变化自西向东由正向负，2006～2007 年转为自北向南由正向负的有序性变化（图5-8a、b）。内蒙清水河至山西朔州一带重力差异运动较大，出现 $80 \times 10^{-8} \mathrm{m/s^2}$ 的重力差异变化，2007～2008 年重力变化平缓，2008～2009 及 2009～2010 年重力负值变化较大（图5-8c、d、e、f）。晋冀蒙交界的局部重力异常动态演化特征主要表现为：正值增大（2006～2007）→变化平缓（2007～2008）→负值增大（2008～2010），表现出一定的孕震异常特征。

（2）鄂尔多斯块体东缘的南部地区重力变化较为有规律性，2005～2006 年呈现局部重力正变化，2006～2007 年转为局部重力负变化（图5-8a、b），2007～2008 年继续表现为局部重力负变化，2008 年 3 月至 2009 年 3 月又转为局部重力正变化（图5-8c、d）。上述几期重力变化的幅度都不大，局部重力变化在 -30～+30 微伽之间。但 2008 年 9 月至 2009 年 9 月在交口附近出现 +50 微伽的局部重力异常并伴生有梯度带，且重力异常梯度带展布与山西河津—临汾—霍州一带的北东向断裂走向基本一致，显示出该区近期存在可能由构造活动引起的重力异常（图5-8e）。2010 年 1 月山西南部河津发生 4.8 级地震，2008 年 9 月至 2009 年 9 月的重力变化似乎对这次 4.8 级地震有较好的前兆反映。2009 年 3 月至 2010 年 3 月局部重力变化在 -30～+30 微伽之间，表现为震后重力变化较平缓（图5-8f）。

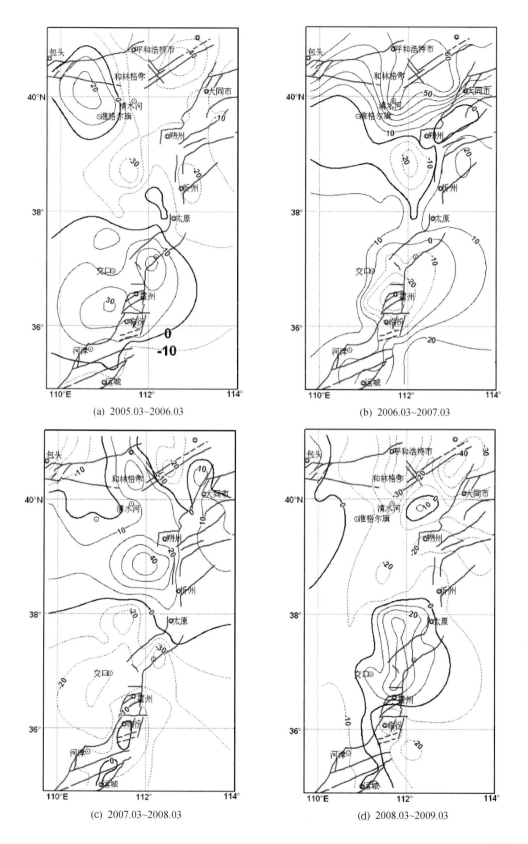

(a) 2005.03~2006.03

(b) 2006.03~2007.03

(c) 2007.03~2008.03

(d) 2008.03~2009.03

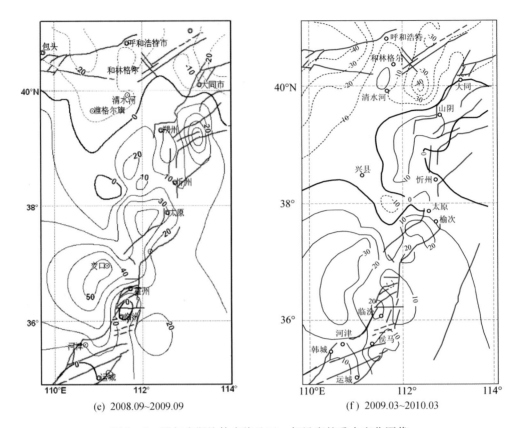

(e) 2008.09~2009.09　　　　　(f) 2009.03~2010.03

图 5-8　鄂尔多斯块体东缘地区一年尺度的重力变化图像

2009 年以来，中国地震局对大华北地区的重力观测网进行了优化整合，图 5-9 是以河南郑州、山西太原、内蒙托克托基准站的绝对重力为统一起算基准获得的绝对重力变化。重力变化表明：

（1）2009 年 9 月至 2010 年 9 月重力异常变化较剧烈，在 $-60 \times 10^{-8} \sim 50 \times 10^{-8} \mathrm{m/s^2}$ 之间，变化的总体趋势是自西向东重力逐渐增加，重力变化梯度带及零等值线走向与太行山断裂带走向基本一致，反映重力异常具有构造活动背景。以洛阳-石家庄为界，将测区分为东西两部分，西部总体表现为负值变化，东部表现为正值变化；晋冀豫交界的晋城、安阳、邯郸一带重力差异运动较大，达 60 微伽以上，晋冀交界的代县、石家庄一带重力差异运动最大，达 100 微伽以上（图 5-9a）。

（2）2009 年 9 月至 2011 年 3 月重力异常变化更加剧烈，重力变化的总体趋势为山西断裂带呈现重力负值变化，两侧的山西断裂带以东的华北平原和山西断裂带以西的呼包鄂尔多斯块体及其北缘的河套断凹陷带表现出重力正值变化，重力变化的梯度带及零等值线走向总体与太行山断裂带走向及岱海-黄旗盆地南缘断裂带的走向基本一致；在晋冀蒙交界出现的大范围重力负值变化范围内，山西右玉、灵丘、河北平山、山西五寨等表现出 $-40 \times 10^{-8} \sim -60 \times 10^{-8} \mathrm{m/s^2}$ 重力负值变化较大的多点局部异常区，而沿山西断裂带北段主断陷带的大同、山阴、代县一带的重力变化相对平缓，似乎表现出一定的局部"硬化"现象（图 5-9b）。

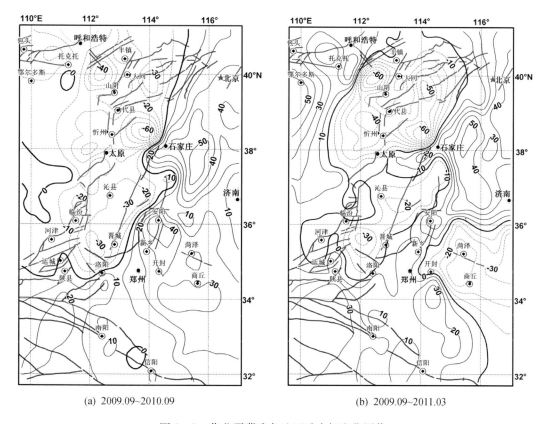

(a) 2009.09~2010.09　　　　　　　　　(b) 2009.09~2011.03

图 5-9　华北晋冀豫鲁地区重力场变化图像

（3）区域重力场变化的总体态势与布格重力变化背景场基本一致，均表现为自西向东由负向正的有序性变化，呈现继承性运动。但太原以北出现多点局部异常区，明显与重力背景场不一致，表现出局部重力变化异常特征。

（4）根据以往重力变化与地震关系的研究结果，强震发生前，重力场往往出现较大空间范围的区域性重力异常并伴生重力变化高梯度带。因此，我们认为图 5-9 所在区域自西向东重力逐渐增加的有序性变化以及沿太行山断裂带的重力急剧变化，应是强震孕育的反映，而且，重力变化梯度带及零等值线走向与太行山断裂带走向基本一致，反映重力异常变化受到断裂的构造活动控制。区域重力场异常变化形态与其布格重力异常的空间分布沿太行山断裂带具有很大程度的相关性，说明本区地表构造和深部构造都位于变异带上，是物质变迁和构造变形差异运动强烈的地带。因此，认为图 5-9 中的重力高梯度带地区及其附近存在发生 $M_S \geqslant 6.0$ 级强震的中-长期危险性。

5.4.2　青藏高原东北缘地区

（1）2007~2008 年，整个测区重力异常变化在 $-70 \times 10^{-8} \sim 80 \times 10^{-8} \, \mathrm{m/s^2}$ 之间，变化的总体趋势自西向东逐渐增加，重力变化等值线走向与祁连山—海原—六盘山大断裂带的走向基本一致，反映重力异常变化受到该断裂带活动的控制。若以景泰—兰州—岷县一线为界，将测区分为东、西两部分，西部以祁连山断裂带为界、表现为南侧祁连山区负值变化，北侧河西走廊盆地重力正值变化，并在武威、天祝地区出现局部重力异常剧烈变化，可能是肃南 5.0 级地震的同震效应；测区的东南重力变化最为剧烈，表现为自西南向东北逐渐增加的有序变化，并在西秦岭北缘断裂带与六盘山断裂带之间形成重力变化高梯度带，其中在甘肃岷县与宁夏隆德之间的重力差幅达 $100 \times 10^{-8} \mathrm{m/s^2}$ 以上（图 5 – 10a）。

（2）2008～2009 年，整个测区重力变化在 $-70 \times 10^{-8} \sim 100 \times 10^{-8} \mathrm{m/s^2}$ 之间，变化的总体趋势与上期反向。测区的东南重力变化更为剧烈，表现为自西南向东北逐渐减少的有序变化，并在西秦岭北缘断裂带与六盘山断裂带之间形成重力变化高梯度带，甘肃岷县与宁夏隆德之间重力差异运动达 $170 \times 10^{-8} \mathrm{m/s^2}$ 多，反映西秦岭北缘及六盘山断裂带存在显著的构造活动（图 5 – 10b）。

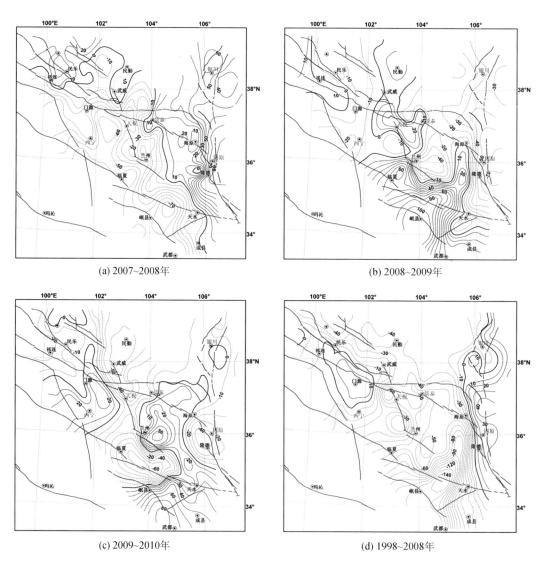

(a) 2007~2008年   (b) 2008~2009年

(c) 2009~2010年   (d) 1998~2008年

图 5 – 10 青藏高原东北缘不同时段重力变化图像

（3）2009~2010年，整个测区重力变化在 $-60 \times 10^{-8} \sim 70 \times 10^{-8} \mathrm{m/s^2}$ 之间，出现正、负相间的变化。测区的东南出现四象限分布特征的局部重力异常变化，西秦岭北缘断裂带与海原—六盘山断裂带所围限的甘肃会宁—临夏地区重力变化十分显著。反映西秦岭北缘及六盘山断裂带以及之间地区依然存在显著的构造活动（图 5-10c）。

（4）1998~2008年十年尺度的重力变化表明，重力变化总体趋势自西南向东北逐渐增加，变化的梯度带总体展布与祁连山—海原—六盘山断裂带走向基本一致。测区西北的重力变化较为平缓，主要表现为祁连山区重力正值以及民乐、武威盆地重力负值的逆继承性变化。在这十年期间，测区西南甘、宁交界地区的重力变化十分剧烈，重力差异变幅达 $160 \times 10^{-8} \mathrm{m/s^2}$ 以上。甘肃天水、通渭地区形成 $-100 \times 10^{-8} \mathrm{m/s^2}$ 以上的局部重力异常区，且以宁夏西吉、隆德地区为核心形成沿六盘山断裂带中南段的重力变化高梯度带（图 5-10d）。

综上所述，2007~2008年测期，在鄂尔多斯块体西南缘区域重力场出现大空间尺度的显著重力异常变化，可能与受 2008 年 5 月 12 日汶川 8.0 级地震的同震及震后运动影响、青藏高原东缘深部物质向北东运移并受阻于鄂尔多斯地块西南缘有关（图 5-10a）。2008~2009年，区域重力场出现趋势性反向变化（图 5-10b）；2009~2010年重力场由上两期的大范围趋势性显著重力变化转为较大空间范围的局部重力变化异常并伴生重力变化高梯度带（图 5-10c）。加上十年尺度的重力场变化（图 5-10d））已较充分表明，海原—六盘山断裂带与西秦岭北缘断裂带及其附近地区在过去 10 年中的构造活动显著，该地区具有发生大地震的中-长期危险背景。

5.4.3 川、滇、藏及其交界地区

1. 川西地区

川西地区的流动重力测线仅沿鲜水河、安宁河、则木河断裂带分布。近年来观测揭示的不同时段重力变化如下：

（1）2005~2006年，川西测线地区重力场出现区域性的急剧变化，自南向北重力由负值转为正值，达 $100 \times 10^{-8} \mathrm{m/s^2}$ 以上，并在雅江、九龙、康定之间形成局部重力异常隆起区，反映该区构造活动性显著。2006~2007年，测区重力变化仍表现强烈，变化总体趋势仍表现为自南向北重力由负值转为正值，雅江、九龙、康定之间形成局部重力异常隆起区已由西南的九龙附近移至东北的康定附近，朝着龙门山断裂方向移动（图 5-11）。

（2）2007~2008年整个测区存在 100 微伽的重力差异变化（图 5-11）。其中，测区南部西昌、冕宁一带，由上两期的负值变化转为正值变化，可能反映了汶川地震对该地区重力场的调整作用；测区北部总体变化趋势也与上两期相反。汶川地震后的 2008~2009年期间，测区重力变化相对比较平缓，但康定、九龙一带的重力正值异常与冕宁、西昌一带的负值异常差异较大，重力差异变化达 100 微伽以上，反映鲜水河断裂带中-南段至安宁河断裂带北段是这一时期重力异常显著的地区，而理塘—德巫断裂带附近的重力等值线梯度带，可能因太靠近测线边缘，可靠性有疑问（图 5-11）。

（3）10 年及 20 年尺度的重力变化表明，川西测线地区的显著重力变化地区仍是鲜水河断裂带中-南段至安宁河断裂带北段及其西侧地区（图 5-11）。应注意该地区存在发生大地震的中-长期危险性。

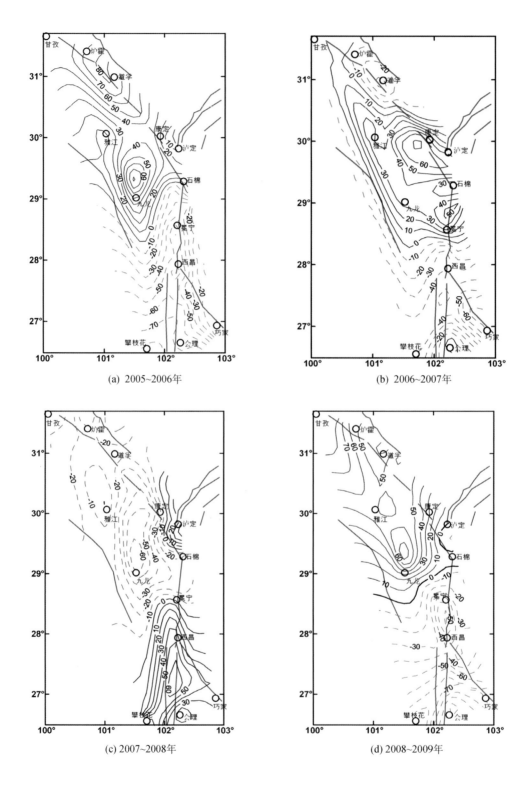

(a) 2005~2006年

(b) 2006~2007年

(c) 2007~2008年

(d) 2008~2009年

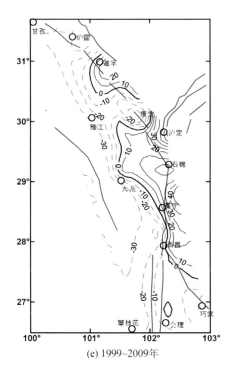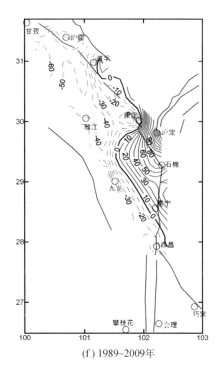

(e) 1999~2009年   (f) 1989~2009年

图 5－11   川西测线地区不同时段的重力变化图像

2. 川、滇、藏交界地区

（1）2005～2008年，整个测区重力场总体出现非常剧烈的正负相间的变化（图5－12a）。测区东部的川滇块体为负值变化，雅江附近重力负值变化最大达 $-120 \times 10^{-8} \mathrm{m/s^2}$；成都以东的四川盆地重力正值变化较为平缓，变化趋势与2000～2002年及2002～2005年期间的相反，可能属于汶川8.0级大震后的反向恢复变化。测区西部的青藏块体呈现重力正值变化，玉树地区重力正值变化最大达 $100 \times 10^{-8} \mathrm{m/s^2}$，2010年的玉树7.1级地震即发生在此重力变化高值区的梯度带附近；青藏块体北部的格尔木、德令哈地区重力正值变化较为平缓；藏东的昌都、邦达地区重力正值变化，而川滇地区的巴塘、德钦呈现重力负值变化，并沿川滇块体西边界形成重力变化的高梯度带（图5－12a）。

（2）1998～2008年的10年尺度重力变化显示，川滇藏交界及其附近的重力场出现正负、正负相间的变化（图5－12b）。测区东部川西高原重力负值变化，成都以东的四川盆地重力正值变化；测区西部的青藏南部地区重力正值变化，青藏北部的格尔木地区重力负值变化，五道梁重力负值变化最大达 $-110 \times 10^{-8} \mathrm{m/s^2}$，可能属于2001年昆仑山口西8.1级地震调整后的变化。测区东南的藏东地区重力呈上升变化，紧邻的川滇地区重力呈下降变化，两者之间的重力差异达 $150 \times 10^{-8} \mathrm{m/s^2}$ 多，并形成重力变化高梯度带（图5－12b），反映该区的构造运动强烈。

综上所述，重力变化对2010年玉树地震有较好的反映，近期及较长时间尺度的重力变化表明，藏东至川滇块体西边界重力变化剧烈，并形成重力变化高梯度带（图5－12b）。该地区应具有发生的 $M_S \geqslant 7.0$ 级大地震的中长期危险性，应高度重视并加强监测。

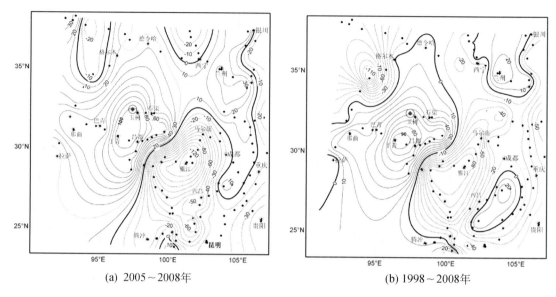

(a) 2005～2008年　　　　　　　　　　(b) 1998～2008年

图 5-12　川、滇、藏交界地区不同时段的区域重力变化图像

3. 滇西地区

（1）2007 年 4 月至 2007 年 10 月时段滇西地区的重力变化比较平缓，重力场的变化在 $-30 \sim +30$ 微伽之间，下关、洱源地区存在一定的局部重力差异变化（图 5-13a）。2007 年 10 月至 2008 年 3 月时段的重力场发生急剧变化，自西南向东北出现正、负、正相间的重力异常变化。攀枝花地区重力正值变化最大达 $70 \times 10^{-8} \mathrm{m/s^2}$ 以上，洱源重力负值变化最大达 $-50 \times 10^{-8} \mathrm{m/s^2}$，并在攀枝花—洱源一线形成重力变化梯度带。2008 年 8 月 30 日攀枝花 6.1 级地震发生在该重力变化高梯度带的零线附近（图 5-13b）。

（2）2008 年 3 月至 2008 年 10 月时段的重力场变化比较剧烈，自西南向东北重力出现由正向负的变化。攀枝花地区重力负值最大达 $-50 \times 10^{-8} \mathrm{m/s^2}$ 多，其中应包含有 2008 年 8 月 30 日攀枝花 6.1 级地震的震后恢复变化；测区西南的永平、昌宁地区仍表现为持续的重力正值变化（图 5-13c）。2008 年 10 月至 2009 年 3 月时段，整个测区重力变化在 $-30 \times 10^{-8} \sim +30 \times 10^{-8} \mathrm{m/s^2}$ 之间，变化较为平缓；攀枝花地区仍表现出震后恢复的重力持续负值变化，永平、昌宁地区也由重力正值变化转变为负值变化（图 5-13d）。相对来说，这一时段测区南部的重力变化更显异常，结果于 2009 年 7 月 9 日在测区南部发生云南姚安 6.0 级地震。

（3）滇西地区 10 年及 20 年尺度的重力变化表明，重力累计变化量较大的有两个地区。其一，攀枝花、姚安地区重力变化差异较大，重力差异变化达 $70 \times 10^{-8} \mathrm{m/s^2}$ 以上，并在攀枝花与姚安之间形成重力变化异常区及高梯度带，攀枝花 6.1 级和姚安 6.0 地震均发生在该高梯度带附近；其二，洱源、宾川、姚安地区重力变化差异更大，重力差异变化达 $100 \times 10^{-8} \mathrm{m/s^2}$ 以上，并形成与近 SN 向程海断裂、NW 向红河断裂等大体一致的重力变化高梯度带（图 5-13e、f）。

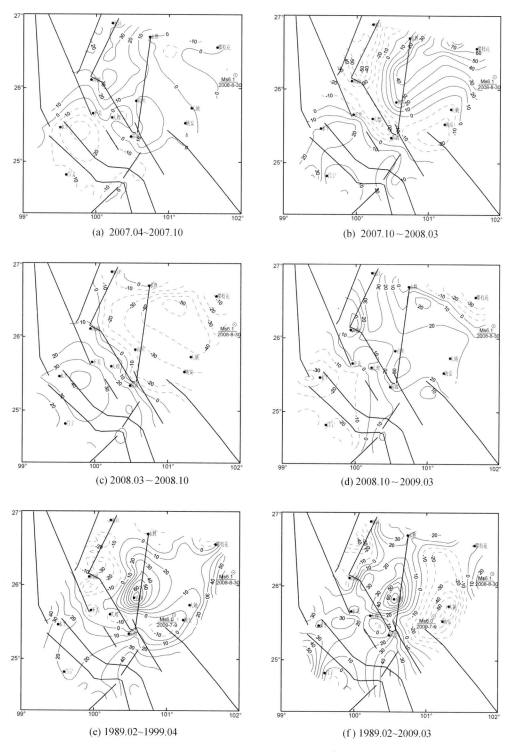

(a) 2007.04～2007.10

(b) 2007.10～2008.03

(c) 2008.03～2008.10

(d) 2008.10～2009.03

(e) 1989.02～1999.04

(f) 1989.02～2009.03

图 5 - 13　滇西地区不同时段的重力变化图像

综上所述，滇西地区的洱源、宾川、姚安一带存在显著的重力异常变化，无论是变化幅度和范围都较高（图5-13）。比较已有的震例情况，认为滇西地区的洱源、宾川、姚安一带具有发生强震、大地震的中长期危险背景。

5.4.4 新疆天山地区

（1）1998～2000年的重力变化显示，新疆南部出现较大的重力正值变化，并形成重力变化梯度带，梯度带分别与柯坪断裂和南天山断裂构造带（塔里木盆地与天山的过渡地带）的走向一致，较好地反映了该区重力场的基本特征（图5-14a）。重力变化等值线总体上呈半环形展布，异常值亦由南向北逐渐降低，梯度带在喀什—乌什—库尔勒一带发生急剧弯曲，异常最大值达 $60 \times 10^{-8} \mathrm{m/s^2}$。新疆北部地区呈现重力负值变化，重力变化等值线总体上呈近东西向，与北天山断裂构造带（准噶尔盆地与天山的过渡地带）的走向基本一致，异常值也由南向北逐渐降低，乌鲁木齐以北重力变化平缓，异常等值线最小值为 $-20 \times 10^{-8} \mathrm{m/s^2}$（图5-14a）。

（2）2000～2002年重力变化显示，整个新疆地区重力出现了与上期反向的变化；新疆南部重力负值变化幅度较小，乌什—乌鲁木齐一带的天山地区重力变化幅度较大；新疆北部地区重力急剧增加，其中，阿勒泰地区异常等值线最大值达 $40 \times 10^{-8} \mathrm{m/s^2}$（图5-14b）。

（3）2002～2005年，整个新疆地区的重力与上期相比，出现了反向变化，但与1998～2000年的重力变化基本相同。新疆南部重力正值变化幅度较小，新源以北重力变化幅度较大并发生与2000～2002年重力场急剧反向的变化，阿勒泰地区异常等值线最小值达 $-50 \times 10^{-8} \mathrm{m/s^2}$（图5-14）。观测期间内，中、俄边界连续发生2003年9月 $M_S 7.9$（49.9°N，87.9°E）和10月 $M_S 7.3$（50.1°N，87.8°E）两次大地震。尽管这两次境外的大地震震中均位于中国大陆重力监测网的外侧，与阿勒泰基本站（47.8°N，88.0°E）相距240km，但对于这两次大地震，新疆的重力动态变化仍有一定程度的反映：新疆北部1998～2000年的重力变化平缓，2000～2002年出现 $50 \times 10^{-8} \mathrm{m/s^2}$ 的重力急剧变化，2002～2005年出现重力反向变化，境外的大地震发生在重力反向变化的转折时段（图5-14c）。

（4）2005～2008年，整个新疆地区重力变化较为平缓。新疆新源、库尔勒、乌苏及精河地区呈四象限分布特征（图5-14d）。

（5）1998～2008年十年尺度的重力变化表明，整个测区不同地区的重力场变化十分显著（图5-14e）。新疆以北天山为界，南侧塔里木盆地附近重力正值变化，由盆地向山体过渡重力逐渐降低；北侧阿勒泰地区重力负值变化。重力场变化较显著的梯度带走向与北天山断裂构造活跃带走向基本一致，并在新疆天山中西段的新源、精河、乌苏及其附近出现局部重力异常变化。因此，新疆的天山构造带中-西段存在发生 $M_S \geq 7.0$ 级地震的中-长期危险背景。

5.4.5 南北地震带中段及其附近

分析南北地震带中段及其附近区域重力场的时空动态演化，可以发现：

（1）1998～2000年期间，该研究区域的重力场变化较为平缓（图5-15a）。2000～2002年区域重力场主要表现为自西向东由川西高原重力正值变化逐渐过渡到四川盆地重力负值变化，重力变化较显著的梯度带走向与北东向龙门山断裂带基本一致，这可能与2001

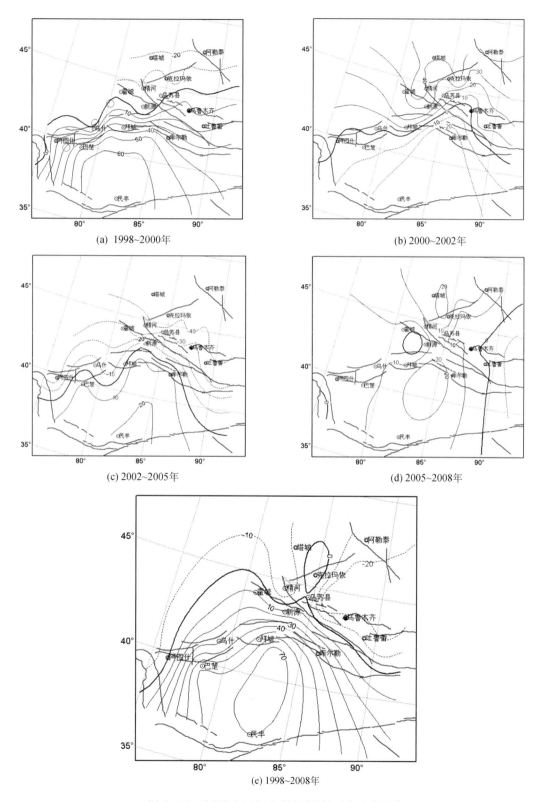

(a) 1998~2000年

(b) 2000~2002年

(c) 2002~2005年

(d) 2005~2008年

(e) 1998~2008年

图 5 - 14　新疆天山地区不同时段的重力变化图像

年昆仑山口西 8.1 级地震后巴颜喀拉地块向东运动的增强有关（江在森，2009）。2002～2005 年，出现环绕川滇块体的较大范围重力变化异常区以及乾宁（即道孚八美）—马尔康—汶川—成都一带的重力变化高梯度带，这可能与地壳深部质量迁移和断层蠕动引起的重力场变化有关（张永仙等，2000；祝意青等，2009）。重力场变化由大空间尺度的趋势性变化发展为空间上异常区/带的相对集中性，反映了 2008 年 5 月 12 日四川汶川 8.0 级地震之前的区域构造活动增强和局部应力集中。1998～2005 年重力场的变化出现高梯度带则很好地显示出，汶川地震前区域重力场确实存在一种大尺度时-空范围的有序性变化和异常逐渐集中的过程变化。汶川地震发生在该重力变化高梯度带的汶川—成都之间，震中位于重力变化高梯度带零值线与龙门山断裂带交汇部位附近，此时沿龙门山断裂带的重力空间分布变化表现为：泸定—汶川地震（微观）震中之间为重力正值变化，汶川震中—北川之间为重力负值变化梯度带。野外科学考察表明：汶川地震是沿龙门山断裂带内的映秀—北川断裂发生主破裂的结果（张培震等，2008）。该地震的地表主破裂带位于震前龙门山断裂带的重力负值变化区，这与 2001 年昆仑山口西 8.1 级地震的地表破裂带位于震前的重力负值变化区的情况基本一致（祝意青等，2003）。

（2）1998～2008 年的十年期间，区域重力场异常变化形态与背景性的布格重力异常的空间分布（楼海等，2008；张季生等，2009）具有很好的相关性。布格重力异常由马尔康的 $-375 \times 10^{-5} \mathrm{m/s}^2$ 急剧上升至盆地内的 $-125 \times 10^{-5} \mathrm{m/s}^2$，显示自西向东逐渐增加布格重力异常背景；1998～2008 年十年尺度的重力变化由马尔康的 $-90 \times 10^{-8} \mathrm{m/s}^2$ 上升至盆地内的 $-10 \times 10^{-8} \mathrm{m/s}^2$，也表现为自西向东逐渐增加。龙门山断裂带所在的北东向布格重力梯度带，其形态与 1998～2008 年十年尺度的重力变化梯度带基本一致。这些反映：布格重力异常的空间上的急剧变化是龙门山断裂带地区最显著的地球物理场特征，这种特征与那里的地壳深部构造和大地震的空间分布存在内在的联系；十年或更短时间尺度的重力场时空变化特征则与区域构造活动以及强震/大地震的孕育发生有密切关系。龙门山断裂带地区十年尺度重力异常变化的几何形态与背景性布格重力异常的空间分布的密切关系，反映了 2008 年汶川 8.0 级地震前、后该地区地壳构造运动是以继承性运动为主的。

（3）1998～2000 年期间，距 2008 年汶川地震 8～10 年，此时段龙门山断裂带地区还没有出现显著的重力异常变化（图 5-15a）；2000～2002 年，随着 2001 年 11 月昆仑山口西 8.1 级地震的发生，以及随着由该地震引起的巴颜喀拉块体东部向东运动的增强（江在森等，2008），大体以龙门山断裂带为中心的南北地震带中段的区域重力场出现显著的大空间尺度的变化（图 5-15b）；2002～2005 年，龙门山断裂带及其附近地区进一步出现较大空间范围的重力变化异常区并形成重力变化高梯度带（图 5-15c）；2005～2008 年，随着构造块体整体孕震过程的结束以及汶川 8.0 级地震的发生，出现了震后恢复变化（图 5-15d）。1998～2005 年的较长时期的重力场变化显示出汶川地震前区域重力场的大范围有序性和异常相对集中的变化（图 5-15e）；1998～2008 年十年尺度的重力变化则反映了汶川 8.0 级地震前、后该地区重力场演化及构造运动的强烈（图 5-15f）。总之，1998～2008 年期间的各时段重力场图像（图 5-15a～f），较清晰地反映了 2008 年 5 月汶川 8.0 级大地震孕育发生过程中，区域重力场的整体动态演化，即由"准均匀→非均匀→发震→震后恢复"的系统演化过程（祝意青等，2004）。

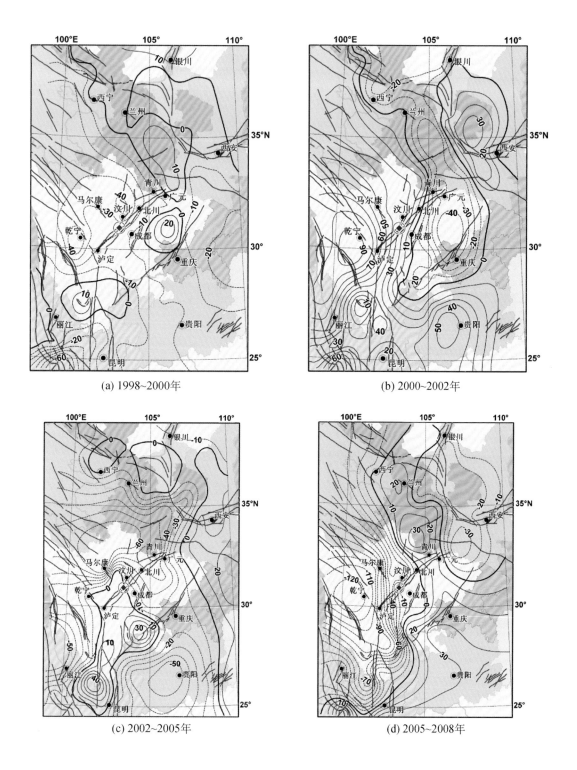

(a) 1998~2000年

(b) 2000~2002年

(c) 2002~2005年

(d) 2005~2008年

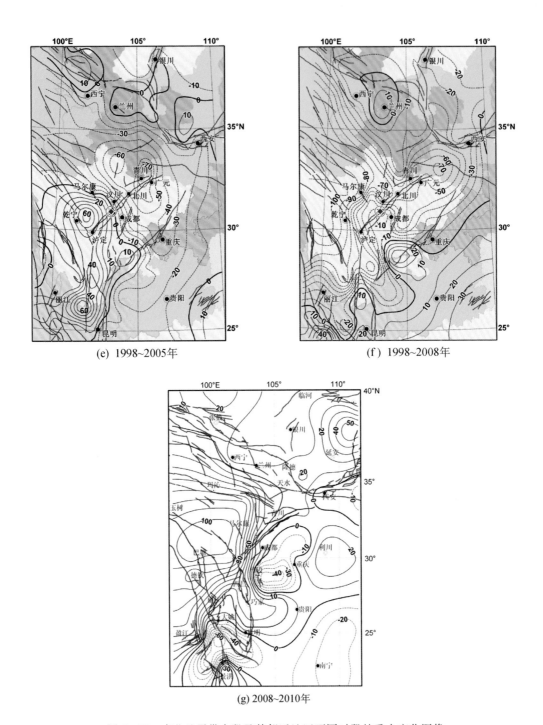

(e) 1998~2005年   (f) 1998~2008年

(g) 2008~2010年

图 5-15　南北地震带中段及其邻近地区不同时段的重力变化图像

　　以上充分说明：区域重力场的时-空动态变化中包含有 2008 年四川汶川 8.0 级地震的中长期前兆信息，并反映不同时段的区域重力变化与汶川地震孕育发展过程的阶段性有关；先是以区域性的重力异常形式显示（图 5-15b），在临震前显示出前兆异常相对集中的现象，即围绕潜在地震的震中区附近出现较大范围的重力变化异常区并伴生重力变化的高梯度带（图5-15c），在时间上表现为有序性。

（4）2008~2010年期间，南北地震带中段及其邻近地区重力变化总的趋势是：在自西向东由负向正有序性变化的过程中出现两个局部的重力负值变化异常区（图5-15g）。其一，滇西的云县、昌宁、景东一带存在-60微伽的重力变化异常区，保山、腾冲地区重力正值变化，两地区的重力差异变化达100微伽以上，并形成与当地断裂构造带走向基本一致的重力变化高梯度带。其二，川滇交界东部的马边、盐津一带存在-40微伽的重力变化异常区，冕宁、西昌为重力正值变化，两地区的重力差异变化达100微伽以上，并形成与当地断裂构造带走向基本一致的重力变化高梯度带。因此，应注意这两个地区中-长期尺度的强震/大地震危险性。

5.5　小结

中国大陆地区2001年11月昆仑山口西8.1级地震、2008年3月于田7.3及地震、2008年5月汶川 M_s 8.0地震和2010年4月玉树7.1级地震均发生在活动地块边界断裂带上。已有的研究（顾功叙等，1997；Kuo，1999；Zhu，2010；Chen，1979）表明：与地震发生有关的重力场变化是分布在地壳所有深度上的地下流体变化的响应。如若流动重力观测结果主要反映地下深部流体运移与变迁的信息，则干扰较小，资料信度较高。对中国大陆重力场变化与活动地块及强震/大地震活动的关系研究表明，重力场变化既具有时空分布的不均匀性和重力变化的分区现象，同时，又具有与活动地块区和地块边界断裂带、以及与地震孕育发生的密切关系。因此，根据重力场的时空变化特征，跟踪分析重力变化高值区和高梯度带的变迁，结合活动地块及其边界断裂带的构造背景，可为中长期时间尺度的强震/大地震危险地点及强度判断提供重要参考。

通过本章对中国大陆重点研究区和邻近区域的重力场演化特征及其与强震/大地震关系的分析认为，以下几个地区具有中-长期尺度的大地震危险性：①藏东至川滇藏交界地区；②滇西地震构造区；③川滇交界东段；④青藏高原东北缘地区；⑤新疆天山中-西段地区；⑥晋冀蒙交界地区。

第6章 华北地区中‑长期大地震危险性研究

6.1 华北区域地震地质背景

6.1.1 区域地震构造格局与动力学环境

地震构造环境包括地球动力学环境、地质构造特征、深部构造特征、应力场特征、新构造及活动构造分布、地震活动特征等。华北地区位于欧亚板块东部，主要受西部的印度板块和东部的太平洋板块的影响。在上述板块的不同作用下，稳定的华北地块裂解活化，成为中国东部构造与地震最为活跃的地区。

1. 区域构造演化

华北地区是中国大陆最古老的地台区之一，可以概略地划分为三个大的阶段：①地台形成阶段，即前震旦纪；②断块平稳发展阶段，即晚元古代到古生代；③断块活化阶段，即中、新生代。

华北地台经历了古生代的稳定发展之后，中生代燕山运动开始活化，在东部和北部开始大量的岩浆活动，并伴随广泛的构造变形。中生代的构造活动奠定了基本的构造格局，新生代在原来构造格局的基础上反转，北东向构造由左旋变为右旋，由挤压变为拉张，产生大规模裂陷活动。第四纪时期，构造活动基本继承了第三纪活动，同时又有一定的变化。

第四纪时期，华北断块具有明显的水平运动量，表现为沉积中心的斜列展布，沿断裂水系的扭动断错及走滑型地震形变特征等（丁国瑜等，1983）。

总之，本区第四纪活动构造是在第三纪构造格局的基础上既有继承性又有新生性，因此，第四纪活动断裂分布与第三纪断裂分布有很大不同。

2. 深部构造背景

（1）岩石圈类型

根据华北地区的地质特征和地球物理场特征，可区分出克拉通型、造山带型和裂谷型三类岩石圈（邱瑞照等，2006）。

鄂尔多斯克拉通型岩石圈：鄂尔多斯自华北地台形成以来没有经历过岩浆活动，保持稳定的特点，是华北地台活化后残留的克拉通型岩石圈。地球物理探测表明，该区壳内无低速层，岩石圈厚度大（200km），热流值低（44MW/m^2）。

燕山—太行造山带型岩石圈：伴随燕山运动，华北地台被活化。燕山期侵入岩在胶东地区出露面积最大，其次为燕山、鲁西、豫西地区，山西地区出露面积很少。地球物理探测表明，燕山、太行山地区地壳速度结构相似，分别在上地壳下部（16～20km）和下地壳壳—幔过渡带（32～40km）存在两个低速层，岩石圈厚度约90km，具有较高的热流值（60MW/m^2）。

＊ 本章执笔：田勤俭、宋美琴、李霞、张素欣、高立新、王行舟、李迎春、刘春、石军。

华北平原裂谷型岩石圈：华北东部平原在喜马拉雅期是大陆伸展构造环境。地壳厚度薄（30~34km），岩石圈厚度小（60~80km），热流值高（63MW/m²）。

（2）地壳结构特征

华北地区地壳速度结构可分为三层，即上、中、下地壳速度结构。上地壳厚度为13~15km，其中包括沉积盖层，速度随深度增加，其变化范围为2.0~6.3km/s。中地壳厚度约为14~16km，其底界深度从25km增至32km左右。在某些地区中地壳由两个速度层组成。下地壳厚度约为5~8km，其底界深度从32km增至40km，速度为6.8~7.5km/s为一正速度梯度层。

壳内低速层分布于中层地壳内的15~23km深处，一般情况下，厚度为4~5km，速度值一般为6.1~6.2km/s，与上、下层速度差分别为0.1、0.2km/s。

鄂尔多斯地区地壳结构简单，上中下地壳平行展布，地壳厚度从东部的40km缓慢增大至西部的43km。

华北平原地壳结构较山区复杂，一些新生代凹陷中，中、上地壳缺乏明显的分界。

华北地区地震主要发生于中地壳15~20km。华北地区地壳电性结构与速度结构对比表明，20km左右存在一滑脱层，地球物理参数反映为高导低阻层，而且滑脱层厚度为2km左右（马杏垣等，1989）。在下辽河、太行山、银川等地的岩石圈电性、重力异常和人工地震等数据表明，滑脱面的深度明显不同（马杏垣等，1989）。这说明浅层次的中上地壳变化是在该面之上发生的。

3. 区域应力场特征

浅源地震是地壳中断层运动的重要表现形式。断层运动的特征与断层本身的产状和区域构造应力状态密切相关。因此，在研究场地的地震危险性时，必须研究地壳的应力状态和断层运动的方式。地震波中包含着断层运动方式和区域应力场状态方面的重要信息。目前，通过地震波去研究地震的震源机制，从而获得发震断层的运动方式和区域应力场状态是普遍采用的途径。

李钦祖等（1982）根据4级以上地震震源机制资料（30°~42°N，105°~124°E；1937~1979年），系统地分析了华北地区区域应力场的特征，指出：①华北地壳处于一个一致性良好的统一应力场中，主压应力轴（P）的方位大多是NEE—SWW；主张应力轴（T）的方位大多是NNW—SSE；并且都接近于水平；②对华北地区发震断层运动方式的统计表明，走滑型占72%，正断层型占19%，逆断层型占9%。震源机制解两个节面的优势走向是NNE和NWW。

华北地区最近40年来几次主要强震，如1966年邢台7.2级地震、1967年河间6.3级地震、1975年海城7.3级地震、1976年唐山7.8级和滦县7.1级地震等震中区地裂缝带的展布方向和运动方式表明，这些强震是在NE—NEE向的主压应力作用下发生的。1976年唐山地震地表断裂最大水平错距2.3m，为NNE向右旋走滑运动性质；1966年邢台地震也为NNE向右旋走滑性质；1679年三河—平谷地震根据调查（孟宪梁，1988），为NE向右旋走滑兼正断层性质。华北地区强震震源错动性质（张四昌等，1995）表明，NE—NNE向震源断层为右旋错动；而NW—NNW向震源断层则为左旋错动，这表明发震的主压应力为NE—NEE向。GPS测量结果也显示，华北地区现今构造应力场主压应力方向为NEE向（徐菊生等，1999）。

华北地区地震的震源机制解结果表明，地震绝大多数为走滑型地震，并有两组优势节面方向，一组为 NNE 方向，另一组为 NWW 方向，而这两组方向，特别是前一组方向也正是区内活动断层的优势展布方向，反映了现代地壳构造活动以水平运动为主。

上述结果表明，华北地区区域现代构造应力场主压应力方向为 NEE—SWW 方向。

4. 现今动力学环境

华北地区存在着水平力与垂直力的联合作用。水平力的来源，除去太平洋板块与印度板块的联合作用外，还可能存在着地幔上隆引起的下地壳中发生侧向滑动造成的挤压作用；也可能存在深部物质局部上涌引起的类似裂谷化的作用，使局部地区的扩张比别处强烈；还可能有由于温度和厚度的横向不均匀性而产生的附加应力场。

印度板块推挤是重要力源，印度板块以北偏东的方向对青藏板块碰撞与推挤。据粗略估计，其应力各约 1/5 分别向中亚（哈萨克斯坦）亚板块与华北亚板块传递，另约 1/5 被青藏高原隆起和变形所吸收（陈志明，2008）。

太平洋板块的作用通过深部过程影响华北地区。不少专家认为，我国唐山、邢台、海城等大地震的发生主因在于深部地幔物质上涌，从而引起地壳的拉伸、拆滑。地壳上部作为弹性变形的脆性体，在单独传力的情况下其最大作用距离仅为 200km，与地幔塑性流动协同传力时可不受这一限制（王绳祖，1999）。

6.1.2 华北主要地震构造带及地震破裂背景

根据地震构造环境和地震活动的性质、规模、频度等的差异，可将华北地区分为环鄂尔多斯地震构造区和华北平原地震构造区。每个地震构造区内包含多条强震构造带。结合活断层破裂分段、历史地震等震线等方面资料，可以确定强震构造带内的历史地震破裂区（图 6-1）。在此基础上，可以确定各构造带的强震破裂空段或空段相对集中的地区。

1. 环鄂尔多斯地震构造区

环鄂尔多斯发育一系列断陷盆地，包括河套盆地带、山西盆地带和渭河盆地带，每个盆地带包含若干个次级盆地或小盆地。强震活动与这些盆地带相关。

（1）渭河地震构造带

渭河断陷盆地带位于鄂尔多斯断块南缘、秦岭隆起以北，由渭河、运城、灵宝三个断陷盆地组成，其总体走向近东西，东部与山西断陷盆地带为邻，西端与鄂尔多斯西南边界弧形断裂束相接，东西长近 400km，南北最宽达 60km 多。断陷盆地南北均受断裂控制，为地堑型盆地。地堑内部断裂也很发育，并控制着次级构造单元。

自公元前 780 年以来，渭河盆地记载的历史地震中有 2 次 7 级地震，1 次 8 级地震。两次 7 级地震中 1 次位于西部的岐山一带，1 次位于东部的朝邑，8 级地震位于盆地东部固市凹陷南侧的华县。4¾~6 级历史地震主要分布在西部的陇县—周至间、中部的三原—蓝田间、东部的大荔—潼关间。野外考察和古地震研究结果表明，在西安南、户县东，历史早期（估计在春秋战国时期）可能发生过 1 次 7 级半左右的大地震。

综合历史地震破裂区资料，可判定出在渭河盆地带的西安凹陷和运城断陷内存在大地震破裂空段（地震空区）：

西安断陷破裂空段：位于眉县—咸阳间，主要断裂包括东西向的渭河断裂，秦岭北缘断裂、渭河盆地北缘断裂带等。空段内没有 7 级以上地震记载（图 6-1）。

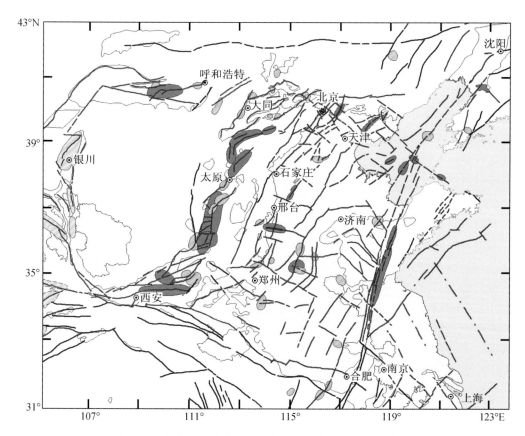

图 6 - 1　华北地震构造区活动断裂与历史地震破裂区分布图

深蓝区为 7 级及更大地震的破裂区，浅蓝区为 6~6.9 级地震的破裂区。西部的破裂区为桔黄色

　　运城破裂空段：这个空段内的主要断裂带是中条山山前断裂、临猗断裂、韩城断裂等。空段内没有 7 级以上地震记载（图 6 - 1）。

　　（2）山西地震构造带

　　山西断陷盆地带由延怀、大同、忻定、太原、临汾、渭河等右行雁列盆地组成，是一条宽约 80km、长约 1000km 的新生代断陷盆地带，总体呈北北东向展布。本带相对于两侧地壳厚度有不同程度的减薄，大多数盆地都有莫霍面上隆现象，地壳厚度还存在由南向北增厚的现象。

　　山西盆地带历史地震和现代地震均较活跃。历史上记载有多次 7~7.5 级地震，1 次 8 级地震。其中，7~7.5 级地震多分布于汾河盆地南段的临汾盆地和北段的延怀盆地、大同—阳原盆地和忻定盆地，中部的太原盆地和南段的侯马盆地还未发现 7 级以上地震记载史料。洪洞 8 级地震也发生在临汾盆地的北部。除此之外，汾河盆地西面、离石断裂东面的吕梁山地区静乐、临县、蒲县等地历史上也有 6 次 4¾~5.5 级地震发生。

　　根据历史地震破裂区及活断层破裂分段特征，在山西地震带识别出山西北部盆地区地震破裂空段、太原盆地地震破裂空段与侯马—运城地震破裂空段。这些空段中虽然有 M6 左右地震发生，但大地震的破裂在这些部位不连续，并且自有记载以来未曾发生过 M7 以上的大地震，因此，这些破裂空段应是未来大地震的潜在危险地段。

晋北盆地破裂空区：本空区主要包括阳高—天镇断裂、口泉断裂、六棱山山前断裂、恒山北麓断裂、蔚县—广灵断裂、延庆盆地北缘断裂、怀来—涿鹿断裂等（图6-1）。在有史料记载以来，该空区内共记载到口泉断裂附近1022年和1305年怀仁 $M6\frac{1}{3}$ 地震、阳高—天镇断裂附近1673年 $M6\frac{1}{2}$ 地震和1628年 $M6\frac{1}{2}$ 地震，以及六棱山断裂带附近1989、1991年和1999年的大同—阳高 $M6.1$、$M5.8$ 和 $M5.6$ 地震，恒山北麓断裂附近曾发生过1978年10月和1995年11月两次4.5级地震，没有记录到 $M6$ 以上地震。这些断裂均为活动断裂，且空间展布尺度均在100km以上，本空区断裂上虽有一些 $M6$ 左右地震发生，但大多是孤立的，难以造成地下破裂贯通。

另外，根据古地震研究结果，控制大同盆地西北缘的口泉断裂在全新世时期曾有过多次活动，在距今13.37ka以来该断裂曾有过4次古地震，这4次古地震事件中3次发生的时间分别接近距今2.52、5.68、12.34ka，另一次古地震事件发生在距今6.76~10.82ka。最新一次古地震与上一次事件的间隔为3.16ka，这4次古地震活动的平均间隔约为3.74ka（江娃利等，2003）；恒山北缘断裂在全新世早期以来曾发生过3次古地震事件，这3次古地震事件分别发生在 2260±190a B. P. 至 4370±150a B. P.、5628±150a B. P. 和 8083±250a B. P. 至 8430±4720a B. P.。3次古地震事件的间隔为2313a及2628a，平均2471a。古地震事件的同震垂直位移为1.0~3.0m。由于该断裂最新活动的离逝时间已超过全新世时期的古地震间隔，今后该断裂具备发生强震的可能，具备发生 $M7$ 以上地震构造背景。

太原盆地破裂空段：太原盆地空段起始于阳曲县，沿太谷断裂向南延伸至祁县，西缘包括交城断裂中北段（图6-1）。与大同盆地类似，有史料记载以来，太原盆地没有记录到 $M7$ 以上地震。记录到6.0~6.9级地震3次，最大地震为1102年太原6.5级地震和1614年平遥6.5级地震，分别发生在太谷断裂南段与交城断裂北段附近，从历史强震破裂情况看，本区存在较大的 $M7$ 地震破裂空区。沿交城断裂带北、中、南段开挖的5个大探槽揭示，交城断裂带的中段和北段在距今3060~3740a、接近5910a及8530~8560a期间，曾发生3次有地表破裂的古地震事件，断裂带全新世时期的活动自南向北迁移。空区东侧的太谷断裂亦属于全新世活动断裂，且在全新世时期曾发生多期活动，最新活动时期是1303年洪洞8级地震，该次8级地震贯穿绵山西侧断裂延伸至太谷断裂，断裂的活动方式为右旋走滑兼正倾滑活动（谢新生等，2004）。

侯马—运城破裂空段：侯马—运城破裂空段即由侯马市向南延伸到运城地区，活动断裂主要包括韩城断裂、临猗断裂与中条山断裂。本空段自有史料记载以来，没有记录到 $M6$ 以上地震，是无大震破裂时间很长的地震空区（图6-1）。

（3）河套地震构造带

河套盆地带由三个右阶错列的大型断陷盆地组成。由西向东它们是临河盆地、白彦花盆地和呼包盆地，它们之间被西山咀凸起和包头凸起所分隔。三个盆地分别受北侧主控断裂，即狼山—色尔腾山山前断裂带、乌拉山山前断裂带和大青山山前断裂带控制，盆地南侧的鄂尔多斯北缘断裂不是主控断裂。盆地基本形态为向北倾斜的箕状断陷。

受历史资料所限，河套盆地历史地震较少，但现代地震活动较强。历史上仅记载到少数几次破坏性地震，分布于临河盆地、白彦花盆地和呼包盆地，其中公元849年7~8级地震可能发生在大青山山前断裂上。野外考察和古地震研究结果表明，河套盆地全新世期间发生过多次 7 级以上地震。

在 849 年地震破裂带的两侧，均无 7 级以上强震的历史记载，为强震破裂的空段。

河套盆地东段：河套盆地东段的主要断裂为大青山山前断裂（图 6-1），另外，盆地东界的和林格尔断裂和盆地南界的鄂尔多斯北缘断裂也有一定的活动性。根据断层几何结构、古地震历史地震特征，大青山山前断裂可分为多个破裂段（关于破裂分段，不同研究者存在较大分歧）。其中西段距今约 1.1 万年以来发现 5 次古地震，平均重复间隔时间 2289±360a；中段距今 1.1 万年以来发现 4 次古地震，平均重复间隔时间 2948±560a；东段距今约 1.9 万年以来发现 7 次古地震，平均重复间隔时间 2462±413a。

大青山山前断裂西段曾发生公元 849 年 7½~8 级地震，中段和东段两个破裂段，离逝时间接近或超过古地震复发间隔，具有发生强震的地震危险性，其中中段 1929 年曾发生 6 级地震（图 6-2）。

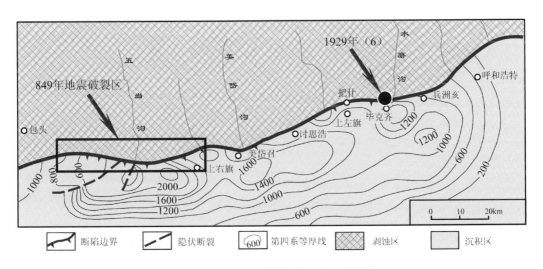

图 6-2　大青山山前断裂历史地震破裂

河套盆地西段：河套盆地西段主要包括盆地北缘的狼山—色尔腾山山前断裂、乌拉山山前断裂及南侧的鄂尔多斯北缘断裂，另外，在盆地内部还发育多条近东西向断裂（国家地震局鄂尔多斯周缘断裂课题组，1988；吴卫民等，1996）。在该段曾发生 1934 年 6.3 级地震、1979 年 6.0 级地震和 1996 年 6.0 级地震。古地震研究表明，在色尔腾山前断裂西段至少发生过 5 次古地震，大致重复间隔为 3000~5000a，最近一次强震距今已 3000a（杨晓平等，1996）。因此，该段具有发生强震/大地震的危险背景。

2. 华北东部地震构造区

根据活动构造及地震活动的空间分布特征，综合分析了华北东部地区的地震构造特征。根据活动构造及强震的空间分布，工作区内包括四个强震构造带，7 级以上地震均包含在强震构造带内。

（1）河北平原地震构造带

在河北平原内部，从唐山向南经大城、邢台至磁县存在一条长达 500km，宽 30~50km 的构造带。该带由唐山断裂、大城东断裂、新河断裂、邯郸断裂等组成，斜穿沧县隆起西北

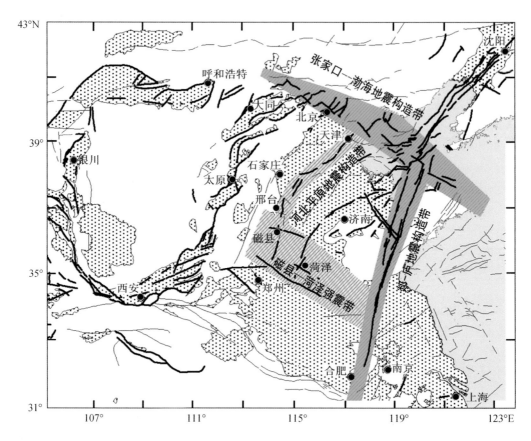

图6-3 华北东部地区强震构造带

绿色阴影区为张家口—渤海地震构造带和郯-庐地震构造带；

橙色阴影区为河北平原地震构造带和磁县—菏泽强震带

部、冀中拗陷中南部和临清拗陷西缘，为一条新生的断裂带。它沿袭一些早第三纪盆地的主断裂发展，明显活动始于晚第三纪，现代活动表现为一条北东向隆起。

该活动构造带斜穿华北平原的不同新构造单元，还表现为右旋走滑活动特征，沿该带曾发生一系列强震，如1314年涉县6级地震、1830年磁县$7\frac{1}{2}$级地震、1882年深县6级，1966年宁晋—隆尧7.2级震群、1967年河间6.3级地震、1976年唐山7.8级地震及其周边的4次6.2~7.1级余震，还有滦县1624年6级和1945年$6\frac{1}{4}$级等地震。

目前，对华北平原地震构造带不同段落的发震构造条件研究仍然不充分，使得并不清楚该带中的一些历史上无大地震破裂的段落是否也具有发生$M \geq 7.0$级地震的构造条件。基于现有资料与水平，本专项研究认为河北河间—天津一带、河北邢台—武安一带分别存在大地震破裂的空段（图6-1）。

（2）张家口—渤海地震构造带

简称张-渤地震带、张-渤带，位于华北北部，是由狼山—新保安断裂、南口—孙河断裂、二十里长山断裂、蓟运河断裂等一系列NW向断层和一些NE向断层组成的一条NWW向延伸的活动构造带。NW向断裂的基本特征表现为：剖面上，断层为陡倾角，平面上，断层断续展布，组合成斜列或雁列式。新生代以来这些断裂具有明显的活动性，特别是第四纪时期，带内 NW 向断裂与 NE 向断裂共同活动，沿该带形成多个沉降中心，其中有的成为华北地区第四纪凹陷最深的构造单元。

张-渤带发生了包括 1679 年三河—平谷 8 级和 1976 年唐山 7.8 级地震在内的一系列强震/大地震。然而，目前对该带不同段落的发震构造条件研究仍不够充分，对于那些历史上无大地震破裂的段落是否也具有发生 7 级以上大地震的构造条件可能会有不同的认识。缺少历史大地震破裂的空段主要有：

北京附近破裂空段：研究表明，北京附近的夏垫断裂、清河断裂已在历史时期中发生强震/大地震破裂，中-长期的时间尺度上，强震/大地震的危险性小；黄庄—高丽营断裂、前门—良乡断裂北段、南口—孙河断裂、通县—宁河断裂等，在历史和近代仅发生一些较小尺度的（中强震的）局部破裂，未来的强震/大地震危险性相对要高。

渤海湾空段：渤海湾地区的活动构造系统复杂，地震活动强烈，历史记载那里曾发生过 1548 年 7 级、1597 年 7 级、1888 年 7½级、1969 年 7.4 级等一系列 7 级以上大地震和 1568、1922 年等若干 6 级强震。但该区的 NNE 向、NW—NWW 向活动断裂上仍存在很多强震/大地震破裂的空段。

（3）郯-庐断裂带

郯-庐断裂带是区域性大断裂，曾发生公元前 70 年诸城 ±7 级、1668 年郯城 8½级等大地震，是华北地区唯一发生过 8.5 级左右巨大地震的活动断裂带。研究初步认为郯-庐断裂带的渤海至嘉山一带可能具有强震/大地震的构造条件，其中在两次历史强震破裂之外的段落，包括莱洲湾段落和宿迁—嘉山段，可能是潜在 7 级以上大地震的危险段落。

莱洲湾段：分析郯-庐断裂带历史强震破裂的平面分布及时-空图像，可识别出昌邑—莱州湾段是强震/大地震破裂的空段，该空段以北的渤海凹陷附近，历史上已发生 3 次 7 级大震，最晚为渤海中部 1969 年的 7.3 级地震；郯-庐断裂带南段沿沂沭断裂分别在安丘段（长 120km）发生公元前 70 年 7 级地震、莒县—郯城段发生 1668 年郯城 8½级巨震（图 6-4）。晁洪太等（1994，1997）研究认为安丘段为独立的破裂段。因此，昌邑—莱州湾破裂空段应是郯-庐断裂带中段具有长期大地震危险背景的破裂空段，其 NNE 向展布，长约 150km。我们注意到历史至今，该空段周围先后发生了若干大地震，如西邻的华北平原地震带北段 1976 年发生唐山 7.8 级地震，东邻张-渤带的蓬莱—威海段 1548 年发生 7 级地震，北部则于 1975 年发生了辽宁海城 7.3 级地震（图 6-1）。

安丘破裂段（长 120km）（图 6-4）于公元前 70 年发生过 7 级地震后距今已有 2000 余年，研究认为该段沂沭断裂的 7 级地震（原地）重复的时间间隔平均约 700~1600 年（魏光兴等，1998），该破裂段最晚一次 5 级地震为 1852 年沂水 5.0 级地震，已有 100 多年没有发生过 $M \geq 5$ 的地震。

宿迁—嘉山段：该段位于 1668 年郯城 8.5 级地震破裂段以南，沿断裂发现多处晚第四纪断层活动的迹象，认为是潜在的独立破裂段（晁洪太等，1997）。

（4）磁县—菏泽地震带

为华北平原南部的 NW 向新生构造带，主要 NW 向断裂包括新乡—商丘断裂、磁县—大名断裂、菏泽断裂、宿迁断裂等一系列散布的断裂。这些断裂规模不大，活动性不强，但共同构成一条较宽的 NW 向构造带。在这些构造带与 NE 向区域断裂相交的附近地区，往往是

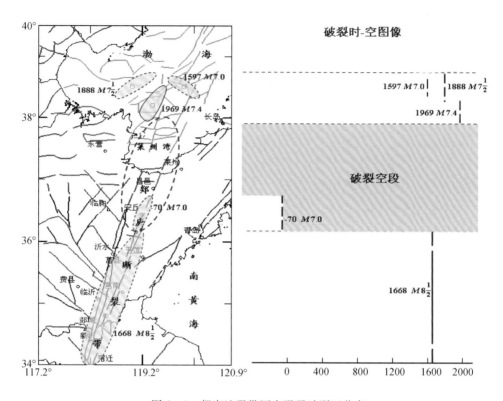

图 6-4 郯庐地震带历史强震破裂区分布

大地震的发震场所，如 1830 年磁县 7½ 级地震、1937 年菏泽 7 级地震等。已注意到该带与 NE 向构造带的交汇部位，如新乡附近，汤东断裂、汤西断裂、新乡—商丘断裂等，为历史强震/大地震破裂的空段。

6.1.3 强震破裂空段判别小结

综合本节以上对历史地震破裂区及破裂空段的研究，认为华北地区存在的主要强震/大地震破裂空段或空区（包含多个独立的潜在破裂段）有：①晋北盆地空区；②太原盆地空段；③运城盆地空段；④西安断陷空段；⑤河套盆地西段空段；⑥河套盆地东段空段；⑦北京空段（南口孙河段）；⑧河间—天津空段；⑨邢台—武安空段；⑩渤海湾空区；⑪莱州湾空段；⑫宿迁—嘉山空段；⑬新乡空段。

6.2 华北地区强震活动的时、空不均匀性

时间上，华北地区强震/大地震的活动存在明显的分期、分幕现象（马宗晋，1975；李钦祖等，1980），在第三活动期（1484～1730 年）和第四活动期（1815 年至今）之间存在一个明确的平静期，长达 85 年无 6 级以上地震。蒋铭等（1989）对第三、第四活动期内各强震幕的应变释放特征进行对比，认为第四活动期尚未结束，现阶段华北正处于能量大释放

后的调整释放时期。1989 年以来，华北地区仅发生两次 6 级地震，地震活动水平明显偏弱。因此，可以推测华北地区未来十年的地震活动仍处于能量大释放后的调整释放阶段（图 6 - 5）。

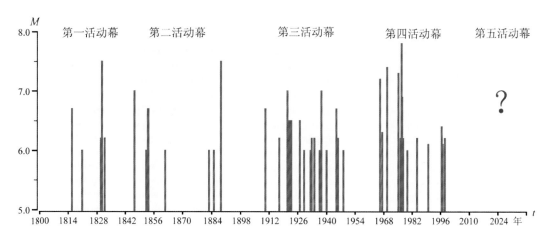

图 6 - 5　华北地震区第四强震活动期 M-t 图及活跃幕划分

从华北地区第三、四强震活动期的活跃幕划分及强震发生情况看，华北平原地震构造带在前 9 个活跃幕中均至少有 1 次 $M \geqslant 6$ 级地震发生。考虑到目前第四活动期第 4 平静幕已持续 13 年多，结合区域活动构造特征和地震孕育的动力学环境分析，认为在即将到来的第 5 活跃幕中（图 6 - 5），华北地区仍存在发生 $M \geqslant 7$ 级地震的可能性。

华北地区不同活动期的强震/大地震主体发生地带不同，空间上，华北第三和第四活动期的 $M6$ 以上地震分布在不同的地震构造带上（图 6 - 6），反映了该区在不同时期华北主要活动的地震构造带是不同的。因此，寻找目前正在活动的地震构造带，对于华北地区未来强震/大地震危险地点的预测具有重要参考意义。

在第三活动期，华北强震的主体活动地带是渭河与山西地震构造带、郯-庐断裂带以及张-渤地震构造带；而在第四活动期，至目前为止，华北强震的主体活动地带主要是河北平原地震构造带、河-套地震构造带、以及黄海地震区（图 6 - 6）。我们注意到在华北北部，张-渤构造带在第三活动期显著活动，河套断陷带及张-渤构造带西段在第四活动期显著活动。另外，第四活动期内，南黄海—菏泽的北西向地震带有强地震活动，华北南部也有中-强地震活动。

综上所述，通过第三和第四活动期地震活动的对比分析，认为华北地区第四强震活动期仍未结束。因此，在未来十年及稍长时间，华北地区那些在第四活动期内有强震活动的地震构造带，仍有可能发生 $M6$ 以上强震，甚至发生个别 $M \geqslant 7.0$ 级的大地震。

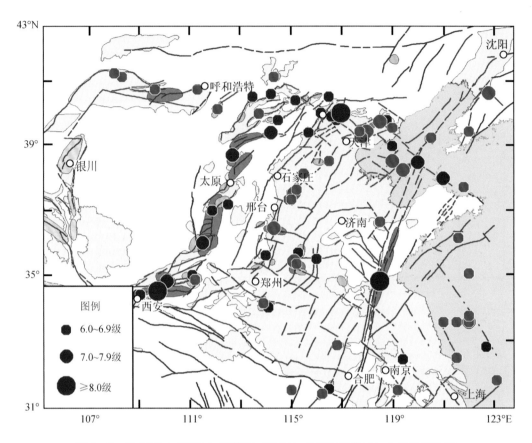

图 6-6　华北第三（深红）和第四（深绿）地震活动期 $M \geqslant 6$ 级地震分布

历史地震破裂区的说明参见图 6-1

6.3　山西地震构造带的地震活动及其参数图像

6.3.1　现代地震活动及其参数图像

由图 6-7 可见，最近 50 年山西地震带 $M_S \geqslant 4.7$ 级地震有成组（丛）发生的特点，2010 年 1 月 24 日的 $M4.8$ 地震可能是最新一组破坏性地震活动的开始。

2005 年 8 月 31 日河北蔚县 $M_L 4.0$ 地震后，鄂尔多斯块体的北、南和东边界地区出现大范围、持续时间达 1669 天的 $M_L \geqslant 4.0$ 级以上地震平静，是自 1970 年有仪器记录以来的最长平静持续时间。2009 年 3 月 28 日山西原平发生 $M_L 4.7$ 地震打破平静异常；而且，原平 $M_L 4.7$ 地震之后，沿山西地震构造带中、南段接连发生 6 次 $M_L \geqslant 4.0$ 级地震，形成一条北北东向的 4 级地震条带；其中，2010 年一年内就发生 4 次 $M_L \geqslant 4.0$ 级地震，包含 3 次 $M_L \geqslant 5.0$ 级地震。这些地震反映山西地震构造带中、南段自从有仪器记录以来首次出现中等地震频发时段，也反映了山西地震构造带（特别是中、南段）近年来地震活动的明显增强。因此，考虑到近年来在长时段 4 级地震平静图像的基础上新出现的 4 级地震条带以及相应的应

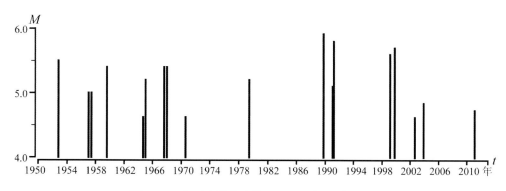

图 6 - 7   山西地震构造带 $M_s \geqslant 4.7$ 级地震 M-t 图

变释放加速现象与华北以往的强震前的异常地震活动图像相似，认为山西地震构造带及其周围地区存在发生强震/大地震中期危险背景。

6.3.2   加速矩释放（AMR）异常图像

利用 2010 年 1 月 1 日至 2011 年 3 月 11 日地震资料对山西地震构造带及其以东的华北部分地区进行 AMR 扫描，给出了每隔两个月共 6 个时段的加速矩释放图像。空间归一化后的危险性概率 P/Pmax 图像如图 6 - 8 所示，其显示山西地震构造带至 2011 年 3 月存在显著的地震加速矩释放（AMR）异常的区域为：山西北部大同盆地—忻定盆地、山西中-南部的临汾盆地以北至太原盆地南缘。

我们注意到相邻的河北石家庄的 SSW 方向也存在局部的 AMR 异常（图 6 - 8），而河北唐山地区存在的显著 AMR 异常可能与那里仍然有 1976 年唐山 7.8 级大地震的特晚期余震活动有关。

图 6 - 9 剖面 1 包括运城盆地和临汾盆地南段的大部分，可看到运城盆地的永济到临猗段为 $M_L \geqslant 2.5$ 级地震稀疏段，那里在历史时期没有发生 $M \geqslant 7$ 级地震（图 6 - 1），可能反映那里的断层面处于闭锁状态；从临猗到新绛一带是小震活动相对密集，有显著应变释放。图 6 - 9 剖面 2 为临汾盆地北段，可见襄汾以南存在小震活动频繁段，襄汾至临汾以北为 1695 年临汾 7¾ 级地震破裂段，而洪洞至灵石为 1303 年洪洞 8 级地震破裂段；其中，在 1303 年大地震的极震区（洪洞至霍州段）存在一个长约 30km 的 $M_L \geqslant 2.5$ 级地震空缺段，由于该小震空段的 b 值明显大于 1（图 6 - 10），反映应力积累水平并不高，因此判断其属于 1303 年大地震破裂后至今尚未耦合的断层面。

6.3.3   沿主要断裂带/段的震源深度图像

由重新定位的地震目录选取山西断陷盆地带中心线两侧各 30km 宽范围内的 $M_L \geqslant 2.5$ 级（满足全带的最小完整性震级）的地震资料，由南向北绘制 5 条平行山西构造带各段的震源深度剖面（图 6 - 9），并分析如下：

图 6 - 9 剖面 3 展布于太原盆地南端的介休至太原以北的阳曲，可看到其中的介休至平遥段的现代中小地震活动相对密集，这里曾是 1614 年介休 6½ 和 1618 年平遥 6 级地震的破

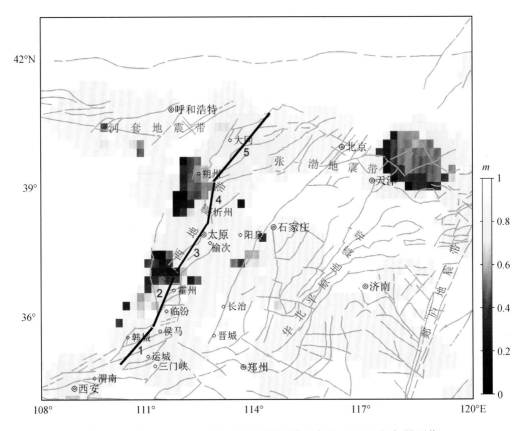

图 6-8　2011 年 3 月山西地震构造带及其以东的 AMR 空间扫描图像

带数字的黑线是图 6-9 的剖面位置

裂段，考虑到这里的 b 值偏低（图 6-10），初步判断目前属于偏高应力水平下的相对静止或闭锁状态；向北，相邻的平遥至交城段是一长约 40km 的小震稀疏段，有文字记载以来无 $M6$ 地震，b 值中偏低（图 6-10），反映有明显的应力积累；在此段开挖的 5 个大探槽已揭示出沿交城等断裂曾发生过地表破裂型的古大地震事件（谢新生等，2004），单次事件的平均同震垂直位移至少 2.0m 左右，对应的古地震事件的震级应在 7 级以上（邓起东等，1992）；因此，从长远来说，太原盆地的中-南段（交城—平遥—介休）应具有发生强震/大地震的危险背景，应注意此段落出现能反映中-长期危险性的异常特征。另外，剖面 3 中的清徐至太原段可能是 1122 年 6½ 级地震的破裂段，现今小震活动密集、b 值中等（图 6-10），暂看不出已有大地震的中-长期危险背景。

　　图 6-9 剖面 4 是阳曲至代县段，虽然中小地震活动稀疏，但 b 值中偏高（图 6-10），反映应力积累水平偏低，而且，该段历史上曾发生了 512 年 $M7\frac{1}{2}$、1038 年 $M7\frac{1}{4}$、1683 年 $M7$ 等多次大地震，因此，此段也暂时看不出具有 $M\geqslant7$ 级大地震的中-长期危险背景。

　　图 6-9 剖面 5 为代县至怀安段，该段中部的大同附近段落的中小地震最密集分布之处，是 1989、1991 和 1999 年大同—阳高 $M6.1$、5.8 和 5.6 等地震的极震区；应县至浑源、阳原至怀安等段落的中小地震分布较稀疏，尽管历史上曾发生 4 次 $M6\sim6\frac{1}{2}$ 强震，但它们的破裂尺度是很有限的，并未造成地下较大尺度破裂的贯通，因此，该段是山西地震构造带上缺少

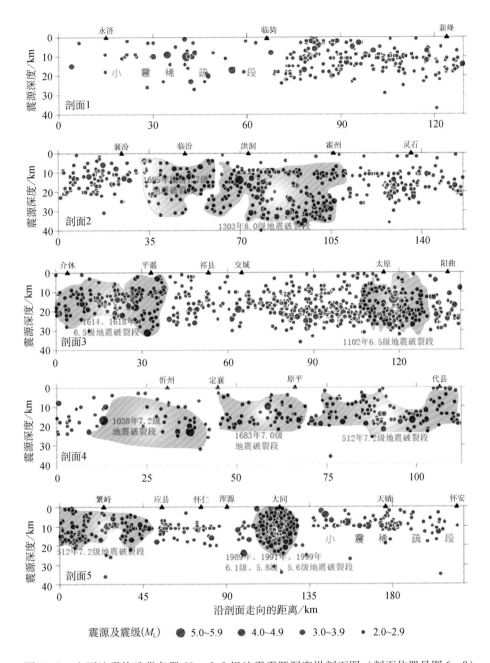

图 6-9　山西地震构造带各段 $M_L \geqslant 2.5$ 级地震震源深度纵剖面图（剖面位置见图 6-8）

历史大地震破裂的地震空区。相关地震地质研究的探槽开挖已揭示出沿此段中的恒山北缘断裂、口泉断裂曾发生过多次地表破裂型的古地震事件，单次事件的平均同震垂直位移至少为 1.6～1.9m，对应的事件震级应在 $M7$ 或更大（邓起东等，1992），此外，图 6-10 反映大同—阳高盆地及其周围是目前整个山西地震构造带上具有大面积异常低 b 值的地段，反映具有高应力的积累背景。因此，此段将应是山西地震构造带上中-长期强震/大地震危险性最高的地段。

6.3.4 b 值等参数图像及异常部位

利用 1970～2010 年 6 月山西台网记录的、近 41 年的 $M_L \geq 2.0$ 级地震资料，计算沿山西地震构造带的 b 值、a/b 值等地震活动性参数的分布图像，计算方法详见本书第 5 章。结果如图 6-10 和图 6-11 所示：整个山西带最显著的异常低 b 值区位于大同—阳高盆地及其附近的晋、冀、蒙交界地区，该区的 a/b 值（最大期望震级）也是整个带上最高的；此外，忻定盆地南部、太原盆地南缘、以及侯马—运城盆地等地也存在局部偏低 b 值区，相应部位的 a/b 值较高或者偏高。

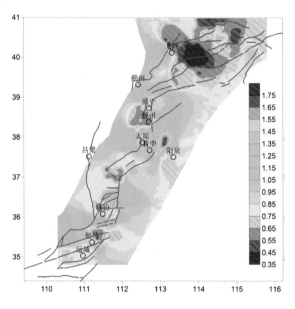

图 6-10　山西地震带 b 值扫描图像

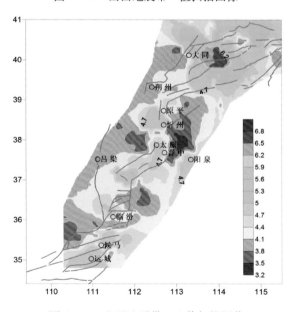

图 6-11　山西地震带 a/b 值扫描图像

进一步采用多个地震活动性参数值的组合来综合分析不同断裂段的现今活动习性（闻学泽，1986；易桂喜等，2004a、2007），为判别山西带各断裂段的潜在大地震危险性提供更多依据。计算时将山西带按照盆地构造单元划分为 5 个段落，分别为大同盆地段、忻定盆地段、太原盆地段、临汾盆地段和运城盆地段，对每一段分别计算 b、a/b、$\sqrt{E}$、n 四个参数值，计算与分析方法详见本书第 5 章。现将结果分析如下：

如图 6 - 12 所示，段落①（大同盆地段）具有异常低的 b 值、异常高的 a/b 值、$\sqrt{E}$ 值、n 值组合参数，表明此段总体具有高应力作用的背景，并已在局部段落以平均震级偏大的地震滑动为特征。此段 1989、1991 和 1999 年的大同—阳高 $M6.1$、5.8、5.6 等中、强地震，是在长期缺少中、强地震的背景上发生的，这些地震之后大同—阳高震区余震一直较活跃。若考虑去除大同—阳高地震的影响，选取 2000 年以来的地震资料重新计算 4 个参数，结果同样反映大同盆地段总体上属于高应力背景下相对闭锁的现今活动习性，存在强震/大地震中-长期危险背景。

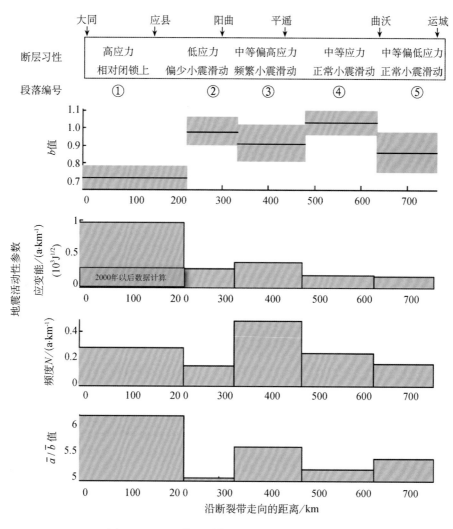

图 6.12　山西带不同断裂段多参数组合分析图

段落②（忻定盆地段），此段为 512 年 $M7\frac{1}{2}$、1038 年 $M7\frac{1}{4}$、1683 年 $M7$ 等大地震的破裂部位，目前具有偏高 b 值、中等 a/b 和 $\sqrt{E}$ 值以及低 n 值的参数值组合，部分反映这里的断层面是在较低应力水平下以偏少的小震滑动为特征的（图 6-12），可能仍无足够的应力积累以产生大地震。

段落③（太原盆地段）具有略偏低的 b 值，偏高的 a/b 值、$\sqrt{E}$ 值和 n 值（图 6-12），表明该断裂段正在中等略偏高的应力作用下，以中等偏高频度的小震活动为特征。在中长期的尺度上，不能排除此段发生中、强地震的可能性。

段落④（临汾盆地段）曾经是 1303 年 $M8$、1695 年 $M7\frac{3}{4}$、649 年 $M6\frac{3}{4}$ 和 1291 年 $M6\frac{1}{2}$ 等强震和大地震重复破裂过的段落，该段具有中等的 b 值以及 a/b、$\sqrt{E}$ 和 n 值（图 6-12），这种参数组合表明该断裂段正处于中等应力下的中等（正常）频度的小震活动为特征。

段落⑤（运城盆地段）具有中等偏低的 b 值、中等偏高的 a/b 和 $\sqrt{E}$ 值以及偏低的 n 值的参数值组合（图 6-12），反映这里的断层面是在中等偏低的应力水平下、以频度不高但平均震级略偏大的地震滑动为特征，可能已具有发生强震的中长期危险背景。

综上所述，山西地震构造带五个段落中，最北部的大同盆地具有发生大地震的中-长期危险性，其次，需要注意太原盆地中-南部和运城盆地可能具有发生强震的中-长期危险背景。

6.4 华北平原及张-渤地震构造带地震活动及其参数图像

6.4.1 地震矩加速释放（AMR）现象分析

使用全国地震月报目录，将起算震级取为 $M_L 2.0$，分别以震前 5 年、$r=50$km 和震前 10 年、$r=70$km 作为统计单元，计算出的地震加速矩释放图像如图 6-13 和图 6-14。图 6-13

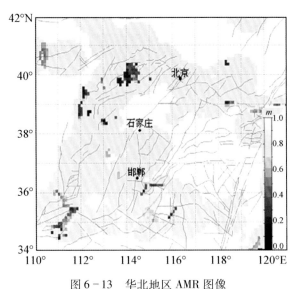

图 6-13　华北地区 AMR 图像

1980.01～2010.05.31，扫描范围 70km，起算震级 $M_L 2.0$

显示，北京以西的晋、冀交界地区存在 AMR 加速异常现象，而图 6‑14 显示的、存在 AMR 异常的地区有若干处，其中，除了河北唐山和邢台老震区外，河北平原地震构造带上的另一 AMR 加速异常出现在石家庄以南至冀、豫交界。同时，我们还注意到山西和张‑渤地震构造带交汇部位的晋冀蒙交界地区、北京西侧的延怀盆地至张家口一带，以及太原以北至石家庄之间地区，均出现不同程度的 AMR 异常。

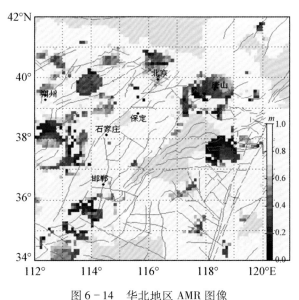

图 6‑14　华北地区 AMR 图像

1980.01 ~ 2010.09.23，扫描范围 50km，起算震级 $M_L2.0$

6.4.2　地震空区及其现代地震活动分析

利用 M7 专项工作完成的全国重点研究区的、重新定位与整合的地震目录（1970 年以来），分别绘制沿张家口—渤海地震构造带以及沿华北平原地震构造带的震源深度剖面，结果如图 6‑15、图 6‑16。

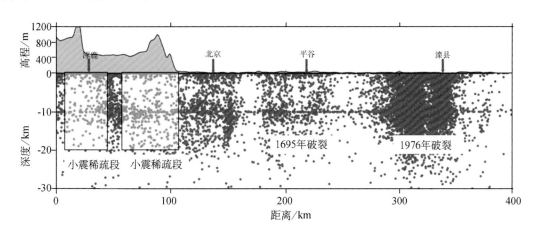

图 6‑15　张家口‑渤海构造带现代地震分布及分段剖面图

图 6-15 反映，沿张家口—渤海地震构造带的西段，分别在京西北的延-怀盆地以及河北涿鹿—张家口之间存在 2 个小震分布的稀疏带，可能指示了延-怀—张家口断陷盆地带中的两段缺震段。考虑到张-渤带的中、东段是 NW 向和 NE 向断裂的交汇区，因此，本研究将图 6-15 中位于北京及其以东的 2 个小震分布稀疏段视为华北平原带北部相邻 NE 向活动断裂带之间的无发震断裂、无小震活动区。

　　图 6-16 显示，沿 NE 向华北平原地震构造带在河北邢台以南的邯郸附近存在一处小震稀疏分布段，长约 60~70km。另外，沿该地震构造带在河北深县—霸县—文安—天津一带，存在另一处大尺度的小震空段或稀疏段，长约 250~280km，对应了这里历史上无 $M \geqslant 7$ 级地震的多个 NE 向活动断裂段，其中心部位是北京南南东的文-霸断陷构造区。

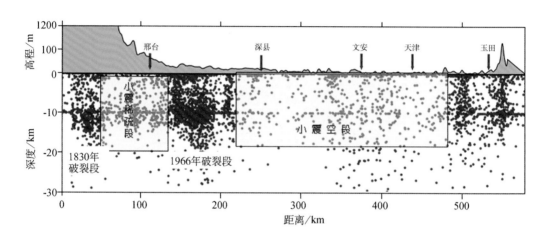

图 6-16　华北平原构造带现代地震分布及分段剖面图

6.4.3　b 值图像及其异常区

　　使用 1980 年 1 月至 2010 年 9 月的全国地震目录，设起算震级 $M_L 2.0$（大于此时段华北平原及张-渤地震构造带的最小完整性震级）、统计单元半径 $r = 15km$、单元最小地震数 40，华北平原地震构造带及张-渤地震构造带的中段进行 b 值空间扫描计算，结果如图 6-17。

　　图 6-17a 显示，张家口—渤海地震带存在多个低 b 值区和异常低 b 值区（$b \leqslant 0.6$），分别位于张家口—怀来东北侧、北京以北、以及天津宁河附近，结果与前人采用 $r = 20km$ 作为统计单元半径的计算结果相比基本相同（易桂喜和闻学泽，2007）。在本研究的结果中，怀来东北侧—张家口的相对异常低 b 值区也是京西北地区的历史强震/大地震破裂空段（图 6-17b）；北京北郊异常低 b 值区的偏南地区（北京西郊至西北郊）也属于历史强震空段（图 6-17b）。天津宁河附近的低 b 值区分布于 NW 向蓟运河与 NE 向唐山断裂的交汇部位，曾是 1976 年唐山地震系列中两次触发型强震的发生场所，之后中小地震较活跃，应属于仍有中强地震危险性的地段。

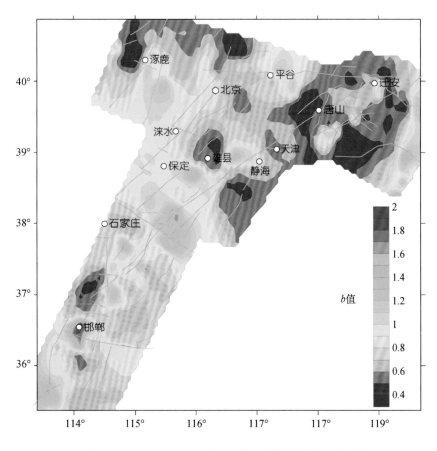

图 6-17（a）　华北平原、张渤地震构造带的 b 值图像

　　北京、唐山以南的华北平原地震带存在三处值得注意的低 b 值区：①邯郸北侧的低 b 值区，位于 1966 年邢台 6.8、7.2 级地震破裂区的南南西，那里是冀中断裂带与太行山山前断裂带的汇合部位，也是历史强震/大地震破裂的空段；②河北霸县—文安地区的低 b 值区，位于 1679 年三河平谷 8 级地震破裂区以南的文-霸断陷构造部位，那里也是一处显著的、历史强震/大地震破裂的空段；③天津以南的大城—静海一带的低 b 值区，位于 1967 年河间发生 6.3 级强震与 1976 年唐山 7.8 级大地震之间的历史强震/大地震破裂的空段。

6.4.4　华北平原带南段的东支

　　华北平原地震构造带南段的东支沿 NE 向聊—考断裂带的南段展布，东侧是菏泽凸起，西侧东濮凹陷，深部发育有 NE 向的地壳构造变异带。沿该段断裂带历史上曾发生过 1502 年 $M6\frac{1}{2}$、1937 年 $M7$ 以及 1983 年 $M5.9$ 等强震。依据现今中小地震空间分布的疏密变化将华北平原带南段东支划分为禹城—聊城、梁山—菏泽以及商丘—太康三段，并进行分段多地震活动参数组合计算（图 6-18）。

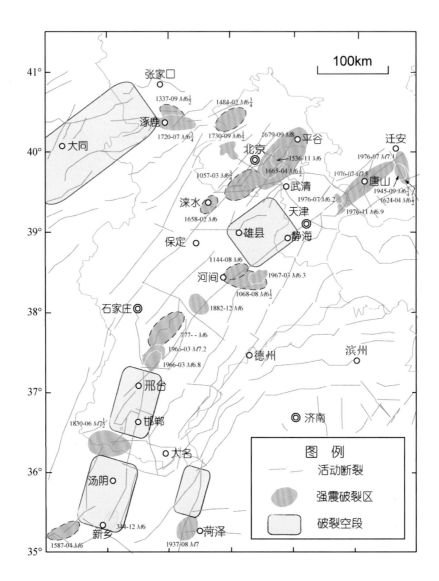

图 6-17 (b)　华北平原、张渤地震构造带的历史强震破裂区与破裂空段展布
历史强震破裂区据易桂喜等（2007）

　　结果表明：禹城—聊城段表现为中偏低的 b 值，较低 $\sqrt{E}$ 值、n 值和最低的 a/b 值的参数值组合，反映这里的断层面正处于中偏高应力水平下的稀疏小地震滑动为，应已具有中偏高的应变积累。梁山—菏泽段是 1937 年 $M7$ 强震及 4 次 $M6$ 左右中强地震的破裂区，现今主要表现为中小地震的丛集发生，这里具有较高的 b 值、中等 $\sqrt{E}$ 值、较高 n 值和整个断裂带最高的 a/b 值，表明在中等应力作用下以频繁的小震滑动为特征，属于有一定应变积累的潜在强震危险段。商丘—太康段历史上未发生过 $M7$ 以上强震，仅在 1524 年、1820 年发生过两次 $M6$ 左右中强地震。目前该段以高 b 值、高 $\sqrt{E}$ 值、高 n 值和中等 a/b 值表明断层面正处于中、低应力背景下的中小震滑动为主要特征。

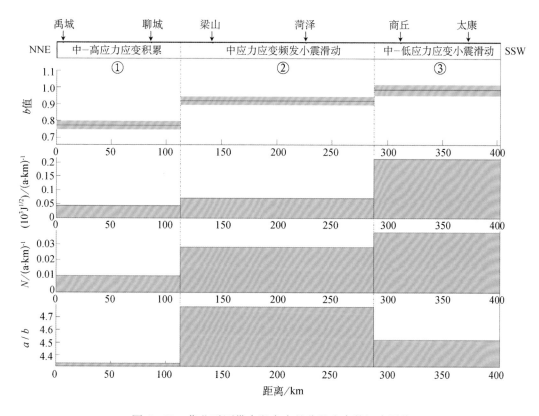

图 6-18　华北平原带南段东支的分段多参数组合图像

6.4.5　小结

综合本节所述，山西与张-渤两地震构造带交汇的晋冀蒙交界—京西北的延怀盆地地区、华北平原地震构造带的石家庄—邯郸之间地区、霸县—文安地区、以及天津以南的大城—静海地区存在不同类型和程度的中-长地震活动性及其参数异常，应注意这些地区存在 10 年及稍长时间尺度的强震/大地震危险性。

6.5　郯-庐断裂带和渤海的地震活动与参数图像

6.5.1　区域地震活动图像

沿郯-庐断裂带的苏北至渤海段的现代小震分布主要表现为疏密相间的分段特征（图 6-19），主要密集或较密集分布的场所为：渤海中-南部的郯-庐断裂带与 NW、NWW 向张-渤地震构造带交叉的复杂构造区、以及莒县—郯城一带郯-庐断裂带中段。其中，渤海中-南部的小震密集区除了沿 1969 年渤海 7.4 级地震震区分布外，还沿张-渤地震构造带东段的 NW 向断裂展布，反映横切郯-庐带的 NW 向断裂的新活动；郯-庐断裂带中段的小震相对密集区主要沿 1668 年郯城 8½级大地震破裂的核心段落分布（图 6-19）。我们注意到郯-

庐带的安丘—莱州湾段的小震弱震分布较为离散，且在 1970 年至 2011 年 2 月期间，该段主要以 $M_L2.5$ 以下微震活动为主，未发生 $M_L \geqslant 4.0$ 级的地震，表现为一个发展数十年的 $M_L \geqslant 4.0$ 级地震平静区的核心部位（图 6 - 20）。

分析郯-庐带全带 1970 年 1 月至 2011 年 2 月 $M_L \geqslant 4.0$ 级地震频度和应变能释放，可知作为一条历史强震和巨震的发生带，郯-庐带的现代地震活动并水平不高，显示目前正处于应变的积累期。因此，目前尚难看出未来 10 年及稍长时间在郯-庐带的苏北—山东段存在发生 $M \geqslant 7.0$ 级地震的可能性，但需要密切注视图 6 - 19 所示的、以郯-庐断裂带安丘段为中心 $M_L \geqslant 4.0$ 级地震平静区的发展与演化。

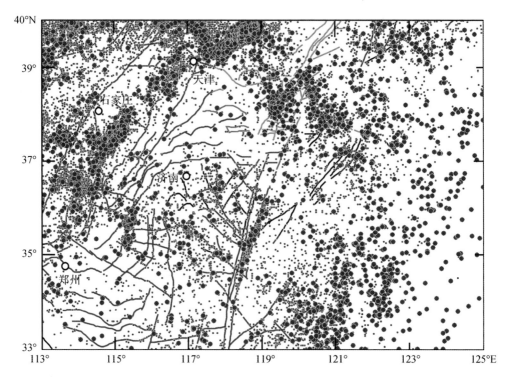

图 6 - 19 郯-庐断裂带苏北—渤海段的 $M_L \geqslant 3.0$ 级震中分布（1970.01 ~ 2011.02）

蓝色是 $1.0 \leqslant M_L < 3.0$ 级地震，红色是 $M_L \geqslant 3.0$ 级地震

6.5.2 沿断裂带的震源深度图像

由本专项重新定位的地震目录绘制沿郯-庐断裂带苏北—渤海段 50km 宽范围内 $M_L \geqslant 2.0$ 级地震的震源深度剖面。如图 6 - 21 所示，震源深度大部分集中在 30km 以内，渤海湾内有一部分地震震源深度超过 30km，可能与该区域复杂的构造环境有关。沿 1668 年郯城 $8\frac{1}{2}$ 级大地震破裂段和 1969 年渤海 7.4 级地震震源区附近存在两个中小地震相对密集区。然而，在山东安丘、昌邑—莱州湾段上，存在明显的小地震活动稀疏段，其中，安丘附近段可能是 BC70 年 $M7 \pm$ 地震的破裂段（图 6 - 4），或者郯-庐断裂带上已有 2000 多年未发生大地震的破裂空段。后面将结合分段地震活动性参数的组合作进一步的分析。

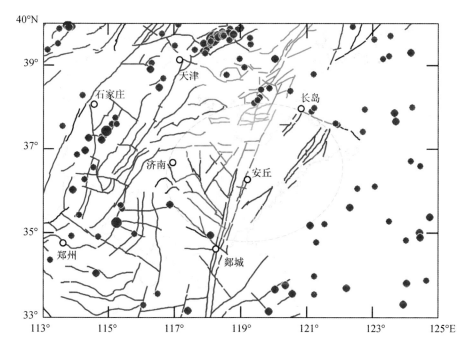

图 6-20　以郯-庐断裂带安丘段为中心的 $M_L \geq 4.0$ 级地震平静区（1970.01～2011.02）

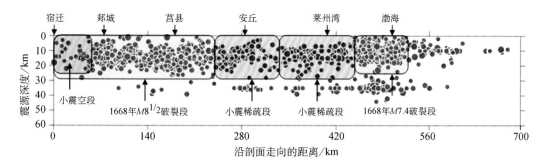

图 6-21　沿郯-庐断裂带的小地震深度分布剖面（1970.1～2011.2）

6.5.3　沿主要断裂带的 b 值等参数图像

利用 1970 年至 2011 年 3 月山东台网记录的 $M_L \geq 2.0$ 级地震资料，计算并绘制 b 值及多地震活动性参数值组合图像。

将郯-庐断裂带的苏北—渤海、辽东段及其邻近区域进行 0.1°×0.1° 网格化，挑选出以每个网格节点为圆心，半经为 r（20km）的统计单元内的地震资料；统计单元内计算 b 值最小地震个数 20 个，小于 20 个时，自动增加圆半径，最大增至 40km，统计单元的移动步长为 5km。b 值空间扫描结果（图 6-22）显示，除了 1975 年辽宁海城地震、1976 年河北唐山地震、以及 1999 年辽宁岫岩地震的余震区明显存在低 b 值外，其他的偏低或者异常低的 b 值区主要出现在：①长岛以东的渤海、黄海交界处的张-渤地震构造带东段附近；②渤海西岸的天津大城一带；③郯-庐断裂带郯城以南至宿迁段，b 值低于 0.7，那里可能是 1668 年郯城8½级大震主破裂的南端附近（图6-4）。

6.5.4 断裂带分段多参数组合图像

1. 郯庐断裂带

依据现今小地震空间分布的疏密变化以及历史大地震震源区分布并参考断裂几何结构将郯庐地震带划分为：宿迁—郯城段、临沭—孟疃段、安丘段和莱州湾4个段，并计算分段的多个地震活动性参数（图6-23）。

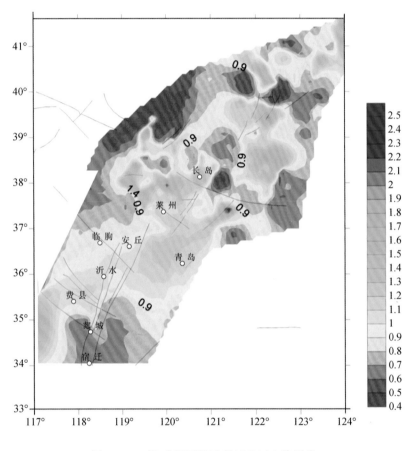

图6-22 郯-庐断裂带及邻近地区 b 值图像

结果表明：属于1668年8½级强震破裂区南段的宿迁—郯城段，具有低 b 值、低 n 值、低 a/b 值和较低 $\sqrt{E}$ 值的参数值组合，反映该段正处于相对高应力下的应变积累/闭锁状态；临沭—五莲段是1668年大地震的核心破裂段，其以中等偏低的 b 值、中等的 n 值、$\sqrt{E}$ 值和 a/b 值的组合为特征，反映该段的断层面正处于中等应力作用下的正常小地震活动状态；安丘段自公元前70年的7级大震至今中强地震活动水平较弱，具有中等 b 值、中偏低的 n 值、低 $\sqrt{E}$ 值和中等 a/b 值的多参数值组合，其中，应变释放是4个段中最低的，反映目前这里的断层面正处于中等应力积累水平，且显示闭锁状；莱州湾段则具有高 b 值、高 n 值、高 $\sqrt{E}$ 值和高 a/b 值的多参数值组合，显示目前正处于较低应力下的频繁小震滑动状态。

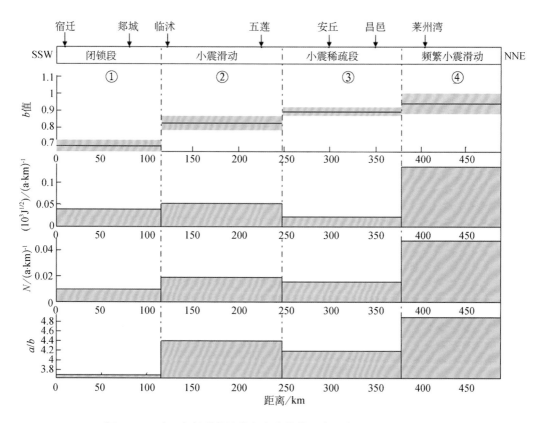

图 6－23 郯-庐断裂带的分段多参数值组合及断层现今活动习性

2. 张-渤地震构造带渤海段

依据现今小地震空间分布的疏密变化及历史大震震源区分布将张-渤地震构造带的东段（渤海段）再进一步划分为渤海凹陷段、长岛—烟台段、以及威海段，并进行多参数组合计算（图 6－24）。

图 6－24 表明：编号①的渤海凹陷段是历史上发生过 1597 年 $M7$、1888 年 $M7\frac{1}{2}$、1969 年 $M7.4$ 等大地震的段落，其目前具有中等 b 值、高 a/b、$\sqrt{E}$ 及 n 值的多参数值组合，反映这里的多个断层段总体上处于中等应力水平下的较频繁中小地震滑动为特征；编号②的长岛—烟台段上曾发生过 1548 年 $M7$ 大地震，具有相对较高的 b 值、中等 $\sqrt{E}$ 值、n 值和全 3 个段中最低的 a/b 值，表明是以在中偏低应力作用下的小震活动为特征；编号③的威海段是 1948 年 $M6$ 地震的破裂区，这里具有中偏低的 b 值、以及中等 $\sqrt{E}$ 值、n 值，和低 a/b 值，这种参数值组合表明断层面正处于中偏高应力下的小震滑动状态。

6.5.5 加速矩释放（AMR）异常

使用 1970 年 1 月至 2011 年 3 月剔除余震序列后的山东及邻近地区的地震目录，采用震级下限为 M_L ＝3.0 级、临界圆半径上限 r ＝100km，并取步长为 0.1°的网格，以 2010 年 9 月 30 日为模拟震时逐年向前推进、计算加速矩释放（AMR）图像，结果反映至 2010 年的模拟震时，沿郯-庐断裂带的山东部分并无 AMR 异常，但在冀鲁豫交界的山东菏泽、渤海湾中部以及张-渤地震构造带的最东段（威海北侧）分别出现不同程度的加速矩释放异常，其中，以渤海湾中部及威海北侧的异常更为显著（图6-25）。

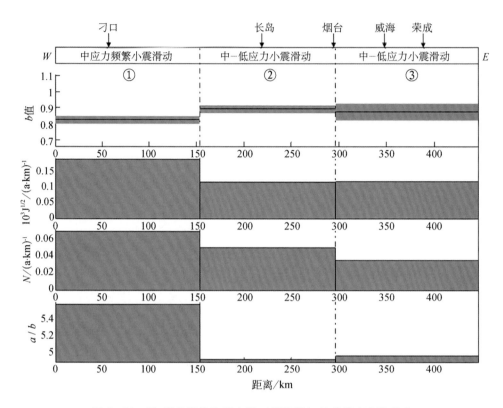

图6-24　张-渤地震构造带东段（渤海段）的分段多参数组合

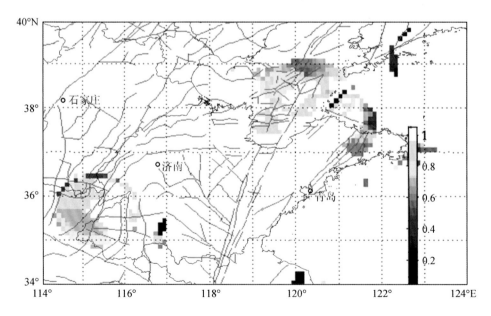

图6-25　郯-庐断裂带及其邻近地区中小地震加速矩释放图像
（1970~2011.03，$M_L \geq 3.0$级，$r = 100km$，网格间距0.1°）

再以 2011 年 3 月 31 日为模拟震时，起算震级 $M_L = 3.0$ 级，并以震前 5 年、$r = 90\text{km}$ 计算，结果显示沿郯-庐断裂带的山东部分并无 AMR 异常，但在冀鲁豫交界地区（山东菏泽附近）、河北石家庄以南、南黄海的江苏沿岸等地存在不同程度的 AMR 加速异常（图 6-26）。另外，1976 年河北唐山老震区及其附近也存在明显 AMR 加速释放异常（图 6-26）。

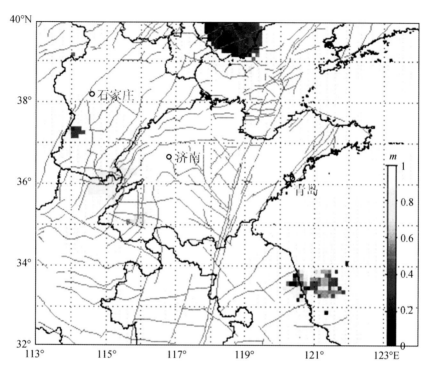

图 6-26　华北地区中小地震矩加速释放

(1970~2011.03，$M_L \geqslant 3.0$ 级，$r = 90\text{km}$，网格间距 0.1°，震前 5 年)

6.6　中-长期大地震危险区判定小结

根据本章的上述研究，结合本书第 3~5 章的地震活动性、地形变与重力异常研究结果，综合判定出华北地区未来十年及稍长时间 $M \geqslant 7.0$ 级地震的 2 个潜在危险区和 3 个危险性值得注意的地区，结果如图 6-27 所示。另外，由于南黄海地区的相关观测资料不足、已有研究程度很低，该海域地区的中-长期大地震危险性仍有待观测资料的积累与进一步的研究。

现将各危险区/注意地区及相应的判定依据分述如下：

1. 晋、冀、蒙交界危险区

位于山西地震构造带北段与张-渤地震构造带西端的交汇部位及其附近，潜在的发震断裂为晋北—京西北地区若干控制大、中型第四纪断陷盆地的主活动的断裂，如阳高—天镇断裂、口泉断裂、六棱山山前断裂、恒山北麓断裂、蔚县—广灵断裂、延庆盆地北缘断裂、怀来—涿鹿断裂等等（图 6-27）。将这里判定为 10 年及稍长时间尺度的大地震危险区的主要依据有：

（1）位于华北第4强震活跃期主体活动区/带中的大地震空段（图6-1、图6-6）。

（2）区内大同等活动断陷盆地均存在缺乏 $M\geqslant7$ 级地震破裂的第Ⅰ类地震空区，并已分别于1989、1991和1999年发生大同—阳高 $M6.1$、$M5.8$、$M5.6$ 等中强震。

（3）最近40年，沿区内两个断裂段出现小震空段/稀疏段（图6-9）；平面上，环绕这两个断裂段及其附近2005~2009年出现了 $M_L\geqslant4.0$ 级地震的平静图像。

（4）大同盆地存在异常低 b 值区（图6-10）和高 a/b 值异常区（图6-11），同时存在多参数组合异常的断裂段（图6-12），反映那里断层面处于高应力积累状态。

（5）近年来该区存在地震加速矩释放（AMR）异常（图6-8、图6-13、图6-14）。

（6）位于2005年以来沿山西北部至晋冀蒙交界出现的大范围重力高梯度带附近，重力异常变化达 $60\times10^{-8}m/s^2$（图5-6、图5-7、图5-9）。

（7）GPS测量显示晋、冀、蒙交界的大同—怀来地区是近十多年来相对于邻区水平运动不协调的地区，也是左旋或拉张运动相对亏损的部位，同时，太原以北的最大剪切应变和旋剪形变较小、垂直形变速率相对较大（图4-6至图4-9）。

已初步估计出该危险区的潜在大地震震级在7.0~7.5级之间。

2. 渤海湾危险区

该区包括郯-庐断裂莱州湾段、张-渤构造带长岛—蓬莱部分的多个破裂空段等，判定为十年及稍长时间的大地震危险区的主要依据有：

（1）张-渤地震构造带属于华北第4强震活动期的主要活动构造带之一，其东段（渤海湾段）存在多个大地震破裂空段（图6-1、图6-4、图6-6）。

（2）区内沿主要断裂存在多个小震活动的空段（图6-19、6-20）。

（3）近年来出现地震矩加速释放（AMR）异常（图6-25）。

（4）存在异常低 b 值区（图6-22）。

（5）GPS测量发现京津及周边地区存在形变高梯度带和高应变积累区，张-渤带东段左旋运动显著（图4-22、图4-23）；受到2008年四川汶川大地震同震运动的影响后，华北地区水平差异运动最突出的部位是张-渤构造带（图4-8）。

初步估计该危险区的潜在大地震震级在7.0~7.5级之间。

3. 雄县—大城值得注意地区

位于河北平原地震构造带中-北段的河北雄县、霸县、文安—大城天津一带，潜在的发震构造主要是控制文霸断陷带的基底主断裂，等等。判定为中-长期尺度大地震危险性值得注意地区的主要依据有：

（1）位于华北第4强震活跃期主体活动带上的大震空缺段（图6-1、图6-4、图6-6）。

（2）在华北强震平静幕中，区内在长期缺少小震活动的河北文安地区发生了2006年7月4日的5.1级中强震。

（3）沿主活动断裂带存在小震活动稀疏段以及异常低 b 值区（图6-16、图6-17）。

（4）跨断层基线、水准观测的信息合成显示，首都圈地区目前断层的整体活动水平正处于上升阶段（图4-31）。

（5）天津及周围地区存在华北地区最大的东—北向剪切应变率（图4-7b）。

初步估计该危险区的潜在大地震震级在7.0~7.5级之间。

4. 石家庄—邯郸值得注意地区

位于河北平原地震带中-南段的石家庄—邯郸之间、1966 年河北邢台地震区的南南西方向上。判定为中-长期尺度大地震危险性值得注意地区的主要依据有：

（1）位于华北第 4 强震活跃期主体活动带上的大震空缺段（图 6-1、图 6-4、图 6-6）。

（2）区内及其附近存在 AMR 异常（图 6-8）。

（3）区内沿主活动断裂带存在异常低 b 值段（图 6-17）。

（4）位于近年华北的重力高值异常变化带附近（图 5-9）。

初步估计该危险区的潜在大地震震级在 7.0 ~ 7.3 之间。

5. 侯马—运城值得注意地区

位于山西断陷带南段，潜在发震断裂主要有韩城、临琦与中条山等断裂（图 6-27）。将这里判定为中-长期尺度大地震危险性值得注意地区的主要依据有：

（1）位于山西地震构造带南段的大地震破裂空段，自有史料记载以来没有记录到 $M \geqslant$ 6.5 地震（图 6-1、图 6-4、图 6-6）；并已在第 I 类地震空区的背景上分别发生 1916 年新绛 5.0 级和 1959 年韩城 5.0 级地震。

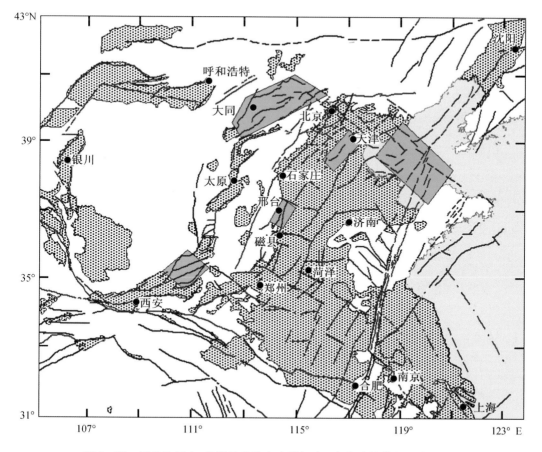

图 6-27 华北地区中-长期尺度的大地震危险区与危险性值得注意的地区

（2）该区域及其附近近年出现 AMR 异常（图 6-8、图 6-13、图 6-14）、较低 b 值的异常（图 6-10），以及偏高的 a/b 值（图 6-11）。

（3）晋西南和晋陕交界地区的若干处定点形变观测，在 2008 年四川汶川 $M8.0$ 地震后出现显著异常。

（4）山西断陷带南段，最大旋转应变率显著，达 $8 \times 10^{-9}/a \sim 12 \times 10^{-9}/a$（图 4-7）。

初步估计该危险区的潜在大地震震级在 7.0~7.3 之间。

第7章 南北地震带中−长期大地震危险性研究

7.1 区域地震地质背景

7.1.1 区域活动构造与动力学背景

在印度洋板块向北推挤的作用下，青藏地块内不同的次级块体沿若干大型的 NW—NWW 向走滑断裂带向东和南东方向滑移，并在青藏地块东缘受到华北、华南等克拉通型地块的阻挡，形成由北而南分段的、不相连并有不同变形型式的活动构造带（邓起东等，2002；张家声等，2003；张培震等，2003），再加上北部鄂尔多斯与阿拉善两个块体相对拉张运动产生的活动断陷带（银川—吉兰泰盆地），共同组成狭义的南北地震构造带，其形成和活动的主要动力源来自印度洋板块、进而青藏地块的作用。

在我国的地震预测研究中，一种习惯是将中国大陆中部 $97° \sim 105°E$ 之间（甚至 $95° \sim 105°E$ 之间）的强震、大地震相对密集分布地带称为南北地震带；但这仅仅是一个地震分布上视密集的范围，并没有相应的近 SN 向延伸的连通性活动构造带。该范围内与上述活动构造与动力学上定义的南北地震构造带不一致。考虑到本专项重点研究区的可覆盖宽度，将本章研究的"南北地震带"范围设定为介于上述地震构造定义的以及地震分布上定义的范围之间，并分成北、中、南三个段落（图 7−1）。

7.1.2 主要地震构造带

1. 南北地震带北段

南北地震带北段位于东昆仑断裂带东段以北的青藏高原东北隅构造区，以及更北的银川—吉兰泰断陷盆地带；从北到南存在 5 个不同构造活动特征的区域（图 7−2）：

（1）银川—吉兰泰断陷带（图 7−2 中 I 区）

控制这两个盆地的活动断裂主要有贺兰山东麓断裂、银川—平罗隐伏断裂、黄河断裂、巴音浩特断裂、雅布赖山断裂、巴彦乌拉山断裂、桌子山西缘断裂、狼山—色尔腾山断裂和磴口—本井断裂，等等，主要表现出张—剪性正断裂、走滑—正断层活动。其中，银川盆地西侧贺兰山东麓断裂的全新世垂直滑动速率为 1.2 ± 0.4 mm/a，具右旋走滑特征。上述各断裂均存在多期古地震事件，历史及现今活动显著；迄今共记载和记录 $M_S \geqslant 6.0$ 级地震 6 次，其中，$M_S = 6.0 \sim 6.9$ 级地震 5 次，无 $M_S = 7.0 \sim 7.9$ 级地震，最大地震为 1739 年 1 月 3 日宁夏平罗—银川间的 8 级地震。

---

* 本章执笔：7.1 节，闻学泽、袁道阳、杜方；7.2 节，袁道阳、冯建刚、高立新、盛菊琴、曾宪伟、杜方等；7.3 节，杜方、易桂喜、龙锋、闻学泽等；7.4 节，付虹、邬成栋、闻学泽等。

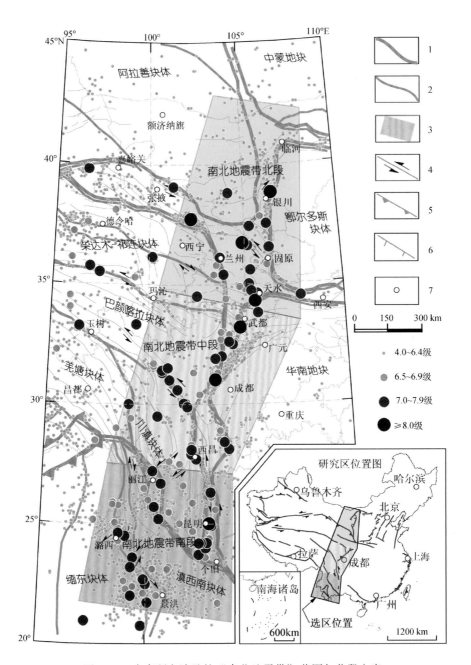

图 7-1 本章研究涉及的"南北地震带"范围与分段方案

1. Ⅰ级地块边界；2. Ⅱ级地块边界；3. 南北带的分段区域（本章的统计未包括银川盆地以北部分）；

4. 活动走滑断层；5. 活动逆断层；6. 活动正断层

（2）东祁连山—六盘山构造带（图 7-2 中Ⅱ区）

属于青藏高原Ⅰ级活动地块区东北隅的分界断裂带，其主中央断裂带为海原—祁连山活动断裂带，晚第四纪左旋走滑速率达 4.5±1.0mm/a（Li et al.，2009），北东侧还有天桥沟—黄羊川、香山—天景山、烟筒山、牛首山以及罗山东麓等次级断裂构成一组向北东方向弯凸的弧形逆走滑活动断裂系统，走滑速率 1~2mm/a，在该断裂系统南东段的六盘山地区

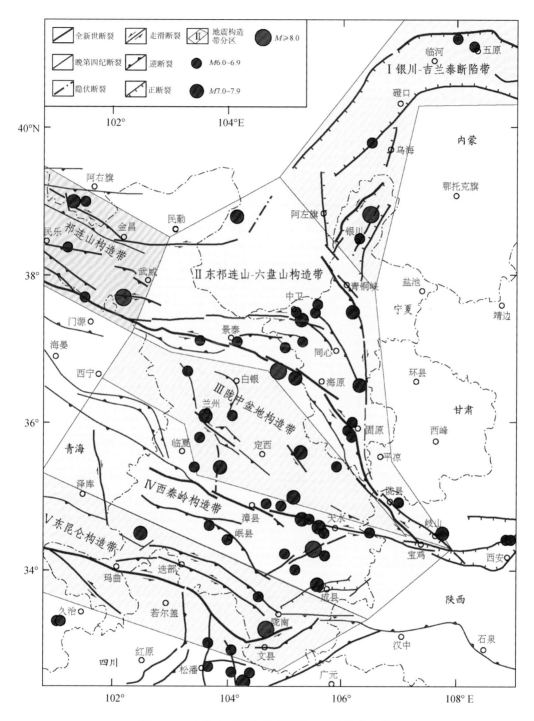

图 7-2　南北地震带北段及其附近地震构造与分区图

（固原—陇县之间），断裂活动转为以逆冲为主。该构造带的断裂活动强烈，地震频度高、强度大，迄今共记录到 $M_S \geqslant 6$ 级地震 18 次，其中 $M_S \geqslant 8$ 级地震 1 次，$M_S = 7.0 \sim 7.9$ 级地震 5 次，$M_S = 6.0 \sim 6.9$ 级地震 12 次，最大地震为 1920 年 12 月 16 日宁夏海原 $8\frac{1}{2}$ 级地震。

（3）陇中盆地构造带（图7-2中Ⅲ区）

介于海原—祁连山断裂带、西秦岭北缘断裂带和日月山断裂带之间，主要有马衔山、会宁—义岗、庄浪河、白银白杨树沟以及通渭—清水等活动断裂带。其中，NWW向断裂以逆-左旋走滑活动为主，如马衔山北缘断裂晚第四纪走滑速率为 $1.1 \pm 0.3mm/a$（宋方敏等，2006），而 NNW 向弧形断裂带以逆冲运动为主，伴有断裂扩展褶皱等变形。本区发生过 B. C. 193 年临洮 7 级、1125 年兰州 7 级、1352 年会宁 7 级、1718 年通渭 7½级等大地震。迄今共记录到 $M_S=6 \sim 7$ 级地震 8 次，其中 $M_S=6.0 \sim 6.9$ 级地震 4 次，$M_S=7.0 \sim 7.9$ 级地震 4 次，最大地震为 1718 年 6 月 19 日甘肃通渭南的 7½级地震。

（4）西秦岭构造带（图7-2中Ⅳ区）

主要包括 NWW 向的西秦岭北缘断裂带及其以南的临潭—宕昌断裂等，以逆左旋走滑活动为主。其中，西秦岭北缘断裂晚第四纪左旋走滑速率为 $2.3 \pm 0.2mm/a$，已发现多期古地震事件（李传友，2005；李传友等，2007）。该地震构造带属地震发生强度和频度均较高的地区，有史料记载以来就记录到 $M_S \geqslant 6$ 级地震 15 次，$M_S=7.0 \sim 7.9$ 级地震 3 次，最大地震为 1654 年天水南 8 级地震。

（5）东昆仑构造带东段（图7-2中Ⅴ区）

主要包括 NWW 向东昆仑断裂及其分支阿万仓断裂、迭部—白龙江断裂、光盖山—迭山断裂等；以左旋走滑断裂为主，兼有逆冲运动分量，其中，左旋走滑速率从东昆仑断裂带中西段的 ~10mm/a 衰减到东端附近的 1 ~ 2mm/a（Kirby et al.，2007）。本构造区迄今共记录 $M_S \geqslant 6$ 级地震 5 次，$M_S \geqslant 7$ 级地震 2 次，本区最大地震是 1879 年甘肃武都—文县间 8 级地震。

2. 南北地震带中段

巴颜喀喇块体与川滇块体的 SE、SSE 向运动是南北地震带中段的活动构造变形与地震孕育、发生的主要动力源（图7-3）。与这两个块体主动运动相关的强震构造带有：

（1）岷江、龙门山断裂带

由近 SN 向岷江断裂带与 NE 向龙门山断裂带组成了巴颜喀喇地块东边界活动断裂系统的主体。其中，岷江断裂带是东昆仑断裂带东段南侧的分支断裂带，属于大型走滑断裂带的尾端构造，具有走滑—逆冲性质，主要由近 SN 向的虎牙断裂、岷江断裂、黄胜关断裂等组成，宽约 100km、长约 150km，晚第四纪平均滑动速率为 1.4mm/a（周荣军等，2004），最近 400 年中已发生 $M_S=6 \sim 7.5$ 级地震 7 次（震群仅计为 1 次）。龙门山断裂带由茂汶—汶川断裂（后山断裂）、北川—映秀断裂（中央断裂）和灌县—彭县断裂（前山断裂）等三条主干活动断裂组成，表现出右旋—逆冲性质，带宽约 40km，全长约 500km。该带的深部滑脱带位于 20km 左右深处的壳内低阻层（王椿镛等，2003）。三条主断裂的平均垂直滑动速率均在 1mm/a 左右。2008 年四川汶川 $M_S8.0$ 地震发生在该断裂带的中-北段，而 2008 年之前约 350 年发生过 $M_S6 \sim 6½$ 地震 4 次（闻学泽等，2009）（图7-3）。

（2）甘孜-玉树断裂带与鲜水河断裂带

两断裂带分别是羌塘与巴颜喀喇块体、川滇与巴颜喀喇块体的分界带，总体走向 NW，全长约 850km，以左旋走滑为主，晚第四纪的平均滑动速率 10 ~ 12mm/a（闻学泽等，2003；杜方等，2010）。高速率的运动使得这两条断裂带是我国强震、大地震活动最频繁的巨型左旋走滑活动断裂系统。仅 19 世纪以来，沿两断裂带已发生 $M_S \geqslant 7$ 级地震 11 次，最新发生的是 2010 年 4 月 14 日的青海玉树 7.1 级地震（图 7 - 3）。

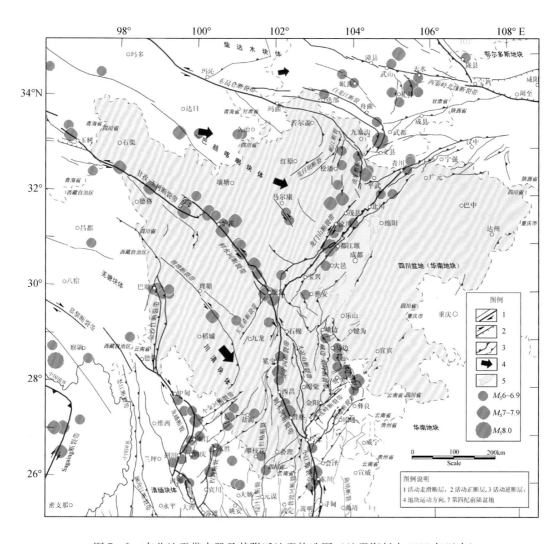

图 7 - 3　南北地震带中段及其附近地震构造图（地震资料自 1500 年以来）

（3）安宁河、则木河断裂带

是川滇地块的东边界主断裂带。其中，近 SN 向安宁河断裂带北起石棉以北，向南经冕宁至西昌。NNW 向则木河断裂带的北端在西昌以北与安宁河断裂带相连，向南经普格、宁南至云南巧家后与近 SN 向小江断裂带相接。安宁河、则木河两断裂带的平均左旋走滑速率为 5 ~ 8mm/a（徐锡伟等，2003），自公元 814 年以来记载到发生强震、大地震 9 次，其中，$M_S \geq 7$ 级地震 4 次（图 7 - 3）。

（4）金沙江断裂带

近 SN 走向，属于川滇块体的西边界，北起于四川白玉，南至云南德钦与 NW 向中甸断裂相交，由多条右旋—逆冲型活动断裂组成，长约 500km、东西宽约 80km。GPS 测量表明该断裂带的近 E—W 向缩短率为 2 ~ 3mm/a（陈智梁等，1998；Chen et al.，2000）。该断裂带于四川巴塘附近段曾发生过 1722 年 $M_S \geqslant 6$ 级、1870 年 $M_S 7\frac{1}{4}$、1923 年 $M_S 6\frac{1}{2}$ 以及 1989 年 $M_S 6.7$ 震群等强震与大地震。然而，该断裂带在巴塘以南至云南中甸之间的 200 多公里长的段落上，至少在最近的 100 多年中未发生过强震（图 7-3）。

（5）大凉山、马边断裂带

属于川滇块体东边界断裂系统中的近 SN 向次级活动断裂带。其中，大凉山断裂带无历史地震记载，但探槽开挖已揭示多次古地震事件，且水平左旋滑动速率为 3~4mm/a（何宏林，2008），表明具有发生 $M_S \geqslant 7$ 级大地震的能力。近 SN 向至 NNW 向马边—盐津断裂带全长 220km，具有晚第四纪活动性，表现为逆冲—左旋走滑性质，曾发生过 1216 年和 1974 年两次 $M_S 7$ 地震，以及 1919 年和 1935~1936 年的多次 $M_S 6~6\frac{3}{4}$ 地震。

（6）莲峰、昭通断裂带

呈 NE 走向，展布于川、滇两省交界的东段，属于川滇块体东边界带的南缘分支断裂带，具有逆冲—右旋走滑的运动性质。在历史记载时期中似乎未发生过 $M_S \geqslant 6$ 级的强震，属于强震平静已久的活动断裂带。

（7）川滇块体内部重要断裂带

主要有理塘、玉龙希、小金河等断裂带。其中，NW 向理塘断裂带长约 145km，以左旋走滑为主，伴有不等的逆倾滑分量，平均左旋滑动速率为 4.0 ± 1.0mm/a，垂直（逆）滑动速率 $0.1~1.8$mm/a，曾发生 1890 年 $M \geqslant 7$ 级和 1948 年 $M 7\frac{1}{4}$ 地震（徐锡伟等，2005）。NNE 向玉龙希断裂长约 170km，为逆冲—走滑型的全新世活动断裂，发生过 1975 年康定六巴 6.2 级地震，地表可见史前大地震破裂的遗迹，应具备发生 7 级地震的能力。NE 走向的小金河断裂带斜切了川滇块体，全新世左旋走滑平均位错速率为 $2.5~4$mm/a，在四川木里以北的北东段尚无全新世活动的证据，中段的四川木里、盐源、至云南宁蒗一带历史及现今强震活动频繁，曾发生过 1976 年 $M_S 6.7$ 和 $M_S 6.4$ 等强震（徐锡伟等，2003）。

3. 南北地震带南段

南北地震构造带南段的位置如图 7-1 所示，与强震/大地震关系密切的活动断裂带/构造带主要有（图 7-4）：

（1）小江断裂带

是川滇块体的东南边界主断裂带，长约 415km，走向近 SN，向下至少深切至下地壳。该断裂带的活动以左旋走滑作用为主，在东川及其以南的地表形迹主要分成东、西两个分支，华宁以北部分的晚第四纪平均滑动速率为 8~9mm/a。最近 500 多年来已发生 $M_S \geqslant 6$ 级地震 16 次，其中 $M_S \geqslant 7$ 级地震 4 次、$M_S 8$ 地震 1 次，破裂已完全覆盖了整个小江断裂带（闻学泽等，2011a）。

（2）中甸—红河断裂系统

构成川滇块体的西南—南边界，主要组成有：①龙蟠（中甸）断裂（龙蟠—乔后断裂）——走向由 NW 转 NNE，总体呈向北东凸出的弧形，长约 190km，以右旋走滑运动为主，晚第四纪的水平与垂直滑动速率约为 2mm/a，发生过多次 5~6.3 级地震；②玉龙雪山东麓断裂——总体走向呈向东凸出的弧形，长约 78km，全新世水平滑动速率为 2mm/a（徐锡伟等，2003），历史上发生过多次强震，最大是 1996 年丽江 $M_S 7.0$ 地震；③红河断裂带——总体走向 NW，云南境内长约 500km，北段展布于洱源—弥渡之间，右旋走滑速率约为 5~7mm/a，有记载以来的强震与大地震集中发生在弥渡及其以北的北段，共发生过 8 次

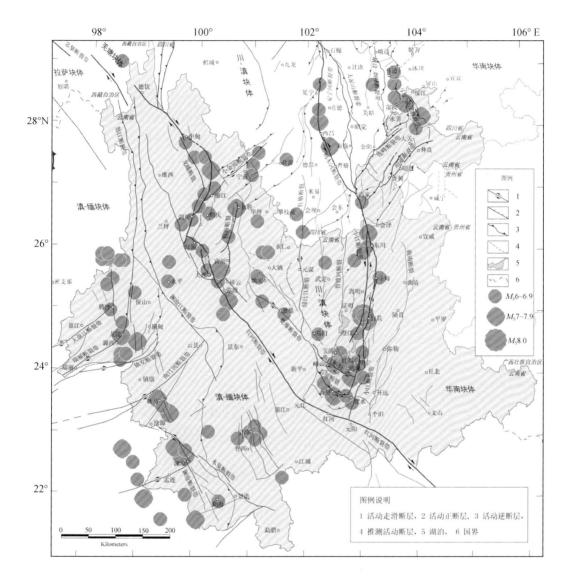

图 7-4 南北地震带南段及其附近地震构造图

$M_S \geqslant 6\frac{1}{4}$ 级的地震，其中有 1652 年弥渡 $M_S 7$ 地震和 1925 年大理 $M_S 7$ 地震（Allen et al.，1984）；红河断裂带中－南段沿哀牢山北东侧展布，历史上未记载或记录到强震和大地震，现代小震也极少，但地质调查及古地震研究发现该断裂段上具有全新世活动证据（Allen et al.，1984）和古地震遗迹（Sieh，1984），说明该断裂也具备发生 $M_S \geqslant 7$ 级大地震的能力。

（3）程海断裂带

近 SN 走向，倾向西，全长约 200km，具有较强烈的全新世活动性。大致以金沙江为界，可分为南、北两段。北段以走滑—拉张正断层性质为主，发生过 1515 年 $7\frac{3}{4}$ 级地震以及 2001 年 6.0 级地震；中段的宾川附近历史上未发生过 $\geqslant 6$ 级的地震；南段近代发生过 1803 年祥云 $6\frac{1}{4}$ 级地震。

（4）楚雄—建水断裂带

可分为北西和南东两段。易门以西的北西段称为楚雄断裂带，由二至三条平行的逆—右旋走滑断裂组成，长度大于 200km，总体走向 310°～320°，具有晚第四纪活动性，发生过 1680 年楚雄 $M_S6\frac{3}{4}$、1962 年南华 $M_S6.2$ 等强震。易门以东的东南段称为曲江—石屏断裂带，由北支曲江断裂和南支石屏—建水断裂组成，走向 NW 转为 NWW—近 EW，全长约 120km，表现出以右旋走滑为主、兼挤压逆冲的运动特征，现代右旋水平滑动/剪切变形速率约为 4.5mm/a，最近 500 多年已发生 $M_S \geqslant 6$ 级地震 11 次，其中 $M_S \geqslant 7$ 级地震 5 次，地震破裂已完全覆盖了整个断裂带（闻学泽等，2011a）。

（5）元谋（绿汁江）断裂带

近 SN 向，北端与四川红格断裂相连，南经元谋盆地东缘、一平浪、绿汁江河谷，至易门南，全长约 210km，具有明显的晚第四纪活动性。一种观点认为元谋（绿汁江）断裂带是川滇块体东边界活动断裂系统中最靠西的一条大型分支断裂（Burchfield et al.，1996），另一种观点认为该断裂带属于川滇块体内部的活动断裂带（张培震等，2003）。该断裂带北段在 1955 年和 2008 年分别发生过四川会理鱼鲊 $M_S6\frac{3}{4}$ 和四川攀枝花仁和—会理间 $M_S6.1$ 两次强震，而中-南段的元谋至易门之间长期缺少强震与大地震。

（6）滇西南地震构造带

主体由 NW 向龙陵—澜沧新生活动构造带（虢顺民等，2002）组成，带内主要有木夏、澜沧等 NW 向断裂带，孟连、南汀河、瑞丽、镇安、大盈江等 NE 断裂带，以及近 SN 向腾冲断裂带，等等，断续延伸约 500km。其中，NW 向断裂的运动以右旋—拉张性质为主，NE 向断裂的运动则以左旋走滑为主。本带是云南上世纪以来强震、大地震最为活跃的活动构造带，1900 年以来已经发生了 7 次 7 级以上地震。

7.2 南北带北段的中-长期大地震危险性研究

7.2.1 历史强震活动与地震空区

1. 强震、大地震活动背景

根据对图 1-9 和图 1-10 的分析，未来十年及稍长时间中国大陆 $M_S \geqslant 7$ 级地震主体活动区很可能涉及到南北地震带的北段。若考虑 $M_S \geqslant 6.5$ 级地震从 16 世纪中期以来是较完整的，则可根据最近 400 多年的累积释放速率估计出至目前为止，南北地震带北段地区已积累起发生一次 $M_S \geqslant 8.0$ 级地震的应变能（图 7-5）。因此，从目前至不远的未来，南北地震带北段地区存在发生 $M_S \geqslant 7$ 级大地震的危险背景。

2. 历史强震破裂图像与地震空区

根据对南北地震带北段历史地震资料的系统梳理和对部分历史疑难地震开展的进一步考证研究（袁道阳等，2007；雷中生等，2007），已获得各次历史及现代强震、大地震的可靠震害与烈度分布资料。在此基础上结合活动断裂的破裂分段研究结果，确定各次地震的发震构造与破裂延伸。结果获得南北地震带北段强震、大地震的相对重破坏区（图 7-6），它们沿发震断裂的延伸可近似代表破裂的延伸。

根据图 7-6 中已发生强震、大地震的破裂区沿相关发震断裂的展布，可以识别出南北

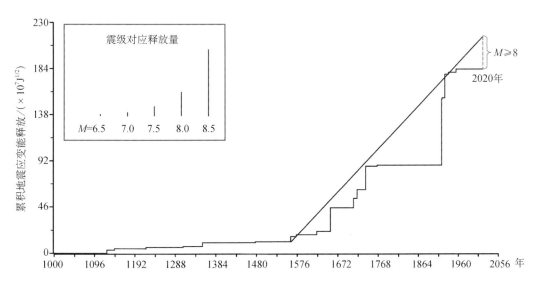

图 7-5　南北地震带北段强震、大地震的累积应变能释放随时间变化图

地震带北段存在许多地震空区（破裂空段）。然而，进一步的分析认为，图 7-6 中的灰色区域为距今 1000 年以来的历史地震破裂区，这些地段未来不太长的时间内再次发生 $M_S \geqslant 7$ 级大地震的可能性小；淡蓝色区域为离逝时间大于 1000 年的历史地震破裂区范围，由于离逝时间较长，未来复发大震的可能性相对大些；淡草绿色区域为发现有古地震地表破裂遗迹的段落，那里的最晚地表破裂型地震距今已很久远。考虑这些因素、同时考虑中-长期预测的时间尺度，本研究判定出南北地震带北段的地震空区主要是：①磴口—五原地震空区；②同心—灵武地震空区；③天祝—大靖地震空区；④六盘山南段—西秦岭东段地震空区；⑤西秦岭中-西段地震空区；⑥甘、青、川交界地震空区（图 7-6）。

7.2.2　区域现代地震活动及其参数图像

1. 区域异常地震活动图像

图 7-7 显示，银川盆地及其以南地区，1980 年以来的地震分布显示出至少存在 4 个 $M_L \geqslant 2.5$ 级地震的稀疏段或者平静段，分别位于六盘山断裂带南段与西秦岭北缘断裂带东段、西秦岭北缘断裂带西段与临潭—宕昌断裂、东昆仑断裂带与塔藏断裂、天祝毛毛山断裂与天桥沟—黄羊川断裂上，可能反映那里断层面处于闭锁状态。

2008 年 5 月以来，南北带北段的甘川青交界至以北的海原断裂带之间地区，出现 $M_L \geqslant$ 4.0 级地震平静的异常地震活动图像（图 7-8），异常平静区覆盖了六盘山断裂带中-南段、西秦岭北缘断裂带、东昆仑断裂带东段、以及陇中盆地构造带。

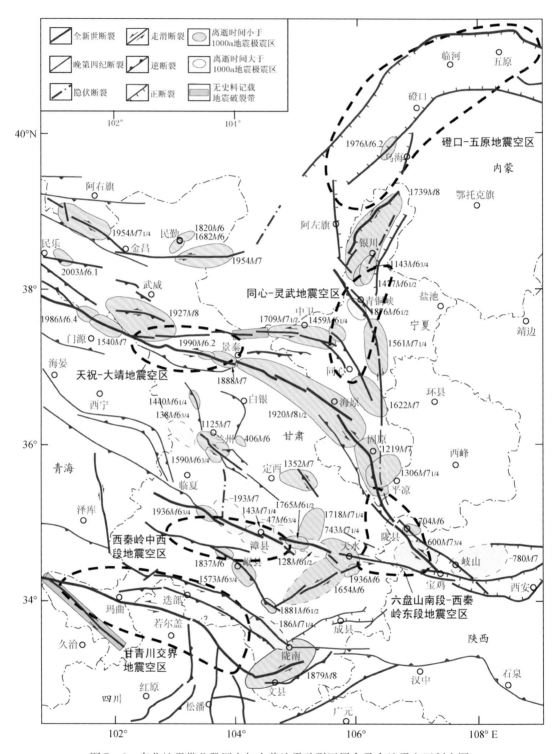

图 7-6 南北地震带北段历史与史前地震破裂区展布及大地震空区判定图

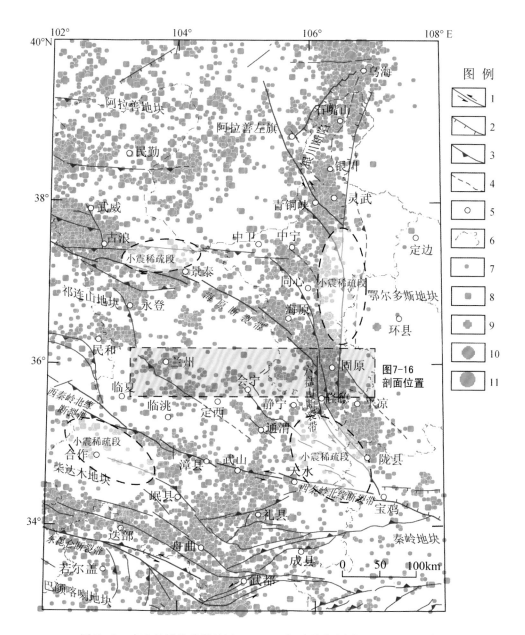

图 7 - 7　南北地震带北段地区 $M_L \geqslant 2.5$ 级地震分布图（1980 ~ 2008 年）

1. 走滑断层；2. 正断层；3. 逆断层；4. 推测断层；5. 城镇；6. 省界；

7. $M_L 2.5 ~ 2.9$ 震中；8. $M_L 3.0 ~ 3.9$ 震中；9. $M_L 4.0 ~ 4.9$ 震中；

10. $M_L 5.0 ~ 5.9$ 震中；11. $M_L 6.0 ~ 6.9$ 震中

椭圆形粗虚线框指示小震活动稀疏段

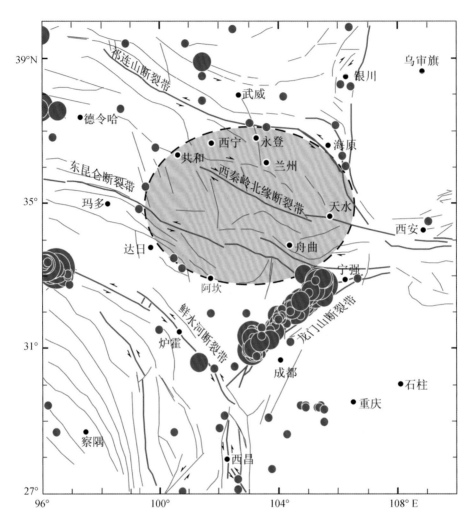

图 7 - 8 甘、川、青交界及其以北的 $M_L \geq 4.0$ 级地震平静图像

2008.05 ~ 2010.06，椭圆区域为 $M_L \geq 4.0$ 级地震平静区

2. 加速矩释放（AMR）时空扫描分析

根据对南北带北段及其邻区的 AMR 空间扫描，发现祁连山断裂带西段（阿尔金与祁连山两断裂带的交汇区）、龙首山断裂带的东段和西段、天祝及其附近、宁夏同心—中宁一带、东昆仑断裂带东段等地存在明显的低 m 值异常（图 7 - 9），位置上与当地的地震空区有较好的一致性，应属于近年来甘肃及邻区地震活动性异常的区域。

采用同样的方法进行 AMR 扫描，还发现蒙、宁交界地区也存在低 m 值异常（图 7 - 10）。

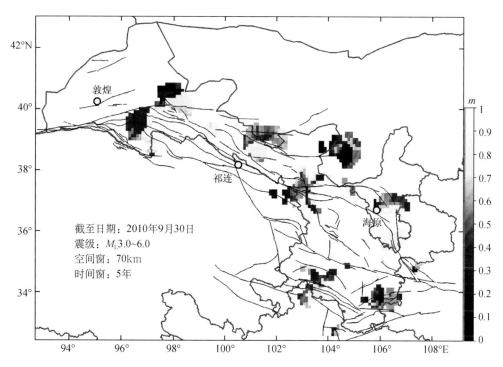

图 7-9 甘肃及邻区加速矩释放 AMR 空间扫描图像

使用至 2010 年 9 月底止的甘肃台网月报目录，扫描空间窗 $R_2 = 70\text{km}$、时间窗 $T_2 = 5\text{a}$

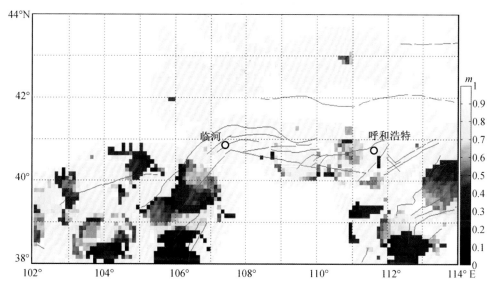

图 7-10 蒙、宁交界地区加速矩释放 AMR 空间扫描图像

使用至 2010 年 8 月底止的全国小震目录，扫描空间窗 $R_2 = 70\text{km}$、时间窗 $T_2 = 5\text{a}$

3. 沿主要断裂带/段的震源深度图像

采用 Hypo2000 和双差法（HypoDD）获得的地震精定位结果，绘制沿主要断裂带的震源深度剖面图，结果发现沿以下断裂带存在小震稀疏段或者小震空段，显示相应断裂段可能正处于闭锁状态：

（1）银川以北沿巴彦乌拉山—狼山山前断裂带。沿该断裂带存在 2 个小震稀疏段或者小震空段，分别位于艾布都至吉兰泰段以及青山镇附近（图7-11）。

（2）西秦岭北缘断裂带。沿该断裂带在天水以东段和洮河以西段存在两个小震空段（图7-12）。

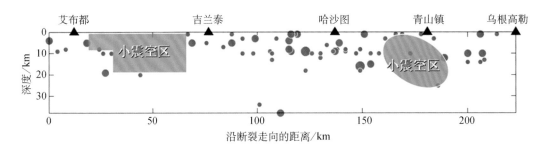

图7-11 沿内蒙巴彦乌拉山—狼山山前断裂带的小震深度剖面图

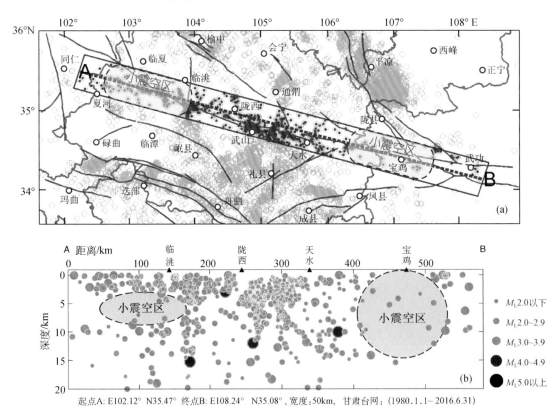

图7-12 沿西秦岭北缘断裂的小震平面和深度剖面图

（a）小震平面分布及 A—B 剖面位置；（b）A—B 震源深度剖面

（3）六盘山断裂带南段。即该断裂带的陇县—宝鸡段，无论平面上和深度剖面上均存在明显的小震空区（图7-13），显示该断裂段可能是长期闭锁段。

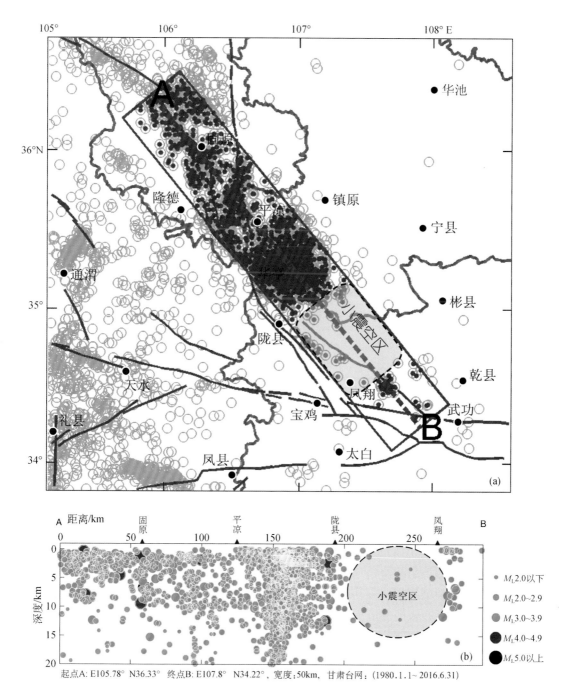

起点A：E105.78° N36.33° 终点B：E107.8° N34.22°，宽度：50km，甘肃台网：（1980.1.1～2016.6.31）

图7-13 沿六盘山断裂的小震平面和深度剖面图

（a）小震平面分布及A—B剖面位置；（b）A—B震源深度剖面

4. 沿主要断裂带的 b 值等参数图像

采用最大似然法进行 b 值空间扫描分析。其中，甘东南地区的扫描窗半径取 40km，滑动步长为 0.1°，采用 1970 年至 2010 年 9 月的全国小震目录，震级下限为 $M_L 2.0$。

图 7-14 反映甘东南地区 b 值介于 0.47 ~ 1.32 之间，其中有三个 b 值较低的区域，分别为西秦岭北缘断裂带的漳县以西段和临潭—宕昌断裂（岷县断裂）中段、东昆仑断裂带东段的迭部—玛曲段、以及龙门山断裂带的北东段。前两个低 b 值区可能是相对高应力区域，应高度关注；而龙门山断裂带的北东段上的低 b 值是由 2008 年汶川 8.0 级地震的余震活动所致。

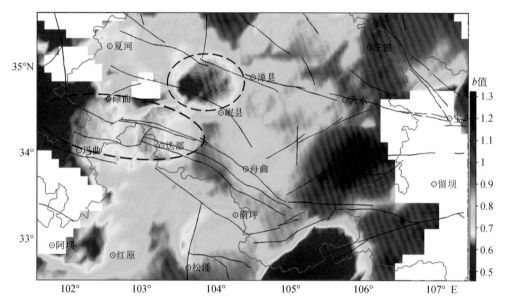

图 7-14 甘东南及其邻近地区的 b 值空间扫描图像
采用 1970.01 ~ 2010.09 全国地震目录，起算震级 $M_L 2.0$

甘肃、宁夏交界地区的 b 值空间扫描窗半径取 25km，滑动步长为 0.05°，采用 1970 年至 2010 年 8 月的全国小震目录，震级下限为 $M_L 2.0$。由图 7-15 看到：该区 b 值介于 0.5 ~ 1.62 之间，两个较低 b 值的段落分别位于：①祁连山断裂带东段的老虎山—毛毛山断裂段；②六盘山断裂带的烟筒山断裂（宁夏同心一带）。另外，根据重新定位的地震资料得到的 b 值剖面反映：六盘山断裂带中段在 17 ~ 25km 的深度上存在异常低 b 值区（图 7-16），反映那里的深部断层面存在较高的应力积累。

同样，沿鄂尔多斯块体北缘断裂带进行 0.1° × 0.1° 的 b 值空间扫描，结果发现在内蒙的临河—乌海地段的 b 值明显偏低（图 7-17）。该区域位于南北地震带的最北段。

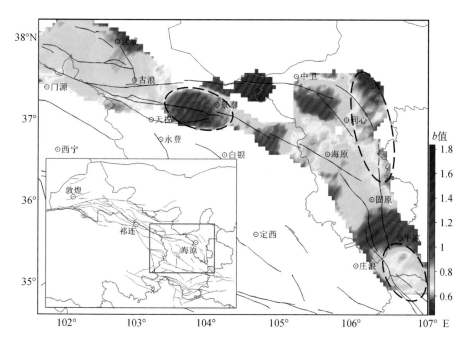

图 7-15　甘肃宁夏交界沿主要活动断裂的 b 值空间扫描

采用 1970.01～2010.08 全国地震目录，起算震级 $M_L2.0$

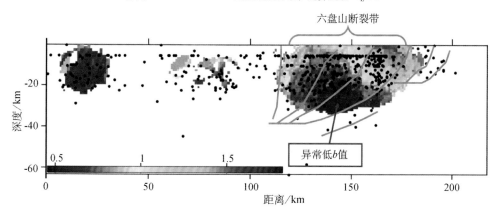

图 7-16　横穿六盘山断裂带中段的 b 值剖面（1980～2008，$M_L \geqslant 2.5$）

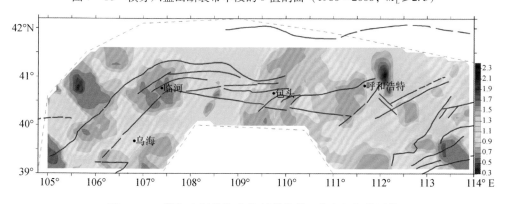

图 7-17　鄂尔多斯块体北缘断裂带的 b 值空间扫描图像

7.2.3 地壳形变/重力异常区

1. 地壳形变异常区/高应变积累区

（1）分析 1999～2007 年的 GPS 水平运动与变形场，发现鄂尔多斯块体西南缘的六盘山断裂带—西秦岭断裂带东段、东昆仑断裂带东段等地，存在水平运动受阻、持续挤压和应变积累的背景（图 2-3）。

（2）1999～2006 年期间的重复水准测量，发现在西秦岭北缘断裂带西段南侧至少约 50km 的范围内出现高速率的地壳异常隆起，最高隆起速率一度达到 10mm/a 以上（图 7-18）。尽管在 1999～2006 年的水准复测期间，在隆升速率高值区附近发生过 2003 和 2004 年的 2 次中强震，但如此大范围的高速率地壳隆升很难用 2 次 5 级地震的同震形变进行解释。因此，西秦岭北缘断裂带西段南侧的高速率地壳异常隆起值得重视。

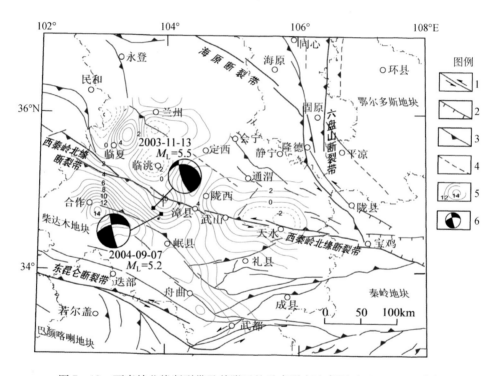

图 7-18　西秦岭北缘断裂带及其附近的垂直形变速率图（1999～2006 年）

1. 走滑断层；2. 正断层；3. 逆断层；4. 推测断层；5. 垂直形变速率；6. 地震断层面解

（3）GPS 站速度剖面（图 7-19A 区和图 7-20）显示，在六盘山断裂西侧，存在垂直断裂带的地壳横向挤压缩短作用以及平行于断裂带的水平左旋剪切作用，至六盘山断裂带，变形显著变小。其中，断裂带西侧 100～250km 处的水平缩短速率约为 3mm/a，0～100km 处已减小到约 0.5mm/a，而断裂东侧几乎无变形；平行断裂的水平角变形速率在断裂带西侧约为 $4.0 \times 10^{-9}/a$，至断裂带东侧也几乎无变形。这种地壳形变图像与汶川地震前横跨龙门山断裂带的地壳形变图像（杜方等，2009）完全雷同，反映六盘山断裂带中-南段业已闭锁。

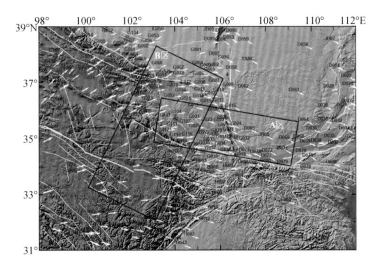

图 7－19 跨六盘山断裂带中-南段与西秦岭北缘断裂带西段的 GPS 速度剖面位置（A 区与 B 区）

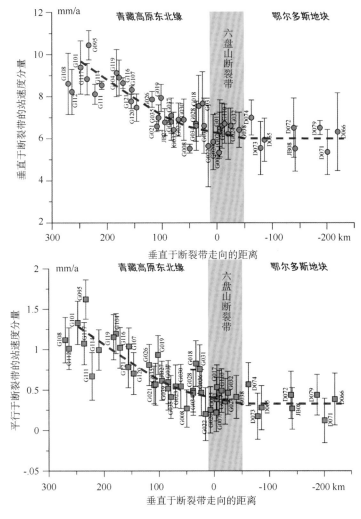

图 7－20 跨越六盘山断裂带的 GPS 站速度剖面（图 7－19 的剖面 A）

跨西秦岭北缘断裂带西段的 GPS 站速度剖面（图 7-21）反映，该断裂段南侧地区存在垂直于断裂走向的、由南向北的横向挤压缩短作用以及平行于断裂的水平左旋剪切作用，但至主断裂带附近的变形显著变小。其中，该断裂段南侧 100～300km 处的水平缩短速率约为 2.5mm/a，0～100km 处已减小到约 0.3mm/a，而该断裂段北侧的西秦岭北缘、海原两断裂带之间地区的水平缩短变形作用微弱。另外，在西秦岭北缘断裂带西段南侧 100～300km 处，平行于断裂的水平角变形速率约为 $2.3 \times 10^{-8}/a$，而至该断裂段北侧变形也很微弱。这种形变图像与汶川地震之前横跨龙门山断裂带的形变图像（杜方等，2009）也极为相似，表明西秦岭北缘断裂带西段业已闭锁，并具有显著的应变积累。

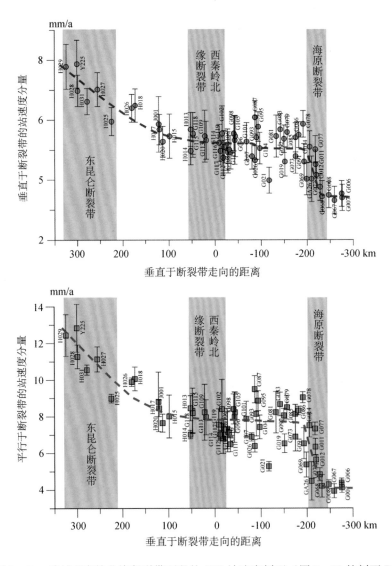

图 7-21　跨越西秦岭北缘断裂带西段的 GPS 站速度剖面（图 7-19 的剖面 B）

　　图 7-21 同时反映海原断裂带尚处于开放状态，说明该断裂带自 1920 年发生 8.5 级特大地震破裂以来，断层面还未完全重新耦合。

2. 重力异常区

根据本专著第 5 章的相关资料与分析，可以发现近年来南北地震带北段及其附近地区主要存在以下区域重力场变化异常（图 5 - 10）：

（1）2007~2008 年期间，在西秦岭北缘断裂带与六盘山断裂带之间形成重力变化高梯度带，其中在甘肃岷县与宁夏隆德之间的重力差幅达 $100 \times 10^{-8} m/s^2$ 以上（图 5 - 10a）。

（2）2008~2009 年，整个测区重力变化总体趋势与上期反向，西秦岭北缘断裂与六盘山断裂之间继续存在重力变化高梯度带，甘肃陇西与宁夏隆德之间重力差增加至 $170 \times 10^{-8} m/s^2$ 以上（图 5 - 10b）。

（3）2009~2010 年，整个测区重力场出现正负相间的变化，其中，测区东南出现四象限的局部重力异常变化，海原—六盘山断裂与西秦岭北缘断裂所围限的地区重力变化剧烈（图 5 - 10c）。

（4）1998~2008 年十年尺度的重力变化表明，测区东南的甘、宁交界地区重力差异变化达 $160 \times 10^{-8} m/s^2$ 以上。甘肃天水、通渭地区形成 $-100 \times 10^{-8} m/s^2$ 以上的局部重力异常区，宁夏西吉、隆德地区形成与六盘山断裂带展布基本一致的重力变化高梯度带（图 5 - 10d）。

以上表明，海原—六盘山断裂与西秦岭北缘断裂带及其所围限地区构造活动剧烈，该地区及其附近具有发生大地震的中‑长期危险背景。

7.2.4 中‑长期大地震危险区判定小结

综合本节以上所述，可初步判定出南北地震带北段未来十年及稍长时间的 $M \geqslant 7.0$ 级地震危险区与危险性值得注意的地区（图 7 - 22）：

1. 六盘山南段—西秦岭东段危险区

位于宁夏固原、甘肃天水与平凉以及陕西陇县和宝鸡之间的地区，潜在的发震断裂主要有 NW—NNW 向六盘山断裂带中‑南段与 NWW—近 EW 向西秦岭北缘断裂带东段。将这里判定为未来十年及稍长时间潜在大地震危险区的主要依据有：

（1）属于大型活动断裂带上的地震空区（图 7 - 6、图 7 - 22）：根据地震史料分析，倾向于认为六盘山断裂带中‑南段是公元 600 年天水—陇县间一次强震的发震断裂，距今离逝时间已长达 1400 多年，由震级‑破裂长度经验关系式（参见第 2 章 2.3.3 节）估计出潜在地震的震级为 $M = 7.1~7.5$ 级；天水—宝鸡之间的西秦岭北缘断裂带东段约 2000 年来未发生过 $M \geqslant 7$ 级的地震，也属于地震空区的断裂段，长约 110km，估计出的潜在地震震级为 $M = 7.6$ 级。

（2）GPS 测量反映六盘山断裂带中‑南段是具有显著应变积累的闭锁断裂段（图 7 - 20）。

（3）位于数年至十年尺度的重力观测显著变化地带或梯度带上（图 5 - 10）。

（4）六盘山断裂带南段与西秦岭北缘断裂带东段所在地区存在 $M_L \geqslant 2.5$ 级地震的稀疏段（图 7 - 7），其中，中段在 17~25km 的深度上存在异常低 b 值区（图 7 - 16），进一步反映那里的断层面已处于较高应力积累下的闭锁状态。

（5）本区位于 2008 年 5 月至 2010 年 6 月期间形成的甘、川、青交界及其以北 $M_L \geqslant 4.0$ 级地震平静区的东缘（图 7 - 8）。

2. 西秦岭北缘断裂带中—西段危险区

位于甘肃武山至合作之间，潜在的发震断裂是 NWW 向西秦岭北缘断裂带中-西段和临潭—宕昌断裂中-西段（图7-22）。将这里判定为未来十年及稍长时间大地震危险区的主要依据有：

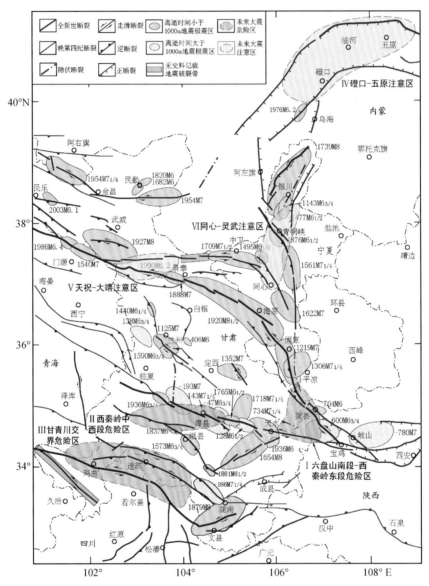

图7-22 南北地震带北段中长期大地震危险区与危险性值得注意的地区判定结果

（1）属于大型活动断裂带上的地震空区：沿西秦岭北缘断裂带甘肃武山—漳县—合作之间的段落（中-西段）以及临潭—宕昌断裂的中-西段均存在约2000年来未发生 $M \geqslant 7$ 级地震破裂的地震空区（图7-6、图7-22），尽管空区附近发生过1837年 $M6$ 和1936年 $M6\frac{3}{4}$ 等强震，但破裂的规模小，远不能填满该空区。由震级-破裂长度经验关系估计出潜在地震的震级为 $M = 7.0 \sim 7.5$ 级。

（2）GPS 测量反映西秦岭北缘断裂带西段以及临潭—宕昌断裂中-西段业已闭锁，并已具有显著的应变积累（图 7-21）。

（3）位于数年至十年尺度的重力观测显著变化的地带或梯度带边缘（图 5-10）。

（4）至少从 1980 年以来，西秦岭北缘断裂带西段的合作附近、中段的漳县—武山之间分别存在 $M_L \geq 2.5$ 级地震的稀疏段或者相对平静段（图 7-7）。另外，在漳县—临潭之间存在异常低 b 值区（图 7-14），反映那里的断裂已处于较高应力积累状态，且断层面业已闭锁。

（5）本区位于 2008 年 5 月至 2010 年 6 月期间形成的甘、川、青交界及其以北 $M_L \geq 4.0$ 级地震平静区的东缘（图 7-8）。

3. 甘、青、川交界危险区

位于甘、青、川三省交界，包括青海的玛沁东部、甘肃玛曲、迭部、舟曲，四川若尔盖与九寨沟等地，潜在的发震断裂主要有东昆仑断裂带东段的主干断裂及若干分支断裂（图 7-22）。主要判定依据有：

（1）这里是自 2001 年昆仑山口西 M8.1 地震发生后，东昆仑断裂带上现存的、最大的地震空区（玛曲空区）（Wen et al.，2007）。同时，东昆仑断裂带东段南侧的分支断裂（如塔藏等断裂）上也存在地震空区（图 7-6、图 7-24）。可估计出这里潜在地震的震级为 $M = 7.3 \sim 7.7$ 级。

（2）东昆仑断裂带东段及其附近属于 2008 年四川汶川 M8.0 地震破裂引起的库仑应力增加区（Toda et al.，2008；雷兴林，2008 年个人通信）之一。

（3）根据巴颜喀喇块体北边界大地震序次-时间关系外推，该块体北边界（东昆仑断裂带）的下一次大地震可能发生在未来十年之间（图 7-32）。

（4）东昆仑断裂带东段的迭部—玛曲之间存在现今地震活动的低 b 值区（图 7-14）。

（5）位于 2008 年 5 月至 2010 年 6 月期间形成的甘、川、青交界及其以北 $M_L \geq 4.0$ 级地震平静区的中心偏南部位（图 7-8）。

4. 内蒙磴口—五原值得注意地区

该区位于鄂尔多斯块体西北缘的内蒙古磴口—五原一带，主要的潜在发震断裂有狼山—色尔腾山断裂带和巴彦乌拉山断裂带等。将这里判定为未来十年及稍长时间潜在大地震危险性值得注意地区的主要依据有：

（1）这里属于 I 级活动地块边界带上的大地震空段。狼山—色尔腾山断裂带是河套断陷带的西北边界，历史上虽无 $M \geq 7$ 级地震记载，但具有较强烈的晚第四纪—全新世活动性，垂直速率为 $0.7 \sim 1.35$ mm/a（吴卫民等，1996），且探槽开挖已发现该断裂发生过多次地表破裂型的古地震，不同的段落的最晚古地震事件的距今离逝时间在 $2500 \sim 7400$ 年之间（江娃利等，2002；陈立春等，2003），反映该断裂带不同段落均存在发生大地震的构造背景与能力。巴彦乌拉山断裂带控制了吉兰泰第四纪断陷盆地的西缘以正断倾滑为主，虽研究程度较低，但已发现断错洪积台地的新活动证据（宋方敏等，1994）。该断裂的地质地貌特征反映其最晚地表破裂型地震的离逝时间已较长，应具备发生大地震的构造条件与长期危险背景。

（2）本区及其附近在最近 30 多年中曾发生过多次 6 级地震，但自 1997 年以来 $M_L \geq 5.0$ 级地震的应变能呈持续累积状态，未来可能进入应变能大释放阶段，存在发生强震、大地震的危险性。

（3）最近 20 年，沿狼山—色尔腾山断裂带和巴彦乌拉山断裂带分别存在小震空缺段/稀疏段（图 7-11）。

（4）AMR 空间扫描发现蒙、宁交界地区存在低 m 值异常（图 7-10）。

（5）自 1981 年以来，河套断裂带的西段存在低 b 值异常区（图 7-17），反映处于较高的应力积累状态。

5. 天祝—大靖值得注意地区

位于甘肃祁连山断裂带中、东段的过渡部位，潜在发震断裂主要有 NWW 向毛毛山—金强河断裂和近 EW 向天桥沟—黄羊川断裂东段（图 7-22）。其中，毛毛山—金强河断裂带由东段（老虎山断裂）和西段（毛毛山—金强河断裂）组成，长约 174km，为左旋走滑的全新世活动断裂，平均滑动速率在 3~5mm/a 之间，已揭露的古地震事件的平均复发间隔约为 1000~1800 年；天桥沟—黄羊川断裂带（古浪断裂带）也分为东、西两段，全长 86km，左旋逆走滑性质，西段曾在 1927 年古浪 8 级地震时发生破裂，东段的全新世平均水平滑动速率为 3.5±0.12mm/a，具有古地震的证据，但无历史大地震记载（郑文俊等，2003）。

将这里判定为未来十年及稍长时间大地震危险性值得注意地区的主要依据有：

（1）位于祁连山断裂带中、东段之间 1920 年 $M8.5$ 与 1927 年 $M8.0$ 两次巨大地震破裂之间的地震空区（图 7-6、图 7-22），空区内断裂带的最晚大地震破裂事件的离逝时间（1800±300 年）已与古地震的平均复发间隔（1800 年左右）相当。

（2）最近十年来，甘肃天祝、景泰一带的重力观测值也存在显著变化（图 5-10）。

（3）1990 年以来，甘肃天祝一带已有数次中强地震发生，但同时沿主要活动断裂在景泰—古浪之间存在 $M_L \geqslant 2.5$ 级地震的相对空缺段（图 7-7）。

（4）沿这里的主要断裂带（段）存在低 b 值异常区（图 7-15）。

6. 同心—灵武值得注意地区

位于宁夏同心—灵武之间，主要的潜在发震断裂有香山—天景山断裂带东南段和黄河断裂带灵武段等。其中，由 EW 向转为 NNW 走向的香山—天景山断裂带延伸 200 余公里，逆冲—左旋走滑运动为主，全新世水平滑动速率约 1.5~2mm/a，古地震的平均复发间隔为 1500~1700 年；1709 年沿该断裂带发生中卫 $7\frac{1}{2}$ 级地震，形成至少长 120km 的地表破裂带，但该断裂带的东南段（同心西—七里营段）属于大地震破裂空段。黄河断裂带控制着银川地堑型盆地的东界，断裂带两侧的第四纪垂直差异运动显著，晚第四纪平均垂直位移速率约 0.25mm/a；其中，该断裂带南段（灵武断裂）已发现距今约 2.7 万年以来的 5 次古地震事件，平均复发间隔 5000~6000 年（柴炽章等，2001），最晚古地震事件距今约 6000 年，历史期间无大地震破裂，属于地震空区。

将宁夏同心—灵武之间地区判定为未来十年及稍长时间潜在大地震危险性值得注意地区之一的主要依据有：

（1）这里是 I 级活动地块边界带上的地震空区（图 7-6、图 7-22）。

（2）灵武断裂的灵武附近段的现代小震活跃，但向南在中卫和同心的东侧，灵武断裂存在 $M_L \geqslant 2.5$ 级地震活动相对平静段（图 7-7），同时也是低 b 值异常区（图 7-15）。

（3）宁夏同心—灵武之间地区位于最近十年来青藏高原东北缘重力异常变化高梯度带的北东边缘（图 5-10）。

（4）AMR 空间扫描发现这里存在较低的 m 值异常。

7.3 南北带中段的中-长期大地震危险性研究

7.3.1 历史强震活动与地震空区

1. 强震、大地震活动背景

南北地震带中段地区 $M \geq 6.5$ 级地震从 18 世纪晚期以来是较完整的，可根据最近 200多年强震、大地震应变能的累积释放速率估计出未来十年该地区可再次积累起发生一次 $M \geq$ 7.0 级地震的应变能（图 7－23）。

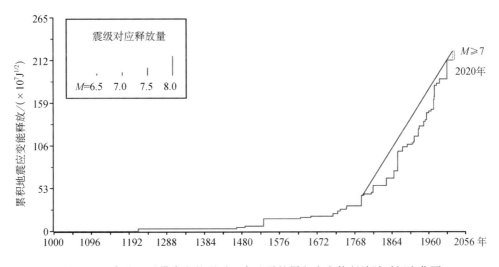

图 7－23　南北地震带中段的强震、大地震的累积应变能释放随时间变化图

根据第 1 章 1.5.2 节对中国大陆地区 $M \geq 7$ 级地震主体活动区随时间演变趋势的分析，可认为未来十年及稍长时间 $M \geq 7$ 级地震的主体活动区是青藏块体中的巴颜喀喇地块周缘、川滇地区，以及南北地震带北段（图 1－9 和图 1－10）。因此，南北地震带中段在下一个十年中，依然是中国大陆地区 $M \geq 7$ 级地震主体活动区的一部分，存在发生 $M \geq 7$ 级地震的危险性。

2. 地震空区判定

已综合南北地震带中段的活动构造、历史强震/大地震破坏与地表破裂资料、现代强震/大地震地表破裂、震源破裂以及余震分布资料等，获得该区主要活动地块边界带及地块内部重要活动断裂带强震/大地震破裂区分布的信息，并在此基础上判定出该区的主要地震空区，结果如下：

（1）红原—松潘地震空区

位于甘、青、川交界地震空区以南、巴颜喀喇地块东边界构造带偏西北角一带（图 7－24）。该空区内存在 NE 向龙日坝断裂、近 SN 向岷江断裂以及 NW 向塔藏断裂等中等规模的全新世活动断裂，空区以东已发生 1879 年 $M8$、1933 年 $M7\frac{1}{2}$、1976 年 $M7.2$ 等大地震。

（2）龙门山断裂带南段地震空区

位于 NE 向龙门山断裂带南段的四川邛崃—宝兴—康定金汤之间，其北东端紧邻 2008 年汶川 M8.0 地震破裂的南西端，沿断裂带的长度约 180km。本空区所在的断裂段至少已有 1100 余年未发生过 M≥7 级的地震，从沿南北地震带中段活动地块东缘构造带的 M≥7 级地震破裂时-空图像上（图 7-25），可清楚识别出本地震空区（闻学泽等，2009）。

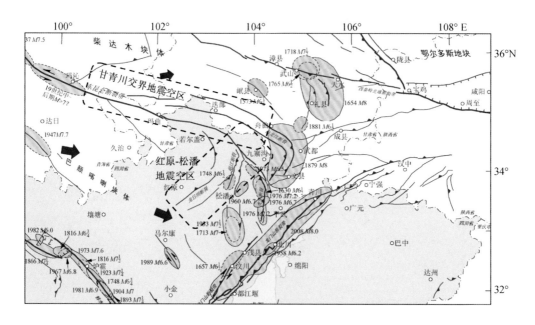

图 7-24　甘-青-川交界地区地震空区及其背景图

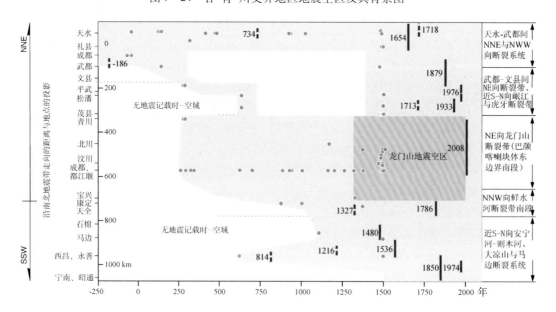

图 7-25　沿南北地震带中段活动块体东缘 M≥7 级地震破裂的时-空图像（据闻学泽等（2009））

在 2008 年破裂与 1786 年破裂之间的龙门山断裂带南段存在长约 150km 的破裂空段（地震空区）。

蓝色圆点代表 M<7 级和有感地震地载地点的时-空投影（1500 年以来的有很多，故略去）

（3）鲜水河断裂带中-南段地震空区

位于 NW 向鲜水河断裂带中-南段的四川康定塔公—道孚松林口之间，中心地点是道孚县八美区—康定机场之间，沿鲜水河断裂带的长度约 100km，该空区的北西、南东两侧分别是 1981 年道孚 M6.9 地震破裂和 1955 年康定 M7.5 破裂。空区内的上一轮回破裂是 1748 年 M≥6½级强震和 1893 年 M7¼ 大地震（Wen et al.，2008），而近代曾发生过 1972 年康定塔公 M5.8 震群。从沿鲜水河—安宁河—则木河断裂带的强震、大地震破裂时-空图像上，可清楚识别出本地震空区（图 7-26）。

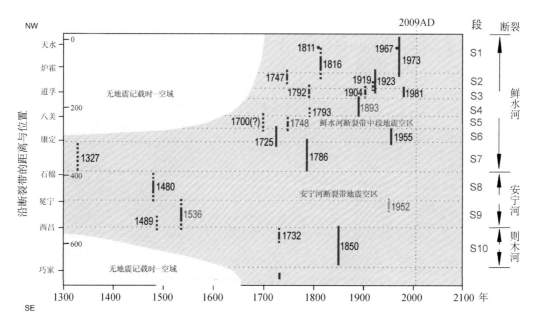

图 7-26 沿鲜水河—安宁河—则木河断裂带地震破裂时-空图像与地震空区

（据 Wen et al.（2008a）改绘）

（4）安宁河断裂带地震空区

位于近 SN 向安宁河断裂带的四川石棉—西昌之间，长约 160km，北端紧邻鲜水河断裂带南段的 1786 年 M7¾ 地震破裂，南端紧邻则木河断裂带的 1850 年 M7½ 地震破裂（图 7-26）。本空区所在断裂段的上一次破裂轮回发生过 1480 年 M7½、1489 年 M6¾ 和 1536 年 M7½ 等强震与大地震，至今已有 475～530 年未发生过 M≥7 级的地震（闻学泽等，2008、2009）。近代曾分别发生过 1913 年的冕宁北 M6 地震和 1952 年冕宁石龙 M6¾ 地震，但因尺度小，远未能填满该空区（图 7-26）。

（5）川滇交界东段地震空区

位于四川雷波—金阳—宁南与云南昭通—鲁甸、巧家、会泽之间，中心地点是云南鲁甸一带，沿 NE 向莲峰、昭通断裂带展布，长约 100km（图 7-27）。该空区的北东、南西两侧分别是 1974 年云南永善 M7.1 地震破裂和 1733 年云南东川 M7¾ 破裂。空区内在历史期间有多次破坏性地震记载，但震中地点、震级不详细，最近半个多世纪发生过 1948 年云南昭通—贵州威宁间的 M5¾ 地震和 2003 年鲁甸 M5.5 中等地震的震群。

（6）大凉山断裂带、马边地震空区

分别沿 NNW—近 SN 向大凉山断裂带和近 SN 向马边断裂带北段展布，长度分别为大于 150km 和 50km（图7-27）。较短的历史记载中尚无发生 $M \geqslant 7$ 级地震的记载。近代于马边地震空区的南缘、空区内部分别发生过 1970～1973 年的马边 $M5.9$ 震群和 1994 年沐川西 $M5.7$ 地震，但大凉山断裂带上的地震空区一直缺少中等以上的地震。

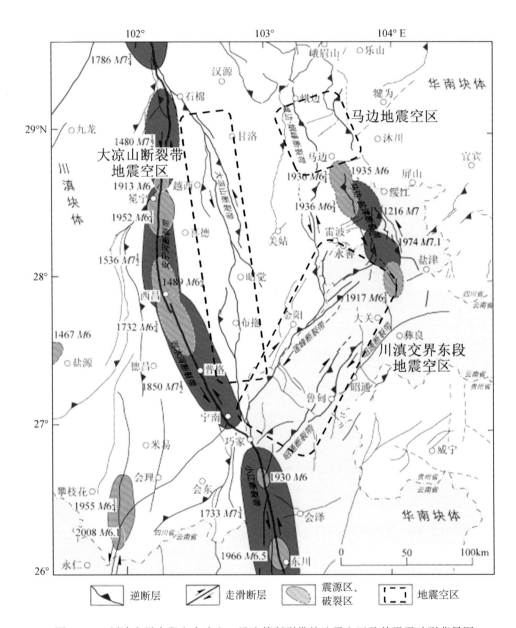

图7-27　川滇交界东段和大凉山、马边等断裂带的地震空区及其强震破裂背景图

（7）川、藏交界地震空区

位于川滇块体西边界的 NW 向理塘断裂带北西段至 NW 向白玉断裂上，沿两断裂带的长

度分别为90km和120km。空区南东侧和南侧分别是1890年理塘 $M \geqslant 7$ 级地震破裂区以及1870年巴塘 $M7\frac{1}{4}$ 地震破裂区（徐锡伟等，2005）。空区内在不长的历史记载中未发生过 $M \geqslant 7$ 级地震（图7-28）。

（8）川、滇、藏交界地震空区

位于川滇地块西边界近SN向金沙江断裂带中-南段至NW向中甸断裂上，沿两断裂带的长度分别为180km和80km。空区北侧是1870年四川巴塘 $M7\frac{1}{4}$ 地震和1989年 $M6.7$ 震群的破裂区，南侧是1996年云南丽江 $M7.0$ 地震破裂区；空区内在不长的历史记载中未发生过 $M \geqslant 7$ 级地震，但近代曾分别发生过1923、1933、1966年等多次 $M6 \sim 6\frac{1}{2}$ 地震（图7-28）。

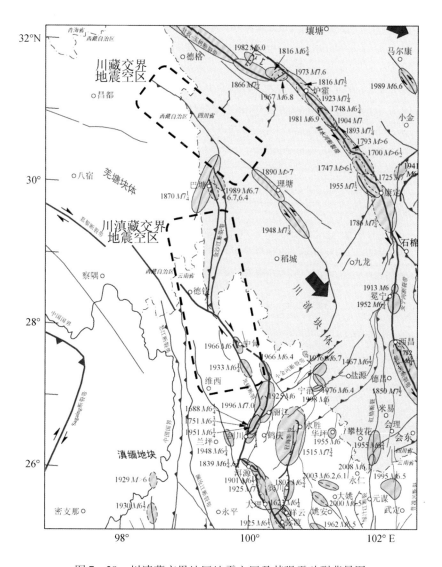

图7-28 川滇藏交界地区地震空区及其强震破裂背景图

此外，从图7-28还可看出：在川滇块体内部的NW向理塘断裂带南段、九龙以北的NNE向断裂带、以及盐源以西的NE向小金河断裂带等部位，还分别存在强震和大地震尚未破裂过的段落。因此，南北地震带中段地区的许多地段均存在发生强震、大地震的长期危险背景。

7.3.2 巴颜喀喇块体北、东缘大地震的关联性

1. 巴颜喀喇块体的构造动力学

巴颜喀喇块体朝东—南东方向的"逃逸"运动由于受到华南地块的阻挡，在这两个块体/地块的边界带及其附近以水平缩短—挤压逆冲以及剪切变形的方式进行构造动力学响应，并在一个200多公里宽的地带发生3.5～6mm/a的水平缩短变形和2～6mm/a的剪切变形（杜方等，2009；闻学泽等，2011b）。相对于华南地块，巴颜喀喇块体较"软"，使得两个块体/地块之间变形带的展布偏向于巴颜喀喇块体一侧，如图7－29中的浅绿色影区所示，大体呈北东侧宽、南西侧窄的形状。可称该浅绿色影区为巴颜喀喇块体东边界变形带。来自巴颜喀喇块体的E—SEE向水平运动（或该块体北边界断裂系统——东昆仑断裂带——的水平走滑运动）到了东边界变形带，即被转换成为以挤压缩短和逆冲作用为主、兼有走滑或者剪切作用的构造变形，震源机制解的空间分布以及GPS站速度场的特征非常支持这种认识（图7－29）。因此，巴颜喀喇块体东边界带变形的直接动力源是该块体朝E—SEE方向的水平运动，也即该块体北边界断裂系统——东昆仑断裂带——的左旋走滑运动。

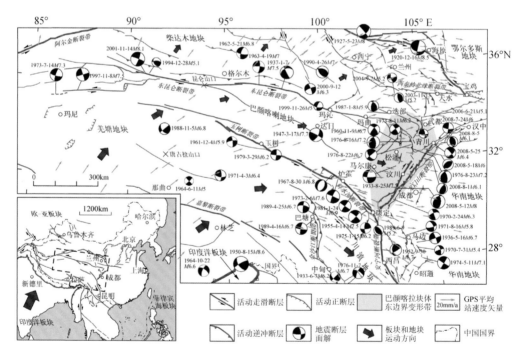

图7－29　青藏高原中-东部活动块体、断裂与现今区域动力学图像（闻学泽等，2011b）
左下角为区域索引图。GPS站速度是1999～2007年期间的平均，由王敏解算

2. 巴颜喀喇块体北、东边界大地震发生的关联性

巴颜喀喇块体及其周缘自1870年以来 $M \geq 6.7$ 级地震破裂的展布如图7－30所示，其反

映自 1902 年以来，沿该块体北边界断裂系统——东昆仑断裂带及其南侧分支——已发生了7 次 $M6.9 \sim 8.1$ 的大地震，19 世纪中-后期还曾在该断裂带的青海玛沁段发生过另一次 $M > 7$ 级地震（Wen et al.，2007；闻学泽等，2011b）。而自 1879 年以来，沿巴颜喀喇块体东边界断裂系统——岷山断裂带与龙门山断裂带——也已发生了 4 次 $M7.2 \sim 8.0$ 的大地震事件（1976 年的 $M7.2$ 双震仅记为 1 次事件），这些事件的破裂展布在东边界断裂系统的北-中段，且大体存在由北向南扩展的趋势；2008 年四川汶川 $M8.0$ 地震是那里最新的大破裂事件。

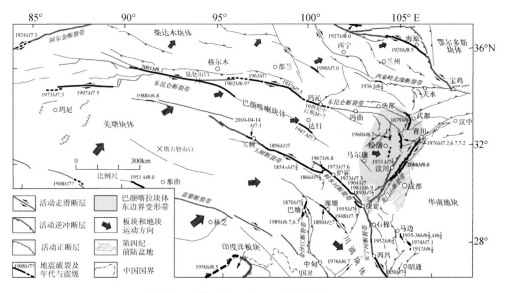

图 7-30　巴颜喀喇块体及其周缘地震破裂图像（1850 ~ 2010 年）

（据闻学泽等（2011b））

图 7-31、图 7-32 绘出该块体北、东两个边界断裂系统大地震应变释放的时间进程以及大地震的序次-时间关系。图像显示：19 世纪中-晚期至今的 100 多年时期里，巴颜喀喇块体北边界断裂系统出现了一个逐渐加速发生的大地震序列，它反映了该块体朝东—东南方向的推进作用逐渐加强的过程。该过程引起巴颜喀喇块体东边界断裂系统发生加速变形和应变积累，并以另一个滞后于北边界断裂系统至少数十年的、逐渐加速发生的大地震序列进行响应，而 2008 年汶川 $M8.0$ 地震正是该响应序列中的最新事件。

图 7-31 反映巴颜喀喇块体北边界自 1902 年以来由 $M \geqslant 6.9$ 级地震累积释放了约 $77 \times 10^7 J^{1/2}$ 的应变能，而东边界自 1933 年以来由 $M \geqslant 7$ 级地震累积释放约 $27 \times 10^7 J^{1/2}$ 的应变能，仅为北边界断裂系统的约 35%。因此，不远的未来，该块体东边界断裂系统还有可能进一步释放并发生大地震，同时，北边界断裂系统的最新大地震活动轮回也可能尚未结束。根据图 7-32 的拟合曲线外推，可估计北边界断裂系统的下一次 $M \geqslant 7$ 级地震可能发生在 2010 ~ 2021 年之间（约 95% 置信度），危险地点似应考虑甘、青、川交界地震危险区（图 7-22）；而东边界断裂系统的下一次 $M \geqslant 7$ 级地震发生时间可能稍晚，危险地点似应考虑红原-松潘地震空区以及龙门山断裂带南段地震空区（图 7-24 和图 7-25）。

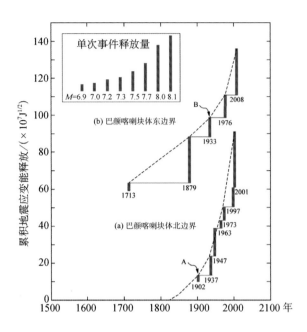

图 7-31　巴颜喀喇块体北、东边界的累积应变能释放-时间曲线（纵坐标为相对值）

北边界的加速释放应始于 1902 年（A 点）之前，而东边界的加速应始于 1933 年
前后（B 点）（闻学泽等，2011b）

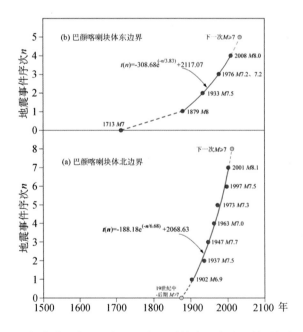

图 7-32　巴颜喀喇地块北、东边界大地震的发生序次-时间关系及其关联性
（闻学泽等，2011b）

7.3.3 区域地震活动及其参数图像

1. 历史强震时间序列与未来十年的危险性

自19世纪末、20世纪初以来，南北地震带中段及四川地区已经历了5个 $M \geq 6.5$ 级的强震活跃期，活跃期长12~14年，相邻活跃期间隔6~12年，且多数活跃期中发生2~3次 $M \geq 7$ 级的大地震（图7-33）。2008年四川汶川8.0级地震标志南北地震带中段进入新的强震活跃时期，可由历史强震时间序列特征推测目前至2020年前后、南北地震带中段依然有可能发生 $M \geq 7$ 级的大地震（图7-33）。

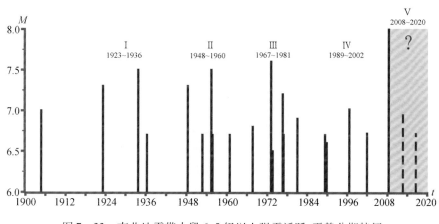

图7-33 南北地震带中段6.5级以上强震活跃-平静分期特征

2. 现代中小地震活动的异常图像

1970年以来，川滇块体东边界存在长时期的 $M_S \geq 5.0$ 级地震的平静，逐渐形成环绕安宁河、则木河、大凉山等断裂带的背景性地震空区（图7-34）。自1977年1月以来，川西安宁河、则木河断裂地区又出现并经历了 $M_L \geq 4.0$ 级地震的平静，逐渐形成环绕安宁河断裂带石棉—西昌段的 $M_L \geq 4.0$ 级地震平静区（闻学泽等，2008）。在此基础上，自2008年5月12日汶川8.0级地震以来，环绕安宁河断裂带、大凉山断裂带以及则木河断裂带北段逐渐形成一个 $M_L \geq 3.0$ 级的地震平静区（图7-35）。这些环状的中、小地震平静图像的形成与演化，可能是由于安宁河等断裂带至少在过去数十年中高度闭锁的结果，反映安宁河断裂带地震空区（图7-26）可能是趋于"成熟"的地震空区，因而存在发生大地震的中-长期危险性。

基于已有的小震精定位结果，发现沿安宁河断裂带目前存在两个紧邻的现代小震活动的空段和稀疏段——冕宁以北段和冕宁—西昌段（图7-36），长度分别为65km和75km，分别指示两个断裂闭锁段，相应的最晚大地震的离逝时间分别为531年和475年。已由地震矩方法估计出这两个断裂段潜在地震的最大可能震级均为7.4级。另外，已判定出位于则木河断裂西昌—普格段的小震空段应是1850年大地震破裂后尚未重新耦合断裂段（图7-36）。

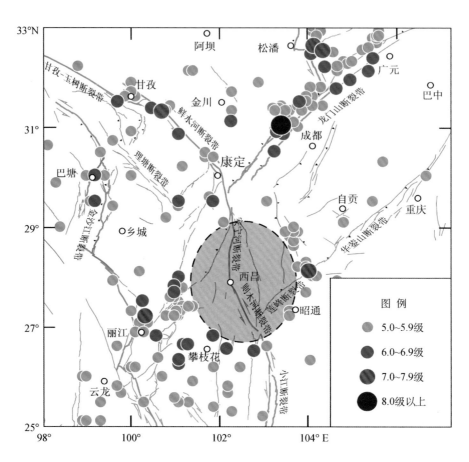

图7-34　1970年以来四川及邻区 $M_S \geq 5.0$ 级地震分布与平静区

资料至2011年9月30日，包含汶川余震序列。椭圆标示 M_S5 地震平静区

另外，自2007年7月14日以来，川、滇、藏交界地区出现 $M_L \geq 4.0$ 级地震平静，逐渐形成一个大型的 $M_L \geq 4.0$ 级地震空区（图7-37），区内存在金沙江、中甸断裂带以及嘉黎断裂带东段等 II 级活动地块边界断裂带。

3. 主要断裂带的地震活动性参数图像

（1）龙门山断裂带及其以北地区

利用1977～2008年5月11日四川区域台网记录的 $M_L \geq 2.0$ 级地震资料进行计算，获得2008年四川汶川8.0级地震之前龙门山断裂带及其以北地区的多个地震活动性参数的空间分布，包括震级-频度关系中的 b、a 值及其比值 a/b、以及预测震级 $M_e = 6.5$ 级时的局部复发周期 T_L。图7-38反映：位于龙门山断裂带中、北段的绵竹—茂县段与江油—平武段具有异常低 b 值（<0.7），同时，这两个断裂段还具有整个龙门山断裂带最低的地震活动速率 a 值、相对较高的期望震级 a/b 值以及相对较小的复发周期 T_L 值。这种参数值组合反映两个断裂段在2008年汶川主震之前已处于高应力闭锁状态，而相对较短的 T_L 则表明这两个断裂段发生强震的概率明显高于其他段落。龙门山断裂带南段中等略偏低的 b 值反映那里的应力积累水平明显低于该断裂带中、北段。利用截至到2010年9月30日的最新资料计算，

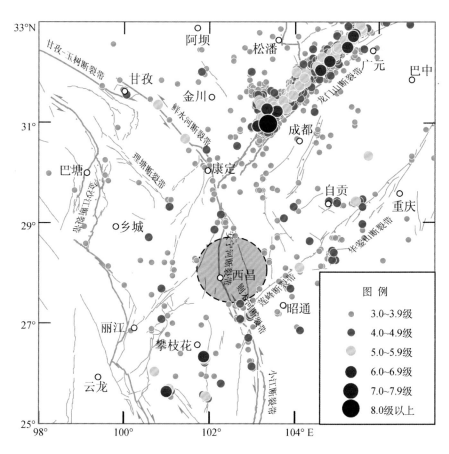

图 7 - 35　2008 年汶川 8.0 级地震以来四川及邻区 $M_L \geq 3.0$ 级地震分布

资料时段 2008.05.12 ~ 2011.09.30，绿色椭圆标示 $M_L \geq 3.0$ 级地震平静区

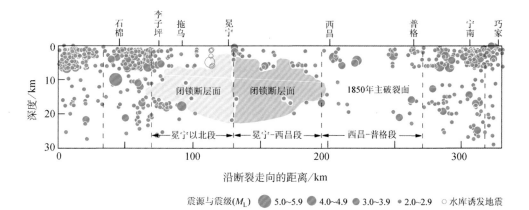

图 7 - 36　安宁河—则木河断裂带的震源深度剖面以及闭锁与开放断层面的判别

（闻学泽等，2008）

使用的精定位地震资料：1981.06 ~ 1992.05，$M_L \geq 2.5$ 级；1992.06 ~ 2006.12，$M_L \geq 2.0$ 级

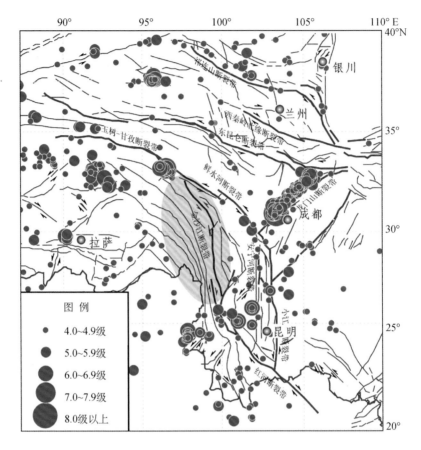

图 7 – 37　青藏高原东部和东南部地区 4 级以上地震分布

2007. 07. 14 ~ 2010. 06. 30，红色椭圆示意地震平静区

结果同样显示龙门山断裂带南段尚未出现异常低 b 值，但宝兴至大邑段偏低的 b 值反映南段应具备发生中-强地震的中长期危险背景。另外，龙门山断裂带以北的岷江、虎牙断裂带尽管具有较高的期望震级 a/b 值，但 b 值接近区域的平均值，且具有较高的地震活动速率 a 值，较长的复发周期 T_L 也显示那里的强震发震概率较低（图 7 – 38）。

（2）鲜水河—安宁河—则木河断裂带

图 7 – 39 是川滇块体东边界鲜水河—安宁河—则木河断裂带（道孚至巧家段）的 b 值图像，b 值空间分布的显著差异反映出沿断裂带不同段落应力积累水平的差异。其中，位于鲜水河断裂带中段的道孚—八美段具有异常低 b 值，那里可能属于较高应力积累的断裂段，同时，八美向东南至康定机场一带也存在次低的 b 值区，反映也具有相对较高的应力积累背景（易桂喜等，2005）；另外，安宁河断裂的冕宁附近和则木河断裂的西昌附近也存在异常低 b 值分布，反映那里也存在高应力积累背景（易桂喜等，2008）（图 7 – 39）。结合鲜水河断裂带的中-南段处于 2008 年汶川 8.0 级地震引起的库仑应力明显增强区（Toda et al.，2008；邵志刚等，2010）等信息分析，认为鲜水河断裂带中-南段（八美-康定之间）以及安宁河断裂的石棉—西昌段存在发生大地震的中-长期危险性。

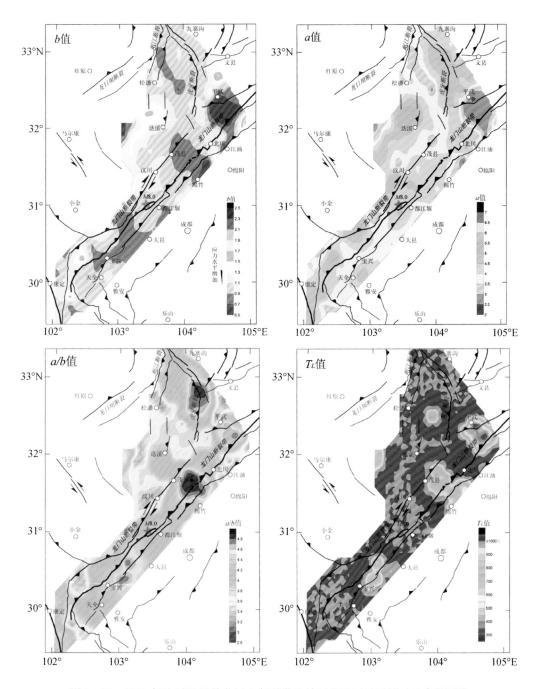

图 7 - 38　2008 年汶川地震前龙门山断裂带及其以北地区地震活动性参数图像

资料：1977.01.01 ～ 2008.05.11，$M_L \geq 2.0$ 级；据易桂喜等（2011）

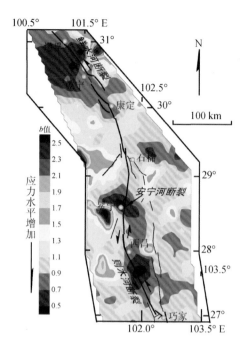

图 7 - 39 鲜水河—安宁河—则木河断裂带 b 值图像

1976.01 ~ 2010.09；30.8°N 以北：1981.11 ~ 2010.09，$M_L \geqslant 2.0$ 级

（3）马边与昭通断裂带

利用四川台网 1975 年至 2010 年 9 月 $M_L \geqslant 2.0$ 级地震资料计算，获得马边—盐津断裂带及其邻近地区的 b 值图像，显示沿该断裂带分别在四川马边北东的利店附近、绥江以南、以及云南盐津以南至大关一带分别存在异常低 b 值区，另在四川盆地西部的 NE 向龙泉山断裂带南西段、汉源县皇木镇与峨眉山市龙池镇之间等地也出现较小尺度的异常低 b 值区（易桂喜等，2010）（图 7 - 40）。

进一步利用全国地震目录中 1975 年至 2010 年 6 月 $M_L \geqslant 2.5$ 级地震资料（图 7 - 41a）计算，获得了马边—川滇交界东侧地区的 b 值图像（图 7 - 41b）。结果中除了前述马边利店附近以及盐津附近的异常低 b 值区继续存在外，还发现在云南的 NE 向昭通断裂带中段的鲁甸附近新出现一处异常低 b 值区。因此，从马边—盐津断裂带南段的盐津附近至昭通断裂带中段的鲁甸附近共有两处中等尺度的异常低 b 值区，反映昭通断裂带具有高应力积累和大地震的孕育背景。图 7 - 40 和图 7 - 41 的其他异常低 b 值区可能指示了潜在强震的危险地点。

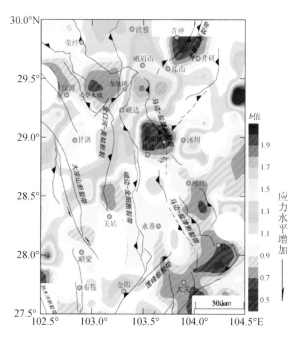

图 7-40 四川马边及其邻区 b 值图像

资料时段：1975.01 ~ 2010.09，$M_L \geq 2.0$ 级

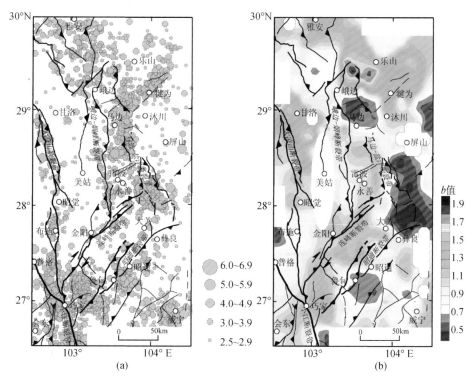

图 7-41 川滇交界东侧地区地震震中（a）与 b 值图像（b）

资料时段：1975.01 ~ 2010.06，$M_L \geq 2.5$ 级

（b）图中规则形状的空白处表示地震较少、未获得可靠计算结果的区域（据易桂喜等，2010）

7.3.4 地壳形变/重力异常区

1. 垂直形变异常区

安宁河断裂带及其西侧近邻存在局部的地壳垂直形变异常。沿新都桥—九龙-冕宁水准测线（新冕线）的复测发现：在1987年6月至2008年9月的复测期间，冕宁西南约20km处，在横跨NNE向雅砻江断裂带的麦地断层（安宁河断裂带西侧的分支断裂）时，该断层的东盘（上盘）相对西盘曾经发生快速的上隆作用，总幅度达100mm，平均隆起速率达4mm/a（图7-42）（相对于新都桥基准点）。2009年再次复测发现在2008~2009年期间出现了约70mm和45mm的反向下降位移，而1987~2008年期间相对下沉20~30mm的雅砻江谷地水准点及江口新冕78水准点，则发生了15~20mm的反向上升位移（图7-42）。因此，在安宁河主断裂带西侧的分支断裂，近20年来存在往复波动的垂直形变异常，可能反映安宁河断裂带及其西侧邻近地区应力积累的增强作用。

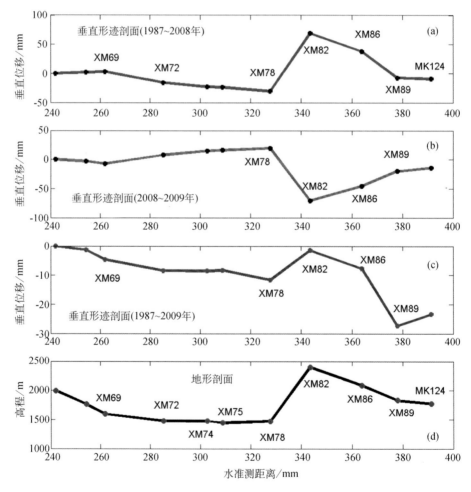

图7-42　九龙—冕宁水准测线观测到的波动性垂直形变异常变化

（中国地震局第二监测中心2009年资料）

分析川西地区1970年代至2006年的多期水准复测资料，发现西昌以东至昭觉之间的大凉山地区发生显著的上隆变形作用，主要垂直变形集中在安宁河断裂带以东与大凉山断裂带之间的大凉山块体上（图7-43），相对四川盆地的隆起速率为2.5~3.0mm/a，且以继承性上升为主，反映安宁河断裂带及其东侧的大凉山断裂带中段存在挤压和应变积累的背景。

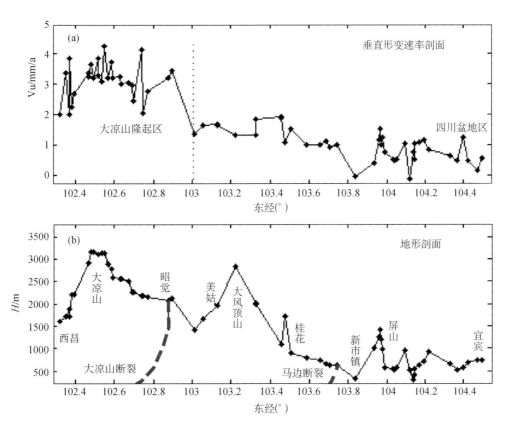

图7-43　西昌—宜宾水准测线的垂直形变速率（a）与地形剖面（b）
（据中国地震局第二监测中心2008年资料以及王庆良等（2008）添加断层线）

另外，据1970~1990年的区域水准复测结果发现，在紧邻鲜水河断裂带中段的北东侧发生了显著的地壳上隆作用（王双绪等，1992），可能属于该断裂段（八美—塔公之间）发生闭锁作用的垂直形变效应。

2. 重力异常区

在川西的流动重力测区，2007~2008及2008~2009年重力变化十分剧烈，整个测区存在$100 \times 10^{-8} m/s^2$的重力差异变化。但两期的变化趋势基本相反，突出反应了汶川地震后该地区重力场的急剧波动性调整变化（图5-11c、d）。10年尺度及20年尺度的重力变化表明，重力变化较显著的是康定、泸定、石棉、冕宁、西昌、木里、九龙所围限的玉龙希断裂至鲜水河断裂南段、以及安宁河断裂带及其以西的地区（图5-11e、f）。分析认为上述地区存在发生强震的重力异常背景。

7.3.5 中-长期大地震危险区判定小结

本节已基于大地震发生背景与趋势、地震空区识别、地块构造动力学与大地震活动关系分析，以及沿断裂带地震活动性参数、中小地震活动图像、形变与重力异常等方面的研究，初步判定出南北地震带中段（四川及其邻近地区）3 个中-长期尺度的 $M \geqslant 7.0$ 级大地震危险区和 3 个大地震危险性值得注意的地区：①鲜水河断裂带中-南段危险区；②安宁河—川滇交界东侧危险区；③川滇藏交界危险区；④龙门山断裂带南段值得注意地区；⑤阿坝北部值得注意的地区；⑥川藏交界值得注意地区。这些危险区/值得注意地区如图 7-44 所示，相应的主要判据总结如下：

（1）鲜水河断裂带中-南段危险区

位于四川西部的道孚—康定之间，潜在的发震断裂即鲜水河断裂带中-南段（道孚松林

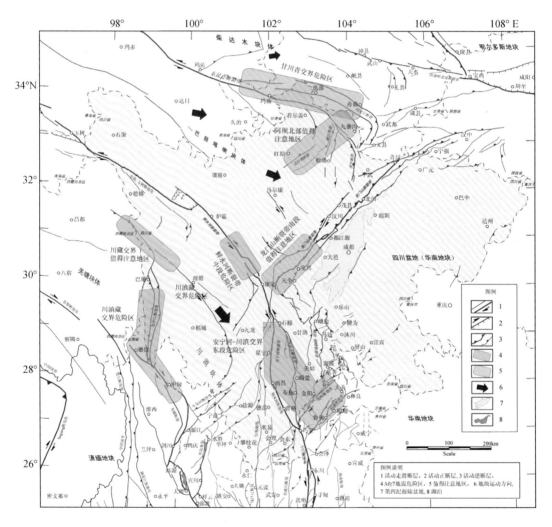

图 7-44　南北地震带中段 $M \geqslant 7.0$ 级地震的中-长期危险区与值得注意地区判定

口—八美—康定之间），估计潜在地震的震级为 $M = 7.0 \sim 7.3$ 级（图 7 - 44）。将这里判定为未来十年及稍长时间潜在大地震危险区的主要依据有：

①位于 II 级活动块体边界带—鲜水河断裂带的第 I 类地震空区中（图 7 - 26）。

②位于过去 20 年川西重力异常变化梯度带的北部边缘（图 5 - 11）。

③沿鲜水河断裂带中-南段存在现代小震活动的异常低 b 值段（图 3 - 10），附近的断层面上存在现代小震空缺段（图 3 - 11）。

④鲜水河断裂带中-南段是该断裂带自 1893 年以来 7 次强震和大地震破裂联合引起库仑应力显著增强段（Papadimitrou et al.，2004），同时也是 2008 年四川汶川 $M8.0$ 地震引起的库仑应力增加部位之一（Toda et al.，2008；Lei Xinglin，个人通信）。

⑤鲜水河断裂带中-南段的北侧存在长期垂直形变隆起的背景。

（2）安宁河—川滇交界东侧危险区

位于川西石棉、西昌、至川滇交界东侧的昭通、鲁甸、巧家地区，潜在的发震断裂有近 SN 向安宁河断裂带和大凉山断裂带，NE 向莲峰与昭通断裂带等，估计潜在地震的震级为 $M = 7.0 \sim 7.5$ 级（图 7 - 44）。将这里判定为未来十年及稍长时间潜在大地震危险区的主要依据有：

①沿上述潜在发震断裂带均存在第 I 类地震空区的背景（图 7 - 26、图 7 - 27）。

②1970 年以来逐渐形成以安宁河、大凉山等断裂带为核心的 $M_S \geqslant 5.0$ 级地震平静区（图 7 - 34），1977 年以来环绕这两条断裂带形成的 $M_L \geqslant 4.0$ 级地震平静区面积已缩小（闻学泽等，2008），2008 年以来又出现 $M_L \geqslant 3.0$ 级的地震平静区（图 7 - 35）。

③沿安宁河断裂带的石棉李子坪至西昌之间，出现小震活动的空缺段或者稀疏段，指示出那里存在闭锁的断层面（图 7 - 36）。

④沿安宁河断裂带中部、则木河断裂带北部以及昭通断裂带中、北部均存在异常低 b 值段（图 7 - 39 至图 7 - 41）。

⑤本区西缘的冕宁西南以及西昌—昭觉之间，近 20 年来分别存在往复波动的垂直形变异常和上隆型垂直形变异常（图 7 - 42、图 7 - 43），后一异常的变化速率为 $2.5 \sim 3.0 \mathrm{mm/a}$。

⑥本区的石棉—西昌一线以西以及雷波、昭通至巧家一带分别存在重力显著变化的异常梯度带（图 5 - 11、图 5 - 15）。

（3）川、滇、藏交界危险区

位于川西、滇西北、藏东交界的四川巴塘、德荣、云南德钦、香格里拉（中甸）以及西藏芒康之间地区，潜在的发震断裂有近 SN 向金沙江断裂带、NW 向中甸断裂带以及 NW 向嘉黎断裂带东南段等，估计潜在地震的震级为 $M = 7.5 \sim 8.0$ 级（图 7 - 44）。将这里判定为未来十年及稍长时间潜在大地震危险区的主要依据有：

①沿潜在发震断裂带存在第 I 类地震空区的背景（图 7 - 28）。

②这里属于近 20 年来藏东至川、滇、藏交界区大尺度强震平静区的一部分；2007 年以来逐渐形成环绕金沙江、中甸断裂带以及嘉黎断裂带东南段的 $M_L \geqslant 4.0$ 级地震平静区（图 7 -37）。

③流动重力观测反映川、滇、藏交界地区在 2005 ~ 2008 年期间和 1998 ~ 2008 年期间存在重力异常梯度带，差异达 $150 \times 10^{-8} \mathrm{m/s^2}$，梯度带中段的展布与金沙江断裂带大体一致（图 5 - 12）。

（4）龙门山断裂带南段值得注意地区

位于四川龙门山断裂带南段的邛崃—宝兴—康定金汤之间，含大邑县西部以及芦山、天全、宝兴、康定、泸定等县的一部分，潜在的发震断裂是 NE 向龙门山断裂带南段，估计潜在地震的震级为 $M=7.0 \sim 7.3$ 级（图 7-44）。将这里判定为未来大地震危险性值得注意地区的主要依据有：

①属于Ⅰ级活动地块边界带上的地震空区，也是 2008 年汶川大地震后龙门山断裂带存在尚未有 $M \geqslant 7$ 级地震破裂的地段（图 7-25）；潜在的发震断裂段在 1941 年和 1970 年分别发生过 $M6$ 和 $M6.2$ 两次强震。

②根据巴颜喀喇地块北、东两个边界带大地震序列在时间上的关联性进行外推，巴颜喀喇地块东边界（含龙门山断裂带南段）的下一次大地震有可能在 $2010 \sim 2020$ 年之间发生（图 7-31、图 7-32）。

③沿龙门山断裂带南段存在次低 b 值的段落（图 7-38）。

④龙门山断裂带的南段也是汶川 $M8.0$ 地震引起的库仑应力明显增加区之一（Toda et al.，2008；Lei Xinglin，2008 年，个人通信）。

（5）阿坝北部值得注意地区

该区如图图 7-44 所示，主要依据有：区内的 NE 向龙日坝断裂带、近 SN 向岷江断裂带以及 NW 向塔藏断裂等全新世活动断裂，均属于大地震空缺段（图 7-24）；近年来，GPS 测量显示龙日坝断裂带两侧呈现 $4 \sim 5mm/a$ 右旋剪切变形（杜方等，2009），且汶川地震后，这一地区的 SEE 向运动似乎加强（图 4-18d）；这里地处巴颜喀喇地块北、东边界的交接部位，根据该地块北、东边界大地震的时间序列外推，该两边界带的下一次大地震均有可能在 $2010 \sim 2020$ 年之间发生（图 7-31、图 7-32）。此外，这里位于 2008 年以来甘、青、川交界地区 $M_L \geqslant 4.0$ 级地震平静区的南缘地带（图 7-8）。

（6）川、藏交界值得注意地区

主要依据有：位于 NW 向理塘断裂的北西段（图 7-44）。该断裂的中段和南东段已分别在 1890 年和 1948 年大地震时发生破裂，但北西段尚未破裂，属于近代大地震破裂的空缺段（徐锡伟等，2005）。近十多年来，理塘断裂北西段附近的四川白玉及其附近地区曾有多次中小震群活动，最大为 1996 年 12 月 21 日的四川白玉—巴塘间发生的 5.5 级中强震。这里属于近 20 年来藏东至川、滇、藏交界区大尺度强震平静区的一部分，且 2007 年以来川、滇、藏交界区逐渐形成 $M_L \geqslant 4.0$ 级地震平静区（图 7-37）。另外，基于 GPS 测量资料的研究显示：理塘断裂位于呈四象限分布的垂直形变图像中变化梯度最大的部位附近（图 4-14）。

7.4 南北带南段的中-长期大地震危险性研究

7.4.1 历史强震活动与地震空区

1. 强震、大地震活动背景与趋势

分析认为南北地震带南段的 $M \geqslant 6.5$ 级地震资料从 19 世纪晚期以来应是较完整的。可根据最近 100 多年强震、大地震应变能的累积释放速率，估计出至 2020 年南北地震带南段可再次积累起发生一次 $M \geqslant 7.5$ 级地震的应变能（图 7-45）。因此，未来十年及稍长时间，

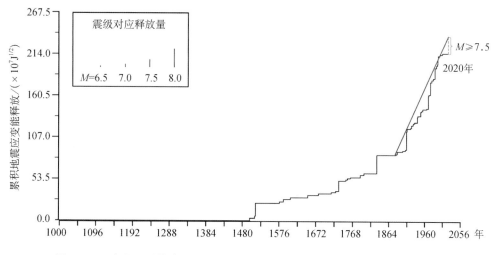

图 7-45　南北地震带南段的强震、大地震累积应变能释放随时间变化图像

南北地震带南段，特别是云南地区存在发生 $M \geqslant 7.5$ 级大地震的危险背景与趋势。

云南地区的 $M \geqslant 6.8$ 级地震活动存在十年尺度的活跃—平静交替的过程，韵律特征较为显著。1900 年以来，该区平均每年由 $M \geqslant 5.0$ 级地震释放的应变能约为 $3.0 \times 10^7 \mathrm{J}^{\frac{1}{2}}$，相当于一次 6.7 级地震释放的应变能。若将释放水平大于年均水平的时段划为强震活跃期，可以划分出 1913～1925 年、1941～1955 年、1970～1979 年、以及 1988～1996 年的 4 个强震活跃期，其间则是相对的平静期（图 7-46）。已注意到自 1997 年以来，云南地区已有 15 年的年均释放水平小于平均水平，预示会很快进入下一轮强震活跃期。因此，未来十年及稍长时间，南北地震带南段应该处于强震活跃期。

另外，从云南地区 $M \geqslant 6.7$ 级地震累计频次-时间进程曲线看，未来十年应处于强震活跃期、发生 $M \geqslant 7.0$ 级地震的可能性很大（图 7-47）。

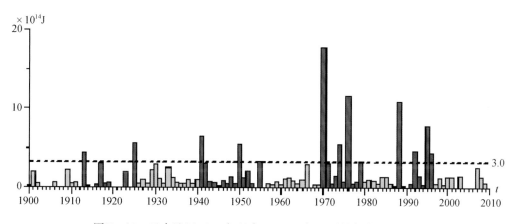

图 7-46　云南地区 1900 年以来 $M \geqslant 5.0$ 级地震的年应变释放图

（水平虚线指示多年平均的释放水平）

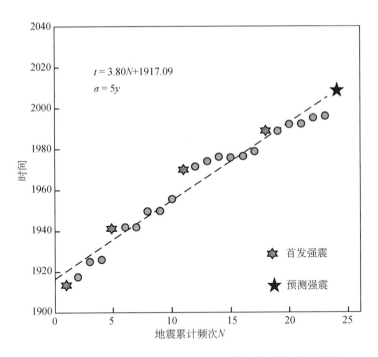

图7-47 云南地区 $M \geqslant 6.8$ 级地震累计频次-时间进程图像

根据对图1-9和图1-10的分析,未来十年及稍长时间中国大陆 $M \geqslant 7.0$ 级地震主体活动区很可能涉及到南北地震带的南段及其相邻地区。我们注意到:在空间上,若以金沙江—红河断裂带为界,把云南划分为东、西两个部分,则云南地区过去 $M \geqslant 6.8$ 级强震的主体活动区似乎随时间存在东、西交替的现象(图7-48):1887~1917年期间在东部,1923~1950年在西部,1955~1974年在东部,1976~1996年在西部。若按照这种交替的规律,从1996年丽江7.0级地震开始,云南 $M \geqslant 6.8$ 级强震活动的主体地区应转移到东部。

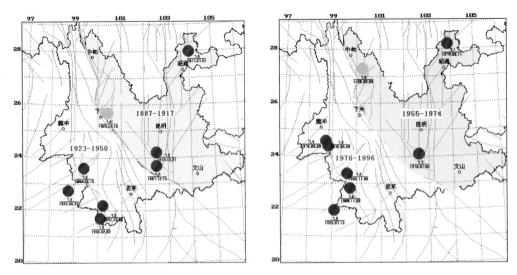

图7-48 云南地区 $M \geqslant 6.8$ 级强震主体活动区随时间的东、西交替
(统计不包含境外的 $M \geqslant 6.8$ 级强震)

2. 地震空区判定

综合已发生的强震、大地震破裂区以及主要活动断裂的展布，分析判定南北地震带南段及云南地区活动地块边界带、地块内部重要活动断裂带上长期缺少 $M \geqslant 7.0$ 级地震的空区，主要结果如下：

（1）小江断裂带北段、南段地震空区

分别位于近 SN 向小江断裂带北段（巧家—东川之间）和南段（建水）。北段空区中的最晚破裂是 1733 年 $M7\frac{3}{4}$ 大地震，长约 120km，空区内在 1930 年和 1966 年分别发生过 $M6$ 和 $M6.5$ 强震，但它们的破裂未能填满北段空区（图 7 - 49）。南段空区长约 70km，空区中的最晚破裂是 1606 年 $M6\frac{3}{4}$ 强震，1606 年后至今一直未发生 $M \geqslant 6$ 级的地震破裂（图 7 - 49）。

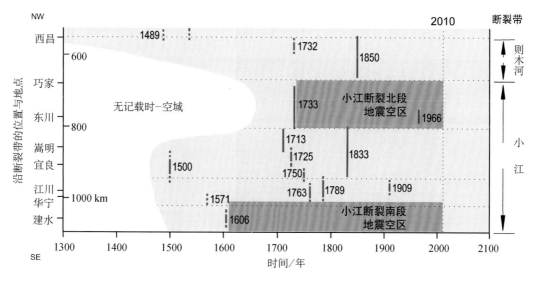

图 7 - 49　小江断裂带的破裂时-空图像与地震空区
（据闻学泽（1998）和 Wen et al.（2008）改绘）

（2）楚雄地震空区

位于滇中的元谋—楚雄—易门之间，全长大约为 180km（图 7 - 50），沿近 SN 向绿汁江（元谋）断裂与 NW 向楚雄断裂中段展布。绿汁江断裂在该空区北侧的川滇交界发生过 1955 年 $M6\frac{3}{4}$ 地震，楚雄断裂中段则在该空区西侧发生过 1680 年 $M6\frac{3}{4}$ 地震，反映该两断裂（段）均具有发生 $M7$ 地震的能力。值得注意的是，环绕该地震空区的滇中地区，最近十多年间先后发生 1995 年武定 $M6.5$、2000 年和 2003 年的大姚、姚安三次 $M6.1 \sim 6.5$、2008 年四川攀枝花仁和—会理交界 $M6.1$、2009 年姚安 $M6.0$ 等多次强震事件，似乎反映最近十多年环绕该地震空区的滇中地区的强震活动水平正处于历史最高活跃时段。

（3）红河断裂带中、南段地震空区

位于滇中—滇东南的红河断裂带中-南段，长度分别为 220km 和 200km（图 7 - 50）。有较详尽历史地震记载以来，红河断裂带上的强震、大地震均发生在弥渡及其北西的洱源、大理、弥渡之间，而从弥渡盆地以南的红河断裂带中-南段长期缺少强震和大地震，其中，中

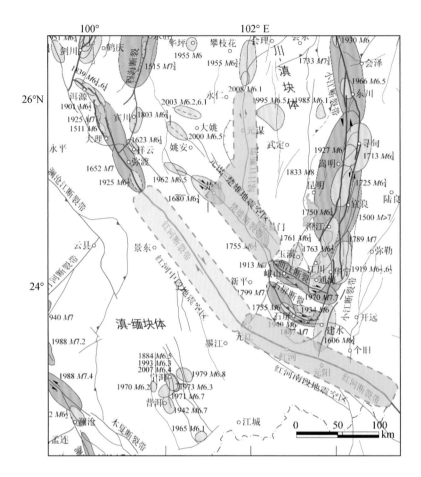

图 7 - 50　滇中地区及红河断裂带中-南段的强震、
大地震破裂区（灰色）与地震空区（绿色）

段的现今小震活动也很少。然而，地质调查已发现该断裂段晚第四纪以来的平均右旋水平滑动速率至少为 2mm/a、有可能达到 5 ~ 7mm/a（Allen et al.，1984；Replumaz et al.，2001）另外，Sieh（1984）等 1980 年代的调查与开挖探槽已初步发现红河断裂带中段发生过断错地表的古大地震事件，证明该断裂段具有发生大地震的能力。因此，红河断裂带中、南段属于第Ⅰ类地震空区，其大地震的长期危险背景不可忽视。

（4）宾川地震空区

位于滇西的宾川—祥云之间，沿近 SN 向程海断裂中-南段展布，该断裂北段曾发生过 1515 年的 $M7\frac{3}{4}$ 大地震，中-南段历史期间未发生过 $M \geqslant 7.0$ 级的大地震（图 7 - 51），但曾发生 1803 年 $M6\frac{1}{4}$ 地震，空区北缘发生过 2001 年永胜 $M6.0$ 地震。

（5）小金河断裂南西段地震空区

位于 NE 向小金河断裂带南西段上，长约 70km（图 7 - 51）。小金河断裂带属于逆走滑型的全新世活动断裂带，平均滑动速率约 2 ~ 4mm/a（徐锡伟等，2003）。该空区北东、南西两端分别是 1976 年盐源—宁蒗 $M6.7$、6.4 震群破裂区和 1996 年丽江 $M7.0$ 地震破裂区，从构造规模、活动性与历史最大地震强度可判断该断裂带具有发生 $M = 7.0 \pm$ 级地震的能力。因此，小金河断裂南西段的地震空区应属于 $M7.0 \pm$ 地震破裂的空段。

（6）中甸断裂地震空区

位于 NW 向全新世活动的中甸断裂带上，长约 120km（图 7-51）。中甸断裂属川滇地块西边界主断裂带的一部分，但在有限长度的历史中，未记载 $M \geqslant 7.0$ 级大地震的发生。该空区内曾在 1930 年和 1966 年发生三次 $M6.0 \sim 6\frac{1}{4}$ 的强震，但它们的破裂远未能填满该空区。

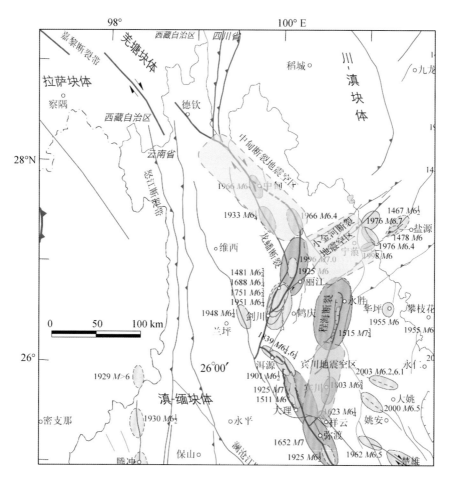

图 7-51 滇西北主要活动断裂、强震与大地震破裂区
（灰色）及地震空区（绿色）

（7）滇西南的地震空区

滇西南的历史地震记载不足 100 年。根据过去 70 年的强震、大地震破裂区与主要活动断裂分布的关系，初步判定出三处位于 NE 向活动断裂上的参考性地震空区（图 7-52），分别是：腾冲—瑞丽地震空区——位于 NE 向瑞丽、大盈江、镇安等断裂上，尺度约 $120 \times 110km^2$；耿马西地震空区——位于耿马以西的 NE 向南汀河断裂上，长约 70km；孟连地震空区——位于孟连附近的 NE 向孟连断裂上，长约 70km。

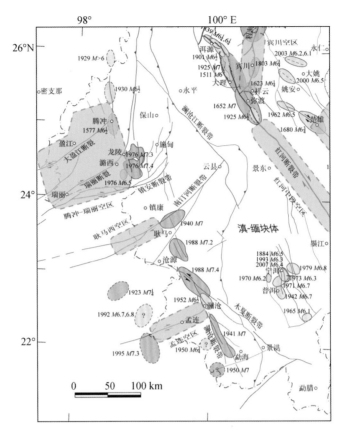

图 7 - 52　滇西南主要活动断裂、强震大地震破裂区（灰色）与地震空区（绿色）

7.4.2　现代地震活动及参数异常图像

1. 异常地震活动图像和前兆异常

1997 ~ 2010 年期间，云南及其邻近地区 $M \geqslant 6.0$ 级地震的震中呈现一条南北向的集中分布带，从中、老交界向北经过滇中偏西的地方，再向北延伸到川西的雅江以南、九龙南西一带。该集中分布带中段的滇中偏西地方，也是在这十多年中 $M6.0 ~ 6.5$ 地震的集中发生区域（图 7 - 53a）。2004 年以来，云南地区的 $M \geqslant 5.0$ 级地震沿两个条带集中分布，第一条从中、老交界向北延伸到滇中偏西的地区，呈近南北向延伸，第二条从川、滇交界东段延伸到滇中偏西的地区，两个条带在滇中偏西的大理、楚雄一带交汇（图 7 - 53b）。此外，我们还密切关注从滇西偏南（盈江附近）经施甸向滇西的大理、宾川一带发展的第三条 $M \geqslant 5.0$ 级地震集中分布带可能正在发展之中（图 7 - 53b）。

根据以往的经验，这种中等地震分布朝有序的方向发展——南北向的带状分布——且存在 6 级以上地震相对集中区的图像（图 7 - 53），是云南地区 $M \geqslant 7.0$ 级大震之前的中-长期（数年至十多年）尺度的异常地震分布图像之一，反映未来数年内发生 7 级以上大震的可能性较大。危险地点应以考虑 6 级地震集中分布带交汇的滇中偏西地区、以及 NE 向的 $M \geqslant 5.0$ 级地震集中分布带东端附近的川、滇交界东段地区。另外，滇西偏南的腾冲、盈江、瑞丽等地也是近年来多次 5 级地震集中发生的地区，中-长期尺度的大地震危险性也值得注意。

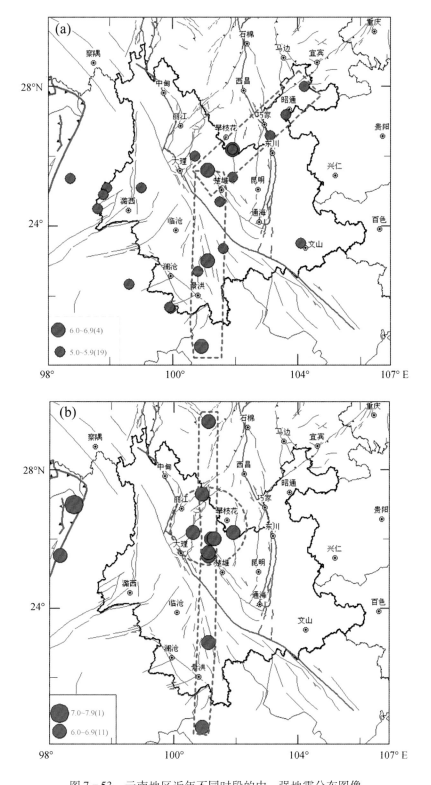

图 7 - 53　云南地区近年不同时段的中、强地震分布图像

（a）1997～2010 年 $M \geqslant 6.0$ 级地震分布；（b）2004～2010 年 $M \geqslant 5.0$ 级地震分布

云南东部至滇黔、滇桂交界地区，相对云南西部来说是少震区。然而，2007年以来，特别是2010年以来该区发生了多次4级地震（图7-54a）。从历史看，该区的4级地震活动多发生于云南地区进入强震活跃期之前（图7-54b）。因此，平时相对少震的滇东至滇黔、滇桂交界地区4级地震活动的增强，可能是南北带南段区域应力水平增强的信号，应注意未来数年南北地震带南段进入强震/大地震的大释放期。

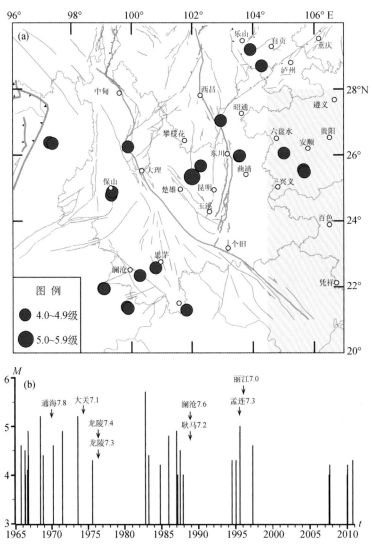

图7-54　（a）2010年南北地震带南段 $M_L \geqslant 4.0$ 级地震分布，
黄色是统计上的滇黔、滇桂交界地区；（b）滇黔、
滇桂交界地区 $M_L \geqslant 4.0$ 级地震 M-t 图及与
云南 $M \geqslant 7.0$ 级地震（箭头）的关系

2. 地震活动性定量分析

利用1980年至2010年10月24日云南地震台网记录的 $M_L \geqslant 2.0$ 级地震资料，计算并获

得云南部分地区的 b 值分布图像，同时计算了小江等主要活动断裂带的分段多个地震活动性参数值，分析这些参数值组合的特征。此外，还采用本专项重新定位的地震目录分析了主要断裂带的小震分布，并采用加速矩释放模型（AMR）方法定量分析了主要断裂带（段）的地震活动性。在此基础上，综合分析判定存在的地震活动性异常区，为判定中-长期尺度的潜在大地震危险地点提供地震活动性的定量分析依据。

（1）小江断裂带

近 SN 向小江断裂带 6 个段落的 b 值、a/b 值、单位长度地震频数 n 值以及应变能释放 $\sqrt{E}$ 值等 4 个参数值的组合，反映该断裂带的东川—寻甸段最近 20 多年的地震活动水平、平均释放能量是 6 个段落中最低的（表 7 - 1）。另外，沿该断裂带的、重新定位的地震震源分布反映东川-寻甸段是整个断裂带上的小震空段，长约 80km（图 7 - 55）。考虑到此段的小地震个数很少，在此情况下，难以保证多个地震活动性参数计算结果均合理。因此，小江断裂带东川-寻甸段的现今活动习性——已闭锁的断裂段、还是平静段？需要进一步验证。

表 7 - 1　小江断裂带分段地震活动性参数组合及现今活动习性初步判定

断裂段参数	①巧家—会泽	②会泽—东川	③东川—寻甸	④嵩明—宜良	⑤宜良—澄江	⑥澄江—建水
$\bar{b}$	0.70	1.12	0.72	0.68	0.74	0.72
$n/(\mathrm{a}^{-1}\cdot\mathrm{km}^{-1})$	0.87	1.15	0.11	0.64	0.55	0.75
$\sqrt{E}/(\times10^4\mathrm{J}^{1/2}\cdot\mathrm{a}^{-1}\cdot\mathrm{km}^{-1})$	5.93	2.41	0.0046	2.87	3.16	3.38
$\overline{a/b}$	5.63	4.27	3.36	4.97	4.78	5.17
断裂段现今活动习性	频繁小震活动	频繁小震活动	平静/闭锁？	中等小震活动	中等小震活动	中等小震活动

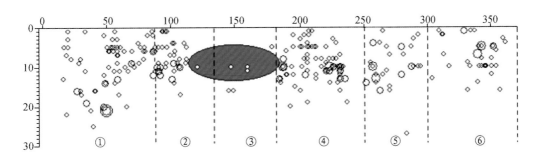

图 7 - 55　小江断裂带的小震深度剖面以及用于多参数计算的分段方案

（2）元谋（绿汁江）断裂带

在重新定位的地震分布图上，该断裂带云南部分的南、北两段存在显著的小震空段，而中段的小震较多（图 7 - 56a、b）。由重新定位的地震目录计算出的沿断裂带的 b 值，显示元谋及其以南断裂段的 b 值明显偏低（图 7 - 56c），反映那里的应力积累水平明显偏高。另外，元谋断裂带及其附近地区近年来的小震活动相对增强，并随时间出现加速矩释放现象（图7-57）。2010年2月25日元谋以南发生了一次有完整记载以来该断裂带的最大地震——$M_L5.1$地震，它是这一小震活动性偏低的断裂带上的显著地震事件，值得注意。

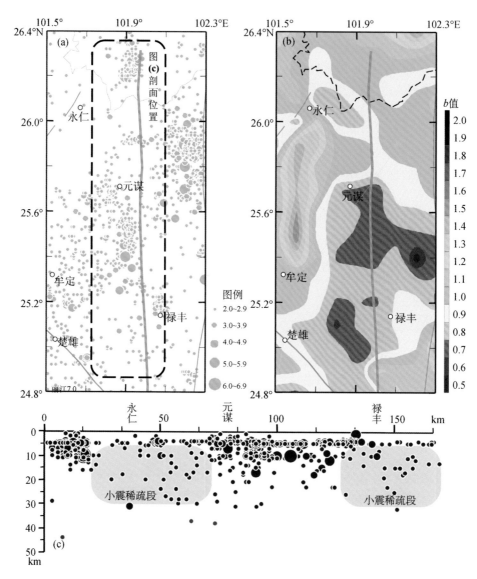

图7-56　元谋断裂带重新定位的地震分布与b值图像（使用1979年以来资料）
（a）震中分布图；（b）b值分布；（c）震源深度剖面图

（3）程海断裂带

该断裂带自北段发生1515年$M7\frac{3}{4}$地震以来未再发生过$M \geqslant 7.0$级的地震，应变积累期已至少有495年。1992和2001年，该断裂带及其附近分别发生$M5.4$、$M5.1$和$M6.0$等三次中、强震事件，震中位于程海断裂带中南段的宾川地震空区（图7-58）附近。重新定位的地震分布及b值图像反映：沿该断裂带的中-南段存在小震活动的稀疏段，且稀疏段的东侧出现显著的异常低 b 值区（图 7-58b），反映程海断裂带中-南段早已在第Ⅰ类地震空区的基础上形成闭锁的断层面，应力积累水平也较高。

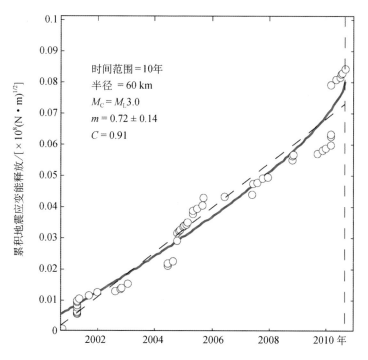

图 7-57　元谋断裂带及其附近近年地震活动出现加速矩释放（AMR）现象

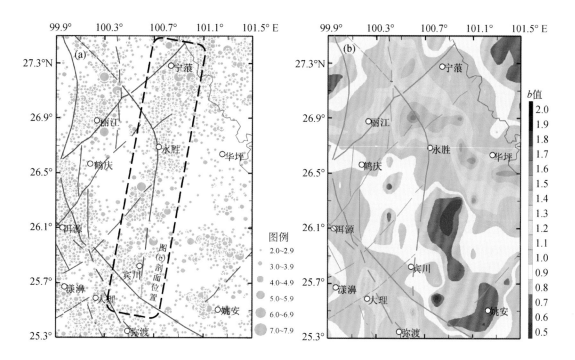

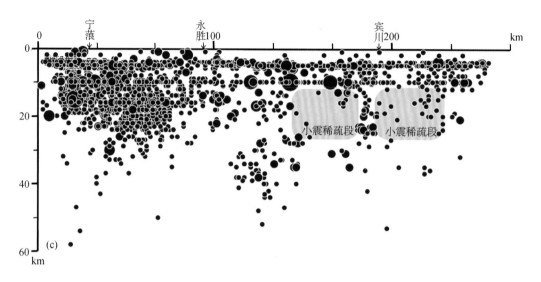

图 7-58　程海断裂带重新定位的地震分布与 b 值图像

（a）震中分布图；（b）b 值图像；（c）震源深度分布

（4）红河断裂带

有文字记载以来，云南弥渡以南的红河断裂带中段和南段，一直缺少强震和大地震，其中，中段的中部（新平县境内）小震也很少。目前，尚未发现红河断裂带中、南段具有蠕动的证据。而地质考察认为红河断裂带中、南段具有晚第四纪、全新世活动性，并发现古地震遗迹（Allen et al.，1984；Sieh，1984；Replumaz et al.，2001）。因此，不能排除红河断裂带中、南段具有发生大地震的能力与长期危险背景。

沿红河断裂带中段（南涧—新平以西）存在明显的小震活动的稀疏段或空段（7-59a），且同一段落在 b 值图像上出现显著的异常低 b 值区（7-59b）。这些从定量地震活动性方面证明红河断裂带中段应属于早已闭锁的断裂段，应力积累水平明显高于四周。另外，计算还显示红河断裂带中段（元阳附近）近年来出现明显的加速矩释放（AMR）异常现象，反映那里的地震活动相对增强，但红河断裂带北段（大理附近）不存在加速矩释放异常（图 7-60）。

红河断裂带南段虽也存在大地震空区，但由于靠近边境，现代小震目录的完整程度有限，暂时不能对这里的小震活动性进行定量分析。

（5）楚雄断裂带

沿楚雄断裂带在南华附近以及易门附近，在 5km 的深度之下存在明显的小震稀疏段或者空段，而在南华—楚雄—易门之间段落的两侧，存在异常低 b 值区和相对低 b 值区（图 7-59b），反映该断裂带中段的地震空区（图 7-49）具有相对较高的应力积累背景。

（6）龙蟠（中甸）断裂和玉龙雪山东麓断裂

将这两条断裂带共分成 4 段，计算分段多参数，结果如表 7-2。分析表明其中的段①（德钦—香格里拉（中甸）段）具有相对最低的 b 值、相对最低的应变能释放与小震频次，但具有相对最高的 $a/\bar{b}$ 值。b 值的平面图像也反映在香格里拉（中甸）的北西和南东分别存在较低 b 值的区域（图 7-61）。因此，龙蟠（中甸）断裂带在香格里拉（中甸）—德钦段应具有相对较高的应力积累水平。

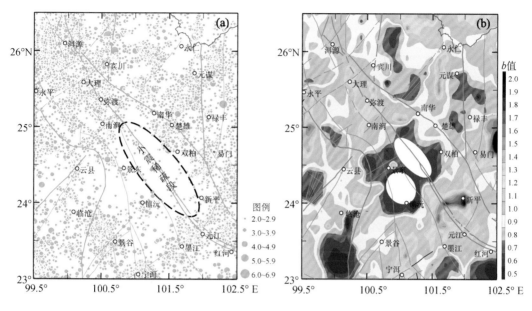

图 7-59　红河断裂带中段的地震分布（a）及 b 值图像（b）

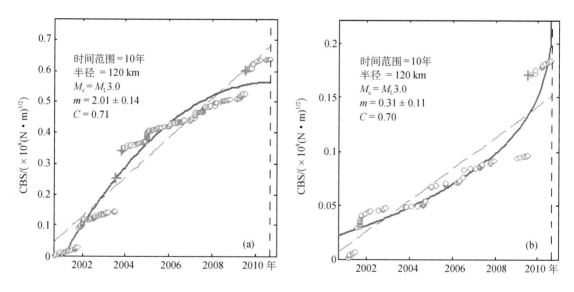

图 7-60　红河断裂北、中段地震距加速释放（AMR）曲线
（a）北段（大理附近）；（b）中段（元阳附近）

表7-2 龙蟠（中甸）和玉龙雪山东麓断裂带的分段地震活动参数计算

参数	①德钦—香格里拉（中甸）	②香格里拉南	③丽江	④鹤庆—洱源
断裂带长度	115	80	60	60
最小完整性震级	2.3	2.2	2.0	2.0
$\bar{a}$	4.46	5.36	5.10	5.58
$\bar{b}$	0.92	1.16	1.06	1.28
频次 n	179	536	884	699
蠕变能	1.12×10^7	3.86×10^7	2.91×10^7	1.61×10^7
$n/(a^{-1} \cdot km^{-1})$	0.35	1.25	2.89	2.09
$\sqrt{E}/(\times 10^4 J^{1/2} \cdot a^{-1} \cdot km^{-1})$	2.18×10^4	9.00×10^4	9.51×10^4	4.81×10^4
$\bar{a}/\bar{b}$	4.85	4.62	4.81	4.36

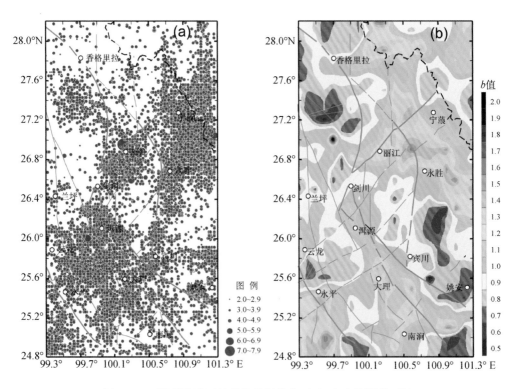

图7-61 滇西北地区的现代地震分布（a）和 b 值图像（b）

（7）龙陵—澜沧新生构造带

曾是云南地区上世纪以来强震最为活跃的构造带。1940年代之前该带的历史地震事件遗漏较多，1940年代以来发生了7次7级以上地震，而6级以上地震平均间隔时间仅为5.3年。前面已根据历史强震/大地震破裂区的展布圈划出该构造带上的腾冲—瑞丽、耿马西、以及孟连地震空区（图7-52）。计算显示，该构造带的腾冲-瑞丽地震空区及其附近近年来地震活动存在加速矩释放（AMR）现象，而其他段落的地震活动性异常不明显。综合分析认为该构造带的腾冲—瑞丽地震空区应是未来十年及稍长时间大地震危险性值得注意的地区之一。

7.4.3　地壳形变/重力异常区

1. 地壳形变异常区

根据第 4 章的研究，云南地区近年地壳形变异常的信息主要有：

（1）利用新的信息提取方法对 1999～2007 年的 GPS 资料进行处理，发现红河断裂带中段没有右旋运动迹象，但明显存在大尺度的闭锁（图 4-11 至图 4-13），可能正在孕育着巨大地震。本工作专项的初步分析认为：红河断裂带中段的大尺度、强闭锁作用引起的应力应变积累范围可能已影响到北侧的楚雄及其周围地区，使得楚雄地区的剪应变、东和北向应变均与周围不相协调（图 4-13）。

（2）云南滇中地区红河、曲江以及小江等断裂带上的跨断层水准、基线观测的活动速率合成值与测点周边 6.5 级以上地震的发生有一定的对应关系，如在 1995 年武定 6.5 级、1996 年丽江 7.0 级、2000 年姚安 6.5 级等地震之前，跨断层形变观测均出现断层活动有增强的趋势（图 4-35）。2010 年前后云南滇中地区跨断层形变观测又出现高值的断层活动速率，反映近年来滇西丽江—剑川断裂、程海断裂等跨断层垂直形变异常活动相对显著（图 4-35）。因此，该地区未来几年发生 7 级左右强震的危险性增强。

（3）楚雄测点的断层活动协调比异常已很好对应了滇中地区的多次 6.0～6.5 级强震的发生。目前，该测点的断层活动协调比仍处于偏离的异常变化（图 4-28），应注意中-长期尺度的强震、大地震危险性。

（4）2001～2006 年滇西地区的水准复测揭示：从川滇交界的攀枝花（渡口）至以南的红河断裂带地区存在垂直形变异常。其中，沿程海断裂的中-南段至该断裂与红河断裂带交汇处是垂直形变速率的高梯度区。此外，元谋断裂西侧至楚雄断裂带也存在垂直形变速率的显著变化（图 7-62）。

以上反映：较显著的地壳形变异常主要分布在滇中及其偏西的区域。

2. 重力异常区

根据第 5 章的研究，流动重力复测反映川滇交界至断层活动协调比出现异常的区域存在两处 10 年和 20 年尺度的重力累计变化量较大的地区，其中之一位于洱源、宾川、姚安之间的地区，重力变化差异量达 $100 \times 10^{-8} \mathrm{m/s^2}$ 以上，并形成与程海断裂带展布基本一致的重力变化高梯度带（图 5-13）。这种重力异常变化，无论是变化幅度和范围都较大，反映该地区具有强震/大地震发生的中-长期危险背景。

7.4.4　中-长期大地震危险区判定小结

综合本节对活动构造背景及历史与现今地震活动性、地震空区判定、b 值扫描、以及对近年来区域地震加速矩释放等特征的分析，可初步判定出南北地震带南段未来十年及稍长时间 $M \geqslant 7.3$ 级地震危险区和值得注意地区如图 7-63 所示。

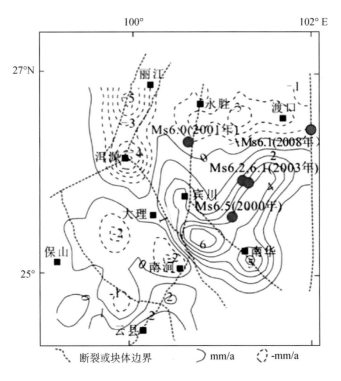

图 7 - 62　滇西地区垂直形变速率变化等值线图

（1）程海断裂中-南段危险区（$M = 7.0 \sim 7.3$ 级）

位于云南永胜南、宾川至祥云之间的地区（图 7 - 63），潜在的发震断裂为近 SN 向程海断裂带中-南段，属于川滇活动地块西南边界的主要分支断裂之一。主要判定依据有：

① 沿程海断裂带存在第 I 类地震空区背景（图 7 - 50），近十多年来附近已有多次中、强地震活动（图 7 - 51）。

② 沿断裂带出现 10 年和 20 年尺度的重力累计变化量较大的高梯度带（图 5 - 13）。

③ 程海与红河断裂带交汇处存在垂直形变速率高梯度区（图 7 - 62）。

④ 位于 1997 ~ 2010 年期间形成的近南北向 6 级地震条带中部（图 7 - 53a），以及位于 2004 年以来近南北向与北东向 $M \geqslant 5$ 级地震条带的交汇区附近（图 7 - 53b）。

⑤ 程海断裂带中-南段存在小震活动的稀疏段，且稀疏段的东侧出现显著的异常低 b 值区（图 7 - 58）。

⑥ 潜在发震断裂段长 60 ~ 100km，由相关的、矩震级 M—断层地震破裂长度 L 的经验关系（Wells 和 Coppersmith，1994；Leonard，2010）估算出潜在地震的矩震级为 $M = 7.1 \sim 7.4$ 级。

（2）元谋—楚雄—易门危险区（$M = 7.0 \sim 7.3$ 级）

位于云南中北部的元谋—楚雄—易门地区（图 7 - 63），潜在的发震断裂为近 SN 向元谋（绿汁江）断裂带和 NW 向楚雄断裂带，属于川滇地块内部的重要活动断裂带。主要判定依据有：

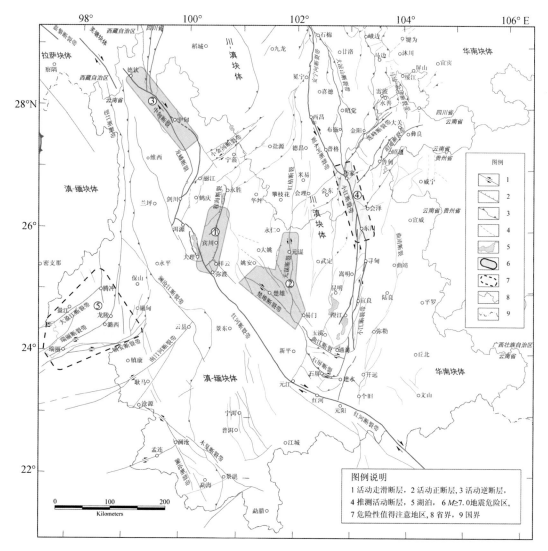

图 7-63 南北地震带南段 $M \geqslant 7.0$ 级地震中-长期危险区和危险性值得注意地区判定图
危险区和值得注意地区编号：①程海断裂中-南段危险区；②元谋—楚雄—易门危险区；③中甸断裂带危险区；
④巧家—东川值得注意地区；⑤腾冲—瑞丽值得注意地区

　　①潜在的发震断裂带上存在第Ⅰ类地震空区（图 7-50）。

　　②位于 1997~2010 年期间形成的近南北向 6 级地震条带中部附近（图 7-53a），以及位于 2004 年以来近南北向与北东向 $M \geqslant 5$ 级地震条带的交汇部位附近（图 7-53b）。

　　③元谋（绿汁江）断裂带南、北两段存在显著的小震空段（图 7-56c），中段偏南 2010 年 2 月 25 日发生了该断裂带有记载以来的最大地震——$M_L 5.1$ 地震，且附近地区近年来小震活动相对增强，并随时间出现加速矩释放现象（图 7-57）。

　　④元谋（绿汁江）断裂带在元谋及其以南的 b 值明显偏低（图 7-56b）。

　　⑤根据两个潜在发震断裂段的几何尺度（长 50~80km），由相关的、矩震级 M—断层地震破裂长度 L 的经验关系（Wells 和 Coppersmith，1994；Leonard，2010）估算出该危险区

潜在地震的矩震级为 $M = 7.0 \sim 7.3$ 级。

（3）中甸断裂带危险区（$M = 7.0 \pm$）

位于云南西北的中甸（香格里拉）—德钦地区（图 7 - 63），潜在的发震断裂为 NW 向中甸（—龙蟠）断裂带等，属于川滇地块西边界主活动断裂带。主要判定依据有：

①潜在的发震断裂带上存在第 I 类地震空区，1930 年和 1960 年分别发生过 6 级强震（图 7 - 50）。

②沿中甸断裂带附近存在 b 值明显偏低的地区（图 7 - 61）。

③位于 2007 年以来川滇藏交界区 $M_L \geqslant 4.0$ 级地震平静区的南缘（图 7 - 37）。

④1998 ~ 2008 年的十年尺度的重力变化显示：藏东地区重力相对川滇地区呈上升变化，差异达 $150 \times 10^{-8} \mathrm{m/s^2}$，形成沿金沙江断裂带的重力变化高梯度带（图 5 - 12），本区位于该重力变化高梯度带的南缘附近。

⑤根据潜在发震断裂段的几何尺度（长 90 ~ 150km），由相关的、矩震级 M—断层地震破裂长度 L 的经验关系（Wells 和 Coppersmith，1994；Leonard，2010）估算出该危险区潜在地震的矩震级为 $M = 7.3 \sim 7.6$ 级。

分析认为南北地震带南段还存在若干大地震危险性值得注意的地区，需加强研究：

①巧家—东川值得注意地区：位于小江断裂带北段地震空区（图 7 - 49），最晚大地震（1733 年 $M7\frac{3}{4}$）的离逝时间较长，已达 277 年，但上世纪的 1930 年和 1966 年，本断裂段分别发生 $M6$、$M6.5$ 和 $M6.2$ 强震，至今又已平静 44 ~ 80 年。对比邻段的小江断裂带中段（寻甸—江川之间）在 1833 年嵩明 $M8$ 地震之前的 83 ~ 120 年曾先期发生 1713 年 $M6\frac{3}{4}$、1725 年 $M6\frac{3}{4}$、以及 1750 年 $M6\frac{1}{4}$ 等强震事件（图 7 - 49），小江断裂带北段的地震空区 $M \geqslant 7$ 级大地震的中-长期危险性很难排除。另外，近年来巧家附近的 4 级地震活动增强。可估算出该危险区潜在地震的震级为 $M = 7.3 \sim 7.7$ 级。

②腾冲—瑞丽值得注意地区：位于瑞丽至腾冲之间，区内的 NE 向瑞丽、大盈江等断裂带和近 SN 向至腾冲断裂带上均存在地震空区（图 7 - 52），2008 年以来 5 级地震显著活跃，且存在地震加速矩释放现象。可估算出该危险区潜在地震的震级为 $M = 7.0 \sim 7.3$ 级。

第8章 西北地区中-长期大地震危险性研究

8.1 西北区域地震地质背景

8.1.1 区域地震构造格局与动力学环境

1. 天山地区

天山是一条新生代再生造山带，印度板块向北推挤的远程效应及其在兴都库什地区的强烈挤压是天山地区现今地壳变形的主要动力源。大约自中新世开始的距今24Ma以来，天山遭受挤压而不断隆升，耸立于塔里木和准噶尔盆地之间，并在两侧山前坳陷或前陆盆地内形成多排逆冲断裂—褶皱带。这些断裂构造与本区地震的关系十分密切，是本区的主要发震构造带（图8-1，徐锡伟等，2006）。

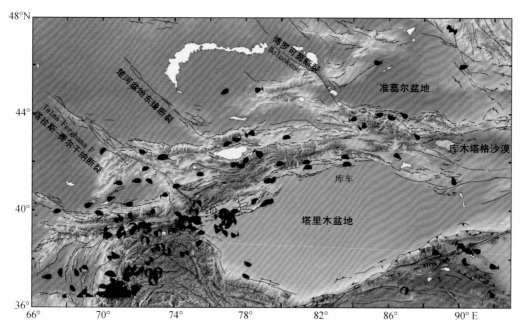

图8-1　天山及其邻区活动断裂与震源机制解（徐锡伟等，2006）

天山地区晚第四纪活动构造以再生造山带前陆盆地区的活动逆冲断裂——褶皱带及受逆断裂控制的山间压陷盆地为特征。天山南北两侧的库车—喀什和乌鲁木齐活动逆冲断裂—褶

＊　本章执笔：袁道阳、李志海、冯建刚、马玉虎。

皱带构成Ⅱ级活动块体的边界（张培震等，2003），其中，库车和乌鲁木齐山前坳陷逆冲断裂—背斜带的水平缩短速率分别为10.4和5.8mm/a，吐鲁番盆地的缩短速率则为3.4～4.1mm/a，显示了速率由西向东减小的趋势。另外，天山内部还发育了一系列受逆冲断裂控制的山间压陷盆地，如伊犁、昭苏、巴音布鲁克、焉耆、吐鲁番、哈密和巴里坤盆地等。部分逆冲断裂的垂直滑动速率为0.4～3mm/a。

2. 柴达木—祁连山地区

青藏高原北部地区是由NEE向的阿尔金断裂、NWW向的海原—祁连山断裂和近EW向的东昆仑断裂三条巨型左旋走滑断裂带所围限的一个相对独立的活动地壳块体，可称为柴达木—祁连山活动块体（图8-2）。

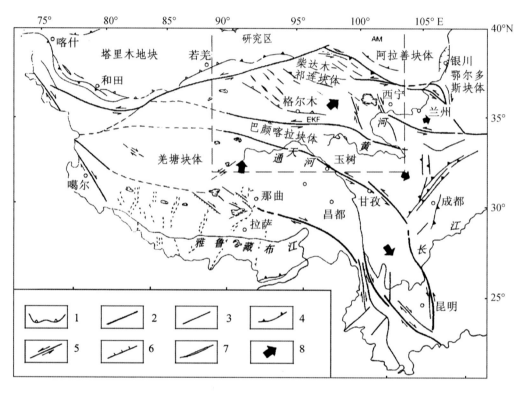

图8-2　青藏高原活动构造格架图（据汪一鹏等（1998）修改）

1. 塔里木盆地边界；2. 主干断裂；3. 活动断裂；4. 逆断层；5. 走滑断层；6. 正断层；

7. 活动褶皱；8. 块体运动方向

青藏高原整体不断隆升和向北东的侧向水平挤压，不但造成地壳增厚和挤压缩短，还使上述三条主边界断裂发生左旋剪切，并且在柴达木—祁连山块体内部形成了一些性质不同、规模不等的晚第四纪活动断裂带。按力学性质和所在构造部位，本区存在三种类型的活动断裂（带）：①主边界左旋剪切构造带，构成柴达木—祁连块体的主边界，包括阿尔金断裂带、东昆仑断裂带和海原—祁连山断裂带等，其左旋走滑速率分别为10±2mm/a、12±2mm/a和4～5mm/a，向两端逐渐衰减为1～2mm/a左右（Zhang et al.，2007；Kirby et al.，2007；Li et al.，2009）；②块体内部次级右旋剪切构造带，是发育在柴达木—祁连山块体内部的一组 NNW 向的重要断裂，如鄂拉山断裂带和热水—日月山断裂带等，其右旋走滑速率仅 1~2mm/a（Yuan et al.，2011）；③挤压会聚构造带，最典型的是祁连山西段会聚构造带（汪一鹏，1998）。这三类断裂的相互作用和构造转换控制着青藏高原北部地区的晚第四纪构造变形和现今强震活动。本区 7 级以上大震主要发生在该块体的边界带上（张培震，1999），其中有 1927 年古浪 8.0 级地震（国家地震局地质研究所等，1993）、1932 年昌马 7.6 级地震（国家地震局兰州地震研究所，1993）和 2001 年昆仑山口西 8.1 级地震（徐锡伟等，2002），等等。

8.1.2　主要地震构造带

1. 新疆与天山地区

根据活动构造展布及其与地震活动的关系可将天山及其邻区划分为北天山和南天山两个地震构造带。另外，新疆的西南部还涉及到兴都库什—西昆仑地震构造带的一部分（图 8-3）。限于资料，本小节重点分析前两个地震构造带。

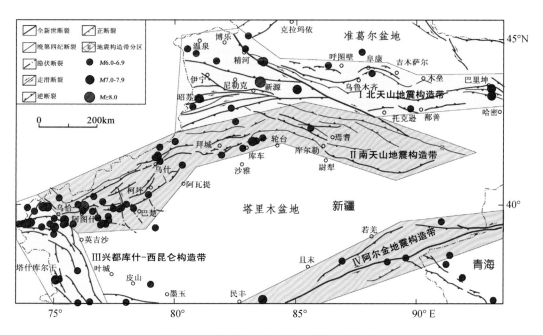

图 8-3　新疆天山地区的地震构造分区图

Ⅰ. 北天山地震构造带；Ⅱ. 南天山地震构造带；Ⅲ. 兴都库什—西昆仑地震构造带；Ⅳ. 阿尔金地震构造带

（1）北天山地震构造带

东起哈密地区的伊吾以东，呈近 EW 向带状展布，经哈密、吐鲁番、乌鲁木齐、精河，向西至伊宁、温泉，从昭苏向西延伸至哈萨克斯坦境内，为一西宽东窄的长条状地带。该带由近 EW 向逆冲—褶皱活动构造带组成，主要发震断层有大河沿—洛包泉断裂、博格达弧形断裂带、吐鲁番盆地中央褶皱断裂带、清水河子断裂、霍尔果斯—吐鲁番断裂、艾比湖—伊连哈彼尔尕断裂、喀什河断裂、恰克布河断裂、以及特克斯河断裂等。除艾比湖—伊连哈彼尔尕 NW 向断裂构造带为右旋逆走滑外，其余断裂均以逆冲为主。自 1716 年以来，该带在我国境内共发生 8 级地震 1 次，7.0～7.9 级地震 5 次，6 级地震 10 次，地震活动西强东弱，强震主要集中在乌鲁木齐以西地区。在乌鲁木齐以东除巴里坤地区曾在 1842 年和 1914 年发生过两次 7.5 级地震外，仅在 1916 年发生了 1 次 6 级地震。

（2）南天山地震构造带

主要分布在南天山及其与塔里木盆地结合的部位，东起库尔勒以东，经库车、拜城、阿克苏至阿图什，向西延出国境。该带可以分为东、西两段，库尔勒以西至阿克苏为东段，乌什至阿图什、乌恰一带为西段。东段总体呈近 EW 向，历史上发生 7 级以上地震 1 次，6.0～6.9 级地震 8 次，地震主要沿近 EW 向的逆冲断裂发生，发震构造主要有洪水沟断裂、北轮台断裂、霍拉山山前断裂、以及却勒塔格断裂等，地震活动强度和频度均低于西段。西段总体呈 NEE 向展布。历史上发生 8 级地震 1 次，7 级地震 2 次，6.0～6.9 级地震 55 次。其中 7 级以上地震是 1902 年阿图什 8¼ 级地震和 1955 年乌恰西北的两次 7 级地震；该段的主要发震构造有柯坪断裂、乌什断裂、铁列克巴什断裂、托特拱孜拜—阿尔帕雷克断裂、NW 向的塔拉斯—费尔干纳断裂，以及 NNW 向的普昌断裂等。

2. 柴达木—祁连山地区

根据活动断裂展布、运动性质及地震活动性的差异，可将柴达木—祁连山地区划分为五个地震构造带（区），分别为：北祁连山地震构造带（Ⅰ）、南祁连山地震构造带（Ⅱ）、阿尔金地震构造带（Ⅲ）、东昆仑地震构造带（Ⅳ）和玉树地震构造带（Ⅴ）（图 8-4）。各带的基本特征如下：

（1）北祁连山地震构造带（Ⅰ）

是指广义海原—祁连山断裂带以北至阿拉善块体之间的带状区域，包括北祁连山、河西走廊及龙首山、合黎山等地区。该带最显著的特征是发育了一系列 NWW—近 EW 走向、主要倾向南西、由南向北推覆、上陡下缓的铲式逆冲—走滑断裂带，并在若干构造转换部位形成多条 NNW 向逆—右旋走滑断裂带。区内主干活动断裂包括广义海原断裂带中-西段、昌马—俄博断裂、北祁连山前断裂、榆木山断裂、黑山—金塔南山断裂、合黎山断裂、龙首山北缘断裂等。本带内曾发生过 1609 年红崖堡 7¼ 级、1932 年昌马 7.6 级、1927 年古浪 8 级以及 1954 年山丹 7¼ 级和民勤 7 级等大地震。

（2）南祁连山地震构造带（Ⅱ）

主要包括拉脊山、青海南山、至柴达木盆地北缘一带地区，发育有多条挤压逆冲断裂带，如拉脊山断裂、青海南山断裂、茶卡盆地北缘断裂、柴达木盆地北缘断裂等。其中，分隔柴达木、共和及西宁等新生代盆地的 NNW 向鄂拉山断裂和日月山断裂等具有右旋走滑特征。上述断裂晚第四纪构造活动明显，曾发生过 1990 年共和 7.0 级地震、2003 年德令哈 6.6 级地震、2008 年海西州 6.3 级地震、以及 2009 年海西州大柴旦 6.4 级地震等强震与大地震。

（3）阿尔金地震构造带（Ⅲ）

主要包括阿尔金断裂及其两侧伴生的活动构造带，构成青藏 Ⅰ 级活动块体的北西边界，其西起藏北高原的拉竹龙，向东沿古孜河谷至苦牙克，经安迪尔河、木勒切河、哈拉米兰河、至车尔臣谷地后切入阿尔金山脉，经索尔库里谷地进入安南坝后分为两支：北支经安南坝、青崖子、肃北延入疏勒河口一带；南支经玉勒肯、苏尔巴斯陶、当金山口进入党河南山南缘，全长约 1600 余公里。该区的构造活动最显著特征是以阿尔金主断裂左旋走滑为主，

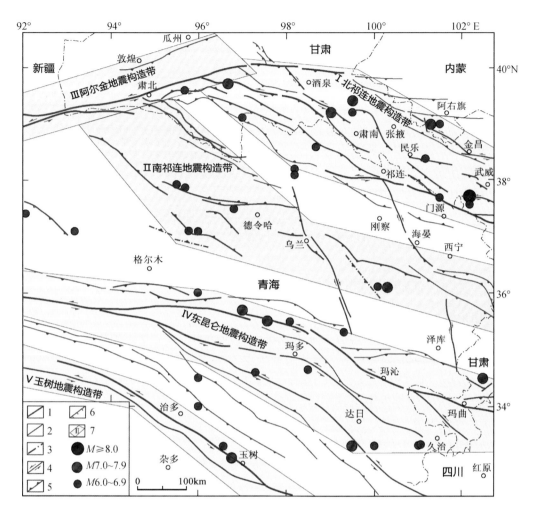

图 8-4 祁连山—柴达木地块区活动断裂及其分区图

1. 全新世断裂；2. 晚第四纪断裂；3. 隐伏断裂；4. 走滑断裂；5. 逆断裂；6. 正断裂；7. 地震构造带分区

其两侧的派生断裂则多为逆冲—走滑运动。阿尔金主断裂带中段走滑速率为 $10 \pm 2\text{mm/a}$，向东衰减为 $1 \sim 2\text{mm/a}$（Zhang et al.，2007）。沿阿尔金断裂带具有丰富的古地震活动遗迹，有仪器记录以来最大地震为 1924 年民丰东 7¼ 级地震。

（4）东昆仑地震构造带（Ⅳ）

主要包括东昆仑断裂带及其南、北两侧的分支活动断裂，包括东昆仑断裂、玛多—甘德断裂、昆仑山口—达日断裂等。其中，东昆仑断裂带长约 2000km，由 6 条次级断裂段组合而成，走向 NWW。Tapponnier et al.（2001）和 Van der Woerd et al.（2000）获得该断裂的平均走滑速率为 $11.5 \pm 1.5\text{mm/a}$，沿断裂带发现多次古地震、历史地震破裂事件（Lin et al.，2007；何文贵等，2006；Li et al.，2005），它们形成多条地震破裂带。其中，1937 年花石峡 7½ 级地震形成了长 180km 的破裂带（青海省地震局等，1999），2001 年 11 月 14 日昆仑山口西的 $M_S8.1$ 地震形成了长约 450km 的地震破裂带（徐锡伟等，2002）。其他一些分支断裂均有不同程度的晚第四纪活动，如昆仑山口—达日断裂东南段 1947 年在达日附近发生 7¾ 级地震，形成了长近百公里的地震地表破裂形变带，沿该带见有多期古地震遗迹。

— 253 —

（5）玉树地震构造带（Ⅴ）

巴颜喀喇、羌塘两个Ⅱ级活动块体的边界带，主要构成是玛尼—玉树—甘孜活动断裂系，西起乌兰乌拉湖，往东经风火山、治多至玉树后延入四川，青海省境内长约800km，总体呈NWW向展布。该断裂系的第四纪活动具有明显的分段特征，并可划分为3段：东南段（玉树—甘孜段）近5万年来断裂的平均左旋滑动速率为12±2mm/a，沿断裂带古地震遗迹众多（闻学泽等，2003）；中段（结隆西北—玉树段）和西北段（结隆西北—拉日段）仍以左旋走滑为主，平均滑动速率约为7.2～7.3mm/a（周荣军等，1997）。沿该地震构造带，历史至今曾发生过1738年 $M \geqslant 7$ 级、1854年 $M7.7$ 、1866年 $M7.3$ 、1896年 $M7.3$ 以及2010年7.1级等大地震（闻学泽等，2003）（图2-9）。

8.2 西北的强震活动趋势与未来主体活动区

8.2.1 区域强震活动历史进程与发展趋势分析

1. 天山地区

1900年以来，天山地区7级以上地震具有成组活动的特征，第一组发生在1902～1914年，第二组发生在1944～1955年，第三组发生在1974～1992年，各组之间的间隔时间约20～30年。最晚一组结束于1992年，至今已19年没有发生7级以上地震了。因此，天山地区在未来十年及稍长时期发生 $M \geqslant 7.0$ 级大地震的可能性很大（图8-5）。

以80°E经线为界，将天山分为两段，即天山中东段和南天山西段。根据对该区1900年以来相对完整的 $M \geqslant 6.0$ 级地震目录（王海涛，2006）的分析，发现天山中东段与南天山西段的 $M \geqslant 6.0$ 级的地震具有交替活跃的现象：南天山西段在1902年发生阿图什8¼级地震后，进入了相对弱的地震活动状态；而天山中东段自1906年7.3级地震后进入了 $M \geqslant 6.0$ 级地震的活跃时段；1960～1965年，天山中东段与南天山西段的强震活动盛、衰交替更明显：南天山西段进入了活跃时段，而天山中东段则进入了相对弱活动时段，仅发生3次6级地震（图8-6）。

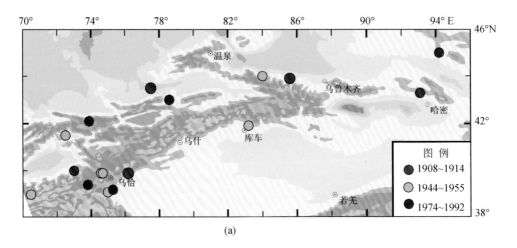

(a)

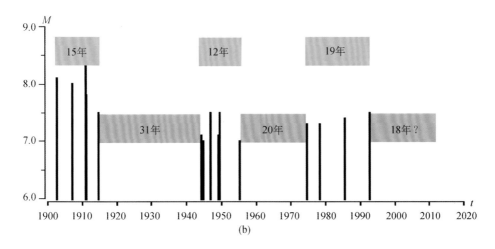

图 8-5 1900 年以来天山地区 $M \geqslant 7$ 级地震的震中图（a）及 M-t 图（b）

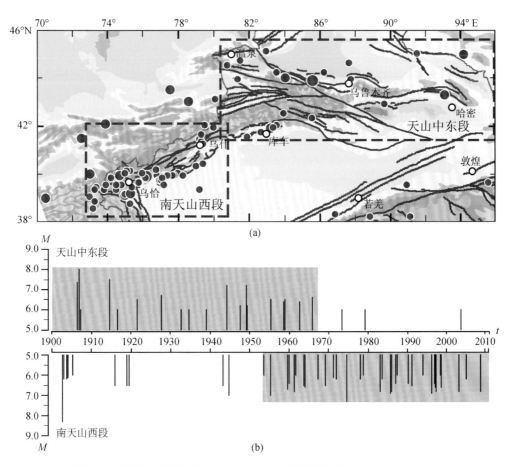

图 8-6 新疆天山及邻近地区 $M \geqslant 6.0$ 级地震分布图（a）、M-t 图（b）

根据 $M \geqslant 6.5$ 级地震累积应变能曲线，南天山西段自 2003 年伽师 6.8 级地震和乌恰 6.9 级地震以来，进入了一个加速释放阶段，但天山中东段的释放似乎尚未显现加速（图 8-7）。因此，未来十年及稍长时间，南天山西段发生 $M \geqslant 7.0$ 级大地震的危险性要大于天山中东段。

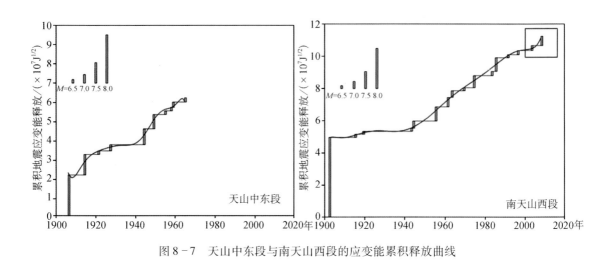

图 8-7　天山中东段与南天山西段的应变能累积释放曲线

2. 柴达木—祁连山地区

本区域最早记载的地震是公元 180 年甘肃高台 $M7\frac{1}{2}$ 级地震，但因地处青藏高原中北部，本区 1900 年之前的大地震、强震记载记录并不完整。从 1900 年以来的应变释放曲线（图 8-8）上可以看出，本区在 20 世纪 20~30 年代属于地震应变大释放时期，发生了 1 次 $M8$ 巨大地震和多次 7 级地震，之后有一个长达 60 年的应变积累期，2001 年 11 月 14 日的昆仑山口西 $M8.1$ 地震，可能是本区新的地震应变大释放时期的开始。因此，未来十年及稍长时间，本区仍有发生 1 至数次大地震的可能性。

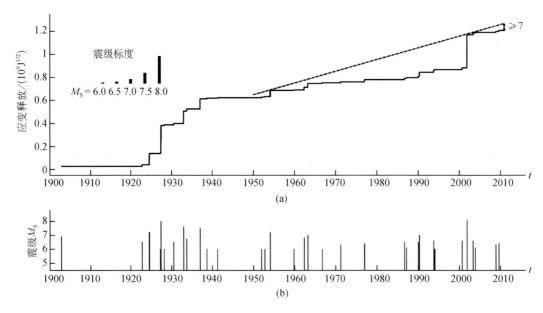

图 8-8　柴达木-祁连山地区地震应变能释放曲线（a）及 $M \geqslant 6.0$ 级地震 $M\text{-}t$ 图（b）

8.2.2 未来大地震主体发生区/带分析

青藏块体中、北部1923年以来的绝大部分 $M \geq 7.0$ 级地震主要发生在东昆仑断裂带、阿尔金—祁连断裂带、玉树—甘孜断裂—鲜水河断裂带等Ⅰ、Ⅱ级活动地块边界断裂带上（图8-8）。相对而言，祁连山构造带中、西段和阿尔金断裂带中、北段以及玉树断裂西段等，在过去100年中的7级以上强震、大地震数量相对偏少。因此，上述区域中在过去100年中大地震破裂偏少的段落，应是未来青藏块体中北部大地震发生的主体构造部位（图8-9）。

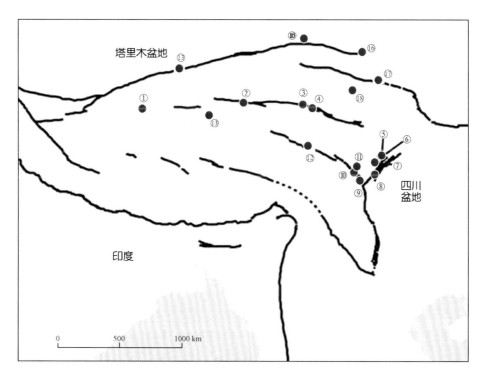

图8-9 1923年以来青藏块体中、北部 $M \geq 7.0$ 级地震震中与区域性活动断裂带简图
地震事件编号：①2008年3月新疆于田7.3级地震；②2001年11月东昆仑8.1级地震；③1963年4月阿兰湖附近7级地震；④1937年1月阿兰湖东7½级地震；⑤1976年8月松潘—平武7.2级地震；⑥1976年8月松潘—平武7.2级地震；⑦1933年8月茂汶—迭溪7½级地震；⑧2008年5月汶川8级地震；⑨1955年4月康定—折多塘7½级地震；⑩1923年3月炉霍、道孚间7.3级地震；⑪1973年2月炉霍附近7.6级地震；⑫2010年4月玉树7.1级地震；⑬1997年11月西藏玛尼7.9级地震；⑭1924年7月3日若羌7.3级、1924年7月24日若羌7.2级地震；⑮1932年12月25日昌马7.6；⑯1954年2月11日民勤7.3级地震；⑰1927年5月23日古浪8.0级地震；⑱1990年4月26日共和7.0级地震

8.3 主要构造带大地震中-长期危险性分析

8.3.1 历史破裂图像与地震空区

1. 天山地震构造带

在分析历史地震震害和烈度以及发震构造等资料的基础上，已获得天山及其邻区各次历史及现代强震、大地震的破裂区展布，结合活动断裂的破裂分段研究，判定出天山地震构造带的主要地震空区（大地震破裂空段）。结合本章后面对中-长期尺度大地震危险区的判定、研究结果，绘出图8-10。图8-10中，灰色区域为历史及现今强震/大地震的破裂区，草绿色区域为野外考察发现的古地震地表破裂段落，粉红色与浅桔黄色区域为本研究判定的部分大地震空区。在本章后面的研究中，粉红色的区域已判定为未来十年及稍长时间$M \geq 7.0$级大地震的潜在危险区，而浅桔黄色区域已判定为未来大地震危险性值得注意的地区。

2. 柴达木—祁连山地震构造带

根据对相关历史地震资料的梳理、分析以及对部分历史地震开展的补充考证研究（袁道阳等，2004、2006），已圈绘出柴达木—祁连山地震构造带各次历史及现代强震、大地震破裂区的展布；结合活动断裂的破裂分段以及相关的古地震研究结果，判定出部分大地震破裂空段（地震空区）；再综合本章后面的中-长期尺度大地震危险区的判定结果，绘成图8-11。

图8-11中，灰色区域为距今1000年以来的历史大地震破裂区范围，其位置及尺度的可靠性相对较高；由于最晚地震破裂的离逝时间较短，这些地段在未来十年及稍长的时段中再次发生$M \geq 7.0$级大地震的可能性小。淡蓝色区域为离逝时间大于1000年的历史地震破裂区范围，由于最晚地震破裂的离逝时间相对久远，地点及范围的不确定性较大，但这些地点未来复发大地震的可能性也相对较大。淡草绿色区域为野外考察发现有古地震地表破裂遗迹的段落，粉红色与浅桔黄色区域为本研究判定的部分大地震空区。在本章后面的研究中，粉红色的区域已判定为未来十年及稍长时间$M \geq 7.0$级大地震的潜在危险区，而浅桔黄色区域已判定为未来大地震危险性值得注意的地区。

8.3.2 现代地震活动及其参数图像

1. PI 与 AMR 异常图像

（1）PI 图像

天山及其邻区的 PI 图像选取 1995 年以来 $M \geq 6.5$ 级的地震作为"目标地震"，分别设预测时间段为 1995.01.01 ~ 1998.01.01；1998.01.01 ~ 2001.01.01；2001.01.01 ~ 2004.01.01；2004.01.01 ~ 2007.01.01；2007.01.01 ~ 2010.01.01。选取"异常学习时间窗"分别为 5 年和 10 年、"预测时间窗"分别为 3 年和 5 年，通过分析发现以 10 年尺度的"异常学习时间窗"、3 年尺度的"预测时间窗"、网格间距为 0.4°×0.4°、时间滑动步长为 120 天的预测检验效果较好。基于震例回顾预测 2010 ~ 2013 年新疆强震发生地点主要位于南天山西段、阿克苏—昭苏和乌鲁木齐附近地区（图8-12）。

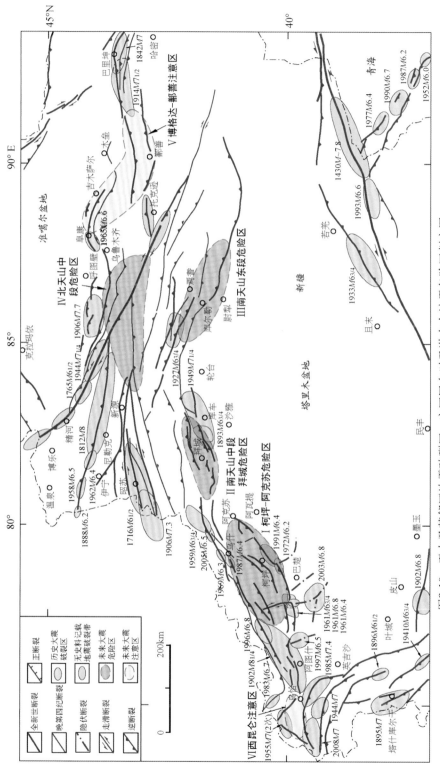

图8-10 天山及其邻区地震破裂区、空区展布以及潜在大地震危险区判定图

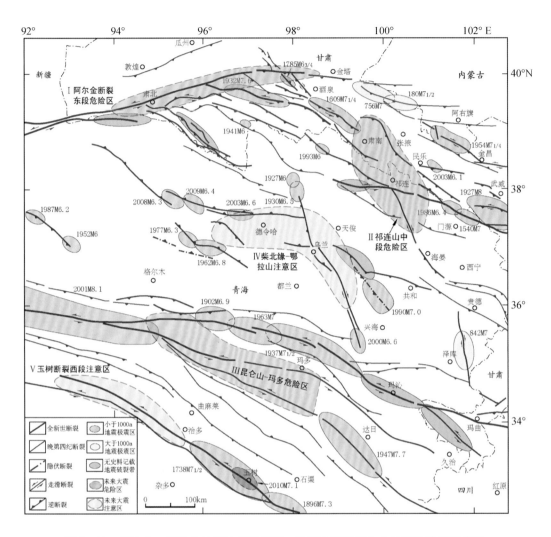

图 8-11 柴达木—祁连山地区地震破裂区、破裂空区及潜在大地震危险区判定图

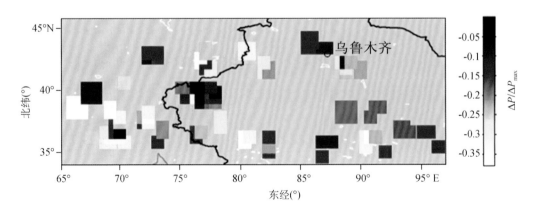

图 8-12 天山及其以西地区的 PI 预测图像

（时段：2010/01/01 ~ 2013/01/01）

（2）AMR 图像

使用全国地震目录，采用空间尺度 $R = 80km$、最小完整性震级 $M_c = M_L 3.0$ 和多时间尺度 $T = [8, 9, \cdots, 15]$ 年搜索最佳拟合的研究方法，对西北地区（$30° \sim 43°N$，$108° \sim 125°E$）的地震加速矩释放（AMR）的参数 m 值进行空间扫描计算，结果如图 3-22 所示，反映西北地区出现明显加速矩释放（AMR）异常的地区有：新疆乌恰以西地区、北天山西段霍城一带、北疆阿勒泰—富蕴地区、新疆于田以东的阿尔金与东昆仑断裂带交汇处及其附近、疆-藏交界—西昆仑地区、阿尔金断裂带东段的且末—若羌地区、以及祁连山构造带的西段（甘肃敦煌—青海德令哈地区）。

另外，利用最新（截至 2010 年 9 月）的甘肃台网小震月报目录，采用 70km 的空间窗、5 年的时间窗获得祁连山地区的 AMR 空间扫描结果（图 7-9）。该结果反映目前出现明显 AMR 异常的区域有祁连山地震构造带西段（阿尔金断裂与祁连山地震带的交汇区）、龙首山断裂的东段和西段。这些地段与基于活动断裂与历史强震破裂分段所确定的地震空区或破裂空段的位置（图 8-11）有较好的一致性。

2. b 值与沿断裂带的震源深度图像

（1）天山地区

对新疆天山地区进行 b 值扫描时，1970 ~ 1987 年期间的地震资料使用新疆区域台网地震目录，而 1988 年以来的使用本 M7 项目组的精定位地震目录。把这两部分目录合起来进行 b 值的空间扫描，获得新疆天山地区的 b 值平面图像（图 8-13）。图 8-13 中显示有 8 处低或异常低的 b 值区，分别是天山地区的卡兹特阿尔特断裂中段、迈丹断裂、柯坪断裂、拱孜拜—秋里塔格断裂、博罗科努断裂西北段、博格达南缘断裂、柴窝铺盆地北缘断裂、阿奇克库都断裂、哈桑脱开断裂等；这些区段应分别对应相对高、较高应力的区域或者断裂段，

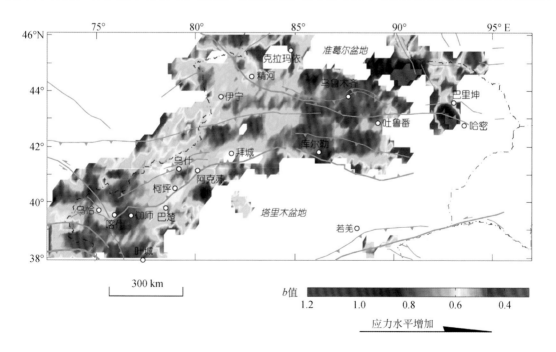

图 8-13 新疆天山地区的 b 值平面图像

可供判定未来强震/大地震可能发生地点时参考。另外，吉尔吉斯的伊赛克湖南—昭苏一带也是异常低 b 值区域，值得关注。

为了深入研究天山地区主要活动断裂带地震分布与活动性参数的空间非均匀性，选取部分以上提及的重要断裂带/段，采用本专项研究获得的重新精定为地震目录，绘制沿断裂走向的、起算震级大于等于当地最小完整性震级 M_c 的地震震源深度剖面，并进行沿深度剖面的 b 值扫描计算，结果如图 8-14 至图 8-20。

从图 8-14 可以看出沿卡兹特阿尔特断裂，在乌恰以西 20km 左右的深度上存在一个低 b 值区，其位于该断裂中段、1974 年 7.1 级地震破裂区与 1985 年 7.1 级地震破裂区之间的大地震破裂空段上。

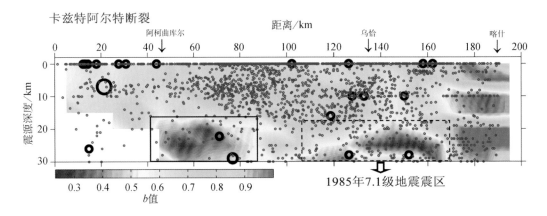

图 8-14　沿卡兹特阿尔特断裂的震源深度与 b 值剖面图

从图 8-15 可以看出，沿迈丹断裂在阿合奇附近 20km 及更大的深度上存在一个沿断裂长达 100km 的低 b 值区，这里属于强震/大地震的破裂空段。图 8-15 还显示乌什附近在 6km 深度之下也存在一个低 b 值区域，这里自 1900 年以来发生过 7 次 $M_S6.0$ 地震，其中 1970 年以来就有 4 次，因此，认为这里的低 b 值可能与这里频发的中强震及其余震活动相关。

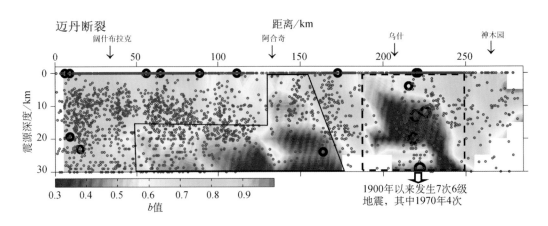

图 8-15　迈丹断裂的震源深度和 b 值剖面图

从图8-16可以看出，柯坪断裂在三岔口镇下方存在长达75km、较大面积的低b值区域，而且，沿该断裂在柯坪—阿克苏之间，现代小地震较为稀疏。图8-17反映沿拱孜拜—秋里塔格断裂在阿克苏—拜城之间、10~20km深度上出现了较大的、长度在100km以上的低b值区域，同时，该低b值区的西侧存在大尺度的小震空缺段；而拜城—库车下方虽也出现了低b值区域，但那里是1906年7.3级地震的破裂区，低b值可能与那里的特晚期余震活动有关。

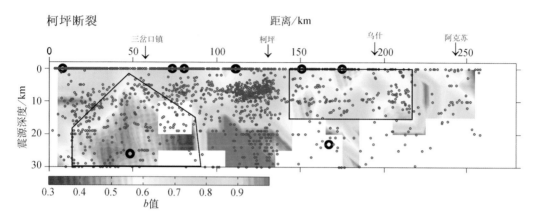

图8-16 沿柯坪断裂的震源深度与b值剖面图

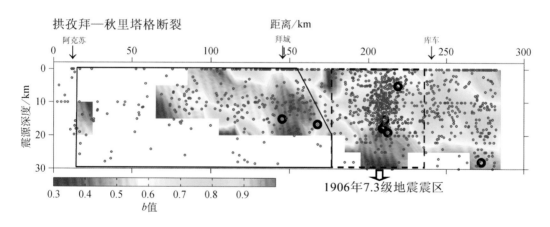

图8-17 沿拱孜拜—秋里塔格断裂的震源深度与b值剖面图

从图8-18看到，沿博罗科努断裂的西北段在艾比湖两侧的阿拉山口以西和精河附近出现了低b值。图8-19显示沿阿奇克库都断裂在库米什附近有较大面积的无地震区，但该区在平面上是低b值区（图8-13）。图8-20则反映沿哈桑脱开断裂东侧存在较大面积的小震缺震区，且在平面上是低b值区（图8-13）。这些位于小震缺震区附近的低b值区可能是闭锁的、高应力积累断层面（段）的反映。

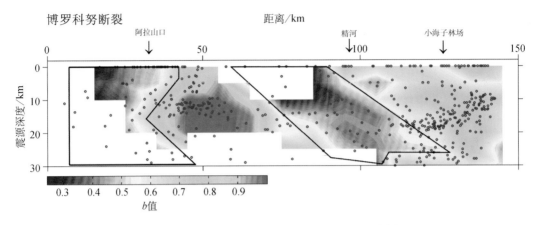

图8-18 沿博罗科努断裂西北段的震源深度与 b 值剖面图

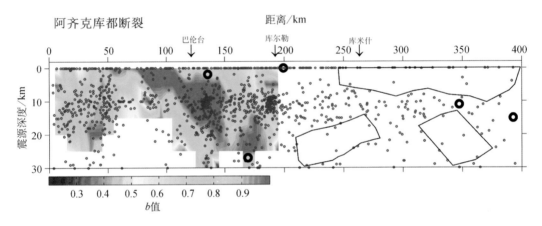

图8-19 沿阿奇克库都断裂的震源深度与 b 值剖面图

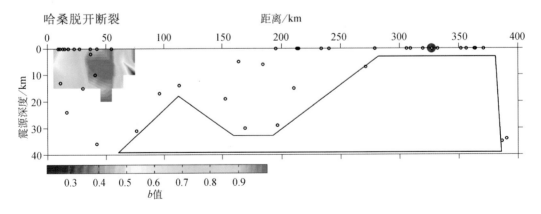

图8-20 沿哈桑脱开断裂的震源深度与 b 值剖面图

（2）祁连山地区

根据对小震精定位结果的分析，发现沿阿尔金断裂东段的青海茫崖—甘肃肃北之间的现代小震分布稀疏，形成了较明显的现代小震空段（图8-21）。沿该断裂的小震深度剖面显示，茫崖—肃北间存在小震空缺的断层面，长约500km（图8-22）。这一小震的空缺段对应了历史大地震破裂的空段（图8-11），应注意其发生大地震/巨大地震的潜在危险性。

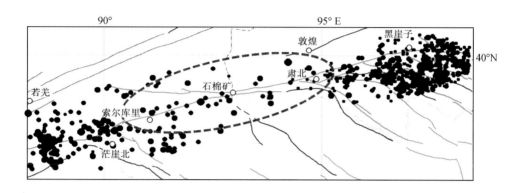

图8-21　阿尔金断裂带的现代小震活动空段（据hypo2000定位）

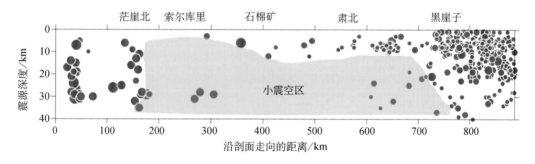

图8-22　沿阿尔金断裂带走向的小震剖面图（据hypo2000定位）

利用M7专项的小震精定位结果和全国、甘肃区域的地震月报目录（全国的目录截至2010年8月，甘肃的目录截至2010年9月），采用最大似然法，分别对甘肃西部、青海北部地区进行b值空间扫描分析。

图8-23为祁连山西段的b值空间扫描结果，反映出祁连山中-西段地区存在三处b值较低的区域，分别是阿尔金断裂东段、嘉峪关断裂和玉门—北大河断裂、榆木山断裂所在地段。这三处低b值区也是沿主干活动断裂上的强震/大地震破裂空段，值得高度关注。我们注意到在祁连山中-东段的民乐附近也出现低b值，但那里在2003年曾发生民乐—山丹间6.1级地震，相应的余震可能会造成b值偏低。

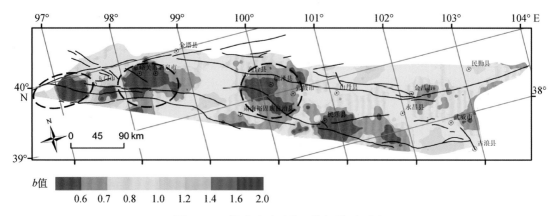

图 8 - 23 祁连山地区的 b 值扫描平面图

图 8 - 24 为广义海原断裂带的 b 值空间扫描结果，反映该断裂带中西段（门源—祁连段）存在一个 b 值较低的区域，该区也是活动断裂的强震/大地震破裂空段。图 8 - 25 为沿鄂拉山—柴达木北缘断裂带的 b 值空间扫描结果，反映在鄂拉山断裂北段与柴北缘断裂带的交汇部位存在一个 b 值较低的区域。

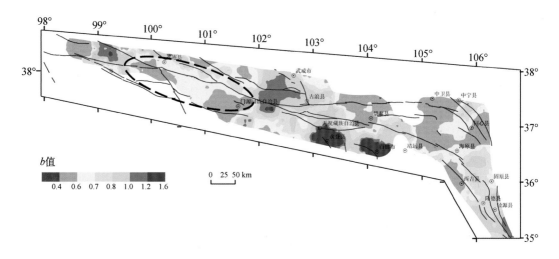

图 8 - 24　广义海原断裂带 b 值扫描平面图

3. 地震相关长度增长异常区

Frohlieh 和 Davis（1990）提出一种单键群分析方法（Single-link cluster analysis，SLC），用于定义不同范围的区域和不同层次的分立事件或群之间的特征尺度。对于特定时段分布在某一区域的地震事件，它们之间的距离（震中距）的特征尺度称为"空间相关长度"。Zoller et al.（2001）用此方法，发现美国加州特定区域范围自 1952 年以来的 9 次 $M \geq 6.5$ 级强震之前，地震活动存在不同程度的空间相关长度增长的现象。在国内，荣代潞等（2009）采用这种方法针对青藏高原东北缘地区开展回顾性的震例研究，并发现该区的 6 次中强地震发生前，不同程度存在空间相关长度增长的异常现象。

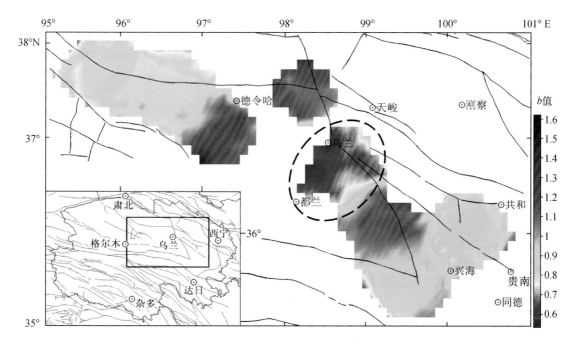

图 8 - 25 青海柴达木盆地北缘地区 b 值扫描平面图

若将地震看成自组织系统的临界现象，则如果系统接近临界，将出现以幂次律为特征的长程相互作用。这时，中等地震的相关长度（特定时段和空间范围地震之间的特征距离或震群尺度）发生增长，可用下式表示：

$$\xi(t) \sim (t_f - t)^{-k}$$

式中，t_f 为中强地震的发震时间，即震源系统达到临界点的时间；k 为一正数，决定于相关长度增长的速率。

相关长度 $\xi(t)$ 可用单键群分析方法估算。概括地说，如果选定的研究区分布有 N 次地震，首先将每次地震与其空间分布最邻近的地震相连构成一个小震群；然后，每一个小震群与其最近的震群相连。如此循环下去，直到 N 次地震用 $N-1$ 个键相连在一起，此时的键长即是 2 个地震的震中距（仅考虑二维情况）。用键长小于等于 ξ 的概率为 0.5 的条件定义相关长度（Zoller et al.，2001）。

使用滑动时间窗方法可以得到相关长度的时间演化进程。在选定的空间范围内，以在主震发生前一段时间（一般是数年）的地震序列为基础，以一定数目的地震作为时间窗。用上述方法计算这个时间窗内的相关长度。然后，以一定的步长使这个时间窗移动，重复上面计算相关长度的步骤，可得到主震发生前一段时间内相关长度随时间的演化进程（荣代潞等，2009）。

（1）新疆地区

首先对新疆地区地震目录的完整性进行检验，然后选取该地区 2000 年以来发生的 9 次

6级以上地震进行相关长度增长特征分析。结果发现除2次因资料少无结果外，其余7次在地震前2~5年均出现相关长度增长的现象。在此基础上，对新疆地区活动块体边界带进行系统扫描分析，然后依据相关长度增长及其随时间的演化进程，对中-长期尺度的大地震危险地点进行判定，并将存在相关长度增长显著异常的分析结果汇集在图8-26、图8-27中。

分析结果显示：图8—26中的63号统计区所在的库尔勒地区存在发生7.5级大地震的中-长期危险性，预测震级7.6级；图8-27中的62号和72号统计区所在的库车和博罗科努断裂中段存在发生7.0~7.4级大地震的中-长期危险性，预测震级分别为7.1和7.2级。

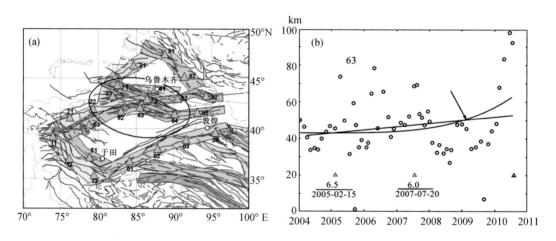

图8-26　新疆第63号统计区的位置（a）及该区的相关长度随时间变化（b）
斜箭头指示相关长度开始明显增长的时间，红三角为统计区内研究时段内发生的中强震事件，下同

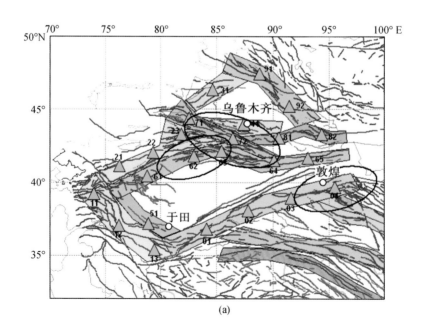

(a)

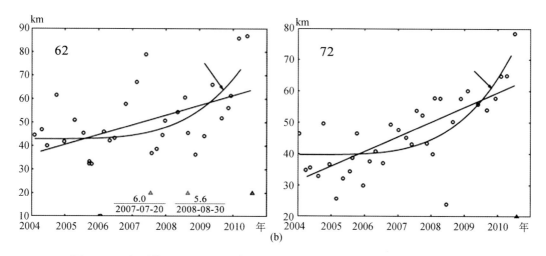

图 8 - 27 新疆第 62 和 72 号统计区的位置（a）及其相关长度随时间变化（b）

（2）青藏块体北部地区

对青藏高原北部地区地震目录的完整性进行检验，选取该区域 2000 年以来发生的 25 次 5.5 级以上地震，分析震前的相关长度增长特征，除 5 次无结果外，其余 20 次在震前 2～6 年出现了相关长度增长现象。在此基础上，对该区域活动块体边界带进行系统扫描分析，然后依据相关长度增长及其随时间的演化进程，对中-长尺度的大地震危险地点进行判定，并将存在相关长度增长显著异常的分析结果汇集在图 8 - 28 中。

图 8 - 28 显示：第 14、22、44 号统计区所在的阿尔金断裂东段、甘孜—玉树断裂西段、以及西秦岭北缘断裂东段，分别存在发生 7 级左右及更大地震的中-长期危险性，预测震级分别为 7.1、7.2 和 6.8 级。

8.3.3 地壳形变/重力异常区

1. 地壳形变异常区/高应变积累区

（1）南、北天山地震构造带

根据新疆自治区地震局的 GPS 观测与分析，2009～2010 年的结果与 2009 年相比，显示最新的最大剪应变率高值区集中分布在北天山中部以南地区，即在新源以南的巩乃斯林场、巴音布鲁克地区至巴伦台所围地区，形成了新的最大剪应变率高值区（图 8 - 29）。对照 2009 年结果，最大剪应变率高值区从原来的乌鲁木齐西北地区转移到了牛圈子西南，显示在南北向主压应力作用下，巴伦台（BALN）、乌兰布鲁克（WLMK）、乔尔玛（I045）、巩乃斯（I051）以南，巴音布鲁克（I053）以西广大区域内依旧呈现出近东西向拉张、南北向挤压的运动态势，而且拉张量值远大于挤压。

同期的面膨胀率分布（图 8 - 30）显示：以 84°～87°E 为界，界限东、西两侧为拉张膨胀区，界限内部为相对挤压收缩区，在巴音布鲁克、巩乃斯以西所围地区形成了膨胀高值区。应注意该区可能成为未来发生强震/大地震的地点之一。

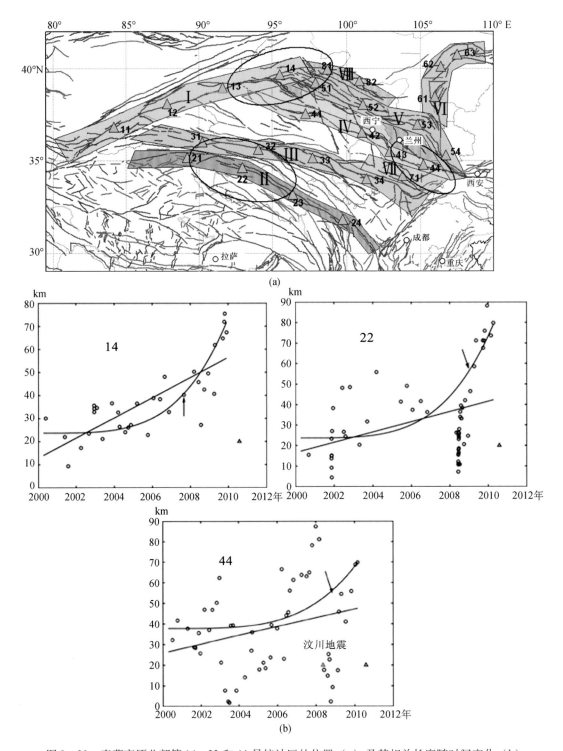

图 8-28 青藏高原北部第 14、22 和 44 号统计区的位置（a）及其相关长度随时间变化（b）

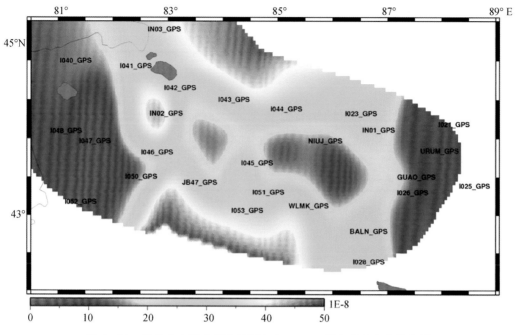

图 8 - 29　乌鲁木齐及北天山地区 2009 ~ 2010 最大剪应变率分布图

（新疆维吾尔自治区地震局 2010 年资料）

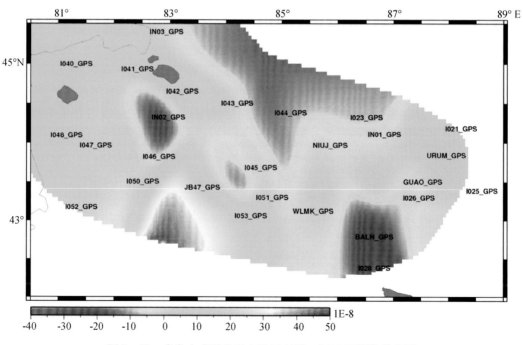

图 8 - 30　乌鲁木齐及北天山地区 2009 ~ 2010 面膨胀分布图

（新疆维吾尔自治区地震局 2010 年资料）

由 2010 年 GPS 观测获得的南天山地区最大剪应变率分布依旧延续了 2009 年的图像，仍以喀什西南为中心集中分布，并延续到南部霍什拉甫、柯克雅等地（图 8-31a）。在同期、相同地域的面膨胀分布图像上（图 8-31b）可以看出，以喀什为中心的膨胀区域被周边挤压收缩区所包围；另外，在契恰尔、阿合奇与阿拉木、比什凯克所围的区域，也形成了一个量值不高的膨胀区。分析认为这两个区域所围的南天山西段地区存在强震、甚至大地震孕育、发生的危险背景，值得关注。

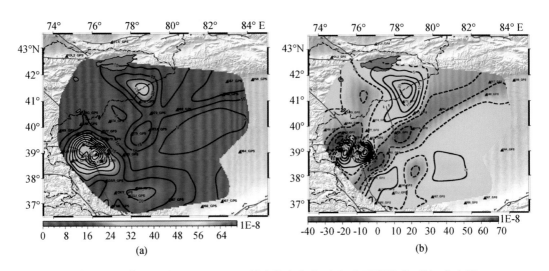

图 8-31　南天山地区 2009～2010 最大剪应变率（a）和面膨胀率（b）分布图

另外，对区域 GPS 观测的分析认为天山的中、西段存在水平挤压运动受阻、持续应变积累的背景（图 4-2、图 4-3），那里的历史大地震破裂空段可能存在发生大地震的中-长期危险性。

（2）柴达木—祁连山地震构造带

本专著第 4 章对区域 GPS 观测资料的分析已发现祁连山中-西段地区存在水平挤压运动受阻、持续应变积累背景（图 4-2、图 4-3）；同时发现，青藏高原东北缘的张掖以西地区存在形变亏损和应变梯度带（区），甘肃天水南西地区的形变性质与周边的差异较明显，天水北东、青海德令哈附近存在应变梯度区（图 4-16、图 4-17）。因此，从十年及稍长的时间尺度看，这些地点的大地震危险背景应给予关注。

跨断裂垂直形变速率梯度和断块比计算结果反映：近年的年平均形变梯度在 0.20mm/（a·km）以上活动断裂（段）主要为祁连断裂带中西段、日月山—拉脊山断裂、东昆仑断裂带中段；年平均形变梯度在 0.15mm/（a·km）以下主要为阿尔金断裂、祁连山断裂东段等。祁连山断裂、日月山—拉脊山断裂、东昆仑断裂中段等断块比指标偏离基值明显，反映存在不同程度的应变积累（图 4-36、表 4-1）。

2. 重力异常区

（1）天山地区

1998～2008 年十年尺度的重力变化表明，整个测区不同地区的重力场变化十分显著（图 5-14）。新疆以北天山为界，南侧塔里木盆地附近重力正值变化，由盆地向山体过渡重力逐渐降低；北侧阿勒泰地区重力负值变化。重力场变化较显著的梯度带走向与北天山断裂构造活跃带走向基本一致，并在新疆天山中西段的新源、精河、乌苏及其附近出现局部重力异常变化。因此，新疆的天山构造带中-西段存在发生 $M_S \geq 7.0$ 级地震的中-长期危险背景。

（2）柴达木—祁连山地区

根据青藏高原东北缘地区的重力观测结果，在数年至十年的时间尺度上，西北的祁连山地区未发现明显的区域性重力异常变化。然而，在靠近南北地震构造带的甘肃武威、六盘山、西秦岭断裂带地区，存在十分明显的区域性重力异常变化（图 5-10）。

8.4 中-长期大地震危险区判定小结

已在多学科资料综合研究的基础上，分别判定了西北天山地区和柴达木—祁连山地区未来 7~8 级大地震的潜在危险区以及危险性值得注意的地区（图 8-10 和图 8-11）。现将各危险区和值得注意地区的判定依据分述如下：

8.4.1 危险区

1. 南天山西段危险区

该区位于南天山西段的柯坪、阿克苏、乌什和皮羌一带，潜在的发震断裂主要有柯坪推覆构造带和迈丹断裂（图 8-10 中 I 区）。柯坪推覆构造带东西长 300km，南北宽 65~75km，被皮羌断裂分割成东、西两部分。西部由 5 排褶皱带组成，滑脱层的埋深约 9km（双程走时约 5s）；东部由 6 排褶皱带组成，滑脱层的埋深约 5km（双程走时约 3.3s）。该带内每一排褶皱带的南翼均发育有晚第四纪活动断裂；其中，东段最南缘的柯坪逆冲断裂带的全新世平均缩短速率为 0.35~0.44mm/a（程建武等，2006），已发现 4 次古地震事件的同震垂直位错约为 50cm（冉勇康等，2006）；西段的全新世以来的 4 次古地震事件间隔约为 3000~5000 年（闵伟等，2006）。沿柯坪推覆构造带在有限长度的文字记载历史中发生多次 6.0~6.5 级地震，但一直缺 $M \geq 7.0$ 级的大地震。迈丹断裂是天山和塔里木盆地的分界断裂，西起托云西，向东经哈拉其到乌什北，总体走向 NEE，总长度近 1000km，震源机制解表明该断裂现今以逆冲活动为主（Romanowwicz，1981；Ekstrom et al.，1989），晚更新世晚期-全新世的新活动明显，垂直位移速率可达 0.5mm/a 以上（沈军，2001）。

将这里判定为未来十年及稍长时间潜在大地震危险区的主要依据有：

（1）在上述潜在发震断裂/构造（段）上存在大地震破裂空段（图 8-10），根据断裂活动性及分段规模可判定存在发生 $M \geq 7.0$ 级地震的构造条件。

（2）位于 1998~2008 年十年尺度重力场变化高梯度带上（图 5-14），以往震例反映这种时间尺度和幅度的重力场显著变化可能对应 $M \geq 7.0$ 级地震的中-长期危险性。

（3）属于现代地震活动及其参数异常：柯坪—乌什之间存在异常低 b 值区（图 8-13），沿迈丹断裂的剖面在阿合奇附近存在大尺度的异常低 b 值区域（图 8-15）；同时，沿柯坪断裂剖面显示在柯坪—阿克苏之间存在小震稀疏段，且存在较大面积的低 b 值区域（图 8-16）。

（4）位于 2009~2010 年期间南天山地区面膨胀率变化的高梯度部位上（图 8-31b）。

2. 南天山中段危险区

位于南天山中段库车坳陷的拜城一带，潜在的发震断裂主要有喀桑托开断裂和秋里塔格断裂等（图8-11中的Ⅱ区）。其中，全新世活动的喀桑托开断裂位于库车前陆盆地西段，总体走向80°，总长约63km。沿该断裂在玉树滚艾肯东冲沟的Ⅰ级阶地发生了拱曲变形，而在山前沿该断裂的最新陡坎高为0.4m，很可能是1906年7.3级地震的地表形变带（中国地震局地质研究所等，2005）。秋里塔格断裂西起拜城县察尔其东南，经木扎提河南，往东穿过渭干河与库车河，至东秋里塔格，走向NEE，长约270km；沿该断裂西段可见上新统逆冲推覆于全新统之上，单次事件的垂直位错约1m；该断裂东段已发现1.2～1.3万年以来的2次古地震事件（中国地震局地质研究所，2001）。该断裂西端与克孜尔断裂交汇处曾发生过1949年7¼级地震。

将南天山中段的拜城一带判定为未来十年及稍长时间潜在大地震危险区的主要依据有：

（1）属于大型活动断裂带上的地震空区：沿秋里塔格断裂西段存在大地震破裂空段（图8-10），该断裂具有发生$M \geqslant 7$级大地震的背景与能力。

（2）位于1998～2008年十年尺度重力场变化高梯度带上（图5-14），以往震例反映这种时间尺度和幅度的重力场显著变化可能对应$M \geqslant 7.0$级地震的中-长期危险性。

（3）现代地震活动性及其参数的异常区：拜城及其以南存在异常低b值区（图8-13）；沿拱孜拜—秋里塔格断裂在阿克苏—拜城之间、10～20km深度上出现了较大的、长度在100km以上的低b值区，该低b值区的西侧还存在大尺度的小震空缺段（图8-17）。

（4）该区及其邻近区域存在地震相关长度增长异常现象：其中，库尔勒地区（63号统计区）存在发生7.5级大地震的中-长期危险性，预测震级7.6级（图8-26）；库车和博罗科努断裂中段（62和72号统计区）存在发生7.0～7.4级大地震的中-长期危险性（图8-27）。

3. 南天山东段危险区

位于南天山东段的库尔勒—兴地一带，潜在的发震断裂主要有库尔勒北山山前断裂和兴地断裂等（图8-10中的Ⅲ区）。库尔勒北山山前断裂为高角度全新世活动逆冲断裂带，西起库尔勒北西，向东南隐伏于冲积平原之中，总体走向310°～315°，非隐伏部分长约24km，单次垂直位错量达0.6～0.7m。兴地断裂西起库尔勒东南，以285°～295°方向向东南延伸，终止于罗布泊以北，总长300多公里，平面上呈略向南突出的弧形；该断裂以奥尔塘为界，分为东、西两段，西段在库尔勒东南表现为全新世活动逆冲断裂，断错距今1.43±0.11万年的地层；东段仅表现为晚更新世活动性（国家地震局地质研究所等，1994）。

将南天山东段库尔勒一带判定为未来十年及稍长时间潜在大地震危险区的主要依据有：

（1）库尔勒北山山前断裂和兴地断裂属于天山与塔里木两个活动块体边界断裂带的组成部分，存在发生$M \geqslant 7.0$级地震的构造条件，但历史至今无强震/大地震发生，属于破裂空段。

（2）GPS测量反映天山中-东段存在有水平挤压运动明显受阻、应变积累的断裂段（图4-2、图4-3）。

（3）在库尔勒的东、西两侧沿潜在发震断裂均存在异常低b值区（图8-13），反映应力积累水平较高。

（4）库尔勒东、西两侧均存在地震相关长度增长异常现象（图8-26、图8-27），反映目前至 2015 年前后有可能发生震级 $M = 6.9 \sim 7.6$ 级的大地震。

（5）位于 1998 ~ 2008 年十年尺度重力场变化高梯度带上（图 5－14）。

4. 北天山中段危险区

位于北天山中段一带，潜在的发震断裂主要有伊犁盆地北缘断裂带、博罗科努断裂及其北侧的逆断裂—褶皱带（图 8－10 中的Ⅳ区）。其中，伊犁盆地北缘断裂带（喀什河断裂带）为区域性全新世逆冲或逆—右旋走滑活动断裂，其中段发生了 1812 年尼勒克 8.0 级地震，西段发生过多次 6 级地震，但东段无历史强震/大震记载。博罗克努断裂带是准噶尔盆地与天山的分界断裂带，NW—SE 向延伸，全长 1400 余公里（新疆境内逾 1000km），右旋走滑和垂直滑动速率分别为 4.7mm/a 和 0.36mm/a（杨晓平等，2000）；沿该断裂带的阿拉山口至精河县以南有近 100km 长的段落上存在古地震形变带，同震的水平、垂直位移分别为 2.5m 和 0.9 ~ 1.8m，古地震的震级估计为 7.5 ~ 7.8 级（沈军等，1998）；该断裂 1944 年发生过 7¼级地震，此外还发生 6 ~ 6.9 级地震 2 次，但中南段上无历史强震/大地震记载。

将北天山中段判定为未来 10 年及稍长时间潜在大地震危险区的主要依据有：

（1）属于天山与准噶尔两个活动块体边界断裂带的组成部分，东段无历史大震记载，为地震空区（图 8－10）。

（2）GPS 观测反映 2009 ~ 2010 年在北天山中部以南地区形成最大剪应变率高值区，集中分布在新源以南的巩乃斯林场、巴音布鲁克地区至巴伦台所围地区（图 8－29）。

（3）该区及其附近（博罗克努断裂中段和伊犁盆地北缘断裂带东段）存在地震相关长度增长异常现象（图 8－26、图 8－27），反映至 2014 年前后存在发生 7.2 级地震的危险性。

（4）位于 1998 ~ 2008 年十年尺度重力场变化高梯度带上（图 5－14）。

8.4.2 值得注意地区

1. 博格达—鄯善值得注意地区

位于北天山东段的博格达和鄯善一带，潜在的发震断裂主要有阜康—博格达断裂和吐鲁番—哈密盆地北缘断裂系（图 8－10 中的Ⅴ区）。其中，阜康断裂全长大于 160km，呈向北凸出的弧形，以逆冲推覆为主，垂直滑动速率为 0.2 ~ 0.45mm/a，已发现该断裂距今 1.1 万年以来的 4 次地表破裂型古地震事件，最晚事件发生在距今 6.82 ± 0.54ka 之后（冯先岳，1997）。吐鲁番—哈密盆地北缘断裂系主要由红山口、火焰山、洛包泉—碱泉子和哈密盆地北缘等断裂组成，以向南的挤压逆冲活动为主；其中，红山口断裂错断戈壁冲洪积砾石层的断坎高约 5.4m、全新世断坎高约 0.6m（彭斯震，1995）；火焰山断裂上已发现距今 1.25 万年以来的 3 次古地震事件，最晚事件发生在距今 0.67 万 ~ 0.42 万年（冯先岳，1997）。洛包泉—碱泉子断裂带西起鄯善东北，向 NEE 延伸至巴里坤县洛包泉一带，长约 240km，错断全新世地层，其东段保存有 13km 长的 1842 年 7½级地震破裂带，同震右旋位移量为 2.1 ~ 2.8m，距今 1.3 万年以来 3 次古地震事件的平均复发间隔为 0.4 万年。哈密盆地北缘断裂总体走向 NWW，长约 180km，全新世平均垂直活动速率约 0.42mm/a，水平运动速率 1.15mm/a，地表破裂型古地震事件平均复发间隔为 4000a 左右（冯先岳，1997）。

将博格达—鄯善一带判定为未来十年及稍长时间潜在大地震危险性值得注意地区的主要依据有：

（1）属于天山、塔里木和准噶尔三个活动块体分界断裂带上的地震空区，存在发生 7

级以上大震的构造条件（图8－10）。

（2）博格达—鄯善一带出现了较大面积的异常低b值区域（图8－13），反映该区处于高应力积累状态。

2. 西昆仑值得注意地区

位于乌恰以西一带，潜在的发震断裂主要有卡兹克阿尔特断裂带（图8－10中的Ⅵ区）。该断裂带是帕米尔北缘弧形推覆构造带东段前缘的全新世活动断裂带，呈北东突出的弧形，我国境内长250km，其近EW走向段的断面南倾、倾角15°～30°，以逆冲推覆运动为主，在NNW走向段以逆—右旋走滑运动为主；我国境内的断裂东段长约70km，已发生1985年乌恰南7.1级地震及1993年6.0级地震；西段曾发生过1974年7.1级地震；而中段长约55km，尚无历史大地震发生，属于大地震破裂空段，但已发现有3～4次古地震事件。

将这里判定为未来十年及稍长时间潜在大地震危险性值得注意地区的主要依据有：

（1）地处现今构造、地震活动异常强烈的帕米尔弧形构造核心部位，区内的卡兹克阿尔特断裂带中段存在大地震破裂的空段（图8－10）。

（2）位于近年来（2009～2010年）最大剪应变率最高值区的边缘地带（图8－31a）。

（3）沿卡兹特阿尔特断裂中段在乌恰以西20km左右的深度上存在一个低b值区（图8－13、图8－14），同时，乌恰以西存在地震加速矩释放（AMR）异常（图3－22）。

3. 阿尔金断裂东段值得注意地区

位于阿尔金断裂东段的阿克塞、肃北至玉门镇一带，潜在的发震断裂主要为阿尔金断裂及其南侧的野马河—大雪山、黑山—金塔南山等断裂（图8－11的Ⅰ区）。其中，阿尔金断裂带是控制青藏高原西北缘的Ⅰ级块体边界型全新世活动断裂带，全长约1600余公里，由多条平行和斜列的断裂组成，总体呈N70°～80°E向展布，断裂中段的平均左旋走滑速率约为10±2mm/a，至东段递减为1～2mm/a（Zhang et al.，2007）。该断裂的青海茫崖—拉配泉—当金山口段上存在一系列未知年代的大地震地表形变带，连绵展布近400km；已揭示出该断裂东段的多期古地震事件，最晚破裂时间在距今5.24±0.4ka.至6.97±0.53ka之间（王峰等，2002），反映最晚地表破裂型大地震的离逝时间已至少达到5ka，具备再次发生大地震的地震空区条件。野马河—大雪山断裂呈NE向展布，以左旋走滑为主，晚第四纪平均左旋滑动速率为2.2～2.8mm/a，发现的2次古地震事件的距今年代分别为7.7±0.7ka和4.5±0.3ka，最晚事件离逝时间已达到约4.5ka（罗浩，2010）。黑山—金塔南山断裂由黑山北缘断裂和金塔南山北缘断裂构成，全新世活动的错断地貌证据十分明显，其中，金塔南山北麓沿断裂出现一高2～3m、坡向北的陡坎，伴有左旋位移特征，可能是该断裂地表破裂型古地震的产物。

将这里判定为未来十年及稍长时间潜在大地震危险性值得注意地区的主要依据有：

（1）属于Ⅰ级活动块体边界主断裂带及其重要分支断裂带上的大地震破裂空段（图8－11），且最晚破裂事件的离逝时间已达4.5～5ka。

（2）GPS测量反映阿尔金断裂带东段近年来水平运动受阻，存在应变积累特征（图4－2、图4－3剖面2）。

（3）阿尔金断裂带东段的且末—若羌地区至祁连山构造带西段的敦煌一带出现地震加速矩释放（AMR）异常（图3－22）。

（4）沿阿尔金断裂东段无论是平面上还是剖面上均表现为现代小震活动的空缺段

（图 8 - 21），其附近存在低 b 值区（图 8 - 22）。

（5）阿尔金断裂东段存在地震相关长度异常（图 8 - 28），与异常对应的潜在地震震级大于 7.0 级。

4. 祁连山中段值得注意地区

位于甘肃、青海交界的祁连山中段地区，潜在的发震断裂主要为榆木山断裂、广义海原断裂祁连段和日月山断裂等（图 8 - 11 的Ⅱ区）。其中，榆木山断裂包括北缘和东缘两段断裂；北缘断裂位于高台以南的榆木山隆起北侧边缘，在临泽南山前洪积扇上保持有清晰的全新世晚期断层陡坎，探槽揭示了多期古地震事件；东缘断裂全长约 80km，在梨园河口一带断错Ⅱ级阶地形成断层陡坎。早期曾认为榆木山断裂上发生过 180 年 7½ 级地震，但最新研究认为 180 年地震很可能发生在更北侧的合黎山断裂上（郑文俊，2009）。广义海原断裂带西段（祁连附近段）无历史大地震记载。日月山断裂斜切 NWW 向祁连山构造带的一条 NNW 向的重要右旋走滑活动断裂，由多条不连续次级断裂呈右阶羽列而成，全长约 180km，晚第四纪平均滑动速率为 1.26 ±0.2m/a（Yuan et al.，2009），已确定的两次古地震事件分别距今 6280 ±120a 和 2220 ±360a，复发间隔约 4000a（袁道阳等，2003）。

将这里判定为未来十年及稍长时间潜在大地震危险性值得注意地区的主要依据有：

（1）属于Ⅰ级活动地块边界断裂带上的大地震破裂空段（图 8 - 11）。

（2）GPS 测量反映祁连山断裂带中段（或广义海原断裂带的中-西段）存在水平挤压运动受阻、持续应变积累的背景（图 4 - 2、4 - 3 剖面 3）。同时，甘肃张掖以西、青海德令哈附近存在应变梯度带（区）（图 4 - 16、图 4 - 17）。

（3）跨断裂的形变测量显示祁连断裂带中-西段的年平均垂直形变梯度在 0.20mm/（a·km）以上，反映存在应变积累（图 4 - 36、表 4 - 1）。

（4）广义海原断裂带的中-西段（门源—祁连段）存在一个低 b 值区域，对应了这里强震/大地震破裂的空段（图 8 - 24）。

（5）本区西侧的祁连山构造带西段（甘肃敦煌—青海德令哈地区）近年出现明显加速矩释放（AMR）异常（图 3 - 22）。

5. 昆仑山口东值得注意地区

位于青海昆仑山口至玛多一带，潜在的发震断裂主要为东昆仑断裂带西大滩段和昆仑山口—达日断裂等（图 8 - 11 的Ⅲ区）。东昆仑断裂西大滩及其邻近段的平均左旋走滑速率为 11.5 ±1.5mm/a，属于大地震破裂空段；其以东段落是 1902 年青海都兰 6.9 级地震破裂段（青海省地震局等，1999；Wen et al.，2007），以西段落是 2001 年青海昆仑山口西 8.1 级地震破裂段。昆仑山口—达日断裂西起昆仑山口以西（与东昆仑断裂斜接），向东南沿巴颜喀喇山主脊北侧朝东南延伸进入四川，总体呈 N60°W 展布，全新世活动证据清楚，其东南段曾于 1947 年发生达日 7¾ 级地震，但中段属于大地震破裂空段。

将这里判定为未来 10 年及稍长时间潜在大地震危险性值得注意地区的主要依据有：

（1）属于Ⅱ级活动块体边界带及其分支活动断裂带上的地震空区（图 8 - 11）。

（2）沿东昆仑断裂带西大滩段及其附近（青海格尔木西南）近年出现局部的加速矩释放（AMR）异常（图 3 - 22）。

（3）巴颜喀喇块体周边的断裂带是 1997 年以来中国大陆大地震的主要发生带（图 1 - 10），其中，历史大地震的时间—序次关系反映该块体北边界（东昆仑断裂带）的下一次大地震可能在未来十年及稍长时期内发生（图7-30至图7-32）。

6. 柴达木盆地北缘值得注意地区

位于柴达木盆地北缘的青海德令哈至乌兰一带，潜在的发震断裂主要为柴达木盆地北缘断裂带以及鄂拉山断裂带等（图8-11的Ⅳ区）。柴达木盆地北缘断裂带由多条活动逆冲断裂带组成等，自西向东走向由NNW转为NWW，总体呈向南突出的弧形，晚第四纪活动强烈、明显，晚更新世以来的垂直运动速率约为0.3mm/a（刘小龙等，2002），自1968年以来曾发生多次$M=6.0\sim6.8$级的强震，但缺少$M\geqslant7.0$级的大地震。鄂拉山断裂带由6条断裂（段）组成，长约207km，是分隔柴达木盆地和茶卡—共和盆地的右旋走滑断裂，晚更新世以来的平均滑动速率为1.25mm/a（Yuan et al.，2011），具有全新世活动的证据，但没有发生强震/大地震的记载。

将这里判定为未来十年及稍长时间潜在大地震危险性值得注意地区的主要依据有：

（1）潜在的发震断裂（柴达木盆地北缘鄂拉山断裂带—属于柴达木—祁连山Ⅱ级活动块体的边界断裂带）上存在大地震破裂空段（图8-11）。

（2）沿鄂拉山断裂带北段与柴达木盆地北缘断裂带的交汇部位（乌兰—都兰）存在一处异常低b值区（图8-25）。

（3）潜在的发震断裂段是2003年以来中强地震的活跃地带，主要发生了2003年4月16日的德令哈6.6级地震及其在2005年的多个5级强余震、2008年11月的大柴旦6.3级地震、以及2009年8月的大柴旦6.4级地震等，显示该区可能存在发生更大地震的危险性。

7. 玉树断裂带西段值得注意地区

位于青海治多以西，潜在的发震断裂主要为乌兰乌拉湖—玉树—甘孜断裂带的西段等（图8-11的Ⅴ区）。该断裂带是羌塘、巴颜喀喇两个Ⅱ级活动地块的边界，全长约500km，晚第四纪及全新世活动的地貌表现十分明显（李闽峰等，1995；周荣军等，1996；闻学泽等，2003），其左旋滑动速率在玉树以西段约为7mm/a（周荣军等，1996）或者3.1±2.8mm/a（王阎昭等，2008），四川境内段（邓柯—甘孜）的为12±2mm/a（闻学泽等，2003）。

将这里判定为未来十年及稍长时间潜在大地震危险性值得注意地区的主要依据有：

（1）沿潜在发震断裂带在青海玉树西的当江及其以西段存在大地震破裂的空段（图2-9，图8-11）。

（2）玉树—甘孜断裂西段存在地震相关长度增长的异常（图8-28的22号统计区），对应的潜在地震震级约为7.2级。

（3）巴颜喀喇块体周边的断裂带是1997年以来中国大陆大地震发生的主要地带（图1-10），2010年青海玉树7.1级地震的发生，预示该块体的西南边界在平静（无$M\geqslant6.8$级强震）近30年后，已开始再次活动。

第9章 东南沿海地区中-长期大地震危险性研究

9.1 东南沿海地区的地震地质背景

9.1.1 区域地震构造格局与动力学环境

  包括福建省与广东省在内的中国东南沿海地区，地处华南块体东南边界带及其附近，主要受菲律宾海板块与欧亚板块内的华南块体之间的水平会聚作用的影响，区域水平主压应力作用为 NW—SE 向，其中，受到菲律宾海板块的 NW 向推挤作用影响更大一些（图 9-1）。

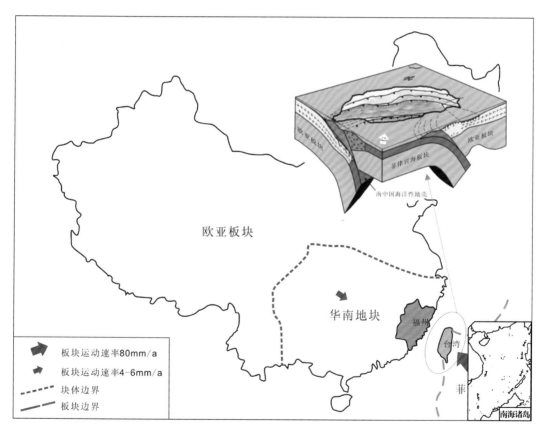

图 9-1 东南沿海地区动力学环境示意图
台湾地区的 3D 构造模式据 Angelier et al.（1986）改绘

---

  * 本章执笔：袁丽文、黄元敏、易桂喜。

除此之外，该区域还受到向北运动的印度洋—澳大利亚板块与欧亚板块持续会聚作用的远场影响。因此，在东南沿海地区发育一系列 NE 向构造以及与之垂直相交的 NW 向次级构造，这些构造在不同的部位具有不同的活动性（图 9-2）。

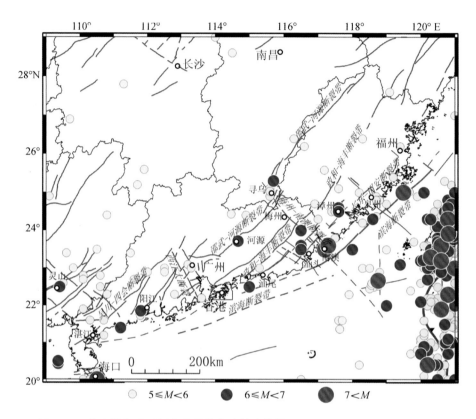

图 9-2　东南沿海地区历史强震分布及其成带性（A. D. 963~2010，$M_S \geqslant 6$ 级）

9.1.2　东南沿海强震构造带

东南沿海地区的强震活动主要集中在东南沿海地震带，主要受控于 NE 向活动断裂组，其次为 NW 向活动断裂组。NE 向活动断裂组从东到西分别为滨海断裂带、长乐—诏安断裂带、政和—海丰断裂带、邵武—河源断裂带。其中，NE 向展布的滨海断裂带属于华南地块与南海地块的边界带，总长 1000 多公里，宽约 500km，涵盖了广东省、福建及广西和海南部分地区。滨海断裂带是该区域最主要的强震发震构造带，多次发生 7 级以上大地震。内陆的长乐—诏安断裂带、邵武—河源断裂带、政和—海丰断裂带等在构造规模、新构造活动性方面均远次于滨海断裂带，最大地震强度仅为 6 级左右。东南沿海强震构造带的 NW 向次级活动断裂组也具有一定的控震作用（图 9-2）。

1. 南澳岛—福州海外段

由于受到菲律宾海板块台湾动力触角向西推挤作用的影响，东南沿海强震构造带中，滨海断裂带的主要活动段位于广东南澳岛—福州海外的部分（闻学泽、徐锡伟，2003），发生过 1067 年南澳 7¼ 级、1600 年南澳 7 级、1604 年泉州海外 7½ 级和 1918 年南澳 7.3 级等大地震。同一部位在陆上延伸且与滨海断裂带平行的长乐—诏安断裂带，也是东南沿海强震构造带内的中强震主要发生带，发生的最大地震为 1445 年福建漳州 6¼ 级地震（图 9-2）。

2. 广东沿海段

东南沿海强震构造带中，NE 向滨海断裂带在南澳岛以南的广东沿海段，由于地处台湾动力触角向西推挤动力作用的强烈影响范围之外，地震活动程度明显降低，历史上无 $M_S \geq 7$ 级地震发生。但陆上由福建长乐—诏安深断裂带、广东境内汕头—惠来深断裂带以及潮州—普宁等断裂组成的 NE 向漳州—汕头次级地震带上已发生过多次中强地震。广东至北部湾的 NE 向吴川—四会断裂系由 11 条断裂组成，全长超过 1000km，发生过 3 次 6 级以上地震，最大地震为 1995 年北部湾 6.2 级地震。沿吴川—四会断裂系地震活动性自北往南逐渐增强，6.0 级以上地震主要发生在吴川、电白以南，尤其是海域。

3. 其他强震构造带/断裂带

东南沿海地区还发育有一系列 NW 向断裂/构造带，控制着该区域中、强地震的活动。其中，由黄冈水、韩江、榕江等 NW 向断裂组成的梅州—南澳地震构造带生成期较晚，往往切割 NE 向断裂。黄冈水断裂在广东境内长 150km，1921 年在其中段发生过 6¼ 级地震；韩江断裂、榕江大断裂现今仍有活动，后者的东盘相对下降，平均年变速率 − 0.86mm/a，水平形变以右旋为主，平均速率为 1.5mm/a，最大地震为 1895 年揭阳 6.0 级地震。

9.2　东南沿海及邻近地区的强震趋势分析

9.2.1　区域强震活动历史进程与发展趋势

东南沿海及邻近地区强震活动在时间上具有明显的周期性，自有较完整地震记录的 1400 年起，可划分为两个大的地震活动周期，第一周期为 1400~1700 年，第二周期自 1701 年开始，至今尚未结束（图 9-3，表 9-1），平均活动周期在 300 年左右。各活动周期可划分为四个阶段，即：平静阶段、加速释放阶段、大释放阶段和剩余释放阶段。每个活动周期内均发生多次 6 级以上强震，在各活动周期的中段易发生 7 级以上地震。第二周期的活动特征显示，除 300 年以上的长周期活动外，东南沿海地区地震活动还存在十年尺度的相对活动期与相对平静期。东南沿海地区目前处于第二活动周期的中后期强震能量剩余释放阶段，仍存在发生 $M \geq 6.0$ 级地震的可能。

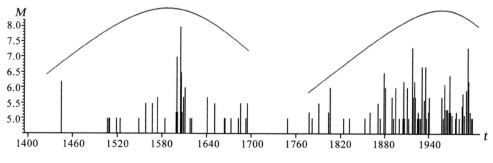

图 9-3　东南沿海地区强震 *M-t* 图与活动起伏周期划分

（公元 1400 年至 2010 年 10 月，$M_S \geq 5.0$）

表9-1 东南沿海—台湾海峡地区两个活动时期的强震事件（$M_S \geqslant 6.0$ 级）

	第一活动周期	第二活动周期
7级地震事件	1600.09.29 广东南澳 7.0 1604.12.29 福建泉州海外 7.5 1605.07.13 广东琼山、文昌一带 7.5	1918.02.13 广东南澳 7.3 1994.09.16 台湾海峡南部 7.3
6级地震事件	1445.12.12 福建漳州 6.2 1605.07.19 广东琼山、文昌一带 6.5 1605.08.17 广东琼山、文昌一带 6.0 1605.10.07 广东琼山、文昌一带 6.0 1605.12.15 广东琼山、文昌一带 6.5 1611.09.09 广东电白东 6.0	1806.01.11 江西会昌南 6.0 1878.11.23 南海北部 6.5 1881.06.17 台湾海峡 6.0 1895.08.30 广东揭阳 6.0 1906.03.28 金门海外 6.2 1911.05.15 广东海丰海外 6.0 1918.02.14 广东南澳 6.7 1921.03.19 广东南澳西北 6.2 1962.03.19 广东河源 6.1 1969.07.26 广东阳江 6.4 1986.10.22 台湾海峡南部 6.0 1994.12.31 北部湾 6.1 1995.01.10 北部湾 6.2

分析东南沿海地区 1910 年以来近百年尺度的强震活动时间进程，并以 5.7 级地震的发生作为划分活跃与平静时段的标志，可将东南沿海地区的地震活动划分为若干个地震活动相对活跃期和相对平静期（图 9-4），相对活跃期内均发生多次 $M_S \geqslant 6.0$ 级地震，而相对平静期内无 $M_S \geqslant 5.7$ 级地震。目前，东南沿海地区自 1995 年 1 月 10 日南海 6.1 级地震后进入平静期，5.7 级地震平静持续时间已超过 15 年，已接近最近 100 年的最长平静时间，因此，未来十年东南沿海地区可能进入 $M_S \geqslant 6.0$ 级地震活跃时段。

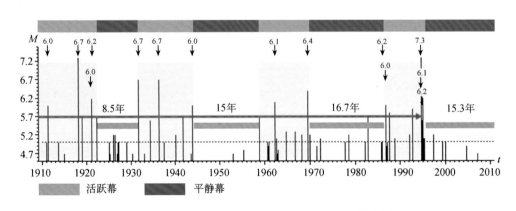

图 9-4 东南沿海地区 20 世纪以来的地震活跃幕划分

9.2.2 未来强震可能发生的地域分析

利用中国强震目录资料，绘制出公元963年至2010年东南沿海地区 $M_S \geqslant 5.0$ 级地震空间分布（图9-5）。图9-5显示：6级以上地震主要集中在台湾地区及其向西延伸的三角区域内（图9-5中的黄色阴影区标示区域）。台湾地区作为板块碰撞的前缘地带，地震活动频次高、强度大，往西延伸的台湾海峡中南部、闽粤赣交界地带，其应力的积累及释放水平逐渐降低。

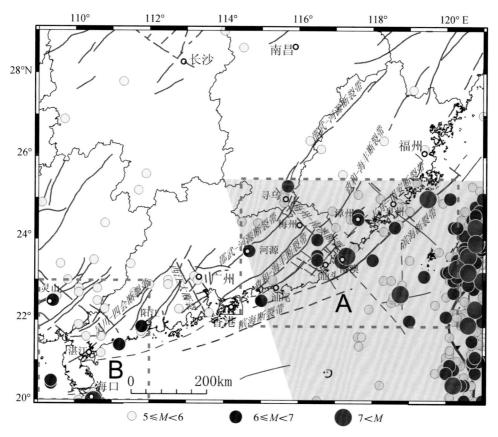

图9-5 东南沿海强震震中分布图

（公元963年至2010年10月，$M_S \geqslant 5.0$ 级；蓝色虚线框标示A、B统计区）

从图9-5可见，东南沿海地区 $M_S \geqslant 6.0$ 级强震主要集中在闽粤赣交界—台湾海峡中南部（A区）和粤桂琼交界（B区）两个区域。从两个区域的强震 M-t 图（图9-6）可看出，闽粤赣交界—台湾海峡中南部地区（A区）的强震活动频次与强度均明显高于粤桂琼交界地区（B区），因此，位于滨海地震带上的闽粤赣交界地区（A区）仍应是东南沿海地区未来7级地震的主体发生区域。

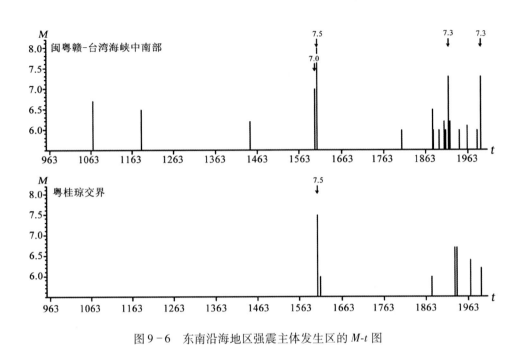

图 9-6　东南沿海地区强震主体发生区的 M-t 图

9.3　中-长期大地震危险性分析

9.3.1　历史强震破裂图像与地震空区

　　东南沿海地区的强震记录始于公元 963 年，采用历史和现代强震/大地震的烈度分布资料（魏柏林，2001），同时，参考了基于烈度分布圈绘地震破裂区（震源区）的经验关系与方法（Wen et al.，2008），本研究重新绘制自有强震记录以来（公元 963 年至 2010 年）东南沿海地震带 6 级以上地震的震源区分布（图 9-7），其中，部分震源区的圈绘参考了已有的研究结果（闻学泽、徐锡伟，2003；易桂喜等，2007），最终使得这些震源区沿发震断层的延伸大体相当于破裂尺度。图 9-7 显示，强震破裂区主要分布在滨海断裂带北段（南澳—福州一带）与南段（雷州半岛附近区域），而该断裂带中段的强震破裂明显少于南、北两段，且尚无 $M_S \geqslant 7$ 级的地震破裂。

　　图 9-7 还显示，在滨海断裂带漳州外海段（东山岛—泉州间）存在一个长度接近 100km 的第 Ⅰ 类地震空区，可称为漳浦—金门地震空区。最近 400 年间，已在该空区两端分别发生了 1600 年南澳 7 级、1604 年泉州外海 7½ 级、1918 年南澳 7.3、6.7 级地震，而该空区附近曾于 1906 年发生金门 6½ 级强震。图 9-8 给出了滨海断裂带北东段历史强震破裂的时-空分布图像，其更直观的给出了漳浦—金门地震空区的范围。自 1900 年以来，漳浦—金门地震空区外围的中强地震较为活跃（图 9-9），主要发生在该空区东北区域以及空区以东的台湾海峡。根据矩震级 M_w——震源破裂长度 L（km）的经验关系式（Wells and Coppersmith，1994），估算出该空区的潜在地震矩震级为 $M_w = 7.0 \sim 7.5$ 级。

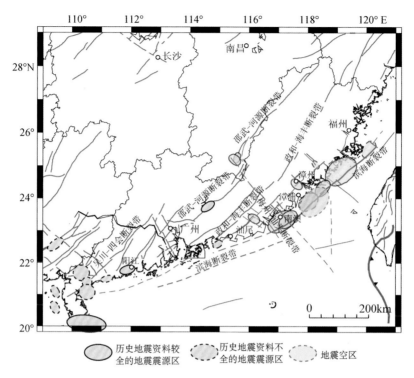

图9-7 东南沿海地震带历史强震破裂区（震源区）与破裂空段识别图

（A. D. 963～2010，$M_s \geqslant 6.0$ 级）

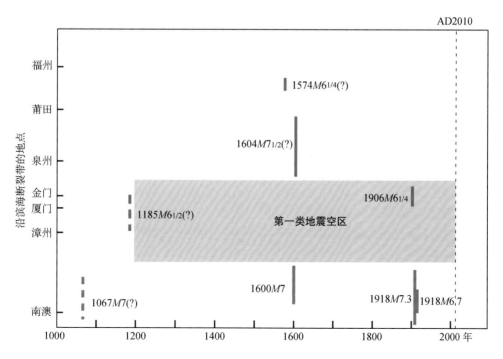

图9-8 滨海断裂带南澳—福州海外段历史强震破裂时-空图像与地震空区

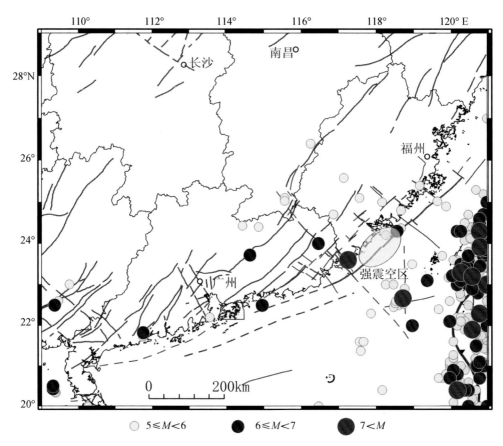

图 9-9　东南沿海 1900 年以来 $M_S \geqslant 5.0$ 级地震分布与滨海断裂带的强震空区

（漳浦—金门海外）

9.3.2　现代地震活动及其参数图像

1. 区域现代地震活动图像

1972 年以来区域地震台网记录的地震分布（图 9-10）显示：东南沿海地区 5 级以上地震主要分布在滨海断裂带的南澳岛—莆田海外段，以及该断裂段以东的台湾海峡、以西的闽中-南和闽赣粤交界地区，亦即较密集的地震分布区大体呈一底边位于台湾岛、朝西经台湾海峡、闽中-南并向闽赣粤交界伸展和收敛的三角形，反映这里是受到菲律宾海板块的台湾"动力触角"作用最强烈的地带（闻学泽、徐锡伟，2003）。从图 9-10a 可发现，在图 9-7 中的第 I 类地震空区（漳浦—金门海外）及附近区域，1972～2006 年 3 级以上地震较为活跃，然而，自 2007 年开始，在该空区附近出现显著的 3 级地震平静现象，并在周缘地带形成 3 级地震围空（图 9-10b、图 9-11）。该小震空区同时也处于自 1972 年以来形成的 5 级地震空区内（图 9-9）。因此，图 9-7 中滨海断裂带上处于第 I 类地震空区的断裂段（漳州海外段）应是未来最可能发生强震/大地震的危险地段。

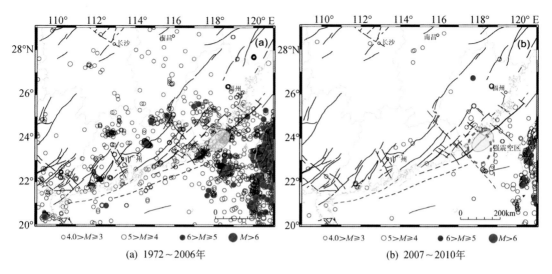

(a) 1972～2006年　　　　　　　　　　　　　(b) 2007～2010年

图 9-10　东南沿海地区 $M_L \geqslant 3.0$ 级地震震中分布图

（红色虚线影区为图 9-11 的地震统计区域）

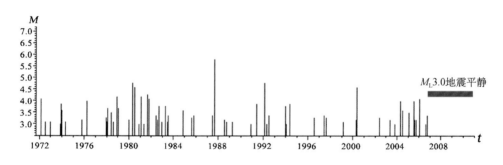

图 9-11　1972 年以来图 9-10 红色虚线影区范围 3 级以上地震 M-t 图

粤闽交界地区自有历史地震记载以来 $M_S \geqslant 5.0$ 级地震累积应变能释放曲线（图 9-12）显示：1918 年南澳 7.3 级地震后，该区域到 2020 年前后新积累的应变能将达到发生 1 次 7.0 级左右地震所需的能量。因此，不能排除未来十年在粤闽交界地区，特别是在滨海断裂带的漳州海外段（或者东山—漳浦段＋金门海外段）发生 $M_S \geqslant 7.0$ 级地震的可能性。

粤桂琼交界也是东南沿海地区 $M_S \geqslant 5.0$ 级地震的相对活跃区域，尽管那里的地震活动强度要低于粤闽交界地区（图 9-7、图 9-10）。根据该区域应变能释放曲线（图 9-13），外推至 2020 年所积累的应变能尚不足以发生一次 7 级地震。因此，未来 10 年粤桂琼交界地区发生 $M_S \geqslant 7.0$ 级地震的可能性要低于粤闽交界地区。

2. 沿主要断裂带/段的震源深度图像

根据本专项研究开展的地震重新定位工作以及获得的精定位小震资料，结合历史强震/大地震破裂的时-空展布（图 9-7、图 9-8）和现代小震的平面分布（图 9-10），对东南沿海地区各主要断裂带（段）的现代地震活动特征与活动习性进行分析，以帮助判断强震/大地震的潜在危险断裂段。

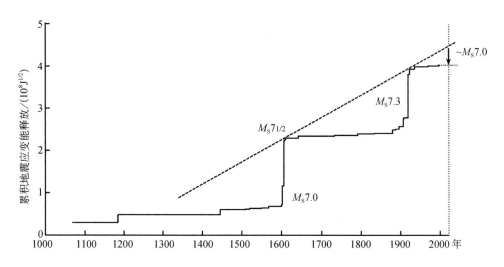

图 9-12　粤闽交界地区（不包括台湾海峡）累积地震应变能释放曲线（$M_S \geq 5.0$ 级）

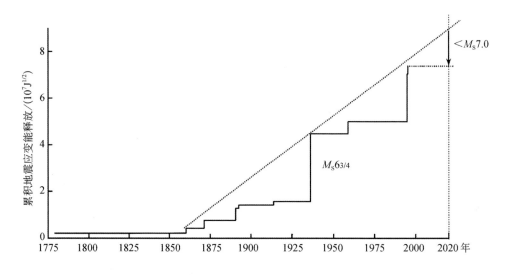

图 9-13　粤桂琼交界及近海地区累积地震应变能释放曲线（$M_S \geq 5.0$ 级）

　　图 9-14 给出了沿 NE 向滨海断裂带 1972～2010 年 $M_L \geq 1.0$ 级地震的震源深度分布。该图像显示，除南澳附近的地震分布较深外，沿该断裂带的震源深度多数集中于地表以下 20km 范围内，以浅源地震为主。根据该剖面上中小地震密度、深度的分布特征，可将研究的滨海断裂带由南向北分为 7 个段落，分别是：大亚湾海外段（S1）、汕尾—惠来段（S2）、惠来—汕头段（S3）、南澳段（S4）、东山—漳浦段（S5）、金门海外段（S6）、泉州海外段（S7）。

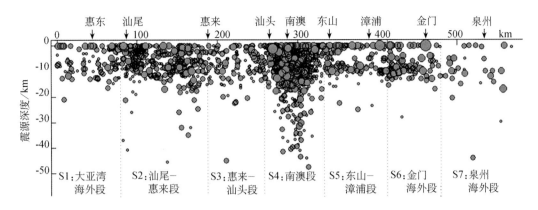

图 9-14　沿滨海断裂带的震源深度分布及其分段图（$M_L \geqslant 1.0$ 级）

在滨海断裂带的 7 个段落（图 9-14）中，南澳段（S4）和泉州海外段（S7）分别是 1918 年 7¼ 级和 1604 年 7½ 级大地震的破裂段，前者最近几十年中的小震活动比较频繁，可能是大震后断裂调整性运动（包括震后蠕滑）的反映，而后者近几十年中小震活动偏少，可能反映最晚大地震破裂后（已经过 400 余年）的断裂调整性运动早已结束，正处于断层面重新耦合阶段。汕尾—惠来段（S2）的主断裂带在历史记载的时期中未发生过 $M_S \geqslant 6$ 级的大地震，但该段与 S1 段接合部位的向大陆一侧，曾于 1911 年发生一次 6 级强震（图 9-7）；S2 段最近几十年来中、小地震活动明显增加（图 9-14），因此，应注意它与 S1 段之间的主断裂带的中-长期强震危险性。惠来—汕头段（S3）、东山—漳浦段（S5）和金门海外段（S6）的小震活动偏低，其中的 S5 + S6 段位于滨海断裂带具有发生 $M_S \geqslant 7$ 级地震能力的中-北段，也是很长时期（至少自 1185 年以来）未发生过大地震破裂的段落，即属于第 I 类地震空区（图 9-8），该段在最近几十年来中小地震活动水平偏低（图 9-14），并表现出低 b 值（图 9-15），可能是那里断层面闭锁的表现。因此，滨海断裂带的东山—漳浦段（S5）以及金门海外段（S6）应是未来最可能发生强震与大地震的段落。另外，南澳段（S4）附近的地震密集分布，还可能与那里存在 NE 向滨海断裂带以及若干 NW 向次级活动断裂的交汇有关。

3. 沿主要断裂带的 b 值等地震活动性参数图像

根据 1972 年 1 月至 2010 年 8 月 $M_L \geqslant 2.5$ 级地震资料，利用 Wiemer & Wyss（1997）提出的精细 b 值空间填图方法（方法详见第 3 章），以 0.1° 为扫描步长、30km 为搜索半径，各单元统计样本（地震数）不低于 30 进行计算，获得东南沿海地区地震相对活跃地区的 b 值分布图像（图 9-15）。

图 9-15 显示 b 值空间分布存在显著的空间差异，反映出不同地点或者断裂段的应力积累水平与强震危险性存在空间差异。滨海断裂带的漳州外海段（即图 9-7 和图 9-8 中的第 I 类地震空区）具有沿整个滨海断裂带最突出的异常低 b 值（$b < 0.7$）分布，显示该断裂段具有较高的应力积累水平；而 1918 年发生南澳 7.3 级地震的断裂段 b 值明显高于漳州海外段，反映其目前的应力积累水平远低于漳州海外段。

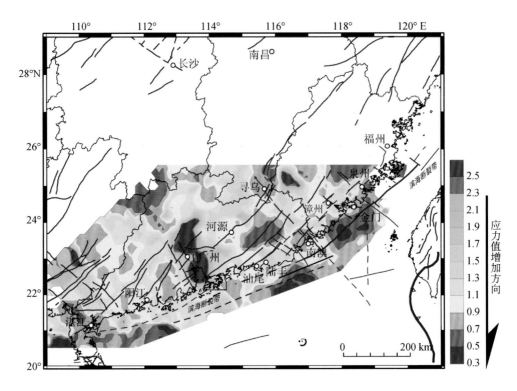

图 9 - 15　东南沿海地区 b 值空间分布图像（资料时段：1972.01 ~ 2010.08，M_L≥2.5 级）

　　基于 b 值空间分布（图 9 - 15）、历史强震/大地震震源分布（图 9 - 7）以及现代地震的空间分布（图 9 - 10、图 9 - 14），将滨海断裂带的广东南澳—福建莆田海外部分划分成 3 段（图 9 - 16a），计算每一段的多个地震活动性参数，并利用多地震活动性参数值组合分析方法（闻学泽，1986；易桂喜等，2004a、2005、2006、2007）（方法详见第 3 章），分析不同断裂段的现今活动习性，进而判定相应的地震危险性。

　　图 9 - 16b 显示，在滨海断裂带三个段落（图 9 - 16a）的多地震活动性参数值组合中，泉州外海段具有接近 1.0 的 b 值、高应变能释放、低频度以及相对较低的 a/b 值组合，反映该段目前处于中等应力积累水平，因此，在未来十年及稍长的时期发生大地震的可能性相对较低。漳州海外段（或者漳浦—金门海外段）具有远小于 1.0 的低 b 值、低频度与低应变能释放、以及相对较高的 a/b 值参数组合，反映该断裂段目前处于较高应力下的相对闭锁状态，以稀疏的、平均震级中等的地震活动为特征，该段是滨海断裂带未来最可能发生大地震的危险断裂段。南澳海外段具有高于 1.0 的 b 值、高频次、低应变能释放以及中等 a/b 值的参数值组合，表明该段以频繁小震活动为特征，应力积累水平不高，因而发生大地震的危险性也不高。

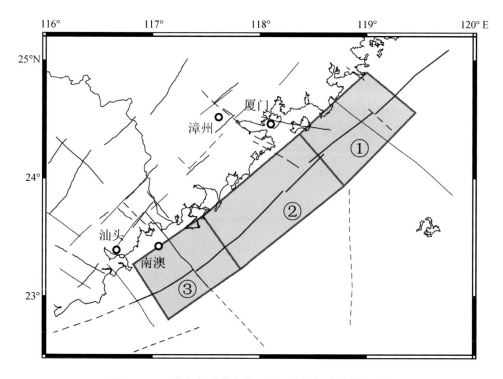

图 9 - 16a 滨海断裂带南澳—莆田海外部分的分段方案

（用于分段多参数计算与分析）

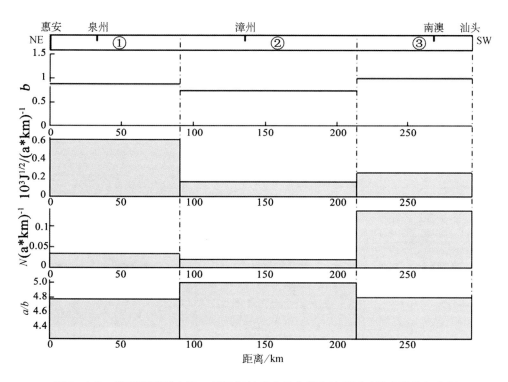

图 9 - 16b 滨海断裂带南澳—莆田海外部分的分段多地震活动性参数值组合图

9.3.3 地壳形变与重力异常区

1. 福建沿海的地壳形变与异常区

福建沿海地区的定点形变观测台站和流动地壳形变观测场、点，大多位于福建的主要断裂构造带上。由于 NE 向滨海断裂带展布于海域，目前还没有跨越该断裂带的地壳形变观测系统，但已有福建沿海各 GPS 台站与台湾岛桃园 GPS 台站之间的基线长度变化连续观测。

从跨断层形变速率的时、空分布看来，2005～2006 年期间，福建沿海跨断层形变速率相对最大的地段是漳州、厦门沿海，2009～2010 年期间，该地段的形变速率进一步增大（图 9-17）。

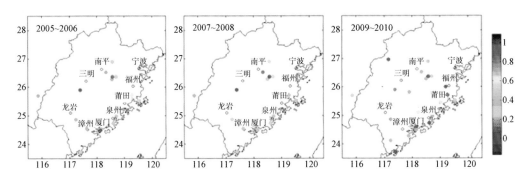

图 9-17　福建地区不同时段的跨断层形变速率

根据 2007 年以来的 GPS 观测资料进行应变分析，获得福建地区面应变率空间分布图像（图 9-18）。从图 9-18 中可看出，闽南的漳州、漳浦—厦门之间地区呈现出持续高值的面积收缩应变状态。该地区紧邻滨海断裂带的第 I 类地震空区段（图 9-7、图 9-8）和异常低 b 值段（图 9-15、图 9-16）。因此，2007 年以来，闽南漳州、漳浦—厦门之间地区处于持续挤压状态（图 9-18），应反映滨海断裂带漳州海外段（东山—漳浦段和金门海外段）正处于强挤压作用下的闭锁状态。

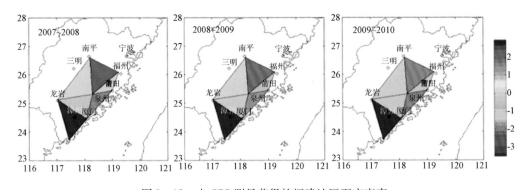

图 9-18　由 GPS 测量获得的福建地区面应变率

以台湾岛桃园站点为不动点，计算福建沿海各 GPS 台站与桃园台之间的基线长度变化。

结果表明：自2010年3月份以来，不同基线的长度呈现出缩短的趋势，且一致性较好（图9-19）。对这一变化的分析认为，台湾海峡地区近期处于水平挤压作用加强的变形状态，这种状态有利于福建沿海地区、特别是滨海断裂带漳州海外段（东山—漳浦段和金门海外段）的应变积累。

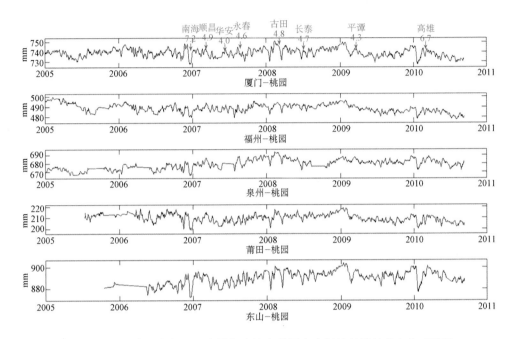

图9-19　福建沿海各GPS台站与台湾岛桃园台之间的基线长度变化时序图

2. 福建、广东沿海的重力异常

（1）福建地区

福建地区的重力监测网（含赣南环）始建于20世纪70年代，经历多次改造和网型优化。现全网共有208个测点，组成235测段，形成24个闭合环、8条支线（图9-20）。重力测点的布设范围基本上控制了福建地区的主要断裂构造。自2008年起，每年复测2期，于上、下半年分别进行实测。

在对福建全省最新4期重力复测数据进行拟平差处理的基础上，以各测点不同测期的重力相对变化量来分析区域重力场时空变化。如图9-21所示，福建大部分地区的重力场变化不明显，除个别地区外，一般变化的幅值大多在 $\pm 30 \times 10^{-8} \mathrm{m/s^2}$ 左右。

重力点观测值的时序变化能较客观反映区域重力场的变化，特别是那些有一定趋势性、并有一定异常幅度的测点。为此，分析了自2000年以来各重力点观测值的时序变化，发现了6个出现重力趋势性异常变化的测点，均分布在靠近滨海断裂带的海岸线及其附近（表9-2），其中，两年时期（2008~2010年）变化量最大（ $+70 \times 10^{-8} \mathrm{m/s^2}$ ）的和9年时期（2001~2010年）变化量最大（ $-117 \times 10^{-8} \mathrm{m/s^2}$ ）的两个测点分别是漳州和厦门，也是距离滨海断裂带漳州海外段（东山—漳浦段和金门海外段）最近的测点。因此，福建近十年来重力变化最显著的地区很靠近滨海断裂带的漳州海外段（东山—漳浦段和金门海外段）。

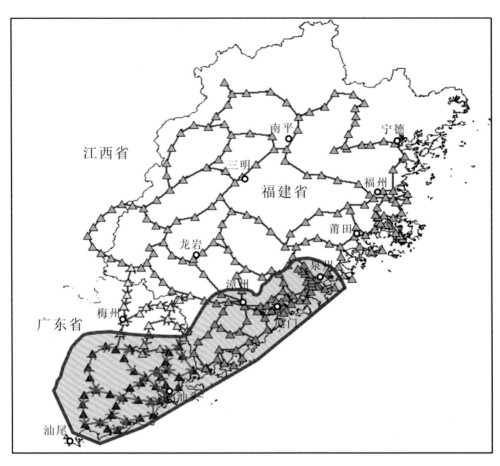

图 9-20 福建省流动重力测网、点分布及联测路线图
(含赣南环和汕头重力观测网)

表 9-2 福建地区出现趋势性异常的重力测点及测值变化情况表

地区	测点号	测点名称	时间段 （年）	重力异常变化量 （$10^{-8}\,\mathrm{m/s^2}$）	异常类型
长乐	200	梅花 1	2008～2010	+41	趋势性
莆田	500	福灌 4	2008～2010	+62	趋势性
莆田	5101	石城 3	2004～2010	-84	趋势性
泉州	4305	永泉 12	2005～2010	+66	趋势性
漳州	12103	漳州 15	2008～2010	+70	趋势性
厦门	26100	厦门 8	2001～2010	-117	趋势性

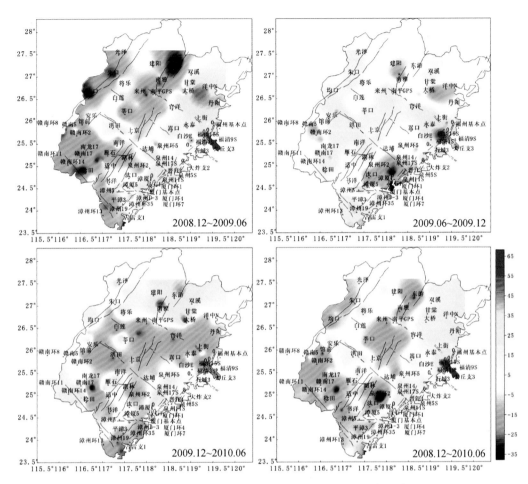

图 9 - 21　福建地区 2008 年以来不同测期的重力场变化

（2）闽、粤交界地区

利用广东汕头重力观测网和福建东南沿海重力观测网 2008 年 3 月至 2010 年 7 月的 5 期重力复测资料，采用自由网平差方法处理得到闽、粤交界地区相邻测期的重力场变化特征（图 9 - 22）。结果显示，闽、粤交界沿海地区存在显著重力场差异性变化：2008 年 5 月至 2010 年 6 月之间 4 个测期在闽、粤两侧出现重力正、负值的交替变换（图 9 - 22 中红色虚线为重力零变化线），其中，闽、粤交界的诏安、饶平、浮滨、窿城、兵营等测点出现由 2000 年以来的长趋势性缓慢递减反转为增大的异常变化（图 9 - 23）。因此，应注意闽、粤交界地区的中-长期强震危险性。

（3）广东阳江—雷州段

近年来，广东阳江—雷州半岛测区的重力空间分布也出现时-空非均匀性变化（图 9 - 24）：高州—新垌—那霍—林头区域重力以正变化的背景值增大为主，上半年变化最大的测点是石鼓，相对均值变化达 $40 \times 10^{-8} \mathrm{m/s^2}$，已持续了 2 年；湛江测点重力值上半年减小了 $35 \times 10^{-8} \mathrm{m/s^2}$（相对均值变化）。2010 年 9 月以来，本测区重力场非均匀性变化强度有所减弱，但空间变化基本上保留上半年的形态，显示该区域可能存在发生中-强地震危险背景。

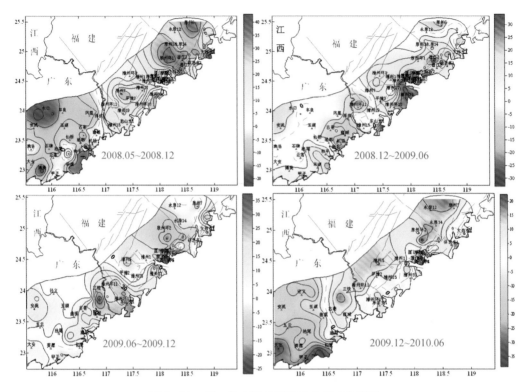

图 9 - 22　闽、粤交界地区的重力场变化图像

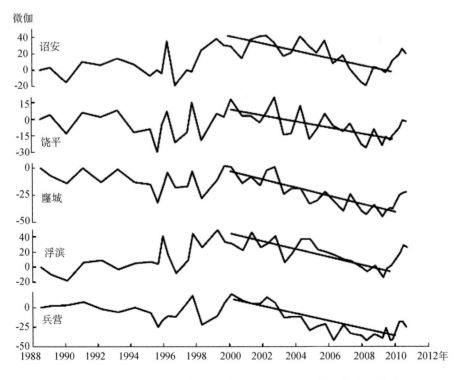

图 9 - 23　汕头测区闽、粤交界若干测点的重力测值时序变化曲线

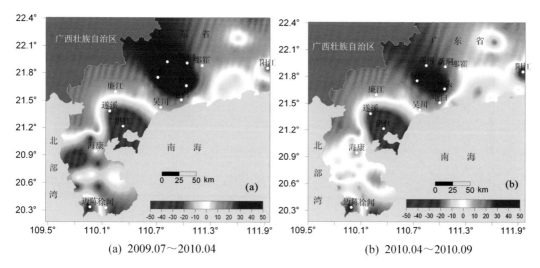

(a) 2009.07～2010.04　　　　　　　　(b) 2010.04～2010.09

图 9-24　阳江—雷州半岛测区重力场长期变化平面图

9.3.4　中-长期大地震危险区判定小结

本章在多学科资料分析与综合研究的基础上，判定出东南沿海地震带未来最可能发生 $M_S \geq 7.0$ 级大地震的潜在危险区应是漳州海外的第 I 类地震空区（图 9-25 黄色椭圆区）。该潜在危险区位于粤、闽交界地区偏于福建一侧的近海，潜在发震断裂主要为 NE 向滨海断裂带的东山-漳浦段和金门海外段，主要判定依据有：

（1）属于东南沿海地区主要强震发生带中、NE 向滨海断裂带上的大地震破裂空区—漳州海外第 I 类地震空区（图 9-7、图 9-8）。

（2）漳州海外第 I 类地震空区附近地区，1972 年以来 $M_S \geq 5.0$ 级地震持续平静，最近 4 年环绕该空区出现 3 级地震围空（图 9-10）。

（3）滨海断裂带的漳州海外段及其附近存在显著的异常低 b 值区（图 9-15），同时，具有低 b 值、低频度、低应变能释放和高 a/b 值的地震活动性参数值组合（图 9-16b），反映那里的断层面处于高应力积累状态。

（4）GPS 测量反映，与滨海断裂带漳州海外段对应的福建漳州、漳浦、厦门及其滨海地区处于持续受压状态（图 9-17、图 9-18、图 9-19），有利于该断裂段的应变积累。

（5）东南沿海地区重力场变化最显著的地带靠近闽、粤交界地区（图 9-22）；两年尺度（2008～2010 年）和 9 年时期（2001～2010 年）重力变化量最大的测点分别是漳州和厦门，距离滨海断裂带漳州海外段很近（表 9-2）。

（6）根据滨海断裂带的漳州海外段的第 I 类地震空区长度 L 不确定性（50～100km），由相应的矩/面波震级 M—破裂长度 L 经验关系（Wells and Coppersmith，1994；龙锋等，2006；Leonard，2010）估算出该危险区潜在的矩震级为 $M = 7.0 \sim 7.5$ 级。

考虑到在上述依据中，能说明未来十年存在发震可能性的依据相对较弱，本专项研究暂时将滨海断裂带的东山岛外—金门岛海外段判定为未来十年及稍长时间大地震危险性值得注意的地区（图 9-25）。

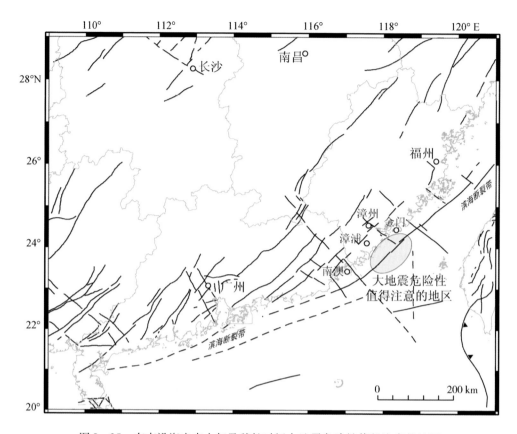

图 9 - 25　东南沿海未来十年及稍长时间大地震危险性值得注意的地区

第 10 章　青藏块体中南部的地震构造与地震危险性分析

10.1　引言

　　青藏高原中南部的地质与地球物理基础调查研究薄弱、历史地震资料不完整、现代地震监测能力差、地壳形变与重力流动观测能力不足。这些问题使得本专项工作并未把青藏高原中南部地区作为重点研究区。本章拟基于现有的区域活动构造、地震资料以及有限的地壳形变/断裂运动的 InSAR 研究结果，对青藏高原中南部地区的地震构造特征、NW 向喀喇昆仑—嘉黎构造带及其附近的现今地震活动性进行初步分析，进而探讨青藏高原相关活动构造块体的运动与高原东缘和东南缘、直至南北地震带中南段强震活动的某些联系，引出与大地震中-长期危险性评价相关的问题，作为进一步研究的参考。

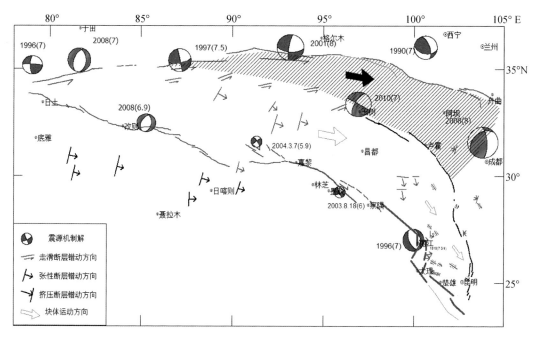

图 10-1　1996 年以来青藏高原中南部地震活动主体区的强震震源机制解与块体运动示意图
（震源机制解来自哈佛大学）

　　1996 年以来，中国大陆 7 级以上强震沿东昆仑构造带一线连续发生，形成了显著的左旋走滑强震活动带，释放了大量的能量。该带南部有大量中强地震发生，地震活动和 GPS

---

　　* 本章执笔：田勤俭、郝平、吕晓健。

测量显示，以东昆仑构造带为北界、喀喇昆仑—嘉黎构造带为南界的块体东向运动构成青藏高原内部近 20 年的显著活动区（图 10 - 1），可能是至未来一定时期内中国大陆西部强震、大地震活动的主体地区之一（以下简称主体区）。伴随这一活动，该区南边界和东边界（南北地震带南段）的未来强震/大地震危险性是值得关注的问题。

10.2 青藏高原块体划分与近年地震活动

10.2.1 高原内部的活动构造块体划分

图 10 - 2 为青藏高原地震震源机制，可以看出北部祁连块体以逆冲型地震为主，中部以拉张型地震为主，南部以逆冲型地震为主。在北部逆冲型地震区和中部拉张型地震区之间，为左旋走滑的东昆仑-巴颜喀拉构造带；中部拉张区内部发育喀喇昆仑—嘉黎右旋走滑带（图 10 - 2）。根据这些特征，结合地质构造，将青藏高原划分为如下活动构造块体：柴达木—祁连块体、巴颜喀拉块体、羌塘—川滇块体、冈底斯（拉萨）块体、中南块体、喜马拉雅块体等（图 10 - 3）。其中，1996 年以来的地震主体活动区位于巴颜喀拉和羌塘—川滇两个块体区，应是这两个块体共同东向运动增强的反映（图 10 - 1）。

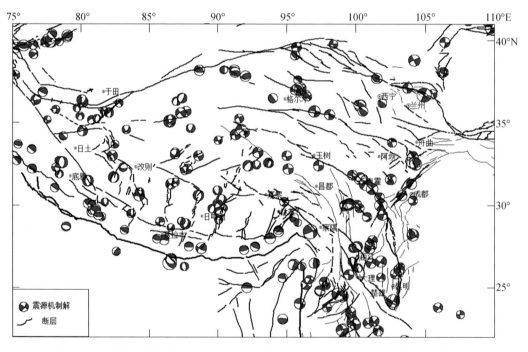

图 10 - 2 青藏高原及其邻近地区 1977 ~ 2010 年间 $M_w \geqslant 5.0$ 级的地震震源机制解

（震源机制解来自哈佛大学）

10.2.2 主体区的近年地震分布图像

2008 年 5 月 12 日汶川 8.0 级地震发生以来，青藏高原中南部的地震分布如图 10 - 4 所示。其中，中小地震活动持续增强的地区/带主要有：滇西南—重庆、四川马边—广西南宁、西藏仲巴—新疆于田，以及喜马拉雅构造带西、中、东段的部分地段。其中，滇西南—重庆、马边—南宁、仲巴—于田等中小地震活动增强地带均与上述地震活动主体区的向东运动有关，显示与该地震活动主体区相关块体的持续运动。

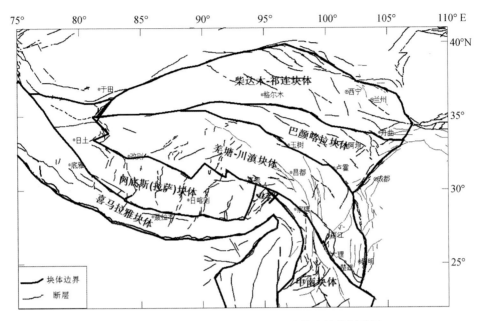

图 10-3　青藏高原与地震相关的活动构造块体划分图

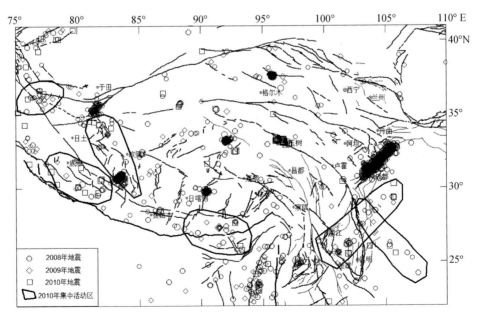

图 10-4　汶川 8.0 级地震后青藏高原及其周缘的 $M_L \geqslant 3.0$ 级地震分布

(2008.05.12 ~ 2010.12.31)

10.3 主体区南边界的地震破裂空段

1996 年以来青藏高原地震活动主体区的南边界带为右旋走滑/剪切的喀喇昆仑—嘉黎构造带（图 10-1、图 10-3）。该构造带由多条不连续的断裂构造组成，沿该带曾发生多次强震。然而，目前沿该构造带一些段落在有仪器记录的最近 100 多年无强震/大地震发生，表现为强震/大地震破裂的空段（图 10-5）。以下分述主要破裂空段的地震构造位置与发生强震/大地震破裂中、长期危险背景。

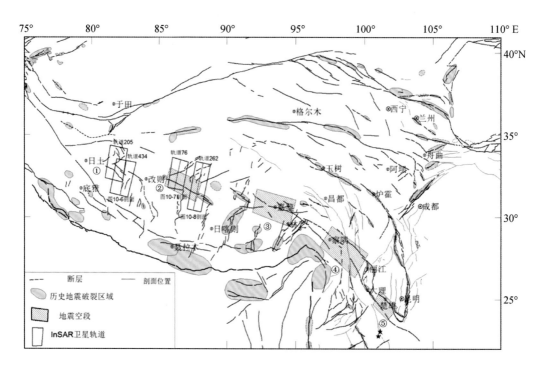

图 10-5　青藏高原及邻近地区强震/大地震破裂区与喀喇昆仑—嘉黎构造带的主要破裂空段
①纳屋错空段；②日干配错、格林错空段；③藏东空段；④及藏、滇交界空段；⑤云南楚雄附近的空段

1. 纳屋错空段

该破裂空段位于羌塘块体的西南边界带上（图 10-5），同时位于 2008 年四川汶川 8.0 级地震后、新疆于田—西藏仲巴的地震活动增强带附近（图 10-4）。Taylor 等（2006）采用 InSAR 技术对该断裂段及其附近的形变场进行研究，结果表明该带存在明显的应变积累，但变形带宽度较窄，反映闭锁深度仅 3～5.8km（但最大误差范围可达 30km 深）（图 10-6）。因此，纳屋错空段可能不具有大地震的孕育背景。

2. 日干配错、格林错空段

该破裂空段位于喀喇昆仑—嘉黎构造带中段 NEE 向左旋走滑的日干配错断裂以及 NWW 向右旋走滑的格林错断裂上（图 10-5）。Taylor 等（2006）对 InSAR 数据的研究结果表明，该空段中的日干配错断裂和格林错断裂均存在明显的应变积累，闭锁深度大约 15km（日干配错断裂带）和 23~28km（格林错断裂带）（图 10-7、图 10-8）。因此，该破裂空段存在强震/大地震的孕育背景。

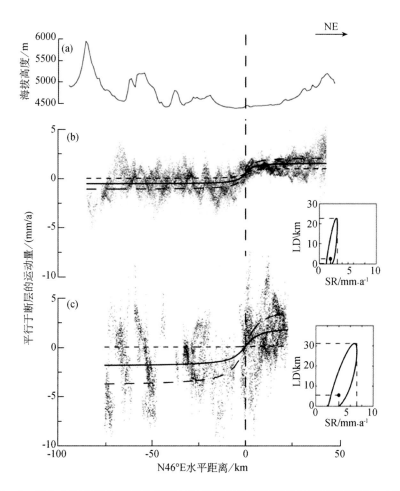

图 10-6　拟合 InSAR 数据获得的横跨纳屋错断裂的形变图像与断层闭锁深度（实线）
据 Taylor et al.（2006），LD 为断层闭锁深度，SR 为断层滑动速率，垂直虚线为断层位置
（a）为地形高程剖面，（b）、（c）为采用不同轨道 InSAR 数据的拟合结果

3. 藏东及藏、滇交界空段

包括藏东地区沿嘉黎断裂带东段的破裂空段和沿藏、滇交界的中甸、龙蟠、红河等断裂上的破裂空段（图 10-5）。

图 10-9 至图 10-13 是这两个破裂空段及其附近区域 2006~2010 年的地震活动图像。这些图像反映：2010 年 4 月青海玉树 7.1 级地震之前，玉树及藏、青、川交界地区经历了从正常的背景地震活动到地震异常平静的过程，其中，2006~2008 年，玉树及其附近地区仍有明显的背景地震活动，玉树以西的西藏聂荣附近曾出现中小震群活动（图 10-9 至图 10-11）。然而，在玉树地震前的 2009 年，藏、青、川交界地区出现大范围的 $M_L \geqslant 4.0$ 地震平静（图 10-12），并持续到 2010 年 4 月青海玉树 7.1 级地震之前。

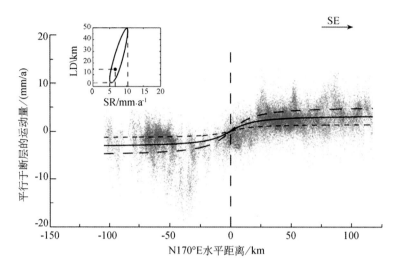

图 10-7 拟合 InSAR 数据获得的横跨日干配错断裂的形变图像与断层闭锁深度（实线）

据 Taylor et al.（2006），LD 为断层闭锁深度，SR 为断层滑动速率，垂直虚线为断层位置

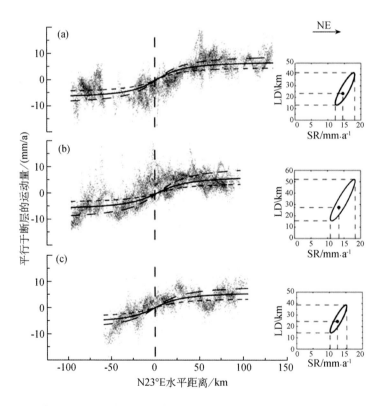

图 10-8 拟合 InSAR 数据获得的横跨格林错断裂的形变图像与断层闭锁深度（实线）

据 Taylor et al.（2006），LD 为断层闭锁深度，SR 断层滑动速率，垂直虚线为断层位置

（a）、（b）、（c）分别为采用间隔 3.6 年、5.7 年、6.29 年的 InSAR 数据拟合结果

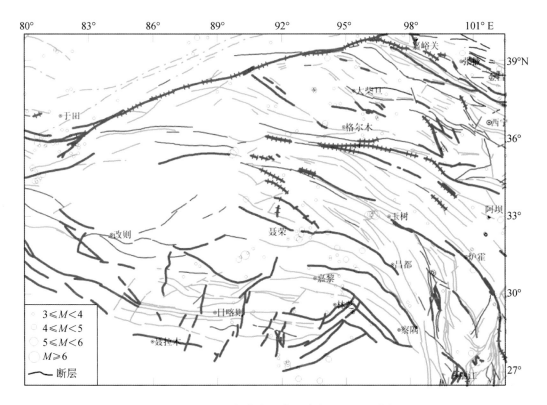

图 10 - 9 2006 年藏东及藏、滇交界的地震分布

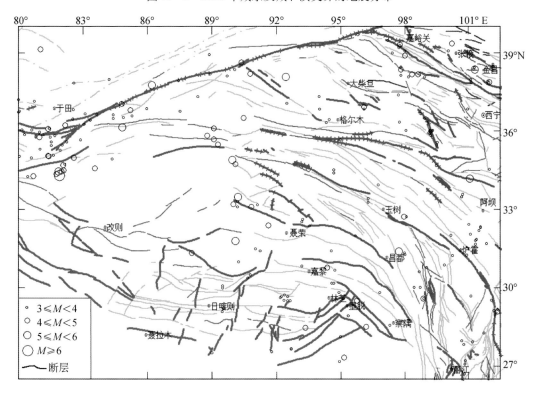

图 10 - 10 2007 年藏东及藏、滇交界的地震分布

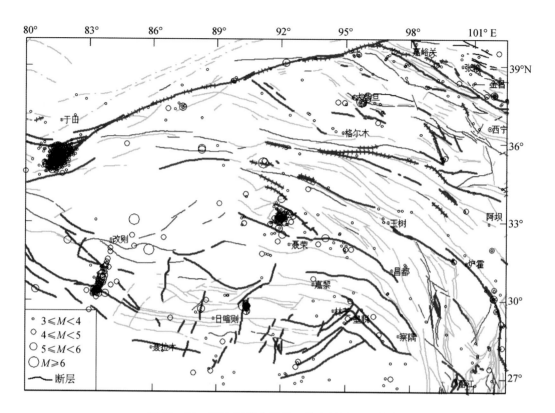

图 10－11　2008 年藏东及藏、滇交界的地震分布

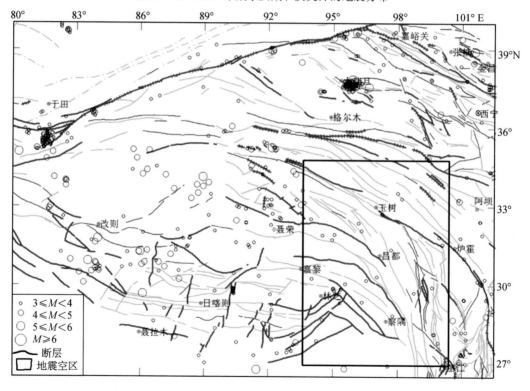

图 10－12　2009 年藏东及藏、滇交界的地震分布

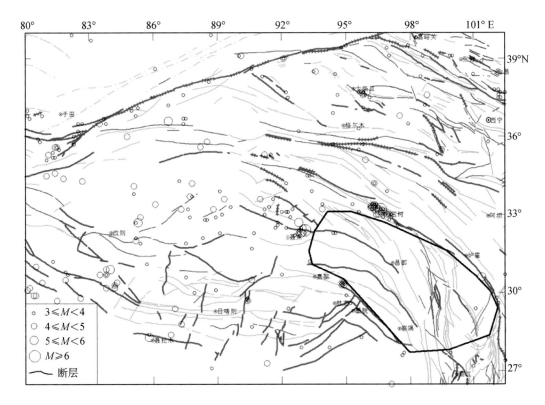

图 10 - 13　2010 年 1~8 月藏东及藏、滇交界的地震分布

值得注意的是：2010 年 4 月在上述平静区的北缘发生青海玉树 7.1 级地震之后，在西藏聂荣和青海玉树以东、东南的藏东和藏、川、滇交界地区，逐渐出现大范围的 $M_L \geq 3.0$ 级和 $M_L \geq 4.0$ 级地震平静区（图 10 - 13）。这一最新的 $M_L \geq 4.0$ 级地震平静区覆盖了本章一开始强调的、目前至未来一定时期内中国大陆西部地震活动主体区南边界的喀喇昆仑—嘉黎构造带（图 10 - 1）的东段。因此，位于藏东及藏、滇交界地区的破裂空段，特别是沿 NWW 向嘉黎构造带和中甸、大具等断裂带可能具有中-长期尺度的大地震危险性。

4. 云南楚雄附近的空段

该破裂空段（图 10 - 5）位于喀喇昆仑—嘉黎构造带向东南的延长线上（图 10 - 1），即云南中偏西部的 NW 向红河断裂带中段及其北侧的楚雄等断裂上。近十年来，该空段附近已先后发生 2000 年、2003 年和 2009 年的云南大姚、姚安等 $M_S = 6.0~6.5$ 级的强震，同时期中，云南宾川、丽江等地发生的中-强地震也与该段的活动构造属性（喀喇昆仑—嘉黎构造带的延长线）相关，这些反映云南楚雄附近的破裂空段及其附近存在显著的应变积累。另外，该空段也位于 2008 年四川汶川大地震后出现的滇西—重庆地震活动增强带内（图 10 - 4）。因此，云南楚雄附近的破裂空段很可能是中-长期尺度的大地震潜在危险地点之一。进一步的证据可参见本书第 7 章的相关论述。

5. 喜马拉雅构造带上的空段

另外，分析还显示，喜马拉雅构造带近期的地震活动也有明显增强。该构造带存在大于 500 年的大地震原地复发间隔，同时，在该带的中段和东段均存在大地震破裂的空段

（图 10-14）。因此，未来十年及稍长时间，应注意喜马拉雅构造带中、东段破裂空段发生大地震、特大地震的危险性，以及那里大地震、特大地震的孕育、发生对中国大陆地震活动的影响。

10.4 小结

综上所述，1996 年以来中国大陆 7 级以上强震活动的主体区位于以东昆仑构造带为北界、喀喇昆仑—嘉黎构造带为南界的青藏高原块体的周缘构造带上（图 10-1）。目前，主体区的强震活动还未结束，同时，相对于东昆仑构造带的强地震活动，喀喇昆仑—嘉黎构造带的强地震活动尚有不足。因此，未来十年及稍长时间，在右旋走滑的喀喇昆仑—嘉黎构造带及其向东南的延长线上那些缺少历史大地震破裂的段落（破裂空段），可能存在发生大地震的危险性，同时，还应注意喜马拉雅构造带的破裂空段存在发生大地震、特大地震的可能性。本章的分析认为下面的破裂空段可能成为潜在大地震的危险区（图 10-14）。

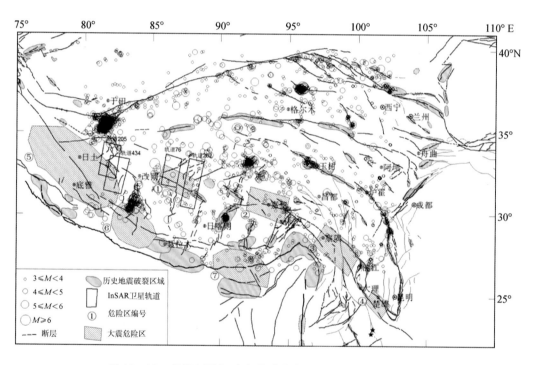

图 10-14　青藏高原中-南部的潜在大地震危险区（阴影区）

1. 喀喇昆仑—嘉黎构造带的以下段落

（1）格林错、日干配错空段——位于喀喇昆仑—嘉黎构造带中段，无历史强震记载；InSAR 分析表明该段内的格林错断裂和日干配错断裂均存在明显的应变积累（图 10-7、图 10-8）。

（2）嘉黎空段——位于喀喇昆仑—嘉黎构造带中-东段、1950 年察隅—墨脱大地震破裂北侧，无大地震历史记载；近年来环绕该破裂空段存在区域性的中、小震活动平静区（图

— 308 —

10-13）。

（3）中甸空段——位于喀喇昆仑—嘉黎构造带东端、1950 年察隅—墨脱大地震破裂东侧，无 $M_S \geq 7$ 地震的历史记载，近年来成为区域性中、小震活动平静区的一部分（图 10-13）。

（4）楚雄空段——位于喀喇昆仑—嘉黎构造带向东南的延长线上，存在 NW 向右旋的红河断裂带中段以及平行的楚雄等断裂，无 $M_S \geq 7$ 地震的历史记载。该空段附近已发生 2000 年、2003 年和 2009 年的大姚、姚安等多次 6 级以上强震，同时，该空段位于 2008 年汶川大地震后形成的滇西—重庆地震活动增强带上（图 10-4、图 10-5）。

2. 喜马拉雅构造带的以下段落

（1）喀喇昆仑南侧危险区——位于喀喇昆仑断裂带及其附近，1996 年发生过 7.3 级地震，近年来在西藏日土与改则之间中-强地震活动显著增强（图 10-14）。

（2）喜马拉雅中段危险区——属于喜马拉雅构造带中段的历史大地震破裂空段，近年来喜马拉雅构造带显示地震活动增强（图 10-14）。

（3）喜马拉雅东段危险区——属于喜马拉雅构造带东段的历史大地震破裂空段，近年来喜马拉雅构造带显示地震活动增强（图 10-14）。值得一提的是，本书正在交付印刷、出版之时，2011 年 9 月 18 日，在本危险区西端附近的尼泊尔与印度锡金邦交界处的干城章嘉峰保护区发生一次 6.9 级地震，共造成 100 多人死亡。因此，还应继续关注这一危险区发生 $M \geq 7.0$ 级大地震的中-长期危险性。

第 11 章　结果与存在问题

11.1　主要结果

本工作专项的研究表明：中国大陆地区未来十年及稍长时间可能发生 10 次以上 $M \geqslant 7.0$ 级地震，其中可能有 1~2 次 $M \geqslant 7.8$ 级的特大地震。$M \geqslant 7.0$ 级地震活动的主体地区是青藏活动地块中-北部以及南北地震构造带，该区域的 Ⅰ、Ⅱ 级活动地块/块体边界带上的大地震空缺段是未来大地震发生的最可能场所。其次，未来 $M \geqslant 7.0$ 级地震活动的可能地区是新疆天山以及华北地区。

根据本书第 2 章至第 10 章的研究结果，本章汇总已判定出的、中国大陆未来十年及稍长时间 $M \geqslant 7.0$ 级地震危险区以及值得注意的地区，并绘于图 11-1 和图 11-2 中，相应的判据列于表 11-1 和表 11-2。图 11-1 和图 11-2 中的危险区、值得注意地区的编号，与表 11-1 和表 11-2 中的编号相对应。

已根据判定依据的多寡，以及是否存在有反映 1 至数年尺度危险性的异常，例如是否存在中-小地震活动异常图像、是否有显著变化的地形变与重力异常，等等，本研究将所圈划的危险区在未来十年及稍长时期中发生大地震危险的紧迫性，由高到低划分成 A、B、C 三类。限于资料，对于值得注意的地区，暂时没能评估出大地震危险的紧迫性，需要随着观测资料的积累开展进一步研究。

表 11-1 和表 11-2 中还给出了估计的、地震危险区以及值得注意地区潜在地震的震级 M。震级的估计方法是：首先依据历史破裂展布和地震空区尺度及其与相关活动断裂带几何结构的关系，对活动断裂带进行破裂分段，确定潜在发震断裂段的尺度（长度 L、下倾宽度 W）、平均滑动速率 s、最晚大地震破裂的离逝时间 t，再由本书第 2 章 2.3.3 节介绍的适用经验关系式（2-1）至或（2-5）及相应的方法分别估计出潜在地震的面波震级 M 或者矩震级 M_w。对于华北地区的走滑型断层，潜在地震震级的估计也采用了该区适用的面波震级-破裂长度的经验关系式 $M = 3.82 + 1.86 \cdot \lg L$（龙锋等，2006）。由于所判定的地震危险区/值得注意地区，往往存在不止一条潜在发震断层，或者存在若干个潜在破裂长度的断裂分段方案。因此，在多数情况下，对潜在地震震级的估计存在多种可能的结果。本研究综合考虑各种不确定性，最终采用一个震级范围，如 $M = 7.0 \sim 7.3$ 或者 $M = 7.5 \sim 8.0$，等等，来表示特定地震危险区/值得注意地区潜在地震震级的最终估计。

---

　　* 本章执笔：闻学泽、袁道阳、田勤俭、杜方、曾宪伟。

表 11－1　中国大陆重点研究区未来十年及稍长时间 $M \geq 7.0$ 级地震危险区判定结果

$M \geq 7$ 级地震危险区			潜在发震构造	主要判定依据	估计震级 M	危险紧迫性
编号	名称					
①	晋、冀、蒙交界		京西北盆岭构造区主要活动断裂（段），如阳高－天镇断裂、口泉断裂、六棱山山前断裂、恒山北麓断裂、延庆广灵断裂、蔚县－怀来－涿鹿断裂，等等	一、华北地区 （1）位于华北第 4 强震活跃期主体活动区/带中的大地震空缺段（图 6－1、图 6－6）。 （2）大同盆地具有第 Ⅰ 类地震空区背景，并已分别于 1989、1991 年和 1999 年发生大同－阴高高 $M6.1$、$M5.8$、$M5.6$ 等中强震。 （3）最近 40 年，区内两个断裂段出现小震空段稀疏段（图 6－9），且 2005～2009 年环绕这两个断裂及其附近出现 $M_L \geq 4.0$ 级地震平静图像。 （4）大同盆地及其以东存在异常低 b 值（图 6－10）和高 a/b 值异常区（图 6－11），同时出现多参数值组合异常（图 6－12），反映断层面处于高应力状态。 （5）近年来本区存在应变加速释放 AMR 异常（图 6－8、图 6－13、图 6－14）。 （6）2005 年晋冀蒙交界出现重力变化高梯度带，2010 年沿太行山中北段出现重力变化高梯度带，异常幅度达 60×10^{-8} m/s²（图 5－6、图 6－7、图 6－9）。 （7）GPS 测量显示晋冀蒙交界的大同一怀来未受损的部位，同时，大原以北是水平运动不协调的、差异运动显著地区，也是左旋或拉张运动相对亏损的部位，大原以北的最大剪应变和旋剪形变较小，垂直形变速率相对较大（图 4－6 至图 4－9）。	7.0～7.5	A
②	渤海湾		郯－庐断裂带莱州湾、渤海湾、张－渤蓬莱系统莱－天津段，等等	（1）张－渤带属于华北第 4 强震活动期的主体活动带之一，其东段（渤海湾）存在多个大地震破裂空段（图 6－1、图 6－4、图 6－6）。 （2）区内沿主要断裂存在多个小震活动空段（图 6－19、图 6－20）。 （3）区内近年来出现加速矩释放（AMR）异常（图 6－22）。 （4）区内存在异常低 b 值区（图 6－22）。 （5）京津周边地区存在形变高梯度变和高应变积累区，张－渤带东段左旋运动显著（图 4－21、图 4－22、图 4－22）；受到 2008 年四川汶川大地震的影响后，华北水平差异运动最突出的部位是张－渤构造带（图 4－8）。	7.0～7.5	C

$M \geqslant 7$ 级地震危险区		潜在发震构造	主要判定依据	估计震级 M	危险紧迫性
编号	名称				
			二、南北地震构造带		
③	六盘山南段—西秦岭东段	六盘山断裂带中—南段、西秦岭北缘断裂带东段	(1) I 级活动地块边界带上的地震空区 (图 7-6, 图 7-22)。 (2) GPS 站速度剖面显示该断裂段为应变积累的显著闭锁段 (图 7-20)。 (3) 本区为重力观测值的显著变化地带和梯度 (图 5-10)。 (4) 沿断裂带至少从 1980 年以来 $M_L \geqslant 2.5$ 级地震活动稀段或平静段 (图 7-7); 存在异常低 b 值段 (图 7-16)。 (5) 本区位于 2008 年 5 月以来形成的甘、川、青交界及其以北 $M_L \geqslant 4.0$ 级地震平静区的东缘 (图 7-8)	$7.1 \sim 7.6$	B
④	西秦岭北缘断裂带中—西段	西秦岭北缘断裂带中—西段、临潭—宕昌断裂带西段	(1) II 级地块边界带上的地震空区 (图 7-6, 图 7-22)。 (2) 西秦岭北缘断裂带中—西段 (漳县—临潭之间) 存在 $M_L \geqslant 2.5$ 级地震的稀疏段或者相对平静段 (图 7-7), 同时存在异常低 b 值段 (图 7-14)。 (3) 2001 和 2003 年区内发生两次中强震 (图 7-18), 但 2008 年以来为甘、青、川交界区 $M_L \geqslant 5.0$ 级地震平静区的中心 (图 7-8)。 (4) GPS 站速度剖面显示主断裂闭锁与应变积累 (图 7-21), 其南侧存在异常隆起的垂直形变异常 (图 7-18)。 (5) 位于数年至十年尺度重力显著变化的地带或梯度带的边缘 (图 5-10)	$7.0 \sim 7.5$	A
⑤	甘、青、川交界	东昆仑断裂带东段及其若干分支、如迭部—白龙江断裂、塔藏断裂等	(1) II 级活动地块边界带的地震空区 (图 7-6, 图 7-22)。 (2) 位于 2008 年以来甘南至甘、青、川交界区 $M_L \geqslant 5.0$ 级地震平静区中南部 (图 7-8)。 (3) 汶川地震引起的库仑应力增加区之一 (Toda, et al., 2008; Lei, 个人通信)。 (4) 存在异常低 b 值地震段 (图 7-14)。 (5) 根据巴颜喀喇地块北、东边缘大地震时同序列的关联性外推, 未来十年存在发生大地震的可能性 (图 7-31, 图 7-32)	$7.3 \sim 7.7$	A

编号	名称	潜在发震构造	主要判定依据	估计震级 M	危险紧迫性
⑥	鲜水河断裂带中段	鲜水河断裂带中段	(1) 鲜水河断裂带上的地震空区（图7-26）。 (2) 位于过去20年川西重力异常变化梯度带的北缘（图5-11）。 (3) 存在异常低b值段和小震活动空缺段（图3-10，图3-11）。 (4) 属于2008年汶川M8.0级地震引起的库仑应力增加部位之一（Toda, et al., 2008; 邵志刚等, 2010）。 (5) 附近（北侧）存在长期垂直形变隆起的背景（王双绪等, 1992）。	7.0~7.4	B
⑦	安宁河断裂至川滇交界东段	(1) 安宁河断裂带（石棉—西昌段）。 (2) 大凉山断裂带。 (3) 马边—盐津断裂带南段。 (4) 莲峰、昭通断裂带、等等	(1) 区内的川滇块体东边界带存在多处地震空区（图7-26，图7-27）。 (2) 沿安宁河、大凉山等断裂带存在持续40年的 $M_L \geq 5.0$ 级地震环状平静区，并已收缩（图7-34）；2009年以来再嵌套 $M_L \geq 3.0$ 级地震的环状平静图像（图7-35）；沿安宁河主断裂带存在小震空缺/稀疏段（图7-36）。 (3) 沿安宁河断裂带冕宁—西昌段，马边—盐津断裂带马边北和大关、连峰—昭通断裂带鲁甸等处存在异常低b值段（图7-39至图7-41）。 (4) 本区西部和南部存在十年尺度的重力异常高梯度带（图5-11，图5-15）。 (5) 冕宁南西、西昌南西分别存在垂直隆升的形变异常，速率为2.5~3.0mm/a（图7-42，图7-43）。 (6) 处于2004年以来川滇交界西段—滇西向NE向5级地震条带的东段（图7-53b）。	7.2~7.7	A
⑧	川、滇、藏交界	金沙江断裂带、中甸（香格里拉）断裂带、等等	(1) 川滇块体西边界上的地震空区（图7-28）。 (2) 2007年以来曾一度形成以川、滇、藏交界区为中心的 $M_L \geq 4.0$ 级地震平静区（图7-37）。 (3) 存在3年和10年尺度的重力异常高梯度带，差异达 150×10^{-8} m/s²，梯度带的展布与金沙江断裂大体一致（图5-12）。 (4) 属于近20年来藏东至川、滇、藏交界区大尺度强度平静区的一部分	7.5~8.0	C

编号	名称	潜在发震构造	主要判定依据	估计震级 M	危险迫切
⑨	程海断裂带中-南段	程海断裂带中-南段	(1) 存在第一类地震空区背景（图7-51）。 (2) 沿断裂带出现10年和20年尺度的重力异常变化的高梯度带（图5-13）。 (3) 程海与红河断裂带交汇处存在垂直形变速率变化的高梯度区（图7-62）。 (4) 位于1997～2010年期间形成的近南北向M向6级地震条带中部（图7-53a），以及2004年以来近南北向与北东向M≥5级地震条带的交汇部段（图7-53b）。 (5) 程海断裂带中-南段东侧有小震活动的稀疏段，且南段断裂带东侧出现异常低b值区（图7-61）	7.0～7.4	B
⑩	元谋、楚雄、易门断裂	(1) 元谋（绿汁江）断裂带。 (2) 楚雄断裂带，等等	(1) 潜在的发震断裂带上存在第一类地震空区（图7-50）。 (2) 位于1997～2010年期间形成的近南北向6级地震条带中部（图7-53a）及2004年以来两个中、强地震条带的交汇部位附近（图7-53b）。 (3) 元谋（绿汁江）断裂带南、北两段存在小震空段（图7-56c），中段偏南2010年发生了该段有记载以来的最大地震（$M_L 5.1$）。 (4) 该区近年来小震活动相对增强，并随时间出现加速矩释放现象（图7-57）。 (5) 元谋（绿汁江）断裂带在元谋及其以南段的b值明显偏低（图7-56b）	7.0～7.3	A
⑪	祁连山断裂带中段	祁连山断裂带中段的榆木山断裂、广义海原断裂带及日月山断裂段，以及日月山断裂带，等等	(1) 属于I级地震活动地块边界断裂带上的大地震破裂空段（图8-10）。 (2) GPS测量反映祁连山断裂带中段水平挤压运动受阻，有持续应变积累的背景（图4-2、图4-3剖面3），张掖以西，德令哈附近存在应变梯度带（区）（图4-15，图4-16）。 (3) 祁连断裂带中-西段的垂直形变年平均速率梯度在0.20 mm/(a·km)以上，反映存在应变积累（图4-35，表4-1）。 (4) 强震/大地震破裂的空段近年出现低b值异常（图8-23）。 (5) 甘肃敦煌—青海德令哈地区近年出现明显加速矩释放（AMR）异常（图3-22）。	7.0～7.5	C

M≥7级地震危险区 编号	名称	潜在发震构造	主要判定依据	估计震级 M	危险紧迫性
⑫	阿尔金断裂带北东段	阿尔金断裂北东段主断裂，野马河一大雪山断裂、黑山一金塔南山断裂，等等	(1) I级活动块体边界带及其重要分支断裂带上的大地震破裂空段（图8-10）。 (2) GPS测量反映阿尔金断裂带东段阿尔金断裂东段水平运动受阻，存在应变积累背景（图4-2，图4-3剖面2）。 (3) 阿尔金断裂东段及其附近存在地震加速矩释放（AMR）异常（图3-22）。 (4) 阿尔金断裂东段表现为现代小震空缺段（图8-21），其附近存在低 b 值区（图8-22）。 (5) 阿尔金断裂东段存在地震相关长度异常（图8-27），与异常对应的潜在地震震级大于7.0级	7.3~8.0	B
⑬	北天山中段	(1) 伊犁盆地北缘断裂带。 (2) 博罗科努断裂。 (3) 北侧的逆断裂—褶皱带	(1) 属于天山与准噶尔两个活动块体边界带的大地震空区（图8-10）。 (2) GPS观测反映北天山中部以南是近年最大剪应变率的高值区（图8-29）。 (3) 该区及其附近存在地震相关长度增长异常（图8-26，图8-27）。 (4) 位于1998~2008年十年尺度高梯度带上（图5-14）。	7.0~7.5	C
⑭	南天山中段	(1) 喀桑托开断裂。 (2) 秋里塔格断裂，等	(1) 属于大型活动断裂带上的大地震区。 (2) 位于1998~2008年十年尺度重力场变化高梯度带上（图5-14）。 (3) 拜城及其以南存在异常低 b 值区（图8-13）；沿拱孜拜一秋里塔格断裂在阿克苏一拜城之间存在长度在100km以上低 b 值区，其西侧存在大尺度的小震空缺段（图8-26，图8-27）；该区及其邻近区域存在地震相关长度增长异常现象（图8-17）。	7.0~7.5	B
⑮	南天山西段	(1) 迈丹断裂。 (2) 柯坪推覆构造带	(1) 属于活动块体边界带上的大地震破裂空段（图8-10）。 (2) 位于1998~2008年十年尺度重力场变化高梯度带上（图5-14）。 (3) 柯坪一乌什之间存在异常低 b 值（图8-13），沿潜在发震裂段及其附近存在异常低 b 值区和小震稀疏段（图8-15，图8-16）。 (4) 位于2009~2010年期间南天山地区面膨胀率变化的高梯度部位（图8-31b）。	7.0~7.7	A

注：本表仅为M7专项工作重点研究区的结果，重点研究区的定义见本书第1章第1.2.4节。

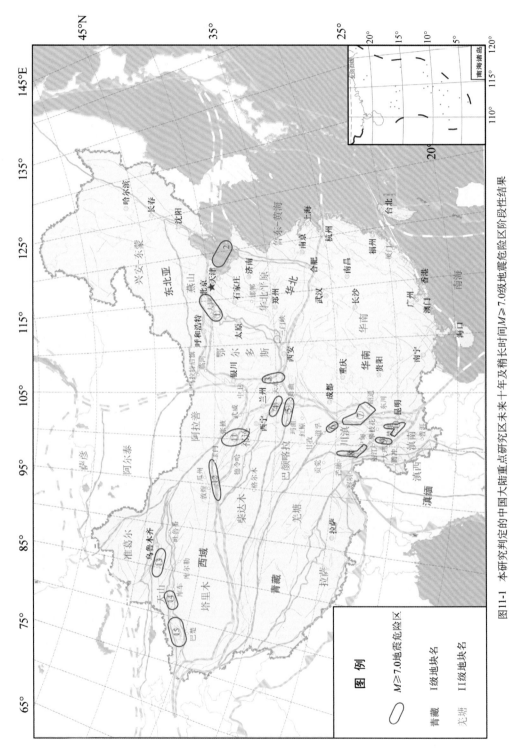

图11-1 本研究判定的中国大陆重点研究区未来十年及稍长时间 $M \geq 7.0$ 级地震危险区阶段性结果

1、II级活动地块边界（带）分别为浅桔黄色和浅蓝色，断裂为浅灰色

限于资料本专项的重点研究区不包括青藏高原大部、新疆南和北部、东北、以及部分近海地区

表 11-2 中国大陆重点研究区未来十年及稍长时间 $M \geqslant 7.0$ 级地震危险性值得注意地区判定结果

编号	值得注意地区 名称	潜在发震构造	主要判定依据	估计震级 M
			一、华北地区	
①	河北雄县—天津大城	河北平原地震构造带一北段的文一霸断陷等	(1) 位于华北第4强震活跃期，主体活动带上的大地震空缺段（图6-1、图6-4、图6-6）。 (2) 在华北强震平静幕中，区内在长期缺少小震活动的河北文安地区发生了2006年7月4日的5.1级中强震。 (3) 区内沿主活动断裂带存在小震活动的稀疏段以及异常低b值区（图6-16、图6-17）。 (4) 跨断层基线、水准观测的信息合成显示，首都圈地区目前断层的整体活动水平正处于上升阶段（图4-30）。	7.0~7.5
②	河北石家庄—邯郸	河北平原地震构造带中-南段	(1) 位于华北第4强震活跃期的主体活动带上的大地震空缺段（图6-1、图6-4、图6-6）。 (2) 区内及其附近存在AMR异常（图6-8）；沿主活动断裂带存在异常低b值段（图6-17a）。 (3) 位于近年华北重力高值异常变化带附近（图5-9）。	7.0~7.3
③	山西侯马—运城	韩城断裂、临猗断裂与中条山断裂等等	(1) 属于山西地震带上的缺大地震背景，有记载以来未记录到 $M \geqslant 6$ 级地震（图6-1、图6-6），但已在地震空区分别发生1916和1959年韩城5.0级中强震。 (2) 沿断裂带出现小震空段/稀疏段（图6-9），且在2005~2009年期间出现环绕两个小震空段/稀疏段的 $M_L \geqslant 4.0$ 级地震平静图像。 (3) 存在较低b值异常（图6-10），同时 a/b 值偏高（图6-11）。 (4) 2008年四川汶川地震后，晋西南和晋—陕交界处交界处出现显著的定点地形变观测异常。 (5) 2010年晋、冀、豫交界出现60微伽以上的重力异常变化（图5-10）；GPS测量也反映附近存在较高的应变积累（图4-21）。	7.0~7.5
			二、南北地震构造带	
④	内蒙磴口—五原	鄂尔多斯块体西北缘活动断陷带，包括狼山—色尔腾山断裂、巴彦乌拉山断裂，等等	(1) 属于 I 级活动地块边界带上的大地震空段（图7-6）。 (2) 自1997年开始 $M_L \geqslant 5.0$ 级地震应变能转为持续段（图7-11）。 (3) 最近20年沿潜在发震断裂存在小震空段/稀疏段（图7-11）。 (4) 本区存在加速矩释放（AMR）现象——低 m 值异常（图7-10）。 (5) 自1981年以来，河套断裂带的西段存在异常低b值区（图7-17）。	7.3~7.8

编号	值得注意地区 名称	潜在发震构造	主要判定依据	估计震级 M
⑤	甘肃天祝—大靖地区	(1) 毛毛山—金强河断裂。(2) 天桥沟—黄羊川断裂东段	(1) Ⅰ级地块边界带上的地震空区（图7-6、图7-22），最晚事件离逝时间与平均复发间隔相当。(2) 最近十年天祝、景泰一带存在重力异常变化梯度带（图5-10）。(3) 1990年代以来发生多次中、强地震，同时，沿主断裂存在 $M_L \geq 2.5$ 级地震活动的相对空缺段（图7-7）。(4) 沿主断裂带存在异常低b值段（图5-10）	7.0~7.4
⑥	宁夏同心—灵武地区	(1) 六盘山断裂带北段、香山—天景山断裂带东南段。(2) 黄河断裂带灵武段，等等	(1) Ⅰ级地块边界带上的地震空区（图7-6、图7-22）。(2) 沿断裂带存在相对平静的段落（图7-7），同时也是低b值异常区。(3) 位于青藏高原东北缘重力异常变化梯度带的北东缘（图5-10）	7.0±
⑦	四川阿坝北部地区	NE向龙日坝断裂带，近S—N向岷江断裂带，NW向塔藏断裂，等等	(1) 区内主要活动断裂上存在多处大地震空段（图7-24）。(2) GPS测量显示龙日坝断裂带两侧呈现4~5mm/a的右旋剪切变形（图4-17）。(3) 位于甘、青、川交界地区2008年以来形成 $M_L \geq 4.0$ 级地震平静区的南缘（图7-8）。(4) 根据巴颜喀喇地块东边界大地震的时间序列外推，未来十年存在发生下一次大地震的可能性（图7-31、图7-32）	7.0~7.3
⑧	龙门山断裂带南段	龙门山断裂带南段	(1) 紧邻2008年汶川大地震破裂段的、大地震空段（图7-25），并已在1941年和1970年分别发生过M6和M6.2强震。(2) 根据巴颜喀喇地块北、东边界大地震的时间序列外推，未来十年存在发生下一次大地震的可能性（图7-31、图7-32）。(3) 存在偏低b值的部位（图7-38）。(4) 龙门山断裂带南段是2008年汶川M8.0地震引起的库仑应力显著增加区之一（Toda et al., 2008; Lei, 2009, 个人通信）	7.0~7.3

值得注意地区		潜在发震构造	主要判定依据	估计震级 M
编号	名称			
⑨	川、藏交界	NW向理塘断裂的北西段，近S—N向金沙江断裂带北段（巴塘北）	（1）主要活动断裂上存在大地震的空缺段（图7-28）。 （2）2001年和2008年以来，分别存在 $M_L \geq 5.0$ 级和 $M_L \geq 4.0$ 级地震平静背景（图7-37）。 （3）附近存在四象限分布的水平与垂直形变异常带（图4-13）。 （4）西侧存在3年和10年尺度的重力度异常高梯度带，差异达 150×10^{-8} m/s² （图5-12）。	7.0~7.5
⑩	巧家—东川	小江断裂带北段	（1）小江断裂带北段已在I类地震空区（图7-49）的背景上发生过1930年 M6、1966年 M6.5和6.2强震。 （2）近年来巧家附近的4级地震活动明显增强。	7.2~7.6
⑪	云南腾冲—瑞丽地区	腾冲断裂带、大盈江断裂带、瑞丽断裂带、龙陵断裂带，等等	（1）瑞丽至潞西之间，腾冲至盈江地区之间均存在大地震空区（图7-51）。 （2）2008年以来，腾冲至盈江地区及其附近中强地震活动显著增强，已发生7次5.0~5.8级地震。 （3）据马马拉准项目实施的水准复测结果，在NE向瑞丽—龙陵断裂与南汀河断裂之间存在异常垂直隆升变形。	7.0~7.3
	三、西北地区			
⑫	柴达木盆地北缘	柴达木盆地北缘断裂及鄂拉山断裂等	（1）属于II级活动块体边界断裂带上的地震空区（图8-11）。 （2）存在异常低 b 值区（图8-25）。 （3）柴达木盆地北缘是最近十年来中强地震活跃的构造带。	7.2~7.6
⑬	昆仑山口东	（1）东昆仑断裂西大滩段。 （2）昆仑山口—达日断裂，等	（1）属于II级活动块体边界断裂带及块体内大型活动断裂带上的地震空区（图3-22）。 （2）附近近年来出现局部的加速矩释放（AMR）异常（图7-32）。 （3）历史大地震的时间—序次关系反映巴颜喀喇巴颜喀喇断块体北边界的下一次大地震可能在未来十年及稍长时期内发生（图7-30至图7-32）。	7.0~7.3
⑭	新疆博格达—鄯善	阜康—博格达断裂、吐鲁番—哈密盆地北缘断裂系	（1）属天山，塔里木和准噶尔三个活动块体分界断裂上的地震空区（图8-10）。 （2）博格达—鄯善一带存在低 b 值异常区（图8-13）。	7.0~7.5

值得注意地区		潜在发震构造	主要判定依据	估计震级 M
编号	名称			
⑮	南天山东段	(1) 库尔勒山山前断裂。 (2) 兴地断裂，等。	(1) 属于天山与塔里木两个活动块体边界断裂带的大地震破裂空段（图8-10）。 (2) GPS测量反映存在水平挤压运动明显受阻，应变积累的断裂段（图4-2，图4-3）。 (3) 在库尔勒的东、西两侧均存在沿活动断裂的异常低b值区（图8-13）。 (4) 库尔勒东、西两侧均存在地震相关长度异常增长现象（图8-26，图8-27）。 (5) 位于1998~2008年十年尺度重力场变化梯度高值带上（图5-14）。	7.0~7.6
⑯	西昆仑	卡兹克阿尔特断裂带	(1) 地处现今构造、地震活动异常强烈构造区内的大地震破裂空段（图8-10）。 (2) 位于近年来（2009~2010年）最大剪应变率变化率最高值区（图8-31a）。 (3) 沿潜在发震断裂存在低b值区（图8-13，图8-14），同时，乌恰以西存在地震加速矩释放（AMR）异常（图3-22）。	7.0~7.5
			四、东南沿海地区	
⑰	福建漳浦—厦门海外	滨海断裂带东山岛—金门段	(1) 属于Ⅰ级活动块体边界断裂带上的地震空区，且东南沿海地区存在发生 $M\geqslant7$ 级地震的应变积累（图9-7，图9-8）。 (2) 1972年以来5级地震持续平静，最近4年该断裂段出现3级地震围空（图9-10）。 (3) 漳浦—厦门海外存在显著的异常低b值（图9-15），同时具有低b值，低频度与应变能释放率和高的多参数a/b值的异常组合异常（图9-16b）。 (4) GPS测量反映漳浦—厦门海外地区及其附近地区处于持续受压状态（图9-17，图9-18，图9-19），显示有显著应变积累。 (5) 东南沿海地区两年尺度（2008~2010年）和9年时期（2001~2010年）重力变化最大的测点分别是漳州和厦门，距离滨海断裂带的漳浦—厦门海外段很近（图9-22，表9-2）。	7.0~7.5

注：本表仅为M7专项工作重点研究区的结果，重点研究区的定义见本书第1章第1.2.4节。

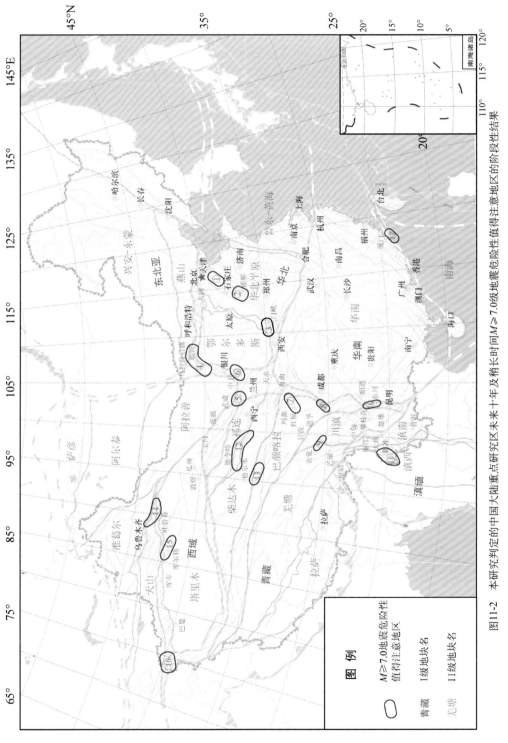

图11-2 本研究判定的中国大陆重点研究区未来十年及稍长时间M≥7.0级地震危险性值得注意地区的阶段性结果

Ⅰ、Ⅱ级活动地块边界（带）分别为浅桔黄色和浅蓝色，断裂为浅灰色

限于资料，本专项的重点研究区不包括青藏高原大部、新疆南和北部、东北，以及部分近海地区

11.2 存在问题

与地震的短临预报一样，地震的中-长期预测也属世界地震科学难题，尚无成熟、适用的技术方法。本工作专项已在总结过去30多年国内外中-长期地震预测研究的基础上，设计并采用了多学科相结合的技术路线（图1-5）开展相关研究，但这也仅是地震中-长期预测多路探索的实践之一。

在研究中面临的另一问题，即中国大陆不同地区的可用资料（地震构造、古地震、历史地震、现代地震、地壳形变/重力测量，等等）存在高度的时、空非均匀性。尽管本工作专项仅针对已有一定资料积累和研究基础的地区（即重点研究区，见本书1.2.4节）开展研究，仍然难免对于可用资料多、积累时间长地区的潜在大地震危险性可能偏高估计，而对于可用资料少、积累时间短地区的潜在大地震危险性可能偏低估计。因此，本工作专项发展和采用的中-长期地震预测方法、所获得的预测结果仅仅是阶段性的。

我国的中-长期地震预测研究依然需要在多学科观测资料积累、理论创新与方法发展的基础上，继续向前推进，以便不断缩少与国家防震减灾工作对中-长期地震预测需求之间的差距。

鸣　谢

在 M7 专项工作近两年半的实施过程中，中国地震局监测预报司的刘桂萍处长和马宏生副处长在团队组建、人才培养、工作部署和组织实施等方面付出了大量心血；研究工作得到了李克、车时、张国民、傅征祥、王庆良、江在森、王海涛、吴忠良、荣代潞、崔笃信、邵志刚、武艳强等领导与专家的热心指导与帮助。在此，M7 专项工作组全体成员向他们表示诚挚的感谢。

参 考 文 献

白志明，王椿镛，2003. 云南地区上部地壳结构和地震构造环境的层析成像研究. 地震学报，25（2）：117～127

薄万举，谢觉民，郭良迁，1998. 八宝山断裂带形变分析与探讨. 地震，18（1）：63～68

柴炽章，廖玉华，张文孝，2001. 灵武断裂晚第四纪古地震及其破裂特征. 地震地质，23（1）：15～23

车兆宏，1993. 首都圈断层活动性研究. 华北地震科学，11（2）：23～34

陈培善，陈海通，1989. 由二维破裂模式导出的地震定标律. 地震学报，11（4）：337～350

程建武，冉勇康，杨晓平，等，2006. 西南天山柯坪塔格前缘断裂带东段晚第四纪活动特征. 地震地质，28（2）：258～268

大竹政和，1998. 地震発生の長期の予測における地震空白域と地震活動静穏化現象の意義，地震，2，50（別冊），83～99；中文译文刊在《地震科技情报》，1999，（1）：9～23（陈宏德译、祁英男校）

邓起东，尤惠川，1985. 鄂尔多斯周缘断陷盆地带的构造活动特征及其形成机制，见：国家地震局地质研究所编，现代地壳运动研究（1）. 北京：地震出版社，58～78

邓起东，张培震，冉勇康，等，2002. 中国活动构造基本特征. 中国科学（D辑）-地球科学，32（12）：1020～1030

丁国瑜，1990. 全新世断层活动的不均匀性. 中国地震，6（1）：1～9

丁国瑜，田勤俭，孔凡臣，等，1993. 活断层分段——原则、方法与应用. 北京：地震出版社，1～143

丁祥焕，王耀东，叶盛基，1999. 福建东南沿海活动断裂与地震. 福州：福建科学技术出版社，118～121

杜方，闻学泽，张培震，等，2009. 2008年汶川8.0级地震前横跨龙门山断裂带的震间形变. 地球物理学报，52（11）：2729～2738

杜方，闻学泽，张培震，2010. 鲜水河断裂带炉霍段的震后滑动与形变. 地球物理学报，53（10）：2355～2366

2006～2020年中国大陆地震危险区与地震灾害损失预测研究组，2007. 2006～2020年中国大陆地震危险区与地震灾害损失预测研究. 北京：地震出版社，1～296

冯先岳，1997. 新疆古地震. 乌鲁木齐：新疆科技卫生出版社，1～250

傅容珊，黄建华，徐耀民，等，1998. 青藏高原—天山地区岩石层构造运动的地幔动力学机制. 地球物理学报，41（5）：658～668

福建省志·地震志编纂委员会，2001. 福建省志·地震志. 北京：北京出版社，16～22

郭春喜，李斐，王斌，2005. 应用抗差估计理论分析2000国家重力基本网. 武汉大学学报（信息科学版），30（3）：242～245

虢顺民，徐锡伟，向宏发，等，2002. 龙陵—澜沧新生破裂带地震破裂分段与地震预测研究. 地震地质，24（2）：133～144

国家地震局地球物理研究所，复旦大学历史地理研究所，1990a. 中国历史地震图集（远古至元时期）. 北京：中国地图出版社，1～174

国家地震局地球物理研究所，复旦大学历史地理研究所，1990b. 中国历史地震图集（明时期）. 北京：中国地图出版社，1～194

国家地震局地球物理研究所，复旦大学历史地理研究所，1990c. 中国历史地震图集（清时期）. 北京：中国地图出版社，1～244

国家地震局《鄂尔多斯周缘活动断裂系》课题组，1988. 鄂尔多斯周缘活动断裂系. 北京：地震出版社，39～44

国家地震局兰州地震研究所，1993. 昌马活动断裂带. 北京：地震出版社

国家地震局地质所等，1993. 祁连山—河西走廊活动断裂系. 北京：地震出版社

国家地震局震害防御司（编），1995. 中国历史强震目录. 北京：地震出版社，1~514

顾功叙，Kuo J T，刘克人，等，1997. 中国京津唐张地区时间上连续的重力变化与地震的孕育和发生. 科学通报，42（18）：1919~1930

何宏林，池田安隆，何玉林，等，2008. 新生的大凉山断裂带—鲜水河-小江断裂系中段的裁弯取直. 中国科学（D辑）-地球科学，38（5）：564~574

何文贵，袁道阳，等，2006. 东昆仑断裂带东段玛曲断裂新活动特征及全新世滑动速率研究. 地震，26（4）：67~75

何玉梅，姚振兴，2002. 中国台湾南部及其周边岛屿现今地壳形变的位错模型. 地球物理学报，45（5）：638~645

黄立人，刘天奎，1989. 用速度面拟合法研究华北部分地区的现今地壳垂直运动. 地壳形变与地震，9（3）：6~12

江在森，丁平，王双绪，等，2001. 中国西部大地形变监测与地震预测. 北京：地震出版社

江在森，马宗晋，张希，2003a. GPS初步结果揭示的中国大陆水平应变场与构造变形. 地球物理学报，46（3）：352~358

江在森，张希，祝意青，等，2003b. 昆仑山口西 M_S8.1 地震前区域构造变形背景. 中国科学（D辑）-地球科学，339（B04）：163~172

江在森，方颖，武艳强，等，2009. 汶川8.0级地震前区域地壳运动与变形动态过程. 地球物理学报，52（2）：505~518

蒋长胜，吴忠良，2005. 国外地震预测预报研究的一些震例. 国际地震动态，2005（5）：156~162

蒋长胜，吴忠良，2008. 对地震预测的一个统计物理算法在川滇地区的回溯性预测检验. 中国科学（D辑）-地球科学，38（7）：852~861

蒋长胜，吴忠良，马宏生，等，2009. PI算法用于川滇—安达曼—苏门答腊地区7.0级以上强震危险性预测的回溯性检验. 地震学报，31（3）：307~318

蒋长胜，吴忠良，2009. 强震前的"加速矩释放"（AMR）现象：对一个有争议的地震前兆的回溯性震例研究. 地球物理学报，52（3）：691~702

蒋长胜，庄建仓，2010. 基于时-空ETAS模型给出的川滇地区背景地震活动和强震潜在危险区. 地球物理学报，53（2）：305~317

蒋长胜，吴忠良，2011. 玉树 M_S7.1 地震前的中长期加速矩释放（AMR）. 地球物理学报，54（6）：1501~1510

赖锡安，黄立人，徐菊生，2004. 中国大陆现今地壳运动. 北京：地震出版社：149~219

雷中生，袁道阳，等，2007. 734年天水7级地震考证与发震构造分析. 地震地质，29（1）：51~62

李传友，张培震，等，2007. 西秦岭北缘断裂带黄香沟段晚第四纪活动表现与滑动速率. 第四纪研究，27（1）：54~63

李传友，2005. 青藏高原东北部几条主要断裂带的定量研究. 北京：中国地震局地质研究所博士学位论文

李辉，申重阳，孙少安，等，2009. 中国大陆近期重力场动态变化图像. 大地测量与地球动力学，29（3）：1~10

李辉，1991. 地震重力监测网统一平差模型的建立. 地壳形变与地震，11（增刊）：68~74

李闽峰，邢成起，蔡长星，等，1995. 玉树断裂活动性研究. 地震地质，17（3）：218~224

李克，吴卫民，杨发，等，1994. 大青山山前活动断裂分段性研究，见：中国活动断层研究. 北京：地震出版社，102~1l3

李全林，陈锦标，等，1978. b 值时空扫描—监视破坏性地震孕育过程的一种手段. 地球物理学报，21（2）：101~125

李延兴，李智，张静华，等，2004. 中国大陆及周边地区的水平应变场. 地球物理学报，47（2）：

222~231

李永华，吴庆举，田小波，等，2009. 用接收函数方法研究云南及其邻区地壳上地幔结构. 地球物理学报，52（1）：67~80

李宇彤，蒋长胜，2012. 东北地区地震活动的 Rydelek-Sacks 周期性检验和震级-周期谱研究. 地震学报，34（1）：20~30

黎凯武，张晶，武艳强，2009. 断层形变动态演化与地震预测技术研究. "十一五"科技支撑02-02-05 子专题研究报告分报告

刘百箎，刘小凤，陈学刚，2001. 活动地块与大地震群聚区的迁移及循环，新构造与环境. 地震出版社，234~244

刘冬至，李辉，刘绍府，1991. 重力测量资料的处理系统-LGADJ. 见：地震预报方法实用化研究文集. 北京：地震出版社，339~350

刘小龙，袁道阳，2004. 青海德令哈巴音郭勒河断裂的新活动特征. 西北地震学报，26（4）：303~308

龙锋，闻学泽，徐锡伟，2006. 华北地区地震活断层的震级-破裂长度、破裂面积的经验关系. 地震地质，28（4）：511~535

陆远忠，陈章立，王碧泉，等，1985. 地震预报的地震学方法. 北京：地震出版社，111~150

马瑾，1999. 从断层中心论向块体中心论转变——论活动块体在地震活动中的作用. 地学前缘，6（4）：363~370

马宗晋，李献智，金继宇，1992. 地震迁移的规律、解释和预报——中国大陆四条地震带的地震迁移. 地震地质，14（2）：129~139

梅世蓉，1970. 从华北地区强震活动的规则性，论危险区划分的一个途径. 地震战线，学术讨论专辑（一）：1~10

梅世蓉，宋治平，1996. 中国巨大地震前地震活动环形分布图像与规律. 地震学报，18（4）：413~419

闵伟，宋方敏，韩竹军，等，2006. 柯坪塔格断裂西段古地震初步研究. 地震地质，28（2）：234~244

聂宗笙，江娃利，吴卫民，1996. 内蒙古大青山山前断裂带西段全新世古地震的大探槽研究. 见：活动断裂研究（5）. 北京：地震出版社，125~135

彭斯震，1995. 吐鲁番盆地活动构造学与地震危险性. 国家地震局地质研究所博士学位论文，1~128

青海省地震局，中国地震局地壳应力研究所，1999. 东昆仑活动断裂带，北京：地震出版社

冉勇康，段瑞涛，邓起东，等，1997. 海原断裂高湾子地点三维探槽的开挖与古地震研究. 地震地质，19（2）:97~107

冉勇康，邓起东，1998. 海原断裂的古地震及特征地震破裂的分级性讨论. 第四纪研究.1998（3）：271~278

冉勇康，胡博等，2002. 大青山山前断裂呼和浩特段晚第四纪古地震活动历史. 中国地震，18（1）：15~27

冉勇康，陈立春，杨晓平，等，2003. 鄂尔多斯地块北缘主要活动断裂晚第四纪强震复发特征. 中国科学（D辑）-地球科学，33（增刊）：135~143

冉勇康，杨晓平，程建武，等，2006. 西南天山柯坪推覆构造柯坪塔格山前逆断裂东段晚第四纪的古地震. 地震地质，28（2）：245~257

日本防灾科学技术研究所，2006. http：//www.j-shis.bosai.go.jp/

荣代潞，李亚荣，2009. 青藏块体东北缘6次中强地震前地震相关长度增长现象. 地球科学-中国地质大学学报，34（4）：673~681

沈军，汪一鹏，赵瑞斌，等，2001. 帕米尔东北缘及塔里木盆地西北部弧形构造的扩展特征. 地震地质，23（3）：381~389

沈正康，万永革，甘卫军，等，2003. 东昆仑活动断裂带大地震之间的黏弹性应力触发研究. 地球物理学

报，46（6）：786～795

邵志刚，周龙泉，蒋长胜，等，2010. 2008 年汶川 M_S8.0 地震对周边断层地震活动的影响. 地球物理学报，53（8）：1784～1795

石根华著，裴觉民译，1997. 数值流形方法与非连续变形分析. 北京：清华大学出版社

四川地震资料汇编编辑组，1980. 四川地震资料汇编（第一卷）. 成都：四川人民出版社，1～576

宋方敏，袁道阳，陈桂华，等，2006. 甘肃马衔山北缘断裂西北段几何结构及新活动. 地震地质，28（4）：547～560

孙和平，2004. 重力场的时间变化与地球动力学. 中国科学院院刊，19（3）：189～193

陶本藻，1992. GPS 水准似大地水准面拟合和正常高计算. 测绘通报，（4）：14～18

滕吉文，白登海，杨辉，等，2008. 2008 年汶川 M_S8.0 地震发生的深层过程和动力学响应. 地球物理学报，51（5）：1385～1402

滕瑞增，金瑶泉，等，1994. 西秦岭北缘断裂带新活动特征. 西北地震学报，16（2）：85～90

王海涛，李莹甄，屠泓为，2006. 新疆历史地震目录完整性分析. 内陆地震，20（1）：10～17

王敏，沈正康，牛之俊，等，2003. 现今中国大陆地壳运动与活动块体模型. 中国科学（D 辑）-地球科学，33（增）：21～32

王庆良，崔笃信，王文萍，等，2009. 川西地区现今垂直地壳运动研究. 中国科学（D 辑）-地球科学，39（1）：598～610

王双绪，1992. 川西地区近期大地垂直形变场演化与地壳运动特征. 地壳形变与地震，12（2）：17～22

王双绪，张希，张四新，等，2006. 南北地震带区域形变异常特征与地震关系研究. 地震，26（1）：47～56

王勇，张为民，詹金刚，等，2004. 重复绝对重力测量观测到的滇西地区和拉萨点重力变化及其意义. 地球物理学报，47（1）：95～100

汪一鹏，1998. 青藏高原活动构造基本特征，见：《活动断裂研究》编委会编，活动断裂研究（6）. 北京：地震出版社，135～144

魏柏林，冯绚敏，陈定国，等，2001. 东南沿海地震活动特征. 北京：地震出版社，107～139

闻学泽，胡先明，1984. 根据地震活动参数分析石棉—巧家断裂带的现今活动性. 地震研究，7（2）：164～170

闻学泽，黄圣睦，江在雄，1985. 甘孜—玉树断裂带的新构造特征及地震危险性估计. 地震地质，7（3）：23～32

闻学泽，1986. 从地震活动参数估计鲜水河断裂带的近期活动. 地震学报，8（2）：146～155

闻学泽，1990. 鲜水河断裂带未来三十年内地震复发的条件概率. 中国地震，6（4）：8～16

闻学泽，1993. 小江断裂带的破裂分段与地震潜势概率估计. 地震学报，15（3）：322～330

闻学泽，1995. 活动断裂地震潜势的定量评估. 北京：地震出版社，1～150

闻学泽，1998. 时间相依的活动断裂分段地震危险性评估及其问题. 科学通报，43（14）：1457～1466

闻学泽，2000. 四川西部鲜水河—安宁河—则木河断裂带的地震破裂分段特征. 地震地质，22（3）：239～249

闻学泽，2001. 活动断裂的可变破裂尺度地震行为与级联破裂模式的应用. 地震学报，23（4）：380～390

闻学泽，杜平山，龙德雄，2000. 安宁河断裂带小相岭段古地震的新证据及最晚事件的年代. 地震地质，22（1）：1～8

闻学泽，徐锡伟，2003. 福州盆地的地震环境与主要断层潜在地震的最大震级评价. 地震地质，25（4）：509～524

闻学泽，徐锡伟，郑荣章，等，2003. 甘孜—玉树断裂的平均滑动速率与近代大地震破裂，中国科学（D 辑）-地球科学，33（增刊）：199～208

闻学泽，徐锡伟，2005. 对东南沿海 1067 年和 1574 年两次地震的分析. 地震地质，27（1）：1~10

闻学泽，马胜利，雷兴林，等，2007. 安宁河—则木河断裂带过渡段及其附近新发现的历史大地震破裂遗迹. 地震地质，29（4）：826~833

闻学泽，范军，易桂喜，等，2008. 川西安宁河断裂上的地震空区. 中国科学（D 辑）-地球科学，38（5）：797~807

闻学泽，张培震，杜方，等，2009. 2008 年汶川 8.0 级地震发生的历史与现今地震活动背景. 地球物理学报，52（2）：444~454

闻学泽，杜方，张培震，等，2011a. 巴颜喀拉块体北和东边界大地震序列的关联性与 2008 年汶川地震. 地球物理学报，54（3）：706~716

闻学泽，杜方，龙锋，等，2011b. 小江和曲江—石屏两断裂系统的构造动力学与强震序列的关联性. 中国科学（D 辑）-地球科学，41（5）：713~724

吴卫民，李克，马保起，等，1995. 大青山山前断裂带大型组合探槽的全新世古地震研究，见：活动断裂研究（4）. 北京：地震出版社，113~123

武艳强，江在森，杨国华，等，2009. 利用最小二乘配置在球面上整体解算 GPS 应变场的方法及应用. 地球物理学报，52（7）：1707~1714

西藏自治区科学技术委员会、档案馆，1982. 西藏地震史料汇编（第一卷）. 拉萨：西藏人民出版社，1~583

徐锡伟，陈文彬，于贵华，等，2002. 2001 年 11 月 14 日昆仑山库赛湖地震（$M_s8.1$）地表破裂带的基本特征. 地震地质，24（1）：1~13

徐锡伟，闻学泽，郑荣章，等，2003. 川滇地区活动块体最新构造变动样式及其动力来源. 中国科学（D 辑）-地球科学，33 卷（增刊）：151~162

徐锡伟，于贵华，马文涛，等，2003. 中国大陆中轴构造带地壳最新构造变动样式及其动力学内涵. 地学前缘，10（特刊）：160~167

徐锡伟，闻学泽，于贵华，等，2005. 川西理塘断裂带平均滑动速率、地震破裂分段与复发特征. 中国科学（D 辑）-地球科学，35（6）：540~551

徐锡伟，张先康，冉永康，等，2006. 南天山地区巴楚—伽师地震（$M_s6.8$）发震构造初步研究. 地震地质，28（2）：161~178

徐锡伟，闻学泽，陈桂华，等，2008. 巴颜喀拉地块东部龙日坝断裂带的发现及其大地构造意义. 中国科学（D 辑）-地球科学，38（5）：529~542

杨博，周伟，陈阜超，等，2010a. GPS 连续站水平位置时间序列共模白噪声识别与估计的欧拉-滤波法. 山东科技大学学报（自然科学版），29（3）：26~31

杨博，张风霜，韩月萍，2010b. 多核函数法及其在 GPS 时序资料滤波中的应用. 大地测量与地球动力学，30（4）：137~141

杨国华，桂昆长，1995. 板内强震蕴震过程中地形变图像及模式的研究. 地震学报，17（2）：156~163

杨国华，江在森，武艳强，等，2005. 中国大陆整体无净旋转基准及其应用. 大地测量与地球动力学，29（4）：6~10

杨国华，杨博，武艳强，等，2010. 应变计算与分析的若干问题及有关偏差的修正. 大地测量与地球动力学，30（4）：59~63

杨文政，马丽，1999. 地震活动加速模型及其在中国的应用. 地震学报，21（1）：32~41

杨文政，D. Vere-Jones，马丽，等，2000. 一个关于临界地震的临界区域判别的方法. 地震，20（4）：28~37

杨晓平，冉勇康，胡博，等，2003. 内蒙古色尔腾山山前断裂带乌加河段古地震活动. 地震学报，25（1）：62~71

杨元喜，郭春喜，刘念，等，2001. 绝对重力与相对重力混合平差的基准及质量控制. 测绘工程，10（2）：11 ~ 14

易桂喜，闻学泽，2004a. 由地震活动参数分析安宁河—则木河断裂的现今活动习性及地震危险性. 地震学报，26（3）：294 ~ 303

易桂喜，闻学泽，徐锡伟，2004b. 山西断陷带太原—临汾部分的强地震平均复发间隔与未来危险段落研究，地震学报，26（4）：387 ~ 395

易桂喜，范军，闻学泽，2005. 由现今地震活动分析鲜水河断裂带中-南段活动习性与强震危险地段. 地震，25（1）：58 ~ 66

易桂喜，闻学泽，王思维，等，2006. 由地震活动参数分析龙门山—岷山断裂带的现今活动习性与地震危险性. 中国地震，22（2）：117 ~ 125

易桂喜，闻学泽，2007. 多地震活动性参数在断裂带现今活动习性与地震危险性评价中的应用与问题. 地震地质，29（2）：254 ~ 271

易桂喜，闻学泽，苏有锦，2008. 川滇活动地块东边界强震危险性研究. 地球物理学报，51（6）：1719 ~ 1725

易桂喜，闻学泽，张致伟，等，2010. 川南马边地区强震危险性分析. 地震地质，32（2）：282 ~ 293

易桂喜，闻学泽，辛华，等，2011. 2008 年汶川 M_S8.0 地震前龙门山—岷山构造带的地震活动性参数与地震视应力分布. 地球物理学报，54（6）：1490 ~ 1500

殷有泉，1987. 有限单元方法及其在地学中的应用. 北京：地震出版社

袁道阳，刘小龙，刘百篪，等，2003. 青海热水—日月山断裂带的古地震初步研究. 西北地震学报，25（2）：136 ~ 142

袁道阳，雷中生，熊振，等，2007. 公元前 186 年武都地震考证与发震构造分析. 地震学报，29（6）：654 ~ 663

袁道阳，雷中生，等，2008. 1219 年固原地震考证与发震构造探讨. 地震学报，30（6）：648 ~ 657

曾融生，丁志峰，吴庆举，1994. 青藏高原岩石圈构造及动力学过程研究. 地球物理学报，37（增刊）：99 ~ 116

张国民，傅征祥，桂燮泰，2001. 地震预报引论. 北京：科学出版社

张国民，马宏生，王辉，等，2004. 中国大陆活动地块与强震活动关系. 中国科学（D 辑）-地球科学，34（7）：591 ~ 599

张国民，马宏生，王辉，等，2005. 中国大陆活动地块边界带与强震活动. 地球物理学报，48（3）：602 ~ 610

张晶，孙柏成，1998. 唐山地震的重力异常及其震后变化. 地震，18（3）：293 ~ 298

张晶，黎凯武，武艳强，等，2011. 断层活动协调比在地震预测中的应用. 地震，31（3）：19 ~ 26

张家声，李燕，韩竹均，2003. 青藏高原向东挤出的变形响应及南北地震带构造组成. 地学前缘，10（特刊）：168 ~ 175

张培震，1999. 中国大陆岩石圈最新构造变动与地震灾害. 第四纪研究，（5）：404 ~ 411

张培震，邓起东，张国民，等，2003. 中国大陆的强震活动与活动地块. 中国科学（D 辑）-地球科学，33（增刊）：12 ~ 20

张培震，闻学泽，徐锡伟，等，2009. 2008 年汶川 8.0 级特大地震孕育和发生的多单元组合模式. 科学通报，54（7）：944 ~ 953

张四新，张希，王双绪，等，2008. 汶川 8.0 级地震前后地壳垂直形变分析. 大地测量与地球动力学，28（6）：73 ~ 78

张为民，王勇，周旭华，2008. 我国绝对重力观测技术应用研究与展望. 地球物理学进展，23（1）：69 ~ 72

张希，江在森，王琪等，2003. 1999～2001 年青藏块体东北缘地壳水平运动的非震反位错模型及变形分析．地震学报，25（4）：374～381

张希，张四新，王双绪，2004. 昆仑山口西 8.1 级地震前后地壳垂直运动的负位错模型．地震研究，27（2）：153～158

郑文俊，2003. 古浪活动断裂带古地震活动习性的精细研究．兰州：中国地震局兰州地震研究所硕士学位论文

中国地震局震害防御司（编），1999. 中国近代地震目录．北京：中国科学技术出版社，1～637

中国地震局监测预报司，2009. 汶川 8.0 级地震研究报告．北京：地震出版社

周荣军，闻学泽，蔡长星，等，1997. 甘孜—玉树断裂带的近代地震与未来地震趋势估计．地震地质，19（2）：115～124

周荣军，蒲晓虹，何玉林，等，2004. 四川岷江断裂带北段的新活动，岷山断块的隆起及其与地震活动的关系．地震地质，22（3）：285～294

祝意青，王双绪，江在森，等，2003. 昆仑山口西 8.1 级地震前重力变化．地震学报，25（3）：91～297

祝意青，梁伟锋，李辉，等，2007. 中国大陆重力场变化及其引起的地球动力学特征．武汉大学学报（信息科学版），32（3）：246～250

祝意青，梁伟锋，徐云马，2008a. 重力资料对 2008 年汶川 M_S8.0 地震的中期预测．国际地震动态，（7）：36～39

祝意青，徐云马，梁伟锋，2008b. 2008 年新疆于田 M_S7.3 地震的中期预测．大地测量与地球动力学，28（5）：13～15

祝意青，徐云马，吕弋培，等，2009. 龙门山断裂带重力变化与汶川 8.0 级地震关系研究．地球物理学报，52（10）：2538～2546

Aguiar A C, Melbourne T I, and Scrivner C W, 2009. Moment release rate of Cascadia tremor constrained by GPS. J Geophys Res, 114：B00A05, doi：10.1029/2008JB005909

Aki K, 1984. Asperities, barriers, characteristic earthquakes and strong motion prediction. J Geophys Res, 89（B7）：5867-5872

Allen C R, Gillespie A R, Han Y, et al. 1984. Red River and associated faults, Yunnan Province, China：Quaternary Geology, Slip Rate and Seismic Hazard. Geol Soc America Bull. 95：686-700

Allen C R, Lou Z L, Qian H, et al. 1991. Field study of a highly active fault zone：The Xianshuihe fault of southwestern China. Geol Soc Am Bull, 103：1178-1199

Ambraseys N N, 1970. Some characteristic features of the North Anatolian fault zone. Tectonophysics, 9：143-165

Ambraseys N N, Jackson J, 1998. Faulting associated with historical and recent earthquakes in the Eastern Mediterranean. Geophys J Int, 133：390-406

Amorese D, 2007. Applying a change-point detection method on frequency-magnitude distributions. Bull Seismol Soc Amer, 97：1742-1749

Ando M, 1975. Source mechanisms and tectonic significance of historical earthquakes along the Nankai Trough, Japan. Tectonophysics, 27：119-140

Angelier J, Blanchet Ho R CS and Pichon X Le（Editors），1986. Geodynamics of the Eurasian-Philippine Sea Plate Boundary. Tectonophysics, 125：193-207

Bayasgalan A, Jackson J, Ritz J, et al. 1999. 'Forebergs', flower structures, and the development of large intracontinental strike-slip faults：the Gurvan Bogd fault system in Mongolia. Journal of Structural Geology, 21：1285-1302

Bilham R, Gaur V K and Molnar P, 2001. Himalayan Seismic Hazard. Science, 293：1442-1444

Bilham R, 2004. Earthquakes in India and the Himalaya：tectonics, geodesy and history. Annals of Geophysics,

47: 839-858

Bowman D D, Ouillon G, Sammis C G, et al. 1998. An observational test of the critical earthquake concept. J Geophys Res, 103: 24359-24372

Brehm D J and Braile L W, 1998. Intermediate-term earthquake prediction using precursory events in the New Madrid seismic zone. Bull Seism Soc Amer, 88: 564-580

Brune J N, 1968. Seismic moment, seismicity, and rate of slip along major fault zone. J Geophys Res, 73: 2777-784

Bufe C G, Nishenko S P and Varnes D J, 1994. Seismicity trends and potential for large earthquake in the Alaska-Aleutian region. Pure Appl Geophys, 142: 83-99

Bufe C G and Varnes D J, 1993. Predictive modeling of the seismic cycle of the Greater San Francisco Bay Region. J Geophys Res, 98: 9871-9883

Burchfield B C, King R W, Royden L H, et al. , 1996. Geological, geodetic, and geophysical study of southwest China: A test of Cenozoic tectonic models for Eurasia. UNACO 1996 Annual Report, USA (http: PPntrs. nasa. govParchivePnasa, 2003)

Caltech, 2003. Gravity Variations Predict Earthquake Behavior. http: //media. caltech. edu/press releases/12418

Cao A M and Gao S S, 2002. Temporal variation of seismic b-values beneath northeastern Japan island arc. Geophys Res Lett, 29 (9): 1334, doi 10. 1029/2001GL013775

Dewey J W, 1976. Seismicity of Northern Anatolia. Bull Seism Soc Am, 66: 843-868

Dixon T, 2009. GPS-Seismic Studies of Episodic Tremor Slip on the Nicoya Peninsula-Costa Rica. http: //www. nsf-margins. org/DLProgram/08-09/ Presentations/Dixon. ppt #256, 1, GPS & Seismic Studies of Episodic Tremor & Slip on the Nicoya Peninsula, Costa Rica

Fedotov S A, 1965. Regularities of the distribution of strong earthquakes in Kamchatka, the Kurile Islands, and northeast Japan. Tr. Inst. Fiz. Zemli Akad. Nauk SSSR, 36: 66-93

Freed A M and Lin J, 2001. Delayed triggering of the 1999 Hector Mine earthquake by viscoelastic stress transfer. Nature, 411, 180-183

Garavaglia E, Guagenti E, Pavani R, et al. , 2007. Renewal models for earthquake predictability. Journal of Seismology, 10. 1007/s10950-008-9147-6

Habermann R E, 1981. Precursory seismicity patterns: stalking the mature seismic gap. In: Earthquake Prediction: An International Review. Maurice Ewing Series (AGU), 29-42

Habermann R E, McCann W R and Nishenko S P, 1983. A gap is···. Bull. Seism. Soc. Am. , 73 (5): 1485-1486

Hardebeck J L, Felzer K R, and Michael A J, 2008. Improved Tests Reveal that the Accelerating Moment Release Hypothesis is Statistically Insignificant. J Geophys Res, doi: 10. 1029/2007JB005410

Hardy R L, 1971. Multiquadric equations of topography and other irregular surfaces. J Geophys Res, 76 (8): 1905-1915 (doi: 10. 1029/JB076i008p01905)

Hauksson E and Jones L M, 2000. Interseismic background seismicity of the southern San Andreas fault, California, Proceedings of: 3rd Conference on Tectonic Problems of the San Andreas Fault System, Stanford Univ. , Stanford, Calif. , September 6-8

Hirose H and Obara K, 2005. Repeating short- and long-term slow slip events with deep tremor activity around the Bungo channel region, southwest Japan. Earth, Planets and Space, 57 (10): 961-972

Holliday J R, Chen C C, Tiampo K F, et al. , 2007. A RELM earthquake forecast based on pattern informatics. Seism Res Lett, 78: 87-93

Huang J L, Zhao D P, 2004. Crustal heterogeneity and seismotectonics of the region around Beijing, China. Tectonophysics, 385 (1-4): 159-180

Huang J L, Zhao D P, 2006. High-resolution mantle tomography of China and surrounding regions. J Geophys Res, 111: doi: 10.1029/ 2005 JB004066

Ishibashi K, 1981. Specification of a soon-to-occur seismic faulting in the Tokai district, central Japan, based upon seismotectonics, in Earthquake Prediction: An International Review, Maurice Ewing Ser. , vol. 4, edited by D. W. Simpson and P. G. Richards, pp. 297-332, AGU, Washington, D. C.

Jaumé S C and Sykes L R, 1999. Evolving towards a critical point: A review of accelerating seismic moment/energy release prior to large and great earthquake. Pure Appl. Geophys, 155: 279-306

Jiang C S and Wu Z L, 2005a. Accelerating strain release before strong earthquakes: more complex in the real world. Journal of the Graduate School of the Chinese Academy of Sciences, 22 (3): 286-291

Jiang C S and Wu Z L, 2005b. Test of the preshock accelerating moment release (AMR) in the case of the 26 December 2004 Indonesia M_w9. 0 earthquake. Bull. Seism. Soc. Amer. , 95 (5): 2026-2035, doi: 10. 1785/ 0120050018

Jiang C S and Wu Z L, 2006. Pre-shock seismic moment release in different segments of an earthquake fault: the case of the 26 December 2004 Indonesia M_w9. 0 earthquake. In: Chen Y. -T. , Wu, Z. L. (eds.), Advance in Geosciences, 1: 17-25

Jiang C S and Wu Z L, 2010a. PI forecast for the Sichuan-Yunnan region: retrospective test after the May 12, 2008, Wechuan Earthquake. Pure Appl Geophys, 167 (6/7): 751-761

Jiang C S and Wu Z L, 2010b. Seismic moment release before the May 12, 2008, Wenchuan earthquake in Sichuan of southwest China. Concurrency Computat. : Pract. Exper. , 22 (12): 1784-1795, doi: 10. 1002/cpe. 1522

Kagan Y Y and Jackson D D, 1991. Seismic gap hypothesis: Ten years after. J Geophys Res, 96 (B13): 21, 419-21, 431

Kagan Y Y, 1995. New seimic gap hypothesis, Five years after. J Geophys Res, 100 (B3): 3943-3959

Kanamori H, 1971. Seismological evidence for a lithospheric normal faulting—The Sanriku earthquake of 1933. Phys Earh Planet Interiors, 4: 289-300

Kanamori H, 1972. Mechanism of tsunami earthquakes. Phys. Earh Planet, Interiors, 6: 346-359

Karakaisis G F, Papazochos C B, Savvaaidis A S et al. 2002. Accelerating seismic crustal deformation in the North Aegean trough, Greece. Geophys J Int, 148: 193-200

Kirby E N, Harkins E Q, Wang X H, et al. , 2007. Slip rate gradients along the eastern Kunlun fault. Tectonics, 26, TC2010, doi: 10. 1029/2006TC002033

Kuo J T, Zheng J H, Song S H, 1999. Determination of earthquake epicentroids by inversion of gravity variation data in the BTTZ region, China. Tectonophysics, 312 (2): 267-281

Leonard M, 2010. Earthquake fault scaling: self-consistent relating of rupture length, width, average displacement, and moment release. Bull Seism Soc Amer, 100 (5A): 1971-1988

Li C Y, Zhang P Z, Yin J H and Min W, 2009. Late Quaternary left-lateral slip rate of the Haiyuan fault, northeastern margin of the Tibetan Plateau. Tectonics, 28, TC5010, doi: 10. 1029/2008TC002302

Li H-B, Van der Woerd J, Tapponnier P, et al. , 2005. Slip rate on the Kunlun fault at Hongshui Gou, and recurrence time of great events comparable to the 14/11/ 2001, M_w7. 9 Kokoxili earthquake. Earth Planet Sci Lett, 237, 285-299

Lin A and Guo J, 2008. Nonuniform slip rate and millennial recurrence interval of large earthquakes along the eastern segment of the Kunlun fault, northern Tibet. Bull Seism Soc Am, 98: 2866-2878, doi: 10. 1785/0120070193

Marsan D, 2003. Triggering of seismicity at short timescales following Californian earthquakes. J Geophys Res, 108 (B5): 2266, doi 10. 1029/2002JB001946

Matsu' ura D J and Cheng A, 1986. Dislocation model for aseismic crustal deformation at Hollister, California. J

Geophy Res, 91 (B12): 12, 661-12, 674

McCann W R, Nishenko S P, Sykes L R, et al. , 1979. Seismic gaps and plate tectonics: Seismic potential for major boundaries. Pure Appl Geophys, 217: 1082-1147

Mignan A, King G, Bowman D, et al. 2006a. Seismic activity in the Sumatra-Java region prior to the December 26, 2004 (M_w =9. 0-9. 3) and March 28, 2005 (M_w =8. 7) earthquakes. Earth Planet Sci Lett, 244 (3-4): 639-654

Mignan A, Bowman D and King G C P, 2006b. An observational test of the origin of accelerating moment release before large earthquakes. J Geophys Res, 111: B11304, doi: 10. 1029/2006JB004374

Mogi K, 1979. Two kinds of seismic gaps. Pure and Appl Geophysics, 117: 1172-1186

Molnar P and Tapponnier P, 1975. Cenozoic Tectonics of Asia: Effects of a continental collision. Science, 189: 419-426

Nanjo K Z, Schorlemmer D, Woessner J, et al. 2010. Earthquake detection capability of the Swiss Seismic Network. Geophys J Inter, 181 (3): 1713-1724

Nishenko S P, 1991. Circum-Pacific Seismic Potential: 1989-1999. Pure Appl Geophys, 135: 169-259

Ogata Y, Imoto M and Katsura K, 1991. 3-D spatial variation of b-values of magnitude-frequency distribution beneath the Kanto district, Japan. Geophys J Int, 104: 135-146

Ogata Y, 1998. Space-time point-process models for earthquake occurrences. Annals of the Institute of Statistical Mathematics, 50 (2): 379-402

Ogata Y, 2004. Space-time model for regional seismicity and detection of crustal stress changes. J Geophys Res, 109: B03308, doi: 10. 1029/2003JB002621

Papadimitriou E E, Wen X, Karakostas V, et a1. 2004. Earthquake triggering along the Xianshuihe fault zone of western Sichuan, China. Pure Appl Geophys, 161: 1683-1701

Papazachos B and Papazachos C, 2000. Accelerated Preshock Deformation of Broad Regions in the Aegean Area. Pure Appl Geophys, 157: 1663-1681

Papazochos C B, Karakaisis G F, Savvaidis A S, et al. 2002. Accelerating seismic crustal deformation in the south Aegean area. Bull Seism Soc Amer, 92: 570-580

Papazachos C B, Karakaisis G F, Scordilis E M, et al. 2005. Global observational properties of the critical earthquake model. Bull Seism Soc Amer, 95: 1841-1855

Papazachos C B, Karakaisis G F, Scordilis E M, et al. 2006. New observational information on the precursory accelerating and decelerating strain energy release. Tectonophysics, 243: 83-96

Pollitz F F and Sacks I S, 2002. Stress triggering of the 1999 Hector Mine earthquake by transient deformation following the 1992 Landers earthquake. Bull Seismol Soc Amer, 92 (4): 1487-1496

Replumaz A, Lacassin R, Tapponnier P, et al. 2001. Large river offsets and Plio-Quaternary dextral slip rate on the Red River Fault (Yunnan, China) . J Geophy Res, 106: 819-836

Robinson R A, 2000. Test of the precursory accelerating moment release model on some recent New Zealand earthquakes. Geophys J Int, 140: 568-576

Rundle J B, Klein W, Turcotte D L, et al. 2000. Precursory seismic activation and critical-point phenomena. Pure Appl Geophys, 157: 2165-2182

Rundle J B, Turcotte D L, Shcherbakov R, et al. 2003. Statistical physics approach to understanding the multiscale dynamics of earthquake fault systems. Rev Geophys, 41: 1019, doi: 10. 1029/2003RG000135

Saleur H, Sammis C G and Sornette D, 1996. Discrete scale invariance, complex fractal dimensions, and log-periodic fluctuations in seismicity. J Geophys Res, 101: 17661-17677

Sato R, 1989. Handbook of Earthquake Fault Parameters in Japan, Kashima Press, Tokyo, Japan (in Japanese)

Scholz C H, 1968. The frequency-magnitude relation to microfracturing in rock and its relation to earthquakes. Bull Seism Soc Am, 58: 399-415

Schorlemmer D and Woessner J, 2008. Probability of Detecting and Earthquake. Bull Seism Soc Amer, 98 (5): 2103-2117

Shi Y and Bolt B A, 1982. The standard error of the magnitude-frequency b-value. Bull Seismol Soc Amer, 72: 1677-1687

Sieh K, 1978. Pre-historic large earthquakes produced by slip on the San Andreas Fault at Pallett Creek, California. J Geophys Res, 83: 3907-3939

Sieh K, 1984. Earthquake geology in Yunnan Province, China Exchange News 12, no. 1, pp. 3-6

Sieh K, Stuvier M, Brillinger D, 1989. A more precise chronology of earthquakes produced by the San Andreas fault in southern California. J Geophy Res, 94, 603-623

Sornette D and Sammis C G, 1995. Critical exponents from renomalization group theory of earthquakes: implications for earthquake prediction. J. Phys. I. , 5: 607-619

Stein R S, 1999. The role of stress transfer in earthquake occurrence. Nature, 402: 605-609

Sykes L R, 1971. Aftershock zones of great earthquakes, seismicity gaps, and earthquake prediction for Alaska and the Aleutians. J Geophys Res, 76: 8021-8041

Sykes L R and Nishenko S P, 1984. Probabilities of occurrence of large plate rupturing earthquakes for the San Andreas, San Jacinto, and Imperial fault, California, 1983-2003. J. Geophys. Res. , 89: 5905-5927

Sylvester A G, 1986. Near-field tectonic geodesy, Active Tectonics: Washington, D. C. , National Academy Press, p. 164-180

Tapponnier P, Peltzer G, Le Dain A Y, et al. , 1982. Propagating extrusion tectonics in Asia: new insights from simple experiments with plasticine. Geology, 10 (12): 611-616

Tapponnier P, Ryerson F J, Woerd J V, et al. , 2001. Long-term slip rates and characteristic slip: keys to active fault behaviour and earthquake hazard. Earth and Planetary Sciences, 333: 483-494

Toda S, J Lin, M Meghraoui, R S Stein, 2008. 12 May 2008 $M = 7.9$ Wenchuan, China, earthquake calculated to increase failure stress and seismicity rate on three major fault systems. Geophysical Research Letters, 35: L17305, doi: 10. 1029/2008GL034903

Urbancic T I, Trifu C I, Long J M, et al. , 1992. Space-time correlation of b values with stress release. Pure Appl. Geophys, 139: 449-462

Van der Woerd J, Ryerson F J, Tapponier P, et al. , 2000. Uniform slip rate along the Kunlun fault: Implications for seismic behaviour and large-scale tectonics. Geophys Res Lett, 27: 2353-2356

Varnes D J, 1989. Predicting earthquakes by analyzing accelerating precursory seismic activity. Pure Appl Geophys, 130: 661-686

Waldhauser F and Ellsworth W L, 2000. A double-difference earthquake location algorithm: method and application to the northern Hayward Fault, California. Bull Seism Soc Amer, 90 (6): 1353-1368

Wang Y C, Yin C, Mora P, et al. 2004. Spatio-temporal scanning and statistical test of the accelerating moment release (AMR) model using Australian earthquake data. Pure Appl Geophys, 161: 2281-2293

Weldon R J, Fumal T E, Biasi G P, Scharer K M, 2005. Past and Future Earthquakes on the San Andreas Fault. Science, 308: 966-967

Wells D L and Coppersmith K L, 1994. New empirical relationships among magnitude, rupture width, rupture area, and surface displacement. Bull Seism Soc Am, 84: 974-1002

Wen Xueze, Yi Guixi, Xu Xiwei, 2007. Background and precursory seismicities along and surrounding the Kunlun fault before the $M_S8.1$, 2001, Kokoxili earthquake, China. J Asian Earth Sci, 30 (1): 63-72

Wen Xueze, Ma Sheng-li, Xu Xi-wei, et al. 2008. Historical pattern and behavior of earthquake ruptures along the eastern boundary of the Sichuan-Yunnan faulted-block, southwestern China. Phys Earth Planet Inter, 168: 16-36

Wiemer S, Wyss M, 1997. Mapping the frequency magnitude distribution in asperities: An improved technique to calculate recurrence times. J. Geophys. Res. , 102 (B7): 15115-15128

Wiemer S, McNutt S R, Wyss M, 1998. Temporal and three-dimensional spatial analysis of the frequency magnitude distribution near Long Valley caldera, California. Geophys J Int, 1998, 134: 409-421

Wiemer S and Wyss M, 2000. Minimum magnitude of complete reporting in earthquake catalogs: examples from Alaska, the Western United States, and Japan. Bull Seism Soc Amer, 90: 859-869

Woessner J and Wiemer S, 2005. Assessing the quality of earthquake catalogues: estimating the magnitude of completeness and its uncertainty. Bull. seism. Soc. Amer. , 95: 684-698

Working Group on California Earthquake Probabilities, 1988. Probabilities of large earthquakes occurring in California on the San Andreas fault. U. S. Geological Survey Open-File Report, pp62

Working Group on California Earthquake Probabilities, 1990. Probabilities of large earthquakes in the San Francisco Bay Region, California. U. S. Geological Survey Circular, pp51

Working Group on California Earthquake Probabilities, 1995. Seismic hazards in southern California: probable earthquakes, 1994-2024. Bull. Seism. Soc. Amer. , 85: 379-439

Working Group on California Earthquake Probabilities, 1999. Earthquake probabilities in the San Francisco Bay Region: 2000-2030-A Summary of findings. U. S. Geological Survey Open-File Report, 99-517, 55 [http: //geopubs. wr. usgs. gov/open-file/of99-517/]

Working Group on California Earthquake Probabilities, 2003. Earthquake Probabilities in the San Francisco Bay Region: 2002-2031. U. S. Geological Survey Open-File Report: 03-214

Working Group on California Earthquake Probabilities, 2007. The Uniform California Earthquake Rupture Forecast, Version 2 (UCERF 2) . U. S. Geol. Surv Open-File Rept 2007-1437, and California Geol Survl Special Rept 203

Wu Y-H, Chen C and Rundle J B, 2008. Detecting precursory earthquake migration patterns using the pattern informatics method. Geophys Res Lett, 35: L19304, doi: 10. 1029/2008GL035215

Wyss M, 1973. Towards a physical understanding of the earthquake frequency distribution. Geophys, J R Astr Soc, 31: 341-359

Wyss Mand Habermann R E, 1988. Precursory seismic quiescence. Pure and Appl Geophys, 126 (2-4): 319-332

Wyss M and Martirosyan A H, 1998. Seismic quiescence before the $M7$, 1988, Spitak earthquake, Armenia. Geophys. J. Int. , 134, 329-340

Wyss M and Wiemer S, 2000. Change in the probability for earthquakes in southern California due to the Landers magnitude 7. 3 earthquake. Science, 290: 1334-1338

Wyss M, Schorlemmer D, Wiemer S. 2000, Mapping asperities by minima of local recurrence time: San Jacinto-Elsinore fault zones. J Geophys Res, 105 (B4): 7829-7844

Wyss M and Matsumura S, 2002. Most likely location of large earthquakes in the Kanto and Tokai areas, Japan, based on the local recurrence times. Physics of the Earth and Planetary Interiors, 131: 173-184

Wyss M, Sammis C G, Nadeau R M, et al. , 2004. Fractal dimension and b-value on creeping and locked patches of the San Andreas fault near Parkfield, California. Bull. Seism. Soc. Am. , 94 (2): 410-421

Wyss M, Matsumura S, 2006. Verification of our previous definition of preferred earthquake nucleation areas in Kanto-Tokai, Japan. Tectonophysics, 417: 81-84

Wyss M, Stefansson R. 2006. Nucleation points of recent mainshocks in Southern Iceland, mapped by b-values, Bull Seismol Soc Am, 96 (2): 599-608

Yuan Dao-Yang, Jean-Daniel Champagnac, Ge Wei-Peng, et al. , 2011. Late Quaternary right-lateral slip rates of active faults adjacent to the lake Qinghai, northeastern margin of the Tibetan Plateau. GSA Bulletin; v. 123; no. 9/10; p. 2016-2030; doi: 10. 1130/B30315. 1

Zhang Pei-zhen, Molnar P, Xu Xi-wei, 2007. Late Quaternary and present-day rates of slip along the Altyn Tagh Fault, northern margin of the Tibetan Plateau. Tectonics, 26, TC5010, doi: 10. 1029/2006TC002014

Zhuang J, Ogata Y, Vere-Jones D, 2002. Stochastic declustering of space-time earthquake occurrences. J. Amer. Stat. Assoc. , 97: 369-380

Zhuang J, Chang C -P, Ogata Y, et al. , 2005. A study on the background and clustering seismicity in the Taiwan region by using point process models. J. Geophys. Res. , 110: B05S18, doi: 10. 1029/2004JB003157

Zoller G, Hainzl S, Kurths J, 2001. Observation of growing correlation length as an indicator for critical point behavior prior to large earthquakes. J Geophys Res, 106 (2): 2167-2175

Zuñiga R and M Wyss, 2001. Most- and least-likely locations of large to great earthquakes along the Pacific coast of Mexico estimated from local recurrence times based on b-values. Bull Seism Soc. Am. 91 (6): 1717-1728